Greenplum

构建实时数据仓库实践

王雪迎 著

清華大学出版社
北京

内 容 简 介

Greenplum 分布式数据库具有可选存储模式、事务支持、并行查询与数据装载、容错与故障转移、数据库统计、过程化语言扩展等方面的功能特性，因此 Greenplum 成为一款理想的分析型数据库产品。本书详解 Greenplum 数据仓库构建与数据分析技术，配套示例源码。

本书共分 10 章。内容包括数据仓库简介、数据仓库设计基础、Greenplum 与数据仓库、Greenplum 安装部署、实时数据同步、实时数据装载、维度表技术、事实表技术、Greenplum 运维与监控、集成机器学习库 MADlib。

本书适合 Greenplum 初学者、大数据分析系统设计与开发、数据仓库系统设计与开发、DBA、架构师等相关技术人员阅读，也适合高等院校大数据相关专业的师生作为实训教材。

图书在版编目（CIP）数据

Greenplum 构建实时数据仓库实践 / 王雪迎著. —北京：清华大学出版社，2022.7（2023.9重印）
（大数据技术丛书）
ISBN 978-7-302-61165-3

Ⅰ. ①G… Ⅱ. ①王… Ⅲ. ①关系数据库系统 Ⅳ. ①TP311.132.3

中国版本图书馆 CIP 数据核字（2022）第 110482 号

责任编辑： 夏毓彦
封面设计： 王　翔
责任校对： 闫秀华
责任印制： 宋　林
出版发行： 清华大学出版社

网　　址： http://www.tup.com.cn，http://www.wqbook.com
地　　址： 北京清华大学学研大厦 A 座　　**邮　　编：** 100084
社 总 机： 010-83470000　　**邮　　购：** 010-62786544
投稿与读者服务： 010-62776969，c-service@tup.tsinghua.edu.cn
质 量 反 馈： 010-62772015，zhiliang@tup.tsinghua.edu.cn

印 装 者： 三河市天利华印刷装订有限公司
经　　销： 全国新华书店
开　　本： 190mm×260mm　　**印　　张：** 22.5　　**字　　数：** 576 千字
版　　次： 2022 年 8 月第 1 版　　**印　　次：** 2023 年 9 月第 2 次印刷
定　　价： 89.00 元

产品编号：086668-01

推 荐 序

自从人类诞生以来，人们利用不同形式的生产工具推动社会不断向前发展，继农业时代、工业时代之后，随着科技革命和产业变革的深入演进，当今已进入数字时代的快速发展时期。数字经济以数据资源作为关键生产要素、以现代信息网络作为重要载体、以信息通信技术的有效使用作为效率提升和经济结构优化的重要推动力。数字化转型正在驱动生产方式、生活方式和治理方式发生深刻的变革，对世界经济、政治和科技格局产生深远影响。

数据要素是数字经济深化发展的核心引擎，企业作为数字经济发展的主力军，在研发生产、企业管理及市场经营的时候，一方面产生了各类海量数据，另一方面又迫切需要从海量聚集的数据中挖掘数据价值，从而推动技术、产品及各种模式的创新，增强企业市场竞争力，为全社会的经济发展带来强劲推动力。

中国作为全球数字时代的领先者，各领域的高速发展迫切需要在数据管理、数据利用等方面有更加高效、智能的工具平台，降低经济体在数据治理方面的成本，提升数据服务质量和体验。

王雪迎作为国内数据工程领域的实践者和教育者，在数据领域已从业近三十多年，在工作中不断跟踪、实践和总结最新的数据技术。2021 年 3 月，公司组织专家研讨行业数据应用技术方案，我对王雪迎抱怨，目前市面上的各类数据库、数据挖掘软件五花八门，对中小企业来讲难以选择，OLTP、OLAP 以及 AI 三位一体的实施应用成本太高，制约了中小企业在数据利用方面的能力。2022 年年初，王雪迎说通过一年的探索验证，总结了一些新经验编撰成书并即将出版，这就是《Greenplum 构建实时数据仓库实践》。

世间万物在变化，市场和客户在变化，产品和技术在变化，经营环境在变化，企业本身也在变化。在不断变化中，如何用一种优雅、简洁和高效的方式，通过数据感知变化，将是数字时代下每个数据从业者都要思考和面临的问题。

这本由清华大学出版社出版的《Greenplum 构建实时数据仓库实践》，行文流畅、案例典型、体系完美，理论与实践相结合。希望它能为国内数据工程领域带来了“与时俱进”的变化，也希望这种变化为我们广大从业者带来更多的提升可能，从而实现各自更大的价值。

杨兴兵

北京世元科技有限公司总经理

2022 年 3 月

前　言

从 Bill Inmon 在 1991 年提出数据仓库的概念起，至今已有三十年的时间。在这期间人们所面对的数据，以及处理数据的方法都发生了翻天覆地的变化。起初数据仓库系统运行在单机或小型集群之上，程序以批处理方式周期性运行 ETL 作业。最为常见的执行方式是在每天业务低峰期处理前一天产生的业务数据，即所谓的 T+1 模式。后来随着互联网和移动终端等应用的普及，需要处理的数据量不断增大，出现了大数据的概念，以 Hadoop 及其生态圈组件为代表的新一代分布式大数据处理平台逐渐流行。近年来随着业务领域的不断拓展，人们对数据分析的实时性要求越来越高，离线批处理方式所产生的延时已不能满足需求。以 Hadoop 为代表的分布式框架并没有给出实时计算解决方案，于是便出现了 Storm、Spark Streaming、Flink 等实时计算框架，可提供秒级的响应时间，在此基础上实时数据仓库应运而生。

作为 DBA，我更倾向于采用一种不编程、组件少、门槛低、易上手、纯 SQL，并能处理包含历史全量数据的方案，用来实现实时数据仓库。不可否认，SQL 仍然是数据库、数据仓库中最常使用的开发语言，也是传统数据库工程师或 DBA 的必会语言，从它出现至今一直被广泛使用。首先，SQL 有坚实的关系代数作为理论基础，经过几十年的积累，查询优化器已经相当成熟。再者，对于开发者，SQL 作为典型的非过程语言，其语法相对简单，但语义却相当丰富。据统计 95%的数据分析问题都能用 SQL 解决，这是一个相当惊人的结论。

本书介绍的实现方案能满足以上所有要求，涉及的具体技术包括：MySQL 主从复制，保证为业务系统提供可靠的数据库服务，并提供数据来源；Canal Server 实时获取增量 MySQL binlog，并将其传入 Kafka 消息队列；Kafka 将消息持久化，同时提供可伸缩、高吞吐的消息服务；Canal ClientAdapter 负责消费 Kafka 中的消息，将数据流传输到 Greenplum 数据库；Greenplum 作为数据仓库系统，提供实时 ETL 功能，自动维护操作数据存储（ODS）、维度表与事实表。

Greenplum 分布式数据库采用无共享（Shared-Nothing）的大规模并行处理（MPP）架构，能充分利用集群的硬件资源，将并行处理发挥到极致。Greenplum 具有可选存储模式、事务支持、并行查询与数据装载、容错与故障转移、数据库统计、过程化语言扩展等方面的功能特性，正是它们支撑 Greenplum 成为一款理想的分析型数据库产品。

本书内容

全书共分 10 章。第 1 章说明数据仓库相关的基本概念，包括数据仓库定义、操作型系统与分析型系统、ETL、数据仓库架构等。第 2 章介绍三种主流的数据仓库设计模型，即关系数据模型、维度数据模型和 DATA VAULT 模型。第 3 章介绍 Greenplum 系统架构、功能特性、主要优缺点，以及为何适用于数据仓库应用。第 4 章详解 Greenplum 的安装部署问题。第 5

章介绍实时数据同步的实现，包括 MySQL 数据复制在实时数据仓库架构中所起的作用，如何使用 Kafaka，以及 Maxwell + Kafka + Bireme 和 Canal Server + Kafka + Canal ClientAdapter 两种具体实现。第 6 章用一个销售订单示例说明如何使用 Greenplum 的规则（rule）实现实时自动数据装载。第 7 章和第 8 章分别详解多维数据仓库中常见的维度表和事实表技术，及其在 Greenplum 中的实现。第 9 章介绍 Greenplum 主要的、例行的与推荐的运维与监控工作。第 10 章作为完整数据分析体系的组成部分，介绍如何在 Greenplum 中集成 MADlib，实现基于 SQL 的机器学习。

读者对象

本书所定位的读者是大数据分析系统设计和开发、数据仓库系统设计和开发、DBA、架构师等相关技术人员。所有的描绘场景与实验环境都基于 Linux 操作系统。假设读者已具有一定的数据库、数据仓库、SQL 与 Linux 基础。

源码下载

本书配套的源码，需要使用微信扫描下面二维码获取，可按扫描后的页面提示，把下载链接转发到自己的邮箱中下载。如果发现问题或疑问，请用电子邮件联系 booksaga@163.com，邮件主题为“Greenplum 构建实时数据仓库实践”。

致谢

在本书编写过程中，得到了很多人的帮助与支持。首先，感谢我所在的公司——优贝在线提供的平台和环境，感谢同事们在工作中的鼎力相助。没有那里的环境和团队，也就不会有这本书。其次，感谢清华大学出版社图格事业部的老师和编辑们，他们的辛勤工作使得本书得以尽早与读者见面。再次，感谢 CSDN 提供的技术分享平台，给我有一个将博客文章整理成书的机会。最后，感谢家人对我一如既往的支持。

由于水平有限，书中疏漏之处在所难免，希望读者批评指正。

编　者

2022 年 5 月

目　　录

第1章 数据仓库简介

对于每一种技术，都先要理解相关的概念和了解它之所以出现的原因，这对于我们继续深入学习其技术细节大有裨益。实时数据仓库首先是数据仓库，只是它优先考虑数据的时效性问题。因此，本章将介绍业界公认的数据仓库的定义，它和操作型数据库应用的区别，以及为什么我们需要数据仓库。

在对数据仓库的概念有了基本的认识后，有必要单独说明一下 ETL（Extralt-Transform-load，用来描述将数据从来源端经过抽取、转换、装载至目的端的过程）这个创建数据仓库过程中最重要的概念，然后向读者介绍四种常见的数据仓库架构。本章最后描述实时数据仓库的产生背景、特定需求和使用场景，并列举一些常见的实时数据仓库技术架构。

1.1 什么是数据仓库

数据仓库的概念可以追溯到 20 世纪 80 年代，当时 IBM 的研究人员开发出了“商业数据仓库”。本质上，数据仓库试图提供一种从操作型系统到决策支持环境的数据流架构模型。数据仓库概念的提出，是为了解决与这个数据流相关的各种问题，主要是解决多重数据复制带来的高成本问题。在没有数据仓库的时代，需要大量的冗余数据来支撑多个决策支持环境。在大组织里，多个决策支持环境独立运作是典型的情况。尽管每个环境服务于不同的用户，但这些环境经常需要大量相同的数据。处理过程包括收集、清洗、整合来自多个数据源的数据，并为每个决策支持环境做部分数据复制。数据源通常是早已存在的操作型系统，很多是遗留系统。此外，当一个新的决策支持环境形成时，操作型系统的数据经常被再次复用。用户访问这些处理后的数据。

1.1.1 数据仓库的定义

数据仓库之父 Bill Inmon 在 1991 年出版的 *Building the Data Warehouse* 一书中首次提出了被广为认可的数据仓库定义。Inmon 将数据仓库描述为一个面向主题的、集成的、随时间变化的、非易失的数据集合，用于支持管理者的决策过程。这个定义有些复杂并且难以理解，下面我们将它分解开来进行说明。

1. 面向主题

传统操作型系统是围绕公司的功能性应用进行组织的，而数据仓库是面向主题的。主题是一个抽象概念，简单说就是与业务相关的数据的类别，每一个主题基本对应一个宏观的分析领域。数据仓库被设计成辅助人们分析数据。例如，一个公司要分析销售数据，就可以建立一个专注于销售的数据仓库，使用这个数据仓库，就可以回答类似于“去年谁是我们这款产品的最佳用户”这样的问题。这个场景下的“销售”就是一个数据主题，而这种通过划分主题定义数据仓库的能力，就使得数据仓库是面向主题的。主题域是对某个主题进行分析后确定的主题的边界，如客户、销售、产品都是主题域的例子。

2. 集成

集成的概念与面向主题密切相关。还用销售的例子，假设公司有多条产品线和多种产品销售渠道，而每个产品线都有自己独立的销售数据库。此时，要想从公司层面整体分析销售数据，必须将多个分散的数据源统一成一致的、无歧义的数据格式，然后再放置到数据仓库中。因此数据仓库必须能够解决诸如产品命名冲突、计量单位不一致等问题。当完成了这些数据整合工作后，该数据仓库就可称为是集成的。

3. 随时间变化

为了发现业务变化的趋势、存在的问题，或者新的机会，需要分析大量历史数据。这与联机事务处理（OLTP）系统形成鲜明对比。联机事务处理反应的是当前时间点的数据情况，要求高性能、高并发和极短的响应时间。出于这样的需求考虑，联机事务处理系统中一般都将数据依照活跃程度分级，把历史数据迁移到归档数据库中。而数据仓库关注的是数据随时间变化的情况，并且能反映在过去某个时间点的数据是怎样的。换句话说，数据仓库中的数据是反映了某一历史时间点的数据快照，这也就是术语“随时间变化”的含义。当然，任何一个存储结构都不可能无限扩展，数据也不可能只入不出地永久驻留在数据仓库中，它在数据仓库中也有自己的生命周期。到了一定时候，数据会从数据仓库中移除，移除的方式可能是将细节数据汇总后删除、将老的数据转储到大容量介质后删除或直接物理删除等。

4. 非易失

非易失指的是，一旦进入到数据仓库中，数据就不应该再有改变。操作型环境中的数据一般都会频繁更新，而在数据仓库环境中一般并不进行数据更新。当改变的操作型数据进入数据仓库时会产生新的记录，这样就保留了数据变化的历史轨迹。也就是说，数据仓库中的数据基本是静态的。这是一个不难理解的逻辑概念。数据仓库的目的就是要根据曾经发生的事件进行分析，如果数据是可修改的，将使历史分析变得没有意义。

除了以上四个特性外，数据仓库还有一个非常重要的概念，就是粒度。粒度问题遍布于数据仓库体系结构的各个部分。粒度是指数据的细节或汇总程度，细节程度越高，粒度级别越低。例如，单个事务是低粒度级别，而一个月全部事务的汇总就是高粒度级别。

数据粒度一直是数据仓库设计需要重点思考的问题。在早期的操作型系统中，当细节数据被更新时，几乎总是将其存放在最低粒度级别上；而在数据仓库环境中，通常不这样做。例如，如果数据被装载进数据仓库的频率是每天一次，那么一天之内的数据更新将被忽略。

粒度之所以是数据仓库环境的关键设计问题，是因为它极大地影响了数据仓库的数据量和可以进行的查询类型。粒度级别越低，数据量越大，查询的细节程度就越高，查询范围就越广泛，反之亦然。

大多数情况下，数据会以很低的粒度级别进入数据仓库，如日志类型的数据或点击流数据，此时应该对数据进行编辑、过滤和汇总，使其适应数据仓库环境的粒度级别。如果得到的数据粒度级别比数据仓库的高，那将意味着在数据存入数据仓库前，开发人员必须花费大量的设计和资源来对数据进行拆分。

1.1.2　建立数据仓库的原因

现在读者应该已经熟悉了数据仓库的概念，那么数据仓库里的数据从哪里来呢？通常数据仓库的数据来自各个业务应用系统。业务系统中的数据形式多种多样，可能是 Oracle、MySQL、SQL Server 等关系数据库里的结构化数据，可能是文本、CSV 等平面文件或 Word、Excel 文档中的非结构化数据，还可能是 HTML、XML 等自描述的半结构化数据。这些业务数据经过一系列的数据抽取、转换、清洗，最终以一种统一的格式装载进数据仓库。数据仓库里的数据作为分析用的数据源，提供给后面的即席查询（Ad-Hoc Query）、分析系统、数据集市、报表系统、数据挖掘系统等。

从存储的角度看，数据仓库里的数据实际上已经存在于业务应用系统中，那么为什么不能直接操作业务系统中的数据用于分析，而要使用数据仓库呢？实际上在数据仓库技术出现前，有很多数据分析的先驱者已经发现，简单的“直接访问”方式很难良好工作，这样做的失败案例数不胜数。下面列举一些直接访问业务系统无法工作的原因：

- 某些业务数据由于安全或其他因素不能直接访问。
- 业务系统的版本变更很频繁，每次变更都需要重写分析系统并重新测试。
- 很难建立和维护汇总数据来源于多个业务系统版本的报表。
- 业务系统的列名通常是硬编码，有时仅仅是无意义的字符串，这让编写分析系统更加困难。
- 业务系统的数据格式，如日期、数字的格式不统一。
- 业务系统的表结构为事务处理性能而优化，有时并不适合查询与分析。
- 没有适当的方式将有价值的数据合并进特定应用的数据库。
- 没有适当的位置存储元数据。
- 用户需要看到的显示数据字段，有时在数据库中并不存在。
- 通常事务处理的优先级比分析系统高，所以如果分析系统和事务处理运行在同一硬件之上，分析系统往往性能很差。

- 有误用业务数据的风险。
- 极有可能影响业务系统的性能。

尽管需要增加软硬件的投入，但建立独立数据仓库与直接访问业务数据相比，无论是成本还是带来的好处，这样做都是值得的。随着处理器和存储成本的逐年降低，数据仓库方案的优势更加明显，在经济上也更具可行性。

无论是建立数据仓库还是实施别的项目，都要从时间、成本、功能等几个角度来权衡比较，认真研究一下是否真正需要建立一个数据仓库。这是一个很好的问题，当我们的组织很小、人数很少、业务单一、数据量也不大时，可能真的不需要建立数据仓库。毕竟要想成功建立一个数据仓库并使其发挥应有的作用还是很有难度的，需要大量的人、财、物力，并且即便花费很大的代价完成了数据仓库的建设，在较短一段时间内也不易显现出价值。在没有专家介入而仅凭组织自身力量建立数据仓库时，还要冒相当大的失败风险。但是，当我们所在的组织有超过 1000 名员工，有几十个部门的时候，它所面临的挑战将是完全不同的。在这个充满竞争的时代，做出正确的决策对一个组织至关重要。而要做出最恰当的决策，仅依据对孤立维度的分析是不可能实现的。这时必须考虑所有相关数据的可用性，而这个数据最好的来源就是一个设计良好的数据仓库。

假设一个超市连锁企业，在没有实现数据仓库的情况下，该企业会发现，想要分析商品销售情况是非常困难的。比如，哪些商品被售出，哪些没有被售出，什么时间销量上升，哪个年龄组的客户倾向于购买哪些特定商品，等等，这些问题都无从回答，而给出这些问题的正确答案正是一个具有吸引力的挑战。这只是第一步，必须搞清楚一个特定商品到底适不适合 18~25 岁的人群，以决定该商品的销售策略。一旦从数据分析得出的结论是销售该商品的价值在降低，那么必须实施后面的步骤以分析在哪里出了问题，并采取相应的措施加以改进。

在辅助战略决策层面，数据仓库的重要性更加凸显。作为一个企业的经营者或管理者，他必须对某些问题给出答案，以获得超越竞争对手的额外优势。回答这些问题对于基本的业务运营可能不是必须的，但对于企业的生存发展却必不可少。下面是一些常见问题的例子：

- 如何把公司的市场份额提升 5%？
- 哪些产品的市场表现不令人满意？
- 哪些代理商需要销售政策的帮助？
- 提供给客户的服务质量如何？哪些需要改进？

回答这些战略性问题的关键一环就是数据仓库。就拿“提供给客户的服务质量如何？”这一问题来说，这是管理者最为关心的问题之一。我们可以把这一问题分解成许多具体的小问题，比如第一个问题是：在过去半年中，收到过多少用户反馈？可以在数据仓库上发出对应的查询，并对查询结果进行分析。之所以能够这样做，是因为数据仓库中含有每一条用户反馈信息。

你可能已经想到了，第二个问题自然就是：在这些用户反馈当中，给出“非常满意”“一般”“不满意”的人数分别有多少？第三个问题就是：客户所强调的需要改进的地方和广受批评的地方是哪些？这在数据仓库的用户反馈信息中也有一列来表示，它也能从一个侧面反映出客户关心的问题是哪些。以上三个问题的答案联合在一起，就可以得出客户服务满意度的结论，并且准确定位哪些地方急需改进。

下面简单总结一下使用数据仓库的好处：

- 将多个数据源集成到单一数据存储，因此可以使用单一数据查询引擎展示数据。
- 缓解在事务处理数据库上因执行大查询而产生的资源竞争问题。
- 维护历史数据。
- 通过对多个源系统的数据整合，使得在整个企业的角度存在统一的中心视图。
- 通过提供一致的编码和描述，减少或修正坏数据问题，提高数据质量。
- 一致性地表示组织信息。
- 提供所有数据的单一通用数据模型，而不用关心数据源。
- 重构数据，使数据对业务用户更有意义。
- 向复杂分析查询交付优秀的查询性能，同时不影响操作型系统。
- 开发决策型查询更简单。

1.2　操作型系统与分析型系统

上一节已经多次提及操作型系统和分析型系统，本节将详细阐述它们的概念及差异。在一个大型组织中，往往都有两种类型的系统——操作型和分析型，而这两种系统大都以数据库作为数据管理、组织和操作的工具。操作型系统完成组织的核心业务，例如下订单、更新库存、记录支付信息等。这些系统是事务型的，核心目标是尽可能快地处理事务，同时维护数据的一致性和完整性。而分析型系统的主要作用是通过数据分析评估组织的业务经营状况，并进一步辅助决策。

1.2.1　操作型系统

相信从事过 IT 或相关工作的读者对操作型系统都不会感到陌生，几乎所有的互联网线上系统、MIS、OA 等都属于这类系统的应用。操作型系统是一类专门用于管理面向事务的应用的信息系统。“事务”一词在这里存在一些歧义，有些人理解事务是一个计算机或数据库的术语，另一些人所理解的事务是指业务或商业交易，这里使用前一种语义。那么什么是数据库技术中的事务呢？这是首先需要明确的概念。

事务是工作于数据库管理系统（或类似系统）中的一个逻辑单元，该逻辑单元中的操作被以一种独立于其他事务的可靠方式所处理。事务一般代表着数据改变，它提供“all-or-nothing”操作，就是说事务中的一系列操作要么完全执行，要么完全不执行。在数据库中使用事务主要出于两个目的：

- 保证工作单元的可靠性。当数据库系统异常宕机时，其中执行的操作或者已经完成或者只有部分完成，很多没有完成的操作此时处于一种模糊状态。在这种情况下，数据库系统必须能够恢复到数据一致的正常状态。

- 提供并发访问数据库的多个程序间的隔离。如果没有这种隔离，程序得到的结果很可能是错误的。

根据事务的定义，引申出事务具有原子性（Atomicity）、一致性（Consistency）、隔离性（Isolation）、持久性（Durability）的特点，也就是数据库领域中常说的事务的 ACID 特性。

- 原子性

数据库系统的原子性指的是事务中的一系列操作或全执行或不执行，这些操作是不可再分的。原子性可以防止数据被部分修改。银行账号间转账是一个事务原子性的例子。简单地说，从 A 账号向 B 账号转账有两步操作：A 账号提取，B 账号存入。这两个操作以原子性事务执行，使数据库保持一致的状态，即使这两个操作的任何一步失败了，总的金额数不会减少也不会增加。

- 一致性

数据库系统中的一致性是指任何数据库事务只能以允许的方式修改数据。任何数据库写操作必须遵循既有的规则，包括约束、级联、触发器以及它们的任意组合。一致性并不保证应用程序逻辑的正确性，但它能够保证不会因为程序错误而使数据库产生违反规则的行为。

- 隔离性

在数据库系统中，隔离性决定了其他用户所能看到的事务完整性程度。例如，一个用户正在生成一个采购订单，并且已经生成了订单主记录，但还没有生成订单条目明细记录。此时订单主记录能否被其他并发用户看到呢？这就由隔离级别决定。在数据库系统中，按照由低到高一般有读非提交、读提交、可重复读、串行化等几种隔离级别。数据库系统并不一定实现所有的隔离级别，如 Oracle 数据库只实现了读提交和串行化，而 MySQL、PostgreSQL 数据库则提供全部四种隔离级别。

隔离级别越低，多用户并发访问数据的能力越高，但同时也会增加脏读、丢失更新等并发操作的负面影响。相反，高隔离级降低了并发影响，但需要使用更多的系统资源，也增加了事务被阻塞的可能性。

- 持久性

数据库系统的持久性保证已经提交的事务是永久保存的。例如，如果一个机票预订报告显示一个座位已经订出，那么即使系统崩溃，被订出的座位也会一直保持被订出的状态。持久性可以通过在事务提交时将事务日志刷新至永久性存储介质来实现。

了解了事务的基本概念后，我们再来看操作型系统就比较容易理解了。操作型系统通常是高并发、低延迟的系统，具有大量检索、插入、更新操作，事务数量大，但每个事务影响的数据量相对较小。这样的系统很适合在线应用，这些应用有成千上万用户在同时使用，并要求能够立即响应用户请求。操作型系统常被整合到面向服务的架构（SOA）和 Web 服务里。对操作型系统应用的主要要求是高可用、高速度、高并发、可恢复和保证数据一致性，在各种互联网应用层出不穷的今天，这些系统要求是显而易见的。

1. 操作型系统的数据库操作

在数据库使用上，操作型系统常用的操作是增、改、查，并且通常是插入与更新密集型的，同时会对数据库进行大量并发查询，而删除操作相对较少。操作型系统一般都直接在数据库上修改数据，没有中间过渡区。

2. 操作型系统的数据库设计

操作型系统的特征是大量短的事务，并强调快速处理查询。每秒事务数（TPS）是操作型系统的一个有效度量指标。针对以上这些特点，数据库设计一定要满足系统的要求。

在数据库逻辑设计上，操作型系统的应用数据库大都使用规范化设计方法，通常要满足第三范式。这是因为规范化设计能最大限度地减少数据冗余，因而提供更快更高效的方式执行数据库写操作。关于规范化设计概念及其相关内容，将会在第 2 章“数据仓库设计基础”中作详细说明。

在数据库物理设计上，应该依据系统所使用的数据库管理系统的具体特点，做出相应的设计，毕竟每种数据库管理系统在实现细节上存在很大差异。下面就以 Oracle 数据库为例，简要说明在设计操作型系统数据库时应该考虑的问题。

- 调整回滚段。回滚段是数据库的一部分，其中记录着最终被回滚的事务的行为。这些回滚段信息可以提供读一致性、回滚事务和数据库恢复。
- 合理使用聚簇。聚簇是一种数据库模式，其中包含共用一列或多列的多个表。数据库中的聚簇表用于提高连接操作的性能。
- 适当调整数据块大小。数据块大小应该是操作系统块大小的倍数，并且设置上限以避免不必要的 I/O。
- 设置缓冲区高速缓存大小。合理的缓存大小能够有效避免不必要的磁盘 I/O。
- 动态分配表空间。
- 合理划分数据库分区。分区最大的作用在于可用性和可维护性，使得数据维护期间保持事务处理的性能。
- SQL 优化。有效利用数据库管理系统的优化器，使用最佳的数据访问路径。
- 避免过度使用索引。大量的数据修改会给索引维护带来压力，从而对整个系统的性能产生负面影响。

以上所讲的操作型系统都是以数据库系统为核心，而数据库系统为了保持 ACID 特性，本质上是单一集中式系统。在当今这个信息爆炸的时代，集中式数据库往往已无法支撑业务的需要（从某订票网站和某电商网站的超大瞬时并发量来看，这已是一个不争的事实）。这就给操作型系统带来新的挑战。分布式事务、去中心化、CAP 与最终一致性等一系列新的理论和技术，为解决系统扩展问题应运而生。这是一个很大的话题，要想说清楚需要很多的扩展知识和大量篇幅，故这里只是点到为止，不做展开。

1.2.2 分析型系统

在计算机领域，分析型系统是一种快速回答多维分析查询的实现方式。它也是更广泛范畴的所谓商业智能的一部分（商业智能还包含数据库、报表系统、数据挖掘、数据可视化等研究方向）。分析型系统的典型应用包括销售业务分析报告、市场管理报告、业务过程管理（BPM）、预算和预测、金融分析报告及其类似的应用。

1. 分析型系统的数据库操作

在数据库层面，分析型系统操作被定义成少量的事务、复杂的查询、处理归档和历史数据。这些数据很少被修改，从数据库抽取数据是最多的操作，也是识别这种系统的关键特征。分析型数据库基本上都是读操作。

2. 分析型系统的数据库设计

分析型系统的特征是相对少量的事务，但查询通常非常复杂并且会包含聚合计算，例如今年和去年同时期的数据对比、百分比变化趋势等。分析型数据库中的数据一般来自于一个企业级数据仓库，是整合过的历史数据。对于分析型系统，吞吐量是一个有效的性能度量指标。

在数据库逻辑设计上，分析型数据库使用多维数据模型，通常被设计成星型模式或雪花模式。关于多维数据模型的概念及其相关内容，会在第 2 章“数据仓库设计基础”中作详细说明。

在数据库物理设计上，依然以 Oracle 数据库为例，简要说明在设计分析型系统数据库时应该考虑的一些问题。

- 表分区。可以独立定义表分区的物理存储属性，将不同分区的数据存放到多个物理文件上。这样做一方面可以分散 I/O；另一方面，当数据量非常大时，方便维护数据；再有就是利用分区消除查询数据时，不用扫描整张表，从而提高查询性能。
- 位图索引。当查询条件中包含低基数（不同值很少，例如性别）的列，尤其是包含这些列上的 or、and 或 not 这样的逻辑运算时，或者从有大量行的表中返回大量的行时，应考虑位图索引。
- 物化视图。物化视图物理存储查询所定义的数据，能够自动增量刷新数据，并且可以利用查询重写特性极大地提高查询速度，是分析型系统常用的技术。
- 并行化操作。可以在查询大量数据时执行并行化操作，这样可使多个服务器进程为同一个查询语句工作，使该查询得以快速完成，但是会耗费更多的资源。

随着数据的大量积累和大数据时代的到来，人们对于数据分析的依赖越来越强，因此分析型系统也随之越来越显示出其重要性。举一个简单的例子，在一家医院中，保存有 20 年的非常完整的病人信息。医院领导想看到最常见的疾病、成功治愈率、实习医生的实习天数等相关数据的详细报告。为了满足这个需求，应用分析型系统查询医院信息数据仓库，并通过复杂查询得到结果，然后将报告提交给领导做进一步分析。

1.2.3 操作型系统和分析型系统的对比

操作型系统和分析型系统是两种不同种类的信息系统。它们都与数据库技术相关，数据库提供方法支持这两种系统的功能。操作型系统和分析型系统以完全不同的方式使用数据库，不仅如此，分析型系统更加注重数据分析和报表，而操作型系统的目标是一个伴有大量数据改变的事务优化系统。

对于学习数据科学及其相关技术的读者，了解这两种信息处理方式的区别至关重要。这也是理解商业智能、数据挖掘、数据仓库、数据模型、ETL 处理和大数据等系统的基础。

通过前面对两种系统的描述，我们可以对比它们的很多方面。表 1-1 总结了两种系统的主要区别。后面我们进一步讨论每一个容易产生疑惑的对比项，以帮助读者理解。

表 1-1　操作型系统和分析型系统对比表

对比项	操作型系统	分析型系统
数据源	应用的操作信息，一般是最原始的数据	历史的、归档的数据，一般来源于数据仓库
侧重点	数据更新	信息的检索或报表
应用	管理系统、交易系统、在线应用等	报表系统、多维分析、决策支持系统等
用户	终端用户、普通雇员	管理人员、市场人员、数据分析师
任务	业务操作	数据分析
数据更新	插入、更新、删除数据，要求快速执行，立即返回结果	大量数据装载，花费时间很长
数据模型	实体关系模型	多维数据模型
设计方法	规范化设计，大量的表和表之间的关系	星型模式或雪花模式，少量的表
备份	定期执行全量或增量备份，不允许数据丢失	简单备份，数据可以重新装载
数据的时间范围	从天到年	几年或几十年
查询	简单查询，快速返回查询结果	复杂查询，执行聚合或汇总操作
速度	快，大表上需要建索引	相对较慢，需要更多的索引
所需空间	小，只存储操作数据	大，需要存储大量历史数据

首先，两种系统的侧重点不同。操作型系统更适合对已有数据进行更新，所以是日常处理工作或在线系统的选择。相反，分析型系统提供在大量存储数据上的分析能力，所以这类系统更适合报表类应用。分析型系统通常用于查询历史数据，这有助于得到更准确的分析报告。

其次，因为这两种系统的目标完全不同，所以为了得到更好的性能，使用的数据模型和设计方法也不同。操作型系统数据库通常使用规范化设计，为普通查询和数据修改提供更好的性能。分析型数据库则具有典型的数据仓库组织形式。

基于这两个主要的不同点，我们可以推导出两种系统其他方面的区别。操作型系统上的查询更小，而分析型系统上执行的查询要复杂得多。所以通常操作型系统会比分析型系统快很多。

操作型系统的数据会持续更新，并且更新会立即生效。而分析型系统的数据更新是由预定义的处理作业同时装载大量的数据集合，并且在装载前需要做数据转换，因此整个数据更新过程需要较长的执行时间。

由于操作型系统要做到绝对的数据安全和可用性，所以需要实施复杂的备份系统。基本的全量备份和增量备份都是必须做的。而分析型系统只需要偶尔执行数据备份即可，这一方面是因为此类系统一般不需要保持持续运行，另一方面则是因为数据还可以从操作型系统中重复装载。

两种系统的空间需求显然都依赖于它们所存储的数据量。分析型系统要存储大量的历史数据，因此需要更多的存储空间。

1.3 抽取—转换—装载

前面已经多次提到了 ETL 一词，它是 Extract、Transform、Load 三个英文单词首字母的简写，中文意为抽取、转换、装载。ETL 是建立数据仓库最重要的处理过程，也是最体现工作量的环节，一般会占到整个数据仓库项目工作量的一半以上。

- 抽取：从操作型数据库获取数据。
- 转换：转换数据，使之转变为适用于查询和分析的形式和结构。
- 装载：将转换后的数据导入到最终的目标数据仓库。

建立一个数据仓库，就是要把来自于多个异构的源系统的数据集成在一起，放置在一个集中的位置用于数据分析。如果一开始这些源系统数据就是兼容的，当然最好，但情况往往不是这样。ETL 系统的工作就是要把异构的数据转换成同构的。如果没有 ETL，就不能对异构的数据进行程序化的分析。

1.3.1 数据抽取

抽取操作是从源系统获取数据给后续的数据仓库环境使用。这是 ETL 处理的第一步，也是最重要的一步。数据被成功抽取后，才可以进行转换并装载到数据仓库中。能否正确地获取数据直接关系到后面步骤的成败。数据仓库典型的源系统是事务处理应用，例如，一个销售分析数据仓库的源系统之一可能是一个订单录入系统，其中包含当前销售订单相关操作的全部记录。

设计和建立数据抽取过程，在 ETL 处理乃至整个数据仓库处理过程中，一般是较为耗时的任务。源系统很可能非常复杂并且缺少相应的文档，因此只是决定需要抽取哪些数据可能就已经非常困难了。通常数据都不是只抽取一次，而是需要以一定的时间间隔反复抽取，通过这样的方式把数据的所有变化提供给数据仓库，并保持数据的及时性。除此之外，源系统一般不允许外部系统对它进行修改，也不允许外部系统对它的性能和可用性产生影响，数据仓库的抽取过程要能适应这样的需求。如果已经明确了需要抽取的数据，下一步就该考虑从源系统抽取数据的方法了。

对抽取方法的选择高度依赖于源系统和目标数据仓库环境的业务需要。一般情况下，不能因为需要提升数据抽取的性能，而在源系统中添加额外的逻辑，也不能增加这些源系统的工作负载。有时，甚至都不允许用户增加任何“开箱即用”的外部应用系统，这叫作对源系统具有侵入性。下面分别从逻辑和物理两方面介绍数据抽取方法。

1. 逻辑抽取

有两种逻辑抽取类型：全量抽取和增量抽取。

（1）全量抽取

源系统的数据全部被抽取。因为这种抽取类型影响源系统上当前所有有效的数据，所以不需要跟踪自上次成功抽取以来的数据变化。源系统只需要原样提供现有的数据，而不需要附加的逻辑信息（比如时间戳等）。一个全表导出的数据文件或者一个查询源表所有数据的 SQL 语句，都是全量抽取的例子。

（2）增量抽取

只抽取某个事件发生的特定时间点之后的数据。通过该事件发生的时间顺序能够反映数据的历史变化，它可能是最后一次成功抽取，也可能是一个复杂的业务事件，如最后一次财务结算等。必须能够标识出特定时间点之后所有的数据变化。这些发生变化的数据可以由源系统自身来提供，例如能够反映数据最后发生变化的时间戳列，或者是一个原始事务处理之外的、只用于跟踪数据变化的变更日志表。大多数情况下，使用后者意味着需要在源系统上增加抽取逻辑。

在许多数据仓库中，抽取过程不含任何变化数据捕获技术。取而代之的是，把源系统中的整个表抽取到数据仓库过渡区，然后用这个表的数据和上次从源系统抽取得到的表数据作比对，从而找出发生变化的数据。虽然这种方法不会对源系统造成很大的影响，但显然需要考虑给数据仓库处理增加的负担，尤其是当数据量很大的时候。

2. 物理抽取

依赖于选择的逻辑抽取方法和能够对源系统所做的操作和所受的限制，存在两种物理数据抽取机制：直接从源系统联机抽取，或者间接从一个脱机结构抽取数据。这个脱机结构有可能已经存在，也可能需要由抽取程序生成。

（1）联机抽取

数据直接从源系统抽取。抽取进程或者直连源系统数据库访问它们的数据表，或者连接到一个存储快照日志或变更记录表的中间层系统。

注　意
中间层系统不必和源系统物理分离。

（2）脱机抽取

数据不从源系统直接抽取，而是从一个源系统以外的过渡区抽取。过渡区可能已经存在（例如，数据库备份文件、关系数据库系统的重做日志、归档日志等），或者抽取程序自己建立。应该考虑以下的存储结构：

- 数据库备份文件。一般需要数据还原操作才能使用。
- 备用数据库。如 Oracle 的 DataGuard 和 MySQL 的数据复制等技术。
- 平面文件。数据定义成普通格式，关于源对象的附加信息（列名、数据类型等）需要另外处理。
- 导出文件。关系数据库大都自带数据导出功能，如 Oracle 的 exp/expdp 程序和 MySQL 的 mysqldump 程序，都可以用于生成导出数据文件。
- 重做日志和归档日志。每种数据库系统都有自己的日志格式和解析工具。

3. 变化数据捕获

抽取处理需要重点考虑增量抽取，也被称为变化数据捕获，简称 CDC。假设一个数据仓库系统，在每天夜里的业务低峰时间从操作型源系统抽取数据，那么增量抽取只需要过去 24

小时内发生变化的数据。变化数据捕获也是建立实时数据仓库的关键技术。

当我们能够识别并获得最近发生变化的数据时，抽取及其后面的转换、装载操作显然都会变得更高效，因为要处理的数据量会小很多。遗憾的是，很多源系统很难识别出最近变化的数据，或者必须侵入源系统才能做到。变化数据捕获是数据抽取中典型的技术挑战。

常用的变化数据捕获方法有时间戳、快照、触发器和日志四种。相信熟悉数据库的读者对这些方法都不会陌生。时间戳方法需要源系统有相应的数据列表示最后的数据变化。快照方法可以使用数据库系统自带的机制实现，如 Oracle 的物化视图技术，也可以自己实现相关逻辑，但会比较复杂。触发器是关系数据库系统具有的特性，源表上建立的触发器会在对该表执行 insert、update、delete 等语句时被触发，触发器中的逻辑用于捕获数据的变化。日志可以使用应用日志或系统日志，这种方式对源系统不具有侵入性，但需要额外的日志解析工作。关于这四种方案的特点，将会在本书第 5 章中具体说明。

1.3.2 数据转换

数据从操作型源系统获取后，需要进行多种转换操作。如统一数据类型、处理拼写错误、消除数据歧义、解析为标准格式等。数据转换通常是最复杂的部分，也是 ETL 开发中用时最长的一步。数据转换的范围极广，包括从单纯的数据类型转化到极为复杂的数据清洗技术。

在数据转换阶段，为了最终能够将数据装载到数据仓库中，需要在已经抽取来的数据上应用一系列的规则和函数。有些数据可能不需要转换就能直接导入到数据仓库。

数据转换一个最重要的功能是清洗数据，目的是只有“合规”的数据才能进入目标数据仓库。这一步操作在不同系统间交互和通信时尤其必要，例如，一个系统的字符集在另一个系统中可能是无效的。此外，由于某些业务和技术的需要，也需要进行多种数据转换，例如下面的情况：

- 只装载特定的数据列。例如，某列为空的数据不装载。
- 统一数据编码。例如，性别字段，有些系统使用的是 1 和 0，有些是“M”和“F”，有些是“男”和“女”，统一成“M”和“F”。
- 自由值编码。例如，将“Male”改成“M”。
- 预计算。例如，产品单价×购买数量=金额。
- 基于某些规则重新排序以提高查询性能。
- 合并多个数据源的数据并去重。
- 预聚合。例如，汇总销售数据。
- 行列转置。
- 将一列转为多列。例如，某列存储的数据是以逗号作为分隔符的字符串，将其分割成多列的单个值。
- 合并重复列。
- 预连接。例如，查询多个关联表的数据。
- 数据验证。针对验证的结果采取不同的处理方式，通过验证的数据交给装载步骤，验证失败的数据或直接丢弃，或记录下来做进一步检查。

1.3.3 数据装载

ETL 的最后步骤是把转换后的数据装载进目标数据仓库。这一步操作需要重点考虑两个问题：一是数据装载的效率问题；二是一旦装载过程中途失败，如何再次重复执行装载过程。

即使经过了转换、过滤和清洗，去掉了部分噪声数据，但需要装载的数据量还是很大的。执行一次数据装载可能需要几个小时的时间，同时需要占用大量的系统资源。想要提高装载效率，加快装载速度，可以从以下几方面入手：首先保证足够的系统资源；数据仓库存储的都是海量数据，所以需要配置高性能的服务器，并且要独占资源，不要与别的系统共用；其次在进行数据装载时，要禁用数据库约束（唯一性、非空性，检查约束等）和索引，当装载过程完全结束后，再启用这些约束，重建索引，这种方法会大幅提高装载速度；最后在数据仓库环境中，一般不使用数据库来保证数据的参考完整性，即不使用数据库的外键约束，它应该由 ETL 工具或程序来维护。

数据装载过程可能由于多种原因而失败，比如装载过程中某些源表和目标表的结构不一致而导致失败，而这时已经有部分表装载成功了。在数据量很大的情况下，如何能在重新执行装载过程时只装载失败的部分，这是一个不小的挑战。对于这种情况，实现可重复装载的关键是要记录下失败点，并在装载程序中处理相关的逻辑。还有一种情况，就是装载成功后数据又发生了改变（比如，有些滞后的数据在 ETL 执行完才进入系统，就会带来数据的更新或新增），这时需要重新执行一遍装载过程，已经正确装载的数据可以被覆盖，但相同数据不能重复新增。简单的实现方式是先删除再插入，或者用 replace into、merge into 等类似功能的操作。

装载到数据仓库里的数据，经过汇总、聚合等处理后交付给多维立方体或数据可视化、仪表盘等报表工具、BI 工具做进一步的数据分析。

1.3.4 开发 ETL 系统的方法

ETL 系统一般会从多个应用系统整合数据，典型的情况是这些应用系统运行在不同的软硬件平台上，由不同的厂商支持，各个系统的开发团队也是彼此独立的，与之伴随的数据多样性增加了 ETL 系统的复杂性。

开发一个 ETL 系统，常用的方式是使用数据库标准的 SQL 及其程序化语言，如 Oracle 的 PL/SQL 和 MySQL 的存储过程、用户自定义函数（UDF）等。还可以使用 Kettle 这样的 ETL 工具，这些工具都提供多种数据库连接器和多种文件格式的处理能力，并且对 ETL 处理进行了优化。使用工具的最大好处是减少编程工作量，提高工作效率。如果遇到特殊需求或特别复杂的情况，可能还需要使用 Shell、Java、Python 等编程语言开发自己的应用程序。

ETL 过程要面对大量的数据，因此需要较长的处理时间。为了提高 ETL 的效率，通常这三步操作会并行执行。当数据被抽取时，转换进程同时处理已经收到的数据。一旦某些数据被转换过程处理完，装载进程就会将这些数据导入目标数据仓库，而不会等到前一步工作执行完才开始。

1.4 数据仓库架构

前面三节介绍了数据仓库、操作型系统、分析型系统、ETL 等概念，也指出了分析型系统的数据源一般来自数据仓库，而数据仓库的数据来自于操作型系统。本节将从技术角度讨论数据仓库的组成和架构。

1.4.1 基本架构

“架构”是什么？这个问题从来就没有一个准确的答案。在软件行业中，一种被普遍接受的架构定义是指系统的一个或多个结构。结构中包括软件的构建（构建是指软件的设计与实现），构建的外部可以看到属性以及它们之间的相互关系。这里参考此定义，把数据仓库架构理解成构成数据仓库的组件及其之间的关系，那么就有了如图 1-1 所示的数据仓库架构图。

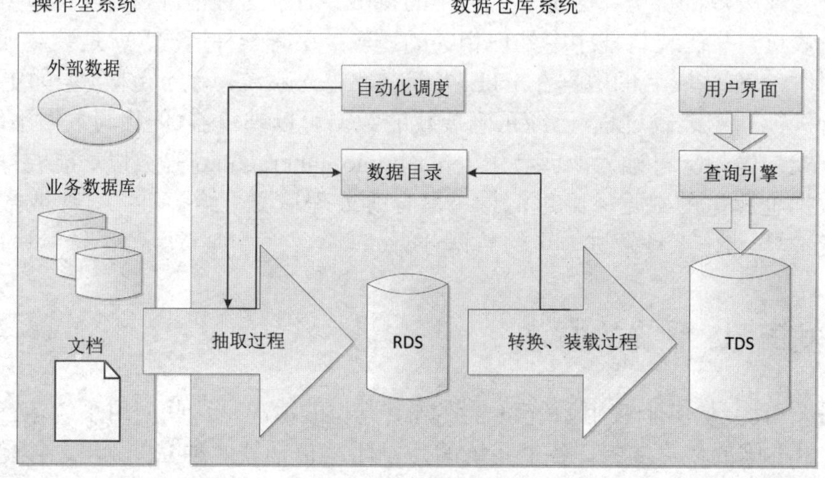

图 1-1 数据仓库架构

图 1-1 中显示的整个数据仓库环境，包括操作型系统和数据仓库系统两大部分。操作型系统的数据由各种形式的业务数据组成，这其中可能有关系数据库、TXT 或 CSV 文件、HTML 或 XML 文档，还可能存在外部系统的数据，比如网络爬虫抓取来的互联网数据等，数据可能是结构化、半结构化、非结构化的。这些数据经过抽取、转换和装载（ETL）过程进入数据仓库系统。

这里把 ETL 过程分成了抽取和转换、装载两个部分。抽取过程负责从操作型系统获取数据，该过程一般不做数据聚合和汇总，但是会按照主题进行集成，物理上是将操作型系统的数据全量或增量复制到数据仓库系统的 RDS（Raw Data Stores）中。转换、装载过程将对数据进行清洗、过滤、汇总、统一格式化等一系列转换操作，使数据转化为适合查询的格式，然后装载进数据仓库系统的 TDS（Transformed Data Stores）中。传统数据仓库的基本模式是首先用一些过程将操作型系统的数据抽取到文件，然后用另一些过程将这些文件转化成 MySQL 或 Oracle 这样的关系数据库的记录，最后用第三部分过程把数据导入进数据仓库。

RDS 是原始数据存储的意思。将原始数据保存到数据仓库里是个不错的想法。ETL 过程的 bug 或系统中的其他错误是不可避免的，保留原始数据使得追踪并修改这些错误成为可能。有时，数据仓库的用户会有查询细节数据的需求，这些细节数据的粒度与操作型系统的相同。有了 RDS，这种需求就很容易实现，用户可以查询 RDS 里的数据且不会影响业务系统的正常运行。这里的 RDS 实际上是起到了操作型数据存储（Operational Data Store，ODS）的作用，关于 ODS 相关内容将在 1.4.3 小节详细论述。

TDS 意为转换后的数据存储。这是真正的数据仓库中的数据。大量的用户会在经过转换的数据集上处理他们的日常查询。如果前面的工作做得好，这些数据将以保证最重要的和最频繁的查询能够快速执行的方式构建出来。

这里的原始数据存储和转换后的数据存储是逻辑概念，它们可能物理存储在一起，也可能分开。当原始数据存储和转换后的数据存储物理上分开时，它们不必使用同样的软硬件。传统数据仓库中，原始数据存储通常是本地文件系统，原始数据被组织进相应的目录中，这些目录是基于数据从哪里抽取或何时抽取建立（例如以日期作为文件或目录名称的一部分）；转换后的数据存储一般是某种关系数据库。

自动化调度组件的作用是自动定期重复执行 ETL 过程。不同角色的数据仓库用户对数据的更新频率要求也会有所不同，财务主管需要每月的营收汇总报告，而销售人员想看到每天的产品销售数据。作为通用的需求，所有数据仓库系统都应该能够建立周期性自动执行的工作流作业。传统数据仓库一般利用操作系统自带的调度功能（如 Linux 的 cron 或 Windows 的计划任务）来实现作业自动执行。

数据目录有时也被称为元数据存储，它可以提供一份数据仓库中数据的清单。用户通过它可以快速解决这些问题：什么类型的数据被存储在哪里？数据集的构建有何区别？数据最后的访问或更新时间，等等。此外，还可以通过数据目录感知数据是如何被操作和转换的。一个好的数据目录是让用户体验到系统易用性的关键。

查询引擎组件负责实际执行用户查询。传统数据仓库中，它可能是存储转换后数据的 Oracle、MySQL 等关系数据库系统内置的查询引擎，还可能是以固定时间间隔向其导入数据的 OLAP 立方体，如 Essbase cube。

用户界面指的是最终用户所使用的接口程序。可能是一个 GUI 软件，如 BI 套件中的客户端软件，也可能就是一个浏览器。

1.4.2　主要数据仓库架构

在数据仓库技术演化过程中，产生了几种主要的架构方法，包括数据集市架构、Inmon 企业信息工厂架构、Kimball 数据仓库架构和混合型数据仓库架构。

1. 数据集市架构

数据集市是按主题域组织的数据集合，用于支持部门级的决策。有两种类型的数据集市：独立数据集市和从属数据集市。

独立数据集市集中于部门所关心的单一主题域，数据以部门为基础部署，无须考虑企业级别的信息共享与集成。例如，制造部门、人力资源部门和其他部门都各自有他们自己的数据集市。独立数据集市从一个主题域或一个部门的多个事务系统获取数据，用以支持特定部门的业务分析需要。一个独立数据集市的设计既可以使用实体关系模型，也可以使用多维模型。数据分析或商业智能工具直接从数据集市查询数据，并将查询结果显示给用户。一个典型的独立数据集市架构如图 1-2 所示。

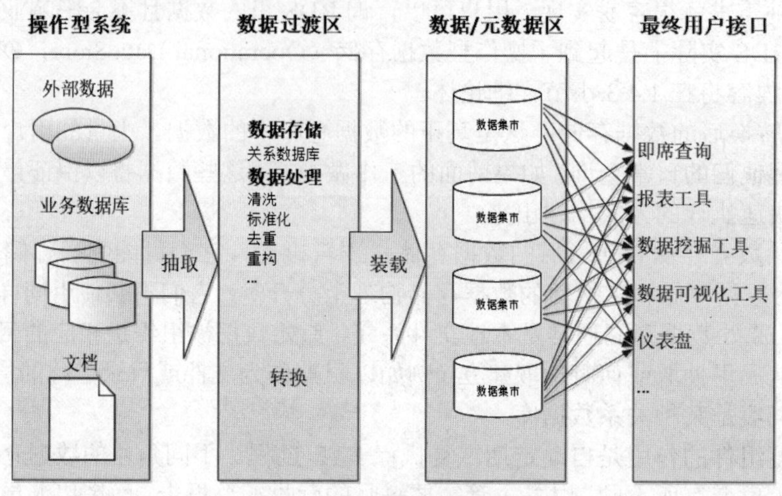

图 1-2　独立数据集市架构

因为一个部门的业务相对于整个企业来说要简单得多，数据量也小得多，所以建立部门的独立数据集市具有周期短、见效快的特点。如果从企业整体的视角来观察这些数据集市，我们会看到每个部门使用不同的技术，建立不同的 ETL 过程，处理不同的事务系统，而在多个独立的数据集市之间还会存在数据的交叉与重叠，甚至会有数据不一致的情况。从业务角度看，当部门的分析需求扩展，或者需要分析跨部门或跨主题域的数据时，独立数据集市会显得力不从心。而当数据存在歧义，比如同一个产品，在 A 部门和 B 部门的定义不同时，将无法在部门间进行信息比较。

另外一种数据集市是从属数据集市。如 Bill Inmon 所说，从属数据集市的数据来源于数据仓库。数据仓库里的数据经过整合、重构、汇总后传递给从属数据集市。从属数据集市的架构如图 1-3 所示。

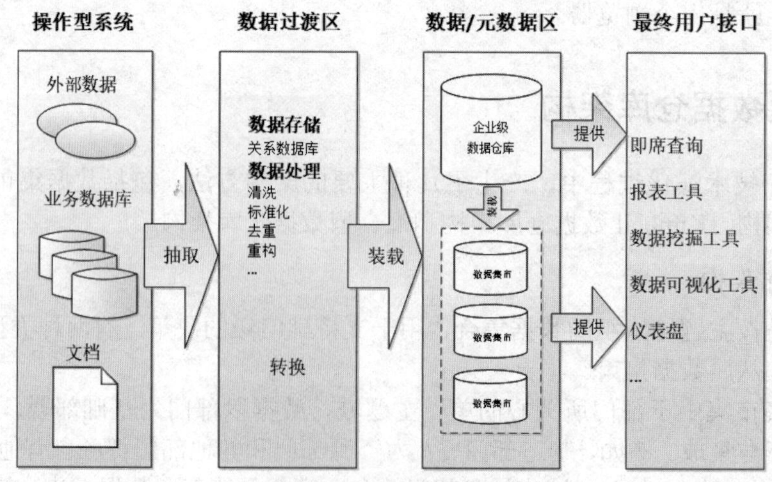

图 1-3　从属数据集市架构

建立从属数据集市的好处主要有：

- 性能：当数据仓库的查询性能出现问题，可以考虑建立几个从属数据集市，将查询从数据仓库移出到数据集市。
- 安全：每个部门可以完全控制自己的数据。
- 数据一致：因为每个数据集市的数据来源都是同一个数据仓库，有效消除了数据不一致的情况。

2. Inmon 企业信息工厂架构

Inmon 企业信息工厂架构如图 1-4 所示。

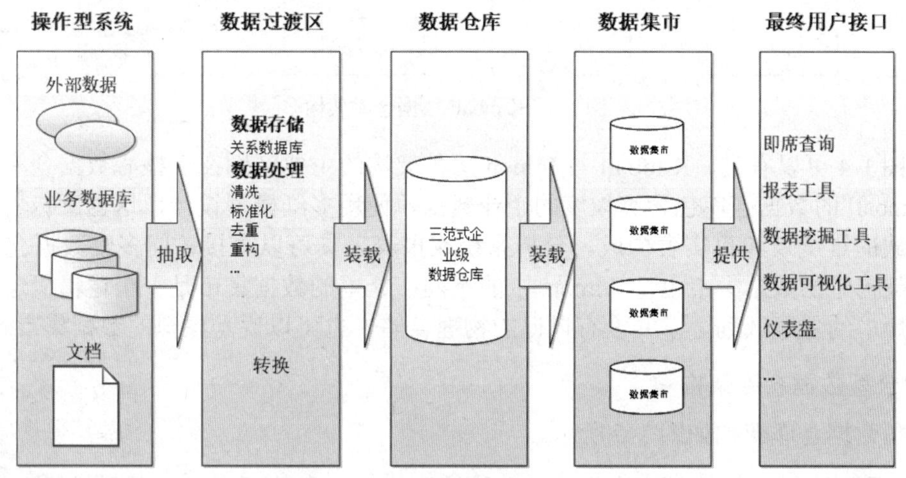

图 1-4　Inmon 企业信息工厂架构

我们来看图 1-4 中的组件是如何协同工作的。

- 应用系统：这些应用是组织中的操作型系统，用来支撑业务。它们收集业务处理过程中产生的销售、市场、材料、物流等数据，并将数据以多种形式进行存储。操作型系统也叫源系统，为数据仓库提供数据。
- ETL 过程：ETL 过程从操作型系统抽取数据，然后将数据转换成一种标准形式，最终将转换后的数据装载到企业级数据仓库中。ETL 是周期性运行的批处理过程。
- 企业级数据仓库：是该架构中的核心组件。正如 Inmon 数据仓库所定义的，企业级数据仓库是一个细节数据的集成资源库，其中的数据以最低粒度级别被捕获，存储在满足三范式设计的关系数据库中。
- 部门级数据集市：是面向主题数据的部门级视图，数据从企业级数据仓库获取。数据在进入部门数据集市时可能进行聚合。数据集市使用多维模型设计，用于数据分析。重要的一点是，所有的报表工具、BI 工具或其他数据分析应用，都从数据集市查询数据，而不是直接查询企业级数据仓库。

3. Kimball 数据仓库架构

Kimball 数据仓库架构如图 1-5 所示。

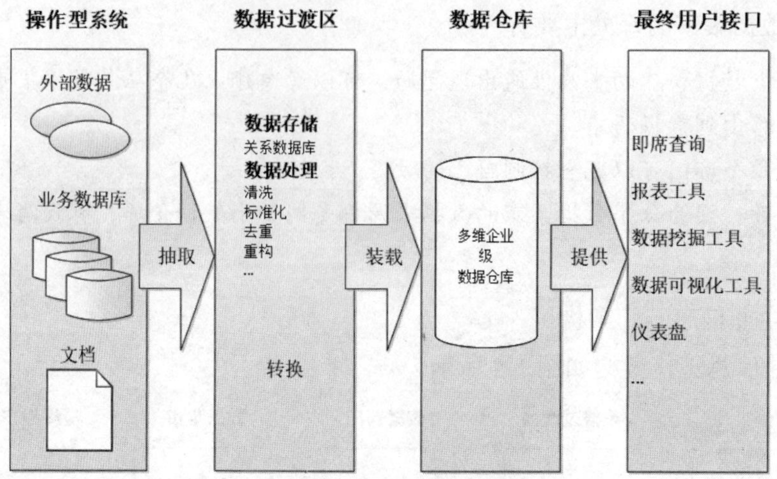

图 1-5 Kimball 数据仓库架构

对比图 1-4 可以看到，Kimball 与 Inmon 两种架构的主要区别在于核心数据仓库的设计和建立。Kimball 的数据仓库包含高粒度的企业数据，使用多维模型设计，这也意味着数据仓库由星型模式的维度表和事实表构成。分析系统或报表工具可以直接访问多维数据仓库里的数据。在此架构中的数据集市也与 Inmon 中的不同。这里的数据集市是一个逻辑概念，只是多维数据仓库中的主题域划分，并没有自己的物理存储，也可以说是虚拟的数据集市。

4. 混合型数据仓库架构

混合型数据仓库架构如图 1-6 所示。

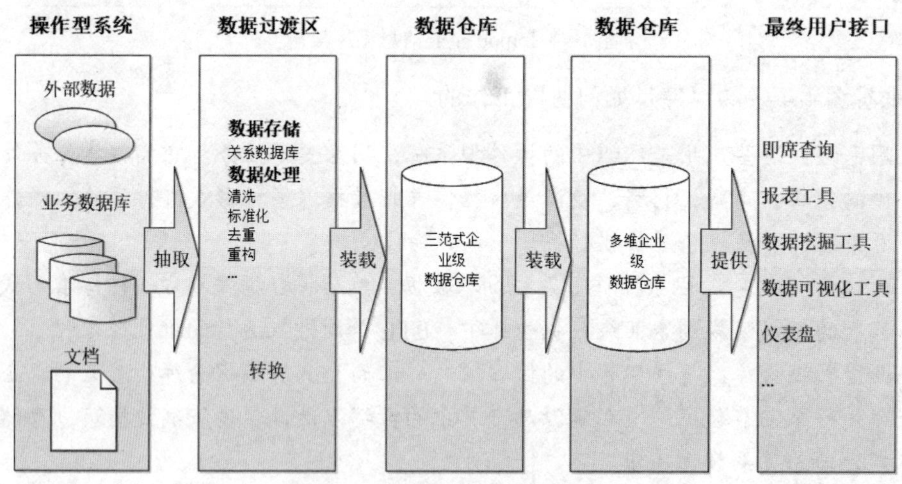

图 1-6 混合型数据仓库架构

所谓的混合型结构，指的是在一个数据仓库环境中，联合使用 Inmon 和 Kimball 两种架构。从架构图可以看到，这种架构将 Inmon 方法中的数据集市部分替换成了一个多维数据仓库，而数据集市则是多维数据仓库上的逻辑视图。使用这种架构的好处是，既可以利用规范化设计消除数据冗余，保证数据的粒度足够细，又可以利用多维结构更灵活地在企业级数据仓库实现报表和分析。

1.4.3 操作型数据存储

操作型数据存储又称为 ODS，是 Operational Data Store 的简写，其定义是这样的：一个面向主题的、集成的、可变的、当前的细节数据集合，用于支持企业对于即时性的、操作性的、集成的全体信息的需求。对比 1.1 节中数据仓库的定义不难看出，操作型数据存储在某些方面具有类似于数据仓库的特点，但在另一些方面又显著不同于数据仓库。

- 像数据仓库一样，是面向主题的。
- 像数据仓库一样，其数据是完全集成的。
- 数据是当前的，这与数据仓库存储历史数据的性质明显不同。ODS 具有最少的历史数据（一般是 30 天到 60 天），而尽可能接近实时地展示数据的状态。
- 数据是可更新的，这是与静态数据仓库又一个很大的区别。ODS 就如同一个事务处理系统，当新的数据流进 ODS 时，受其影响的字段被新信息覆盖。
- 数据几乎完全是细节数据，仅具有少量的动态聚集或汇总数据。通常将 ODS 设计成包含事务级的数据，即包含该主题域中最低粒度级别的数据。
- 在数据仓库中，几乎没有针对其本身的报表，报表均放到数据集市中完成；与此不同，在 ODS 中，业务用户频繁地直接访问 ODS。

在一个数据仓库环境中，ODS 具有如下几个作用：

- 充当业务系统与数据仓库之间的过渡区。数据仓库的数据来源复杂，可能分布在不同的数据库、不同的地理位置、不同的应用系统之中，而且由于数据形式的多样性，数据转换的规则往往极为复杂。如果直接从业务系统抽取数据并做转换，不可避免地会对业务系统造成影响。而 ODS 中存放的数据在数据结构、数据粒度、数据之间的逻辑关系上都与业务系统基本保持一致，因此抽取过程只需简单地复制数据，而基本上不再需要做数据转换，大大降低了复杂性，同时最小化对业务系统的侵入。
- 转移部分业务系统细节查询的功能。某些原来由业务系统产生的报表、细节数据的查询能够在 ODS 中进行，从而降低业务系统的查询压力。
- 完成数据仓库中不能完成的一些功能。数据仓库用户有时会要求查询最低粒度级别的细节数据，而数据仓库中存储的数据一般都是聚合或汇总过的数据，并不存储每个事务产生的细节数据。这时就需要把细节数据查询的功能转移到 ODS 来完成，而且 ODS 的数据模型是按照面向主题的方式组织的，可以方便地支持多维分析，即数据仓库从宏观角度满足企业的决策支持要求，而 ODS 则从微观角度反映细节事务数据或者低粒度的数据查询要求。

1.5 实时数据仓库

上一节介绍的架构已经有几十年的历史，经过了长时间的验证和打磨，已被证明是适合于构建企业级数据仓库的经典解决方案。但是，近年来随着业务领域的不断拓展，尤其像互联网、无线终端 APP 等行业应用的激增，产生的数据量呈指数级增长，对海量数据的处理需求也提出了新的挑战。具体到数据仓库，尤其突出的一点是人们对数据分析的实时性要求越来越高，从而衍生出实时数据仓库的概念。为解决数据实时性问题，也涌现出一批相关的技术。

本节将解释什么是流式处理，然后讨论实时计算的基本概念和适用场景，它们都与实时数据仓库的实施密不可分。最后从技术实现的角度介绍几种流行的实时数据仓库架构。

1.5.1 流式处理

人们对数据流并不陌生，数据从业务系统产生，经过一系列转换进入数据仓库，再进入分析系统提供报表、仪表盘展现分析结果，最终经过数据挖掘和机器学习以辅助决策，整个过程就形成了一个数据流。当然除了直觉以外，严格的定义更有意义。数据流是无边界数据集的抽象表示。无边界意味着无限和持续增长，无边界数据集之所以是无限的，是因为随着时间的推移，新的记录会不断加入进来。这个定义已经被包括 Google 和 Amazon 在内的大部分公司所采纳。

除无边界外，数据流还有其他一些属性：有序、不可变、可重放。数据的产生总有先后顺序，这是数据流与数据库表的不同点之一，数据库表里的记录是无序的。数据一旦产生就不能被改变。假设你熟悉数据库的二进制日志（binlog）、预写日志（WAL）和重做日志（redo log）的概念，那么就会知道，如果往数据库表插入一条记录，然后将其删除，表里就不会再有这条记录，但日志里包含了插入和删除两个事务。可重放是数据流非常有价值的一个属性。对于大多数业务来说，重放发生在几天前（甚至几个月前）的原始数据流是一个很重要的需求。这可能是为了尝试使用新的分析方法以纠正过去的错误，或是为了进行审计。

知道什么是数据流以后，是时候了解“流式处理”的真正含义了。流式处理是指实时处理一个或多个数据流。流式处理是一种编程范式，就像请求与响应范式和批处理范式那样。下面对这三种范式进行比较，以便更好地理解如何在软件架构中应用流式处理。

1. 请求与响应

这是延迟最小的一种范式，响应时间处于亚毫秒到毫秒之间，而且响应时间一般非常稳定。这种处理方式一般是阻塞的，应用程序向处理系统发出请求，然后等待响应。在数据库领域，这种范式就是联机事务处理（OLTP）。

2. 批处理

这种范式具有高延迟和高吞吐量的特点。处理系统按照预定的时间启动处理进程，比如每天早上两点开始启动，每小时启动一次等。它读取所有的输入数据（从上一次执行之后的所有可用数据），输出结果，然后等待下一次启动。处理时间从几分钟到几小时不等，并且用户从结果里读到的都是滞后数据。

在数据库领域，它们就是传统的数据仓库或商业智能系统。它们每天装载巨大批次的数据，并生成报表，用户在下一次装载数据之前看到的都是相同的报表。从规模上来说，这种范式既高效又经济。但在最近几年，为了能够更及时、高效地做出决策，业务要求能够在更短的时间内提供可用数据，这就给那些为探索规模经济而开发，却无法提供低延迟报表的系统带来了巨大的压力。

3. 流式处理

这种范式介于上述两种之间。某些业务不要求毫秒级的响应，不过也接受不了要等到第二天才知道结果。大部分业务流程都是持续进行的，只要业务报告保持更新，业务产品线能够保持响应，那么业务流程就可以进行下去，而无须等待特定的响应，也不要求在几毫秒内得到响应。

与前面介绍的数据仓库相比，流式处理的整个处理过程必须是持续的。一个在每天早上两点启动的任务，从数据流里读取 500 条记录，生成结果，然后结束，这样的流程不是流式处理。对数据仓库来说，也许从粒度的角度理解流式处理更容易。回想 1.1 节中提及的粒度概念，如果能将数据更新保持在最低的事务粒度级别上，实际就是做了数据仓库的流式处理，也即所谓的实时数据仓库。实时数据处理没有调度开销，只涉及任务监控。

1.5.2　实时计算

要做到实时读写数据，必须采用有别于传统数据仓库的实现技术，实时计算的概念和技术引擎应运而生，它们是成功创建实时数据仓库的前提条件。实时计算一般针对海量数据处理，并且要求响应时间为秒级。由于大数据兴起之初，以 Hadoop 为代表的分布式框架并没有给出实时计算解决方案，随后便出现了 Storm、Spark Streaming、Flink 等实时计算框架，而 Kafka、ES 的兴起使得实时计算领域的技术越来越完善。随着物联网、机器学习等技术的推广，实时流式计算将在这些领域得到充分应用。实时计算是流式处理的一种具体实现方式，因此必然具有无限数据、无边界数据处理、低延迟等特征。

现在大数据应用比较火爆的领域，比如推荐系统，在实践之初受技术所限，可能要一分钟、一小时，甚至更久才能对用户进行推荐，这远远不能满足需求，我们要更快地完成数据处理，而不是进行离线的批处理操作。实时计算的应用场景主要包括实时智能推荐、实时欺诈检测、舆情分析、物联网、客服系统、实时机器学习等。

在某些场景中，数据的价值随着时间的推移而逐渐减少，所以在传统数据仓库的基础上，逐渐对数据的实时性提出了更高的要求。于是随之诞生了实时数据仓库，并且衍生出了两种主流技术架构：Lambda 和 Kappa。

1. Lambda 架构

Lambda 架构如图 1-7 所示，虚线上面表示数据的逻辑处理流程，虚线下面是一组具体实现组件。

数据从底层的数据源开始，经过 Kafka、Flume 等组件进行收集，然后分成两条线进行计算：一条线是进入流式计算平台（例如 Storm、Flink、Spark Streaming 等），计算一些实时的指标；另一条线是进入批量数据处理离线计算平台（例如 MapReduce、Hive，Spark SQL 等），计算 T+1 的相关业务指标，这些指标通常需要隔日才能看见。

总体来说，Lambda 架构就是为了计算一些实时指标，在原来离线数据仓库的基础上增加了一个实时计算的链路，并对数据源做流式改造：把数据发送到消息队列，实时计算去订阅消息队列，直接完成指标增量的计算，并将结果推送到下游的数据服务中去，由数据服务层完成离线、实时结果的合并。

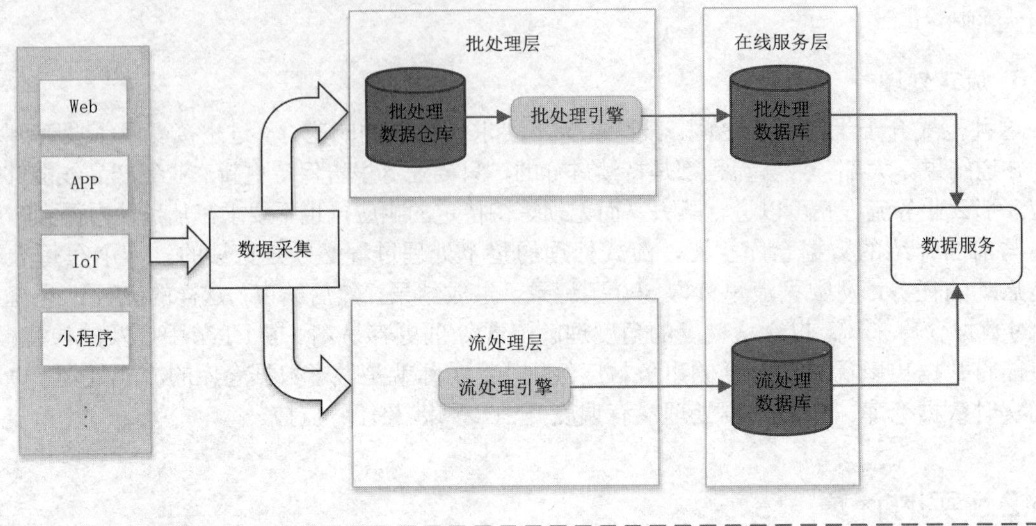

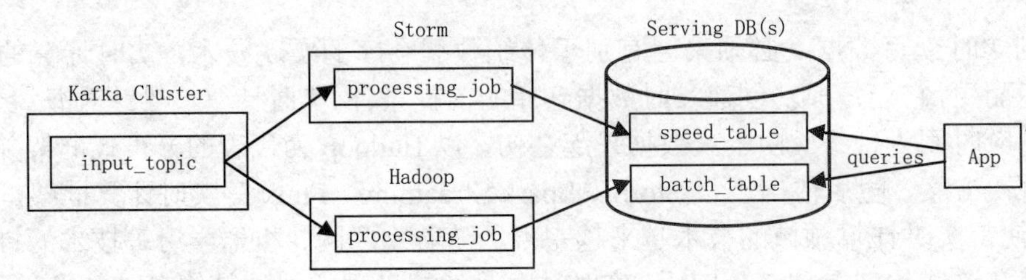

图 1-7 Lambda 架构

Lambda 属于较早的一种架构方式，早期的流处理不如现在这样成熟，在准确性、扩展性和容错性上，流处理层无法直接取代批处理层，只能给用户提供一个近似结果，还不能为用户提供一个一致和准确的结果。因此，在 Lambda 架构中出现了批处理和流处理并存的现象。

在 Lambda 架构中，每层都有自己所肩负的任务。批处理层使用可处理大量数据的分布式处理系统预先计算结果。它通过处理所有的已有历史数据来实现数据的准确性。这意味着它是基于完整的数据集来重新计算的，能够修复任何错误，然后更新现有的数据视图。输出通常存储在只读数据库中，更新则采用全量替换方式，完全取代现有的预先计算好的视图。流处理层通过提供最新数据的实时视图来最小化延迟。流处理层所生成的数据视图，可能不如批处理层最终生成的视图那样准确或完整，但它们几乎在收到数据后立即可用。当同样的数据在批处理层处理完成后，在流处理层的数据就可以被替代掉了。

Lambda 架构经历多年的发展，其优点是稳定，对于实时计算部分的计算成本可控，批量处理可以用晚上的时间来整体批量计算，这样就把实时计算和离线计算高峰分开。这种架构支撑了数据行业的早期发展，但是它也有一些致命缺点，并在当今时代越来越不适应数据分析业务的需求。

Lambda 架构的缺点如下：

- 使用两套大数据处理引擎：维护两个复杂的分布式系统，成本非常高。
- 批量计算在计算窗口内无法完成：当数据量越来越大时，夜间只有 4、5 个小时的时间窗口，已经无法完成白天约 20 个小时累计的数据，保证早上准时出数据已成为每个大数据团队头疼的问题。

- 数据源一旦变化都要重新开发，开发周期长：每次需求变更后，业务逻辑的变化都需要针对 ETL 批处理和 Streaming 流处理做修改，整体开发周期长，业务反应不迅速。
- 资源占用增多：同样的逻辑计算两次，整体资源占用会增多（多出实时计算这部分）。

导致 Lambda 架构缺点的根本原因是要同时维护两套系统：批处理层和流处理层。我们已经知道，在架构中加入批处理层是因为从批处理层得到的结果具有高准确性，而加入流处理层是因为它在处理大规模数据时具有低延时性。那我们能不能改进其中某一层的架构，让它具有另外一层架构的特性呢？例如，改进批处理层的系统，让它具有更低的延迟，或者是改进流处理层的系统，让它产生的数据视图更具准确性和更加接近历史数据呢？另外一种在大规模数据处理中常用的架构——Kappa，便是在这样的思考下诞生的。

2. Kappa 架构

Kappa 架构可以被认为是 Lambda 架构的简化版，只是去除掉了 Lambda 架构中的离线批处理部分，如图 1-8 所示。

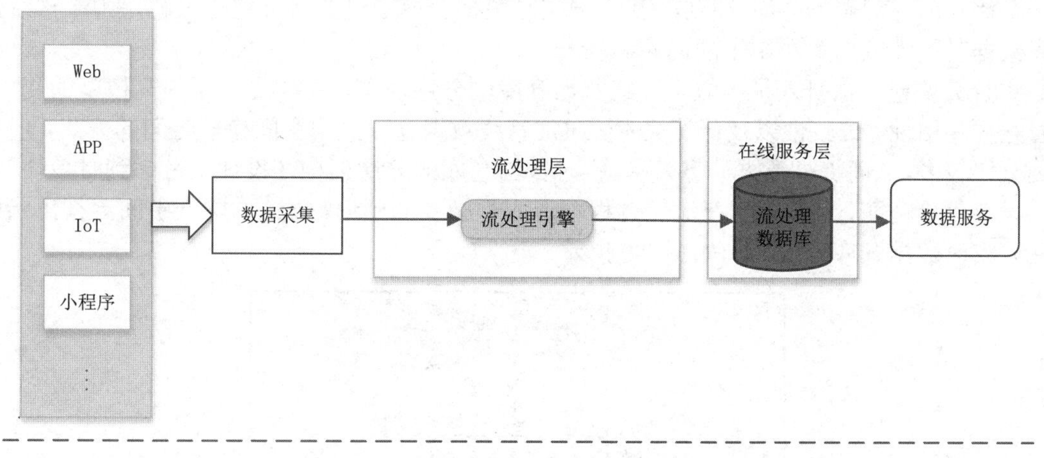

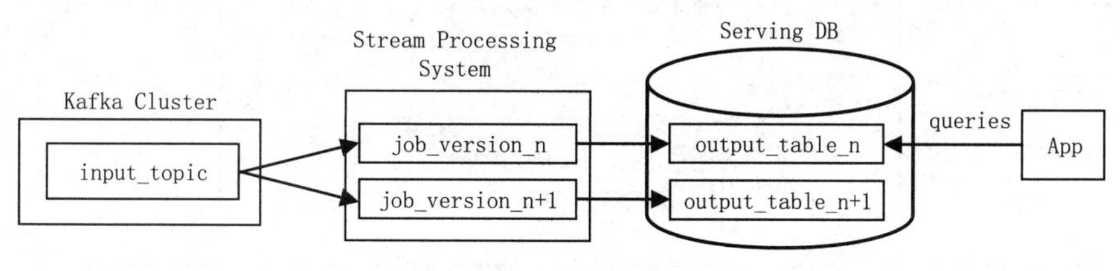

图 1-8　Kappa 架构

这种架构只关注流式计算，数据以流的方式被采集，实时计算引擎将计算结果放入数据服务层以供查询。Kappa 架构的兴起主要有两个原因：

- 消息队列（如 Kafka）支持数据持久化，可以保存更长时间的历史数据，以替代 Lambda 架构中批处理层的数据仓库部分。流处理引擎以一个更早的时间作为起点开始消费，起到了批处理的作用。
- 流处理引擎（如 Flink）解决了事件乱序下计算结果的准确性问题。

Kappa 架构更简单，实时性更好，所需的计算资源远小于 Lambda 架构，最大的问题是流式重新处理历史的吞吐能力会低于批处理，但这可通过增加计算资源来弥补。随着实时处理需求的不断增长，更多的企业开始使用 Kappa 架构，但这不意味着 Kappa 架构能够取代 Lambda 架构。Lambda 和 Kappa 架构都有各自的适用领域：对于流处理与批处理分析流程比较统一，且允许一定的容错，用 Kappa 比较合适；少量关键指标，例如交易金额、业绩统计等使用 Lambda 架构进行批量计算，增加一次校对过程。还有一些比较复杂的场景，批处理与流处理将产生不同的结果，如使用不同的机器学习模型、专家系统，或者实时计算难以处理的复杂情况，可能更适合 Lambda 架构。

1.5.3 实时数据仓库解决方案

从传统的经验来讲，数据仓库有一个很重要的功能是记录数据变化历史。通常，数据仓库都希望从业务上线的第一天开始有数据，然后一直记录到现在。但实时处理技术，又是强调当前处理状态的一门技术，所以当这两个相互对立的方案重叠在一起的时候，注定不是用来解决一个比较广泛问题的方案。于是，我们把实时数据仓库建设的目标定位为解决由于传统数据仓库数据时效性低而解决不了的问题。

实时数据仓库也引入了类似于离线数据仓库的分层理念，主要是为了提高模型的复用率，同时兼顾易用性、一致性以及计算成本。通常离线数据仓库采用空间换取时间的方式，所以层级划分比较多，从而提高数据计算效率。实时数据仓库的分层架构在设计上考虑到时效性问题，分层设计尽量精简，避免数据在流转过程中造成不必要的延迟响应，并降低中间流程出错的可能性。实时数据仓库分层架构如图 1-9 所示。

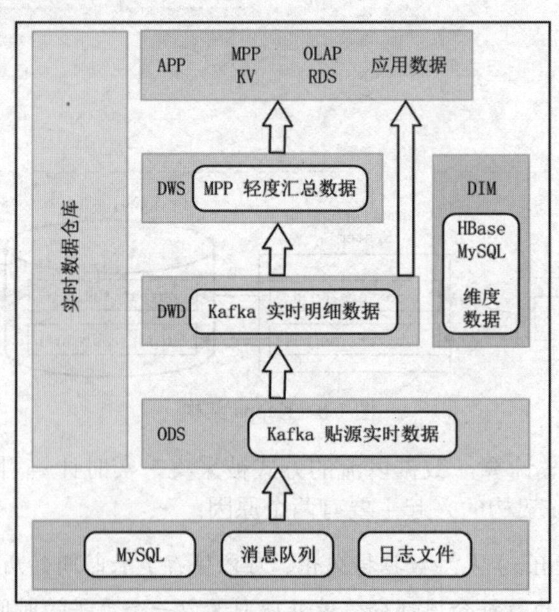

图 1-9 实时数据仓库分层架构

- ODS 层：以 Kafka 为支撑，将所有需要实时处理的相关数据放到 Kafka 队列中来实现贴源数据层。这一层是数据输入层，主要是埋点、流量、日志等消息数据的接入。

- DWD（Data Warehouse Detail）层：实时计算订阅业务数据消息队列，然后通过数据清洗、多数据源连接、流式数据与离线维度信息的组合等，将一些相同粒度的业务系统、维表中的维度属性全部关联到一起，增加数据易用性和复用性，得到最终的实时明细数据。
- DIM（Dimension）层：存放用于关联查询的维度信息，可以根据数据现状来选择存储介质，例如使用 HBase 或者 MySQL。对于实时 ETL、实时统计，或者特征加工时需要进行流数据和静态维表数据关联处理等情况，这一层是必需的。
- DWS（Data WareHouse Service）层：轻度汇总层是为了便于面向即席查询或者实时 OLAP 分析构建的轻度汇总结果集合，适合数据维度、指标信息比较多的情况。为了方便根据自定义条件的快速筛选和指标聚合，推荐使用 MPP 类型数据库进行存储。此层可视场景情况决定是否构建。
- APP 层：面向实时数据场景需求构建的高度汇总层，可以根据不同的数据应用场景决定所使用的存储介质或者引擎。APP 层已经脱离了数据仓库，这里虽然作为一个独立分层，但实际 APP 层的数据已经分布存储在各种介质中以供使用。

图 1-10 显示的是一个简化的、落地的，并基于 MySQL、Canal、Kafka、Greenplum 构建的实时数据仓库架构。本书后面讨论的实践部分都基于此架构进行设计开发。

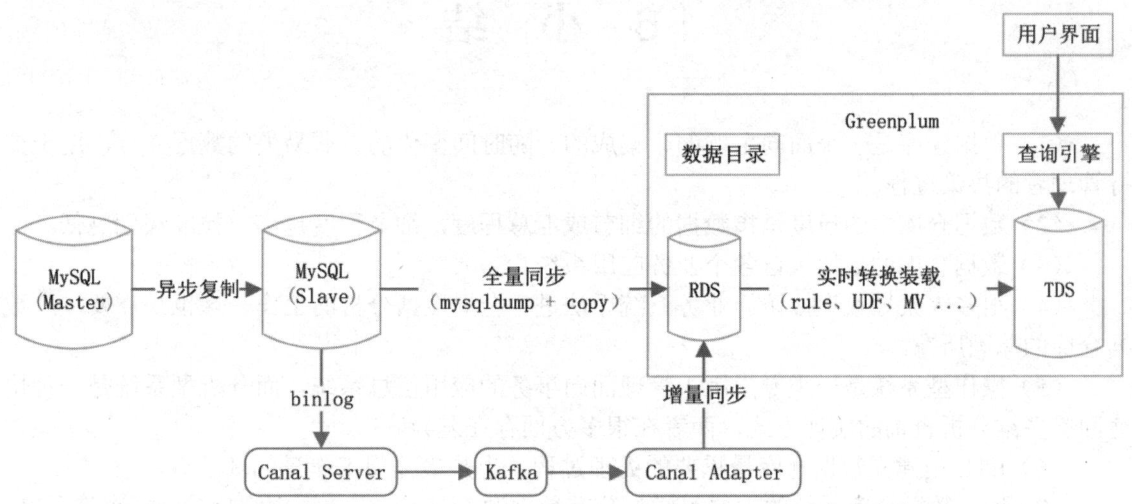

图 1-10　基于 MySQL、Canal、Kafka、Greenplum 的实时数据仓库架构

在真实的数据仓库项目中会涉及多种数据源，不同数据源产生的数据质量可能差别很大，数据库中的格式化数据可以直接导入大数据存储系统，而日志或爬虫产生的数据就需要进行大量的清洗、转化处理才能有效使用。几乎在所有领域的业务数据源中，关系数据库都占有绝对比重，而其中 MySQL 毋庸置疑是当今最流行的关系数据库系统。本书将 MySQL 作为唯一数据源，一是出于简化目的，因为后面的实践均给出代码级别的实操，不可能面面俱到；二是 MySQL 具有典型性，搞定 MySQL 的数据采集就可以解决实际应用中的大部分问题。

Canal Server 从 MySQL 从库产生的 binlog（开启 log_slave_updates）抽取增量数据变更日志，这样做有两个好处。首先，最重要的是它不会影响线上业务，因为 Canal Server 只是在从库创建一个 Binlog Dump 线程，对 MySQL Server 的影响微乎其微。其次，从库可以随时启停复制，这样可以很容易地为下游组件确定一个增量数据同步起点，在进行首次全量数据同步时就可以有效利用这一点来实现。

Canal Server 作为数据生产者将记录数据变化的 binlog 以消息形式传递给 Kafka。Kafka 一方面可以将消息持久化存储，避免数据丢失，另一方面可以充当数据入仓前的缓冲区。Canal Adapter 作为数据消费者从 Kafka 接收消息，然后将数据写入 Greenplum 数据库。

数据进入 Greenplum 后，就可以利用它提供的规则（rule）、用户自定义函数（UDF）、物化视图（MV）等功能，自动、实时、对用户透明地执行一些复杂的 ETL 过程，以及对维度表和事实表的数据维护。Greenplum 是一种成熟的 MPP 架构的分布式数据库，提供了丰富全面的功能，并且性能优良，比较适合当作实时数据仓库的数据存储、数据处理和数据查询引擎。作为数据库管理系统，还可以利用 Greenplum 统一管理元数据。

图 1-10 所示架构具有门槛低、上手易、实施快的特点，整个构建过程只需要适当安装配置相关的软件，再利用 SQL 即可完成，不需要其他任何编程工作。当然，从来没有完美的架构，只有适合的解决方案。本架构明显的一个局限是只能处理 MySQL 一个数据源，而且始终以数据库提供的功能为核心。如果涉及非常复杂的处理逻辑，可以引入类似 Flink 的实时计算引擎，并在其上开发自己的应用程序是更好的选择。

1.6 小 结

（1）数据仓库是一个面向主题的、集成的、随时间变化的、非易失的数据集合，用于支持管理者的决策过程。

（2）数据仓库中的粒度是指数据的细节或汇总程度，细节程度越高，粒度级别越低。

（3）数据仓库的数据来自各个业务应用系统。

（4）很多因素导致直接访问业务系统无法进行全局数据分析的工作，这也是需要一个数据仓库的原因所在。

（5）操作型系统是一类专门用于管理面向事务的应用信息系统，而分析型系统是一种快速回答多维分析查询的实现方式，两者在很多方面存在差异。

（6）ETL 是建立数据仓库最重要的处理过程，也是最体现工作量的环节。

（7）构成数据仓库系统的主要组成部分有数据源、ODS、中心数据仓库、分析查询引擎、ETL、元数据管理和自动化调度。

（8）主要的数据仓库架构有独立数据集市、从属数据集市、Inmon 企业信息工厂、Kimball 多维数据仓库、混合型数据仓库。

（9）构建实时数据仓库的基础是流式处理与实时计算，Lambda 和 Kappa 是两个实时计算架构。Lambda 是早期架构，在传统离线批处理上增加了一条实时数据处理链路。Kappa 架构是 Lambda 架构的简化版，只保留了 Lambda 中的实时处理部分。

（10）实时数据仓库也引入了类似于离线数据仓库的分层理念，但更注重时效性，分层越少越好，减少分层也是为了减少中间流程出错的可能。

第 2 章

数据仓库设计基础

本章将首先介绍关系数据模型、多维数据模型和 Data Vault 模型这三种常见的数据仓库模型和与之相关的设计方法，然后讨论数据集市的设计问题，最后说明一个数据仓库项目的实施步骤。规划实施过程是整个数据仓库设计的重要组成部分。

关系模型、多维模型已经有很长的历史，而 Data Vault 模型相对比较新。它们都是流行的数据仓库建模方式，但又有各自的特点和适用场景。读者在学习了本章的内容后，可以根据实际需求选择适合的方法来构建自己的数据仓库。

2.1 关系数据模型

关系模型是由 E.F.Codd 于 1970 年提出的一种通用数据模型。由于关系数据模型简单明了，并且有坚实的数学理论基础，所以一经推出就受到了业界的高度重视。关系模型被广泛应用于数据处理和数据存储，尤其是在数据库领域，现在主流的数据库管理系统几乎都是以关系数据模型为基础来实现的。

2.1.1 关系数据模型中的结构

关系数据模型基于关系这一数学概念。在本小节中将解释关系数据模型中的术语和相关概念。为了便于说明，我们使用一个分公司—员工关系的例子。假设有一个大型公司，其在全国各地都有分公司，每个员工都分属于一个分公司，一个分公司有一个经理，分公司经理也是公司员工。分公司—员工关系如图 2-1 所示。

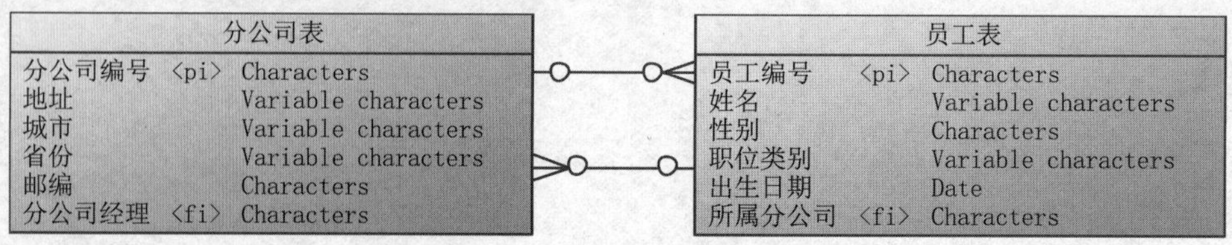

图 2-1 分公司—员工关系

1. 关系

关系是由行和列构成的二维结构，对应关系数据库中的表，如示例中的分公司表和员工表。注意，这种认识只是我们从逻辑上看待关系模型的方式，并不应用于表在磁盘上的物理结构。表的物理存储结构可以是堆文件、索引文件或哈希文件。堆文件是一个无序的数据集合；索引文件中表数据的物理存储顺序和逻辑顺序保持一致；哈希文件也称为直接存取文件，它通过一个预先定义好的哈希函数来确定数据的物理存储位置。

2. 属性

属性是由属性名称和类型名称构成的顺序对，对应关系数据库中表的列，如地址（Variable Characters）是公司表的一个属性。属性值是属性一个特定的有效值，可以是简单的标量值，也可以是复合数据类型值。

在关系数据模型中，我们把关系描述为表，表中的行对应不同的记录，表中的列对应不同的属性。属性可以以任何顺序出现，而关系保持不变，也就是说，在关系理论中，表中的列是没有顺序的。

3. 属性域

属性域即属性的取值范围，每一个属性都有一个预定义的值的范围。属性域是关系模型的一个重要特征，关系中的每个属性都与一个域相关。各个属性的域可能不同，也可能相同。属性域描述了属性所有可能的值。

属性域的概念是很重要的，因为它允许我们定义属性可以具有的值的意义。系统可因此获得更多的信息，并且可以拒绝不合理的操作。在本例中，分公司编号和员工编号都是字符串，但显然具有不同的含义，换句话说，它们的属性域是不同的。表 2-1 列出了分公司—员工关系的一些属性域。

表 2-1 分公司—员工关系的一些属性域

属性	属性域的定义	含义
分公司编号	字符：大小为 4，范围为 B001~B999	设置所有可能的分公司编号
地址	字符：大小为 100	设置所有可能的地址
员工编号	字符：大小为 5，范围为 S0001~S9999	设置所有可能的员工编号
职位类别	管理、技术、销售、运营、产品之一	设置所有可能的员工职位类别

4. 元组

元组是关系中的一条记录，对应关系数据库中的一个表行。元组可以以任何顺序出现，而关系保持不变，也就是说，在关系理论中，表中的行是没有顺序的。

5. 关系数据库

关系数据库是复制一系列规范化的表的集合。这里的规范化可以理解为表结构的正确性。在 2.1.4 节将详细讨论规范化问题。

以上介绍了关系数据模型的两组术语："关系、属性、元组"和"表、列、行"。在这里它们的含义是相同的，只不过前者是关系数据模型的正式术语，而后者是常用的数据库术语。其他可能会遇到的类似术语还有实体（表）、记录（行）、字段（列）等。

6. 关系表的属性

关系表有如下属性：

- 每个表都有唯一的名称。
- 一个表中每个列有不同的名字。
- 一个列的值来自于相同的属性域。
- 列是无序的。
- 行是无序的。

7. 关系数据模型中的键

（1）超键

一个列或者列集，唯一标识表中的一条记录。超键可能包含用于唯一标识记录所不必要的额外的列，我们通常只对仅包含能够唯一标识记录的最小数量的列感兴趣。

（2）候选键

仅包含唯一标识记录所必需的最小数量列的超键。表的候选键有三个属性：

- 唯一性：在每条记录中，候选键的值唯一标识该记录。
- 最小性：具有唯一性属性的超键的最小子集。
- 非空性：候选键的值不允许为空。

在本例中，分公司编号是候选键，如果每个分公司的邮编都不同，那么邮编也可以作为分公司表的候选键。一个表中允许有多个候选键。

（3）主键

唯一标识表中记录的候选键。主键是唯一的、非空的。没有被选作主键的候选键称为备用键。对于例子中的分公司表，分公司编号是主键，邮编就是备用键，而员工表的主键是员工编号。

主键的选择在关系数据模型中非常重要，很多性能问题都是由于主键选择不当引起的。在选择主键时，我们可以参考以下原则：

- 主键要尽可能小。
- 主键值不应该被改变。主键会被其他表所引用，如果改变了主键的值，所有引用该主键的值都需要修改，否则引用就是无效的。
- 主键通常使用数字类型。数字类型的主键要比其他数据类型效率更高。
- 主键应该是没有业务含义的，它不应包含实际的业务信息。无意义的数字列不需要修改，因此它是主键的理想选择。大部分关系数据库支持的自增属性或序列对象更适合当作主键。

- 虽然主键允许由多列组成，但应该使用尽可能少的列，最好是单列。

（4）外键

外键是一个表中的一列或多列的集合，这些列匹配其他（也可以是同一个）表中的候选键。

注 意
外键所引用的不一定是主键，但一定是候选键。

当一列出现在两张表中的时候，它通常代表两张表记录之间的关系。如例子中分公司表的分公司编号和员工表的所属分公司，它们的名字虽然不同，但是含义却相同。分公司表的分公司编号是主键，在员工表里所属分公司是外键。同样，因为公司经理也是公司员工，所以它是引用员工表的外键。主键所在的表被称为父表，外键所在的表被称为子表。

2.1.2 关系完整性

上一小节讨论了关系数据模型的结构部分，本小节讨论关系完整性规则。关系数据模型有两个重要的完整性规则：实体完整性和参照完整性。在定义这些术语之前，先要理解空值（NULL）的概念。

1. 空值

空值表示一个列的值目前还不知道或者对于当前记录来说不可用。空值意味着未知，也意味着某个记录没有值，或者意味着该值目前还没有提供。空值是处理不完整数据或异常数据的一种方式。空值与数字零或者空字符串不同，零和空字符串是值，但空值代表没有值，因此，空值应该与其他值区别对待。空值具有特殊性，当它参与逻辑运算时，结果取决于真值表。每种数据库系统对空值参与运算的规则定义也不尽相同。表 2-2~表 2-4 分别为大部分主流关系数据库系统（Oracle、MySQL、PostgreSQL、Greenplum 等）的非、与、或逻辑运算真值表。

表 2-2　逻辑非运算

	TRUE	FALSE	NULL
NOT	FALSE	TRUE	NULL

表 2-3　逻辑与运算

AND	TRUE	FALSE	NULL
TRUE	TRUE	FALSE	NULL
FALSE	FALSE	FALSE	FALSE
NULL	NULL	FALSE	NULL

表 2-4 逻辑或运算

OR	TRUE	FALSE	NULL
TRUE	TRUE	TRUE	TRUE
FALSE	TRUE	FALSE	NULL
NULL	TRUE	NULL	NULL

在本例中，如果一个分公司的经理离职了，新的经理还没有上任，此时公司经理列对应的值就是空值。

2. 关系完整性规则

有了空值的定义，就可以定义两种关系完整性规则了。

（1）实体完整性

在一个基本表中，主键列的取值不能为空。基本表指的是命名的表，其中的记录物理地存储在数据库中，与之对应的是视图。视图是虚拟的表，它只是一个查询语句的逻辑定义，其中并没有物理存储数据。

从前面介绍的定义可知，主键是用于唯一标识记录的最小列集合，也就是说，主键的任何子集都不能提供记录的唯一标识。空值代表未知，无法进行比较。如果允许空值作为主键的一部分，就意味着并不是所有的列都用来区分记录，这与主键的定义相矛盾，因此主键必须是非空的。例如，分公司编号是分公司表的主键，在录入数据的时候，该列的值不能为空。

（2）参照完整性

如果表中存在外键，则外键值必须与主表中的某些记录的候选键值相同，或者外键的值必须全部为空。在图 2-1 中，员工表中的所属分公司是外键，该列的值要么是分公司表的分公司编号列中的值，要么是空值（如新员工已经加入了公司，但还没有被分派到某个具体的分公司时）。

3. 业务规则

业务规则是定义或约束组织的某些方面的规则。业务规则的例子包括属性域和关系完整性规则。属性域用于约束特定列能够取得的值。大部分主流关系数据库系统（Oracle、MySQL、PostgreSQL、Greenplum 等）支持叫作 check 的约束，其用于定义列中可以接受的值，但这种约束是定义在属性域之上的，比属性域的约束性更强。例如，员工表的性别列就可以加上 check 约束，使它只能取有限的几个值。

2.1.3 关系数据库语言

关系语言定义了允许对数据进行的操作，包括从数据库中更新或检索数据所用的操作以及改变数据库对象结构的操作。关系数据库的主要语言是 SQL 语言。

SQL 是 Structured Query Language 的缩写，意为结构化查询语言。SQL 已经被国际标准化组织（ISO）进行了标准化，使它成为正式的和事实上的定义和操纵关系数据库的标准语言。SQL 语言又可分为 DDL、DML、DCL、TCL 四类。

DDL 是 Data Definition Language 的缩写，意为数据定义语言，用于定义数据库结构和模式。典型的 DDL 有 create、alter、drop、truncate、comment、rename 等。

DML 是 Data Manipulation Language 的缩写，意为数据操纵语言，用于检索、管理和维护数据库对象。典型的 DML 有 select、insert、update、delete、merge、call、explain、lock 等。

DCL 是 Data Control Language 的缩写，意为数据控制语言，用于授予或回收数据库对象的权限。典型的 DCL 有 grant 和 revoke。

TCL 是 Transaction Control Language 的缩写，意为事务控制语言，用于管理 DML 对数据的改变。它允许一组 DML 语句联合成一个逻辑事务。典型的 TCL 有 commit、rollback、savepoint、set transaction 等。

2.1.4 规范化

关系数据模型的规范化是一种组织数据的技术。规范化方法对表进行分解，以消除数据冗余，避免异常更新，提高数据完整性。没有规范化，数据的更新处理将变得困难，且异常的插入、修改、删除数据的操作也会频繁发生。为了便于理解，来看下面的例子。

假设有一个名为 employee 的员工表，它有九个属性：id（员工编号）、name（员工姓名）、mobile（电话）、zip（邮编）、province（省份）、city（城市）、district（区县）、deptNo（所属部门编号）、deptName（所属部门名称），表中的数据如表 2-5 所示。

表 2-5 非规范化的员工表

id	name	mobile	zip	province	city	district	deptNo	deptName
101	张三	13910000001 13910000002	100001	北京	北京	海淀区	D1	部门 1
101	张三	13910000001 13910000002	100001	北京	北京	海淀区	D2	部门 2
102	李四	13910000003	200001	上海	上海	静安区	D3	部门 3
103	王五	13910000004	510001	广东省	广州	白云区	D4	部门 4
103	王五	13910000004	510001	广东省	广州	白云区	D5	部门 5

由于此员工表是非规范化的，我们将面临如下问题。

- 修改异常：上表中张三有两条记录，因为他隶属两个部门。如果我们要修改张三的地址，必须修改两行记录。假如一个部门得到了张三的新地址并进行了更新，而另一个部门没有，那么此时张三在表中会存在两个不同的地址，导致数据不一致。
- 新增异常：假如一个新员工加入公司，他正处于入职培训阶段，还没有被正式分配到某个部门，如果 deptNo 字段不允许为空，我们就无法向 employee 表中新增该员工的数据。
- 删除异常：假设公司撤销了 D3 这个部门，那么在删除 deptNo 为 D3 的行时，会将李四的信息也一并删除，因为他只隶属于 D3 这一个部门。

为了克服这些异常更新，我们需要对表进行规范化设计。规范化是通过应用范式规则实现的。最常用的范式有第一范式（1NF）、第二范式（2NF）、第三范式（3NF）。

（1）第一范式

表中的列只能含有原子性（不可再分）的值。表 2-5 中张三有两个手机号存储在 mobile

列中，违反了 1NF 规则。为了使表满足 1NF，数据应该修改为如表 2-6 所示。

表 2-6　满足 1NF 的员工表

id	name	mobile	zip	province	city	district	deptNo	deptName
101	张三	13910000001	100001	北京	北京	海淀区	D1	部门 1
101	张三	13910000002	100001	北京	北京	海淀区	D1	部门 1
101	张三	13910000001	100001	北京	北京	海淀区	D2	部门 2
101	张三	13910000002	100001	北京	北京	海淀区	D2	部门 2
102	李四	13910000003	200001	上海	上海	静安区	D3	部门 3
103	王五	13910000004	510001	广东省	广州	白云区	D4	部门 4
103	王五	13910000004	510001	广东省	广州	白云区	D5	部门 5

（2）第二范式

第二范式要同时满足两个条件：满足第一范式；没有部分依赖。例如，员工表的一个候选键是{id，mobile，deptNo}，而 deptName 依赖于{deptNo}，同样地，name 仅依赖于{id}，因此不是 2NF 的。为了满足第二范式的条件，需要将这个表拆分成 employee、dept、employee_dept、employee_mobile 四个表，如表 2-7~表 2-10 所示。

表 2-7　满足 2NF 的员工表

id	name	zip	province	city	district
101	张三	100001	北京	北京	海淀区
102	李四	200001	上海	上海	静安区
103	王五	510001	广东省	广州	白云区

表 2-8　满足 2NF 的部门表

deptNo	deptName
D1	部门 1
D2	部门 2
D3	部门 3
D4	部门 4
D5	部门 5

表 2-9　满足 2NF 的员工—部门表

id	deptNo
101	D1
101	D2
102	D3
103	D4
103	D5

表 2-10　满足 2NF 的员工—电话话码表

id	mobile
101	13910000001

（续表）

id	mobile
101	13910000002
102	13910000003
103	13910000004

（3）第三范式

第三范式要同时满足两个条件：满足第二范式；没有传递依赖。例如，员工表的 province、city、district 依赖于 zip，而 zip 依赖于{id}，换句话说，province、city、district 传递依赖于{id}，违反了 3NF 规则。为了满足第三范式的条件，可以将这个表拆分成 employee 和 zip 两个表，如表 2-11、表 2-12 所示。

表 2-11　满足 3NF 的员工表

id	name	zip
101	张三	100001
102	李四	200001
103	王五	510001

表 2-12　满足 3NF 的地区表

zip	province	city	district
100001	北京	北京	海淀区
200001	上海	上海	静安区
510001	广东省	广州	白云区

在关系数据模型设计中，一般需要满足第三范式的要求。如果一个表有良好的主、外键设计，就应该是满足 3NF 的表。规范化带来的好处是，通过减少数据冗余提高了更新数据的效率，同时保证了数据完整性。然而，我们在实际应用中也要防止过度规范化的问题。规范化程度越高，划分的表就越多，在查询数据时越有可能使用表连接操作。而如果连接的表过多，会影响查询的性能。因此要依据业务需求，仔细权衡数据查询和数据更新的关系，制定最适合的规范化程度。还有一点需要注意，不要为了遵循严格的规范化规则而修改业务需求。

2.1.5　关系数据模型与数据仓库

关系数据模型可以提供高性能的数据更新操作，能很好地满足事务型系统的需求，这点毋庸置疑，但是其对于查询与分析密集型的数据仓库系统是否还合适呢？对这个问题的争论由来已久，基本可以分为 Inmon 和 Kimball 两大阵营，Inmon 阵营是应用关系数据模型构建数据仓库的支持者，Kimball 阵营则不支持。

Inmon 方法是以下面这些假设的成立为前提的。

- 假设数据仓库是以企业为中心的，初始的数据能够为所有部门所使用。而最终的数据分析能力是在部门级别体现，需要使用数据集市对数据仓库中的数据做进一步处理，以便为特定的部门定制它们。

- 数据仓库中的数据不违反组织制定的任何业务规则。
- 必须尽可能快地把新数据装载进数据仓库，这意味着需要简化数据装载过程或减少数据的装载量。
- 数据仓库的建立必须从一开始就被设计成支持多种 BI 技术，这就要求数据仓库本身所使用的技术越通用越好。
- 假设数据仓库的需求一定会发生变化，则数据仓库必须能完美地适应其数据和数据结构的变化。

基于这些假设，使用关系数据模型构建数据仓库的优势和必然性就比较明显了。

1. 非冗余性

为适应数据仓库有限的装载周期和海量数据，数据模型应该包含最少量的数据冗余。冗余越少，需要装载的数据量就越少，装载过程就越快。另外，数据仓库的数据源一般是事务型系统，这些系统通常是规范化设计的。如果数据仓库使用相同的数据模型，意味着数据转换的复杂性会降低，这同样可以加快数据装载的速度。

2. 稳定性

一方面，由于数据仓库的需求会不断变化，我们需要以一种迭代的方式建立数据仓库。众所周知，组织中最经常变化的是它的处理过程、应用和技术，如果依赖这三个因素中的任何一个建立数据模型，当它们发生改变时，肯定要对数据模型进行彻底修改。而这些问题，正是关系数据模型的通用性的用武之地。另一方面，由于变化不可避免，数据仓库模型应该能比较容易地将新的变化合并进来，而不必重新设计已有的元素和已经实现的实体。

3. 一致性

数据仓库模型最本质的特点是保证作为组织最重要资源的数据的一致性，而确保数据一致性正是关系数据模型的特点之一。

4. 灵活性

数据仓库最重要的一个用途是作为坚实的、可靠的、一致的数据基础，为后续的报表系统、数据分析、数据挖掘或 BI 系统提供服务。数据模型还必须支持为组织建立的业务规则，这就意味着数据模型必须比简单的平面文件功能更强。对此关系数据模型也是最佳选择之一。

关系数据模型已被证明是可靠的、简单的数据建模方法。应用其规范化规则，将产生一个稳定的、一致的数据模型。该模型支持由组织制定的政策和约定的规则，同时为数据集市分析数据提供了更多的灵活性，在数据存储以及数据装载方面也是最有效的。

当然，任何一种数据模型都不可能是完美无瑕的。关系数据模型的缺点也很明显，它需要额外建立数据集市的存储区，并增加相应的数据装载过程。另外，对数据仓库的使用强烈依赖于对 SQL 语言的掌握程度。

2.2 维度数据模型

维度数据模型简称维度模型（Dimensional Modeling，DM），是一套技术和概念的集合，用于数据仓库设计。不同于关系数据模型，维度模型不一定要引入关系数据库。在逻辑上相同的维度模型，可以被用于多种物理形式，比如维度数据库或是简单的平面文件。根据数据仓库大师 Kimball 的观点，维度模型是一种趋向于支持最终用户对数据仓库进行查询的设计技术，是围绕性能和易理解性构建的。尽管关系模型对于事务处理系统的表现非常出色，但它并不是面向最终用户的。

事实和维度是两个维度模型中的核心概念。事实表示对业务数据的度量，而维度是观察数据的角度。事实通常是数字类型的，可以进行聚合和计算，而维度通常是一组层次关系或描述信息，用来定义事实。例如，销售金额是一个事实，而销售时间、销售的产品、购买的顾客、商店等都是销售事实的维度。维度模型按照业务流程领域即主题域建立，例如进货、销售、库存、配送等。不同的主题域可能共享某些维度，为了提高数据操作的性能和数据一致性，需要使用一致性维度，例如几个主题域间共享维度的复本。术语“一致性维度”源自 Kimball，指的是具有相同属性和内容的维度。

2.2.1 维度数据模型建模过程

维度模型通常以一种被称为星型模式的方式构建。所谓星型模式，就是以一个事实表为中心，周围环绕着多个维度表。还有一种模式叫作雪花模式，是对维度做进一步规范化后形成的。本节后面将会讨论这两种模式。一般使用下面的过程构建维度模型：

- 选择业务流程。
- 声明粒度。
- 确认维度。
- 确认事实。

这种使用四步设计法建立维度模型的过程，有助于保证维度模型和数据仓库的可用性。

1. 选择业务流程

确认哪些业务处理流程是数据仓库应该覆盖的，是维度方法的基础。因此，建模的第一步是描述需要建模的业务流程。例如，需要了解和分析一个零售店的销售情况，那么与该零售店销售相关的所有业务流程都是需要关注的。为了描述业务流程，可以简单地使用纯文本将相关内容记录下来，或者使用“业务流程建模标注”（BPMN）方法，也可以使用统一建模语言（UML）或其他类似的方法。

2. 声明粒度

确定了业务流程后，下一步是声明维度模型的粒度。这里的粒度用于确定事实中表示的是什么，例如，一个零售店的顾客在购物小票上的一个购买条目。在选择维度和事实前必须声明粒度，因为每个候选维度或事实必须与定义的粒度保持一致。在一个事实所对应的所有维度设计中，强制实行粒度一致性是保证数据仓库应用性能和易用性的关键。从给定的业务流程获取数据时，原始粒度是最低级别的粒度。建议从原始粒度数据开始设计，因为原始记录能够满足无法预期的用户查询。汇总后的数据粒度对优化查询性能很重要，但这样的粒度往往不能满足对细节数据的查询需求。不同的事实可以有不同的粒度，但同一事实中不要混用多种不同的粒度。维度模型建立完成之后，还有可能因为获取了新的信息，而回到这一步修改粒度级别。

3. 确认维度

设计过程的第三步是确认模型的维度。维度的粒度必须和第二步所声明的粒度一致。维度表是事实表的基础，也说明了事实表的数据是从哪里采集来的。典型的维度都是名词，如日期、商店、库存等。维度表存储了某一维度的所有相关数据，例如，日期维度应该包括年、季度、月、周、日等数据。

4. 确认事实

确认维度后，下一步也是维度模型四步设计法的最后一步，即确认事实。这一步识别数字化的度量，构成事实表的记录。它是和系统的业务用户密切相关的，因为用户正是通过对事实表的访问来获取数据仓库存储的数据。大部分事实表的度量都是数字类型的，可累加，可计算，如成本、数量、金额等。

2.2.2　维度规范化

与关系模型类似，维度也可以进行规范化。对维度进行规范化（又叫雪花化），可以去除冗余属性，是对非规范化维度做的规范化处理，在下面介绍雪花模型时，会看到维度规范化的例子。一个非规范化维度对应一个维度表，规范化后，一个维度会对应多个维度表，维度被严格地以子维度的形式连接在一起。实际上，在很多情况下，维度规范化后的结构等同于一个低范式级别的关系型结构。

设计维度数据模型时，会因为如下原因而不对维度做规范化处理：

- 规范化会增加表的数量，使结构更复杂。
- 不可避免的多表连接，使查询更复杂。
- 不适合使用位图索引。
- 查询性能原因。分析型查询需要聚合计算或检索很多维度值，此时第三范式的数据库会遭遇性能问题。如果需要的仅仅是操作型报表，可以使用第三范式，因为操作型系统的用户需要看到更细节的数据。

正如前面在关系模型中提到的，对于是否应该规范化的问题存在一些争论。总体来说，当多个维度共用某些通用的属性时，做规范化会是有益的。例如，客户和供应商都有省、市、区县、街道等地理位置的属性，此时分离出一个地区属性就比较合适。

2.2.3 维度数据模型的特点

维度数据模型有如下三个特点：

（1）易理解

相对于规范化的关系模型，维度模型容易理解且更直观。在维度模型中，信息按业务种类或维度进行分组，这会提高信息的可读性，也方便了对于数据含义的解释。简化的模型也让系统以更为高效的方式访问数据库。在关系模型中，数据被分布到多个离散的实体中，对于一个简单的业务流程，可能需要很多表联合在一起才能表示。

（2）高性能

维度模型更倾向于非规范化，因为这样可以优化查询的性能。在介绍关系模型时多次提到，规范化的实质是减少数据冗余，以优化事务处理或数据更新的性能。这里用一个具体的例子进一步说明性能问题。如图 2-2 所示，左边是一个销售订单的典型的规范化表示。订单（Order）实体描述有关订单整体的信息，订单明细（Order Line）实体描述有关订单项的信息，两个实体都包含描述其订单状态的信息。右边是一个订单状态维（Order Status Dimension），该维描述订单和订单明细中对应的状态编码值的唯一组合，它包括在规范化设计的订单和订单明细实体中都出现的属性。当销售订单事实行被装载时，参照在订单状态维中的适合的状态编码的组合设置它的外键。

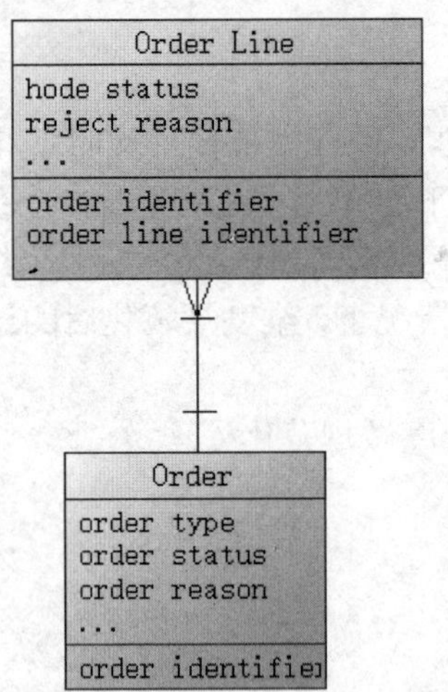

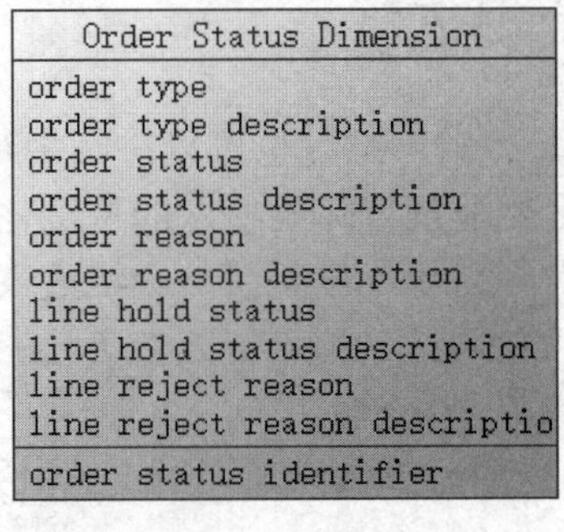

图 2-2　销售订单规范化表与销售订单维度表

维度设计的整体观点是要简化和加速查询。假设有 100 万个订单，每个订单有 10 条明细，订单状态和订单明细状态各有 10 种。一方面，如果用户要查询某种状态特性的订单，按 3NF 模型，逻辑上需要关联 100 万记录与 1000 万记录的两个大表，然后过滤两个表的状态值得到所要的结果。另一方面，事实表（图中并没有画出）按最细数据粒度有 1000 万记录，3NF 里的订单表属性在事实表里是冗余数据，状态维度有 100 条数据，只需要关联 1000 万记录与 100 条记录的两个表，再进行状态过滤即可。

（3）可扩展

维度模型是可扩展的。由于维度模型允许数据冗余，因此当向一个维度表或事实表中添加字段时，不会像关系模型那样产生巨大的影响，带来的结果就是更容易容纳不可预料的新增数据。这种新增可以是单纯地向表中增加新的数据行而不改变表结构，也可以是在现有表上增加新的属性。基于数据仓库的查询和应用不需要过多改变就能适应表结构的变化，老的查询和应用会继续工作而不会产生错误的结果。但是对于规范化的关系模型，由于表之间存在复杂的依赖关系，改变表结构前一定要仔细考虑。

2.2.4　星型模式

星型模式是维度模型最简单的形式，也是数据仓库以及数据集市开发中使用最广泛的形式。星型模式由事实表和维度表组成，一个星型模式中可以有一个或多个事实表，每个事实表引用任意数量的维度表。星型模式的物理模型像一颗星星的形状，中心是一个事实表，围绕在事实表周围的维度表表示星星的放射状分支，这就是星型模式这个名字的由来。

星型模式将业务流程分为事实和维度。事实包含业务的度量，是定量的数据，如销售价格、销售数量、距离、速度、重量等是事实。维度是对事实数据属性的描述，如日期、产品、客户、地理位置等是维度。一个含有很多维度表的星型模式有时被称为蜈蚣模式，显然这个名字也是因其形状而得来的。蜈蚣模式的维度表往往只有很少的几个属性，这样可以简化对维度表的维护，但查询数据时会有更多的表连接，严重时会使模型难于使用，因此在设计中应该尽量避免蜈蚣模式。

1. 事实表

事实表记录了特定事件的数字化的考量，一般由数字值和指向维度表的外键组成。通常会把事实表的粒度级别设计得比较低，使得事实表可以记录很原始的操作型事件，但这样做的负面影响是累加大量记录可能会非常耗时。事实表有以下三种类型：

- 事务事实表。记录特定事件的事实，如销售。
- 快照事实表。记录给定时间点的事实，如月底账户余额。
- 累积事实表。记录给定时间点的聚合事实，如当月的总的销售金额。

一般需要给事实表设计一个代理键作为每行记录的唯一标识。代理键是由系统生成的主键，它不是应用数据，没有业务含义，对用户来说是透明的。

2. 维度表

维度表的记录数通常比事实表少，但每条记录包含大量用于描述事实数据的属性字段。维度表可以定义各种各样的特性，以下是几种常用的维度表：

- 时间维度表。描述星型模式中记录的事件所发生的时间，具有所需的最低级别的时间粒度。数据仓库是随时间变化的数据集合，需要记录数据的历史，因此每个数据仓库都需要一个时间维度表。
- 地理维度表。描述位置信息的数据，如国家、省份、城市、区县、邮编等。

- 产品维度表。描述产品及其属性。
- 人员维度表。描述人员相关的信息，如销售人员、市场人员、开发人员等。
- 范围维度表。描述分段数据的信息，如高级、中级、低级等。

通常给维度表设计一个单列、整型数字类型的代理键，映射业务数据中的主键。业务系统中的主键本身可能是自然键，也可能是代理键。自然键指的是由现实世界中已经存在的属性组成的键，如身份证号就是典型的自然键。

3. 优点

星型模式是非规范化的，在星型模式的设计开发过程中，不受应用于事务型关系数据库的范式规则的约束。星型模式的优点如下：

- 简化查询。查询数据时，星型模式的连接逻辑比较简单，而从高度规范化的事务模型中查询数据时，往往需要更多的表连接。
- 简化业务报表逻辑。与高度规范化的模式相比，由于查询更简单，因此星型模式简化了普通的业务报表（如每月报表）逻辑。
- 获得查询性能。星型模式可以提升只读报表类应用的性能。
- 快速聚合。基于星型模式的简单查询能够提高聚合操作的性能。
- 便于向立方体提供数据。星型模式被广泛用于高效地建立 OLAP 立方体，几乎所有的 OLAP 系统都提供 ROLAP 模型（关系型 OLAP），它可以直接将星型模式中的数据当作数据源，而不用单独建立立方体结构。

4. 缺点

星型模式的主要缺点是不能保证数据完整性。一次性的插入或更新操作可能会造成数据异常，而这种情况在规范化模型中是可以避免的。星型模式的数据装载，一般都是以高度受控的方式，用批处理或准实时过程执行，以此来抵消数据保护方面的不足。

星型模式的另一个缺点是对于分析需求来说不够灵活。它更偏重于为特定目的建造数据视图，因此实际上很难进行全面的数据分析。星型模式不能自然地支持业务实体的多对多关系，需要在维度表和事实表之间建立额外的桥接表。

5. 示例

假设有一个连锁店的销售数据仓库，记录销售相关的日期、商店和产品，其星型模式如图 2-3 所示。

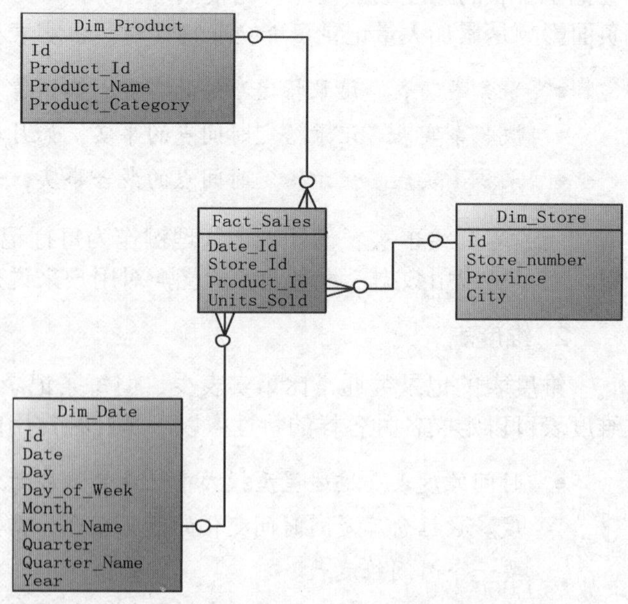

图 2-3 星型模式的销售数据仓库

Fact_Sales 是唯一的事实表，Dim_Date、Dim_Store 和 Dim_Product 是三个维度表。每个维度表的 Id 字段是它们的主键。事实表的 Date_Id、Store_Id、Product_Id 三个字段构成了事实表的联合主键，同时这个三个字段也是外键，分别引用对应的三个维度表的主键。Units_Sold 是事实表的唯一一个非主键列，代表销售量，是用于计算和分析的度量值。维度表的非主键列表示维度的附加属性。下面的查询可以回答 2021 年各个城市的手机销量是多少。

```
select s.city as city, sum(f.units_sold)
from fact_sales f
inner join dim_date d on (f.date_id = d.id)
inner join dim_store s on (f.store_id = s.id)
inner join dim_product p on (f.product_id = p.id)
where d.year = 2021 and p.product_category = 'mobile'
group by s.city;
```

2.2.5　雪花模式

雪花模式是一种多维模型中表的逻辑布局，其实体关系图类似于雪花的形状，因此得名。与星型模式相同，雪花模式也是由事实表和维度表组成。所谓的“雪花化”就是将星型模式中的维度表进行规范化处理，当所有的维度表完成规范化后，就形成了以事实表为中心的雪花型结构，即雪花模式。将维度表进行规范化的具体做法是，把低基数的属性从维度表中移除并形成单独的表。基数指的是一个字段中不同值的个数，如主键列具有唯一值，所以有最高的基数，而像性别这样的列基数就很低。

在雪花模式中，一个维度被规范化成多个关联的表，而在星型模式中，每个维度由一个单一的维度表所表示。一个规范化的维度对应一组具有层次关系的维度表，而事实表作为雪花模式里的子表，存在具有层次关系的多个父表。

星型模式和雪花模式都是建立维度数据仓库或数据集市的常用方式，适用于加快查询速度的重要性高于高效维护数据的场景。这些模式中的表没有特别的规范化，一般都被设计成低于第三范式的级别。

1. 数据规范化与存储

规范化的过程就是将维度表中重复的组分离成一个新表，以减少数据冗余的过程。正因为如此，规范化不可避免地增加了表的数量。在执行查询的时候，不得不连接更多的表。但是规范化减少了存储数据的空间需求，而且提高了数据更新的效率。这点在前面介绍关系模型时已经进行了详细的讨论。

从存储空间的角度看，典型的情况是维度表比事实表小很多。这就使得雪花化的维度表相对于星型模式来说，在存储空间上的优势没那么明显了。举例来说，假设在 220 个区县的 200 个商场，共有 100 万条销售记录。星型模式的设计会产生 1,000,200 条记录，其中事实表有 1,000,000 条记录，商场维度表有 200 条记录，每个区县信息作为商场的一个属性，显式地出现在商场维度表中。在规范化的雪花模式中，会建立一个区县维度表，该表有 220 条记录，商场表引用区县表的主键，有 200 条记录，事实表没有变化，还是 1,000,000 条记录，总的记录数是 1,000,420（1,000,000+200+220）。在这种作为子表的商场记录数少于作为父表的区县记录数的特殊情况下，星型模式所需的空间反而比雪花模式要少。如果商场有 10,000 个，情况就不一样了，星型模式的记录数是 1,010,000，雪花模式的记录数是 1,010,220，从记录数上看，还是雪花模型多，但是，星型模式的商场表中会有 10,000 个冗余的区县属性信息，而在雪花模式中，商场表中只有 10,000 个区县的主键，而需要存储的区县属性信息只有 220 个，当区县的属性很多时，会大大减少数据存储所占用的空间。

有些数据库开发者采取一种折中的方式，底层使用雪花模型，上层用表连接建立视图模拟星型模式。这种方法既通过对维度的规范化节省了存储空间，同时又对用户屏蔽了查询的复杂性。但是当外部的查询条件不需要连接整个维度表时，这种方法会带来性能损失。

2. 优点

雪花模式是和星型模式类似的逻辑模型。实际上，星型模式是雪花模式的一个特例（维度没有多个层级）。在某些条件下，雪花模式更具优势：

- 一些 OLAP 多维数据库建模工具专为雪花模型进行了优化。
- 规范化的维度属性节省了存储空间。

3. 缺点

雪花模型的主要缺点是维度属性规范化增加了查询的连接操作和复杂度。相对于平面化的单表维度，多表连接的查询性能会有所下降。但雪花模型的查询性能问题，在近年来随着数据浏览工具的不断优化而得到缓解。

和具有更高规范化级别的事务型模式相比，雪花模式并不确保数据完整性。向雪花模式的表中装载数据时，一定要有严格的控制和管理，避免数据的异常插入或更新。

4. 示例

图 2-4 显示的是将图 2-3 的星型模式规范化后的雪花模式。日期维度分解成季度、月、周、日期四个表。产品维度分解成产品分类、产品两个表。商场维度分解出一个地区表。

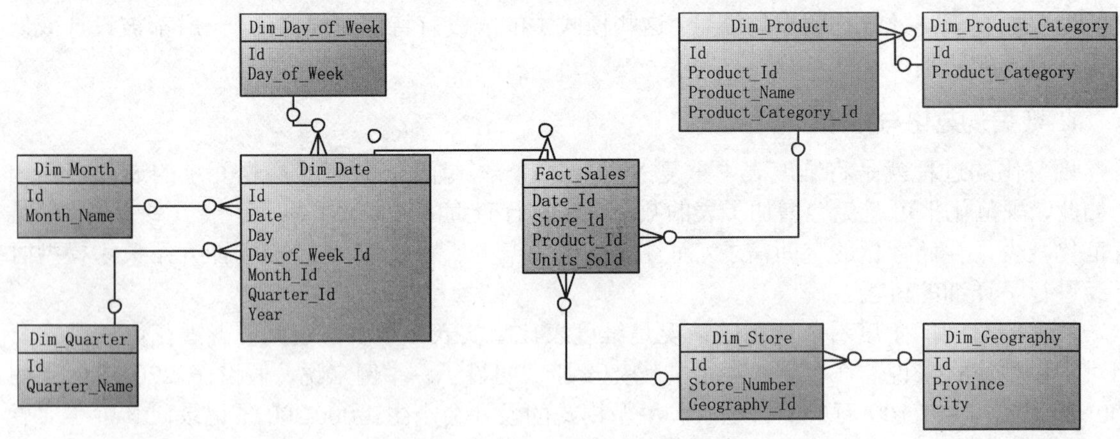

图 2-4　雪花模式的销售数据仓库

下面所示的查询语句的结果等价于前面星型模式的查询，可以明显看到此查询比星型模式的查询有更多的表连接。

```
select g.city,sum(f.units_sold)
  from fact_sales f
```

```
    inner join dim_date d on f.date_id = d.id
    inner join dim_store s on f.store_id = s.id
    inner join dim_geography g on s.geography_id = g.id
    inner join dim_product p on f.product_id = p.id
    inner join dim_product_category c on p.product_category_id = c.id
    where d.year = 2021 and c.product_category = 'mobile'
    group by g.city;
```

2.3 Data Vault 模型

Data Vault（DV）是一种数据仓库建模方法，用来存储来自多个操作型系统的完整的历史数据。Data Vault 方法需要跟踪所有数据的来源，因此其中每个数据行都要包含数据来源和装载时间属性，用以审计和跟踪数据值所对应的源系统。Data Vault 不区分数据在业务层面的正确与错误，它保留操作型系统的所有时间的所有数据，在装载数据时不做数据验证、清洗等工作，这点明显有别于其他数据仓库建模方法。Data Vault 建模方法显式地将结构信息和属性信息分离，能够还原业务环境的变化。Data Vault 允许并行数据装载，不需要重新设计就可以实现扩展。

2.3.1 Data Vault 模型简介

Data Vault 模型用于企业级的数据仓库建模，是 Dan Linstedt 在 20 世纪 90 年代提出的。在最近几年，Data Vault 模型获得了很多关注。Dan Linstedt 将 Data Vault 模型定义如下：

> Data Vault 是面向细节的、可追踪历史的、一组有连接关系的、规范化的表的集合。这些表可以支持一个或多个业务功能。它是一种综合了第三范式和星型模型优点的建模方法。其设计理念是要满足企业对灵活性、可扩展性、一致性和对需求的适应性要求，是一种专为企业级数据仓库量身定制的建模方式。

从上面的定义可以看出，Data Vault 既是一种数据建模的方法论，又是构建企业数据仓库的一种具体方法。在 Data Vault 建模方法论中，不仅定义了 Data Vault 各组成部分之间的交互方式，还包括了最佳实践来指导构建企业数据仓库。例如，业务规则应该在数据的下游实现，也就是说，Data Vault 只按照业务数据的原样保存数据，不做任何解释、过滤、清洗、转换。即使从不同数据源来的数据是自相矛盾的（例如同一个客户有不同的地址），Data Vault 模型也不会遵照任何业务的规则，如“以系统 A 的地址为准”。Data Vault 模型会保存两个不同版本的数据，对数据的解释将推迟到整个架构的后一个阶段（数据集市）。

2.3.2 Data Vault 模型的组成部分

Data Vault 模型有中心表（Hub）、链接表（Link）、附属表（Satellite）三个主要组成部分。中心表记录业务主键，链接表记录业务关系，附属表记录业务描述。

1. 中心表

中心表用来保存一个组织内的每个实体的业务主键，业务主键唯一标识某个业务实体。中心表和源系统表是相互独立的。当一个业务主键被用在多个系统时，它在 Data Vault 中也只保留一份，其他的组件都链接到这一个业务主键上，这就意味着业务数据都集成到了一起。表 2-13 列出了中心表的属性及其描述。

表 2-13　中心表的属性及其描述

属性	描述
主键	系统生成的代理键，供内部使用
业务主键	唯一标识的业务单元，用于已知业务的源系统
装载时间	数据第一次装载到数据仓库时系统生成的时间戳
数据来源	定义了数据来源（例如源系统或表）

2. 链接表

链接表是中心表之间的链接。一个链接表意味着两个或多个中心表之间有关联。一个链接表通常是一个外键，它代表着一种业务关系。表 2-14 列出了链接表的属性及其描述。

表 2-14　链接表的属性及其描述

属性	描述
主键	系统生成的代理键，供内部使用
外键{1…N}	引用中心表的代理键
装载时间	数据第一次装载到数据仓库时系统生成的时间戳
数据来源	定义了数据来源（例如源系统或表）

在 Data Vault 里，每个关系都以多对多的方式关联，这给模型带来了很大的灵活性。无论数据在源系统中是什么关系，都可以保存在 Data Vault 模型中。

3. 附属表

附属表用来保存中心表和链接表的属性，包括所有的历史变化数据。一个附属表有且只有一个外键引用到中心表或链接表。表 2-15 列出了附属表的属性及其描述。

表 2-15　附属表的属性及其描述

属性	描述
主键	系统生成的代理键，供内部使用
外键	引用中心表或链接表的代理键
装载时间	数据第一次装载到数据仓库时系统生成的时间戳
失效时间	数据失效时的时间戳
数据来源	定义了数据来源（例如源系统或表）
属性{1…N}	属性自身

在 Data Vault 模型的标准定义里，附属表的主键应该是附属表里参照到中心表或链接表的外键字段和装载时间字段的组合。尽管这个定义是正确的，但从技术角度考虑，我们最好还是增加一个代理键。使用只有一列的代理键更易维护。另外，对外键列和装载时间列联合建立唯

一索引，也是一个好习惯。

2.3.3　Data Vault 模型的特点

一个设计良好的 Data Vault 模型应该具有以下特点：

- 所有数据都基于时间来存储，即使数据是低质量的，也不能在 ETL 过程中处理掉。
- 依赖越少越好。
- 和源系统越独立越好。
- 设计上适合变化。
    - 源系统中数据的变化。
    - 在不改变模型的情况下可扩展。
- ETL 作业可以重复执行。
- 数据完全可追踪。

2.3.4　Data Vault 模型的构建

在 Data Vault 模型中，各个实体有着严格、通用的定义与准确、灵活的功能描述，这不但使得 Data Vault 模型能够最直观、最普遍地反映数据之间内含的业务规则，同时也为构建 Data Vault 模型提供了一致而普遍的方法。

Data Vault 模型的建立可以遵循如下步骤：

1. 设计中心表

首先要确定企业数据仓库要涵盖的业务范围；其次要将业务范围划分为若干原子业务实体，比如客户、产品等；然后，从各个业务实体中抽象出能够唯一标识该实体的业务主键，该业务主键要在整个业务的生命周期内不会发生变化；最后，由该业务主键生成中心表。

2. 设计链接表

链接表体现中心表之间的业务关联。设计链接表，首先要熟悉各个中心表代表的业务实体之间的业务关系，可能是两个或者多个中心表之间的关系。根据业务需求，这种关系可以是一对一、一对多、或者多对多的。

然后，从相互之间有业务关系的中心表中，提取出代表各自业务实体的中心表主键，这些主键将被加入到链接表中，组合构成该链接表的主键。同样出于技术的原因，需要增加代理键。

生成链接表时要注意，如果中心表之间有业务交易数据的话，就需要在链接表中保存交易数据。有两种方法，一是采用加权链接表，二是给链接表加上附属表来处理交易数据。

3. 设计附属表

附属表包含了各个业务实体与业务关联的详细的上下文描述信息。设计附属表，首先要收集各个业务实体在提取业务主键后的其他信息，比如客户住址、产品价格等；由于同一业务实体的各个描述信息不具有稳定性，会经常发生变化，所以在必要时，需要将变化频率不同的信息分隔开来，为一个中心表建立几个附属表，然后提取出该中心表的主键，作为描述该中心表的附属表的主键。

当业务实体之间存在交易数据的时候，需要为没有加权的链接表设计附属表，也可以根据交易数据的不同变化情况设计多个附属表。

4. 设计必要的 PIT 表

PIT（Point-In-Time）表是由附属表派生而来的。如果一个中心表或者链接表设计有多个附属表的话，为了访问数据方便，就可以使用 PIT 表。

PIT 表的主键也是由其所归属的中心表提取而来，该中心表有几个附属表，PIT 表就至少应该有几个字段来存放各个附属表的变化对比时间。

建立 Data Vault 模型时应该参照如下的原则：

（1）关于中心表的原则

- 中心表的主键不能够直接“伸入”到其他中心表里面。也就是说，不存在父子关系的中心表，各个中心表之间的关系是平等的，这也正是 Data Vault 模型灵活性与扩展性之所在。
- 中心表之间必须通过链接表相关联，通过链接表可以连接两个以上的中心表。
- 至少有两个中心表才能产生一个有意义的链接表。
- 中心表的主键总是“伸出去”的（到链接表或者附属表）。

（2）关于链接表的原则

- 链接表可以跟其他链接表相连。
- 中心表和链接表都可以使用代理键。
- 业务主键从来不会改变，也就是说中心表的主键，即链接表的外键不会改变。

（3）关于附属表的原则

- 附属表必须连接到中心表或者链接表上才会有确定的含义。
- 附属表总是包含装载时间和失效时间，从而包含历史数据，并且没有重复的数据。
- 由于数据信息的类型或者变化频率快慢的差别，描述信息的数据可能会被分隔到多个附属表中去。

2.3.5 Data Vault 模型实例

下面用一个销售订单的例子说明如何将关系模型转换为 Data Vault 模型，以及如何向转换后的 Data Vault 模型装载数据。销售订单关系模型如图 2-5 所示，共有省、市、客户、产品类型、产品、订单、订单明细等 7 个表。

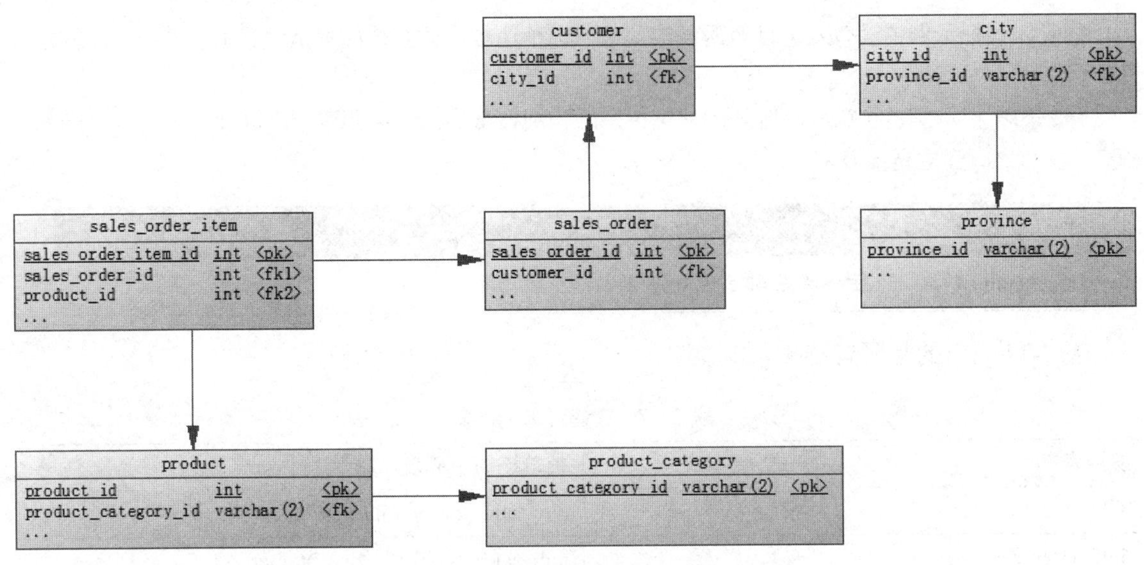

图 2-5　销售订单关系模型

1. 将关系模型转换为 Data Vault 模型

（1）转换中心表

转换中心表的具体步骤如下：

步骤 01 确定中心实体。示例中的客户、产品类型、产品、订单、订单明细这 5 个实体是订单销售业务的中心实体。省、市等地理信息表是参考数据，不能算是中心实体，实际上是附属表。

步骤 02 把第一步确定的中心实体中有入边的实体转换为中心表，因为这些实体被别的实体引用。把客户、产品类型、产品、订单转换成中心表。

步骤 03 把第一步确定的中心实体中没有入边且只有一条出边的实体转换为中心表。该示例中没有这样的表。

表 2-16 列出的是所有中心表。

表 2-16　销售订单中心表

实体	业务主键
hub_product_catagory	product_catagory_id
hub_customer	customer_id
hub_product	product_id
hub_sales_order	sales_order_id

每个中心表只有代理键、业务主键、装载时间、数据来源四个字段。在这个示例中，业务主键就是关系模型中表的主键字段。

（2）转换链接表

转换链接表的具体步骤如下：

步骤01 把示例中没有入边且有两条或两条以上出边的实体直接转换成链接表。符合条件的是订单明细表。

步骤02 把示例中除第一步以外的外键关系转换成链接表。订单和客户之间建立链接表，产品和产品类型之间建立链接表。

注 意
Data Vault 模型中的每个关系都是多对多关系。

表 2-17 列出的是所有链接表。

表 2-17　销售订单链接表

链接表	被链接的中心表
link_order_product	hub_sales_order、hub_product
link_order_customer	hub_sales_order、hub_customer
link_product_catagory	hub_product、hub_product_catagory

链接表中包含代理键、关联的中心表的一个或多个主键、装载时间、数据来源等字段。

（3）转换附属表

附属表为中心表和链接表补充属性。所有源库中用到的表的非键属性都要放到 Data Vault 模型的附属表中。

表 2-18 列出的是所有附属表。

表 2-18　销售订单附属表

附属表	所描述的表
sat_customer	hub_customer
sat_product_catagory	hub_product_catagory
sat_product	hub_product
sat_sales_order	hub_sales_order
sat_order_product	link_order_product

附属表中包含代理键、关联的中心表或链接表的主键、装载时间、失效时间、数据来源、关联的中心表或链接表所对应的关系模型表中的一个或多个非主键属性等字段。

转换后的销售订单 Data Vault 模型如图 2-6 所示。

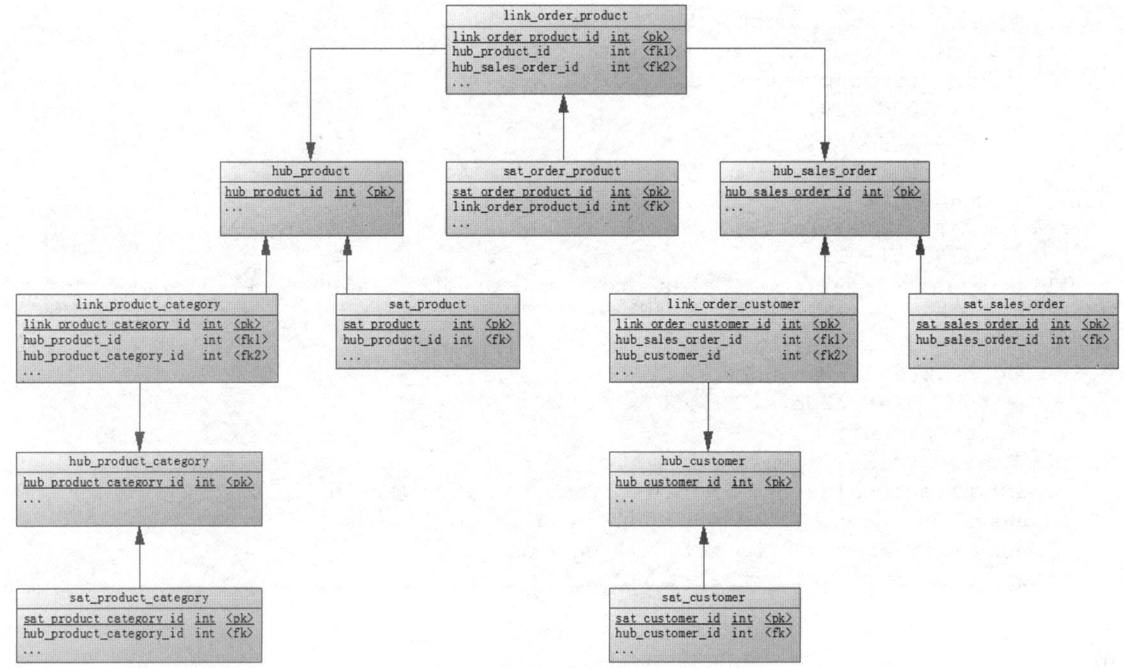

图 2-6　销售订单 Data Vault 模型

2. 向 Data Vault 模型的表中装载数据

现在 Data Vault 模型的中心表、链接表、附属表都已经建立好，需要向其中装载数据，数据的来源是关系模型中的表。假设 Data Vault 的表使用 MySQL 数据库建立，代理键使用自增列，装载时间使用时间戳数据类型。在插入数据时，这两列不用显式赋值，数据会自动维护。数据来源字段简单处理，就填写与之相关的表名。附属表的失效时间字段，初始值填写一个很大的默认时间，这里插入'2200-01-01'。

使用以下的 SQL 代码装载 hub_product 中心表、link_order_product 链接表、sat_order_product 附属表，其他表的装载语句类似，此处略。

```
-- 装载 hub_product 中心表
insert into hub_product (product_id,record_source)
select product_id,'product' from product;

-- 装载 link_order_product 链接表
insert into link_order_product(
       hub_sales_order_id,
       hub_product_id,
       record_source)
select hub_sales_order_id,
       hub_product_id,
       'hub_sales_order,hub_product,sales_order_item'
  from hub_sales_order t1,
       hub_product t2,
       sales_order_item t3
 where t1.sales_order_id = t3.sales_order_id
   and t2.product_id = t3.product_id;
```

```
-- 装载 sat_order_product 附属表
insert into sat_order_product (
      link_order_product_id,
      load_end_dts,
      record_source,
      unit_price,
      quantity)
select link_order_product_id,
      '2200-01-01',
'link_order_product,hub_sales_order,hub_product,sales_order_item',
      t4.unit_price,
      t4.quantity
  from link_order_product t1,
      hub_sales_order t2,
      hub_product t3,
      sales_order_item t4
 where t1.hub_sales_order_id = t2.hub_sales_order_id
   and t1.hub_product_id = t3.hub_product_id
   and t4.sales_order_id = t2.sales_order_id
   and t4.product_id = t3.product_id;
```

2.4 数据集市

在第 1 章中介绍了独立数据集市和从属数据集市两种架构，本节将继续讨论数据集市的概念、数据集市与数据仓库的区别、数据集市的设计等问题。

1. 数据集市的概念

数据集市是数据仓库的一种简单形式，通常由组织内的业务部门自己建立和控制。一个数据集市面向单一主题域，如销售、财务、市场等。数据集市的数据源可以是操作型系统（独立数据集市），也可以是企业级数据仓库（从属数据集市）。

2. 数据集市与数据仓库的区别

不同于数据集市，数据仓库处理整个组织范围内的多个主题域，通常是由组织内的核心单位，如 IT 部门承建，所以经常被称为中心数据仓库或企业数据仓库。数据仓库需要集成很多操作型源系统中的数据。数据集市的复杂度和需要处理的数据都小于数据仓库，因此更容易建立与维护。表 2-19 总结了数据仓库与数据集市的主要区别。

3. 数据集市设计

数据集市主要用于部门级别的分析型应用，数据大都经过了汇总和聚合操作，粒度级别较高。数据集市一般采用维度模型设计方法，数据结构使用星型模式或雪花模式。

表 2-19　数据仓库与数据集市的主要区别

对比项	数据仓库	数据集市
范围	企业级	部门级或业务线
主题	多个主题	单一主题
数据源	遗留系统、事务系统、外部数据的多个数据源	数据仓库或事务系统的少量数据源
数据粒度	较细的粒度	较粗的粒度
数据结构	通常是规范化结构（3NF）	星型模型、雪花模型或两者混合
历史数据	全部历史数据	部分历史数据
完成需要的时间	几个月到几年	几个月

正如前面所介绍的，设计维度模型先要确定维度表、事实表和数据粒度级别，下一步是使用主外键定义事实表和维度表之间的关系。数据集市中的主键最好使用系统生成的自增的单列数字型代理键。模型建立好之后，设计 ETL 步骤抽取操作型源系统的数据，经过数据清洗和转换，最终装载进数据集市中的维度表和事实表中。

2.5　数据仓库实施步骤

实施一个数据仓库项目的主要步骤是：定义项目范围，收集并确认业务需求和技术需求，逻辑设计，物理设计，从源系统向数据仓库装载数据，使数据可以被访问以辅助决策，管理和维护数据仓库。

1. 定义范围

在实施数据仓库前，需要制定一个开发计划。这个计划的关键输入是信息需求和数据仓库用户的优先级。当这些信息被定义和核准后，就可以制作一个交付物列表，并给数据仓库开发团队分配相应的任务。

首要任务是定义项目的范围。项目范围定义了一个数据仓库项目的边界。典型的范围定义是组织、地区、应用、业务功能的联合表示。定义范围时通常需要权衡考虑资源（人员、系统、预算等）、进度（项目的时间和里程碑要求）、功能（数据仓库承诺达到的能力）三方面的因素。定义好清晰明确的范围，并得到所有项目干系人的一致认可，这对项目的成功非常重要。项目范围是设定正确的期望值、评估成本、估计风险、制定开发优先级的依据。

2. 确认需求

数据仓库项目的需求可以分为业务需求和技术需求。

（1）定义业务需求

建立数据仓库的主要目的是为组织赋予从全局访问数据的能力。数据的细节程度必须能够满足用户执行分析的需求，并且数据应该被表示为用户能够理解的业务术语。对数据仓库中数据的分析将辅助业务决策，因此，作为数据仓库的设计者，应该清楚业务用户是如何做决策的，在决策过程中提出了哪些问题，以及哪些数据是回答这些问题所需要的。与业务人员进行面对面的沟通，是理解业务流程的好方式，沟通的结果是使数据仓库的业务需求更加明确。在为数据仓库收集需求的过程中，还要考虑设计要能适应需求的变化。

（2）定义技术需求

数据仓库的数据来源是操作型系统，这些系统日复一日地处理着各种事务活动。操作型系统大都是联机事务处理系统，数据仓库会从多个操作型源系统抽取数据。但是，一般不能将操作型系统里的数据直接迁移到数据仓库，而是需要一个中间处理过程，这就是所谓的 ETL 过程。数据仓库需要知道如何清理操作型数据，如何移除垃圾数据，如何将来自多个源系统的相同数据整合在一起。另外，还要确认数据的更新频率。例如，如果需要进行长期的或大范围的数据分析，可能就不需要每天装载数据，而是每周或每月装载一次。

> **注 意**
>
> 更新频率并不决定数据的细节程度，每周汇总的数据有可能每月装载（当然这种把数据转换和数据装载分开调度的做法并不常见）。

总之，在数据仓库设计的初始阶段，需要确定数据源有哪些、数据需要做哪些转换以及数据的更新频率是什么。

3. 逻辑设计

定义好了项目的范围和需求，就有了一个基本的概念设计。下面就要进入数据仓库的逻辑设计阶段。在逻辑设计过程中，需要定义特定数据的具体内容、数据之间的关系、支持数据仓库的系统环境等，其本质是发现逻辑对象之间的关系。

（1）建立需要的数据列表

细化业务用户的需求以形成数据元素列表。在很多情况下，为了得到所需的全部数据，需要适当扩展用户需求或者预测未来的需要，一般从主题域涉及的业务因素入手。例如，销售主题域的业务因素可能是客户、地区、产品、促销等。然后建立每个业务因素的元素列表，依据也是用户提出的需求。最后通过元素列表，标识出业务因素之间的联系。这些工作完成后，应该已经获得了如下信息：原始的或计算后的数据元素列表；数据的属性，比如是字符型的还是数字型的；合理的数据分组，比如国家、省市、区县等分成一组，因为它们都是地区元素；数据之间的关系，比如国家、省市、区县的包含关系等。

（2）识别数据源

现在已经有了需要的数据列表，下面的问题是从哪里可以得到这些数据，以及要得到这些数据需要多大的成本。此时需要把上一步建立的数据列表映射到操作型系统上。应该从最大最复杂的源系统开始，在必要时再查找其他源系统。数据的映射关系可能是直接的或间接的，比如销售源系统中，商品的单价和折扣价可以直接获得，而折扣百分比就需要计算得到。通常维度模型中的维度表可以直接映射到操作型源系统，而事实表的度量则映射到源数据在特定粒度级别上聚合计算后的结果。某些数据的获得需要较高的成本，例如，用户想要得到促销相关的销售数据就不那么容易，因为促销期的定义从时间角度看是不连续的。

（3）制作实体关系图

逻辑设计的交付物是实体关系图（Entity-Relationship Diagram，简称 ERD）和对它的说明文档（数据字典）。实体对应关系数据库中的表，属性对应关系数据库中的列。ERD 传统上与高度规范化的关系模型联系密切，但该技术在维度模型中也被广泛使用。在维度模型的 ERD 中，实体由事实表和维度表组成，关系体现为在事实表中引用维度表的主键。因此，先要确认哪些信息属于中心事实表，哪些信息属于相关的维度表。维度模型中表的规范化级别通常低于关系模型中的表。

4. 物理设计

物理设计指的是将逻辑设计的对象集合，转化为一个物理数据库，包括所有的表、索引、约束、视图等。物理数据库结构需要优化以获得最佳性能。每种数据库产品都有自己特别的优化方法，这些优化对查询性能有极大的影响。比较通用的数据仓库优化方法有位图索引和表分区。

第 1.2.2 节中的“分析型系统的数据库设计”已经提到过位图索引和表分区。位图索引对索引列的每个不同值建立一个位图。和普通的 B 树索引相比，位图索引占用的空间小，创建速度快。但由于并发的 DML 操作会锁定整个位图段的大量数据行，所以位图索引不适用于频繁更新的事务处理系统。而数据仓库对最终用户来说是一个只读系统，其中某些维度的值基数很小，这样的场景非常适合利用位图索引优化查询。遗憾的是有些数据库管理系统如 MySQL，还没有位图索引功能。

大部分数据库系统都可以对表进行分区。表分区是将一个大表按照一定的规则分解成多个分区，每个表分区可以定义独立的物理存储参数。将不同分区存储到不同的磁盘上，查询表中数据时可以有效分布 I/O 操作，缓解系统压力。分区还有一个很有用的特性，叫作分区消除。在查询数据的时候，数据库系统的优化器可以通过适当的查询条件过滤掉一些分区，从而避免扫描所有数据，提高查询效率，这就是分区消除。

除了性能优化，数据仓库系统的可扩展性也非常重要。简单地说，可扩展性就是能够处理更大规模业务的特性。从技术上讲，可扩展性是一种通过增加资源，使服务能力得到线性扩展的能力。比方说，一台服务器在满负荷时可以为一万个用户同时提供服务，当用户数增加到两万时，只需要再增加一台服务器，就能提供相同性能的服务。成功的数据仓库会吸引越来越多的用户访问。随着时间的推移，数据量会越来越大，因此在做数据仓库物理设计时，出于可扩展性的考虑，应该把对硬件、软件、网络带宽的依赖降到最低。第 3 章会详细讨论数据仓库在 Greenplum 上的扩展性问题。

5. 装载数据

这个步骤实际上涉及整个 ETL 过程。需要执行的任务包括：在源和目标结构之间建立映射关系；从源系统抽取数据；对数据进行清洗和转换；将数据装载进数据仓库；创建并存储元数据。

6. 访问数据

访问步骤是要使数据仓库的数据可以被使用，使用的方式包括：数据查询、数据分析、建立报表图表、数据发布等。根据采用的数据仓库架构，可能会引入数据集市的创建。通常，最终用户会使用图形化的前端工具向数据库提交查询，并要求显示查询结果。访问步骤需要执行以下任务：

- 为前端工具建立一个中间层。在这个中间层里，把数据库结构和对象名转化成业务术语，这样最终用户就可以使用与特定功能相关的业务语言同数据仓库交互。
- 管理和维护这个业务接口。
- 建立和管理数据仓库里的中间表和汇总表。中间表一般是在原始表上添加过滤条件获得的数据集合，汇总表则是对原始表进行聚合操作后的数据集合。这些表中的记录数会远远小于原始表，因此前端工具在这些表上的查询会执行得更快。

7. 管理维护

这个步骤涵盖在数据仓库整个生命周期里的管理和维护工作中。这一步需要执行的任务包括：确保对数据的安全访问、管理数据增长、优化系统以获得更好的性能、保证系统的可用性和可恢复性等。

2.6 小 结

（1）关系模型、多维模型和 Data Vault 模型是三种常见的数据仓库模型。

（2）数据结构、完整性约束和 SQL 语言是关系模型的三个要素。

（3）规范化是通过应用范式规则实现的。第一范式（1NF）要求保持数据的原子性，第二范式（2NF）消除了部分依赖，第三范式（3NF）消除了传递依赖。关系模型的数据仓库一般要求满足 3NF。

（4）事实、维度、粒度是维度模型的三个核心概念。

（5）维度模型的四步设计法是：选择业务流程、声明粒度、确认维度和确认事实。

（6）星型模式和雪花模式是维度模型的两种逻辑表示。对星型模式进一步规范化，就形成了雪花模式。

（7）Data Vault 模型有中心表（Hub）、链接表（Link）、附属表（Satellite）三个主要组成部分。中心表记录业务主键，链接表记录业务关系，附属表记录业务描述。

（8）Data Vault 不区分数据在业务层面的正确与错误，它保留操作型系统的所有时间的所有数据，装载数据时不做数据验证、清洗等工作。

（9）数据集市是部门级的、面向单一主题域的数据仓库。

（10）数据集市的复杂度和需要处理的数据都小于数据仓库，因此更容易建立与维护。

（11）实施一个数据仓库项目的主要步骤是：定义范围、确认需求、逻辑设计、物理设计、装载数据、访问数据和管理维护。

第 3 章 Greenplum 与数据仓库

Greenplum 是一个分布式大规模并行处理数据库，在大多数情况下适合做大数据的存储引擎、计算引擎和分析引擎，尤其适合构建数据仓库。本章将重点介绍 Greenplum 的系统架构和主要功能。我们先从历史演进和所采用的 MPP 框架对 Greenplum 进行概要说明，然后描述其顶层架构，之后详细介绍其在存储模式、事务支持、并行查询与数据装载、容错与故障转移、数据库统计、过程化语言扩展等方面的功能特性，正是它们支撑 Greenplum 成为一款理想的分析型数据库产品。本章最后将简单对比 Greenplum 与另一个流行的大数据处理框架 Hadoop，进而阐述选择前者的理由。希望读者通过阅读本章的内容，对 Greenplum 有一个基本认识，最重要的是理解为什么要使用它来建立数据仓库。

3.1 Greenplum 简介

Greenplum 是一个大规模并行 SQL 分析引擎，针对的是分析型应用。与其他关系数据库类似，它接收 SQL，返回结果集。

3.1.1 历史与现状

Greenplum 最早出现在 2002 年，比大名鼎鼎的 Hadoop（约 2004 年面世）还要早一些。当时正值互联网行业经过近 10 年的由慢到快的发展，累积了大量数据。传统主机的向上扩展（Scale-up）模式在海量数据面前遇到了瓶颈，除造价昂贵外，在技术上也难于满足数据计算的性能需求。这种情况下急需一种新的计算方式来处理数据，于是分布式存储和分布式计算理论被提了出来，Google 公司著名的 GFS 和 MapReduce 也从此引起业界的关注，可以支持向外扩展（Scale-out）的分布式并行数据计算技术登场了。Greenplum 正是在这一背景下产生，它借助于分布式计算思想，在流行的开源数据库 PostgreSQL 之上开发，实现了基于数据库的分布式数据存储和并行计算。

Greenplum 的名字据说源自创始人家门口的一棵青梅。初创公司召集了十几位业界大咖花了一年多的时间完成最初的版本设计和开发，用软件实现了在开放 X86 平台上的分布式并行计算，不依赖任何专有硬件，达到的性能却远远超过了传统高昂的专有系统。2006 年，当时的 Sun 微系统公司与 Greenplum 开始联手打造即时数据仓库。2010 年 EMC 收购了 Greenplum。2012 年 EMC、VMWare 和 Greenplum 又联手成立了新公司 Pivotal，之后由 Pivotal 公司商业运营 Greenplum 数据库。

Greenplum 于 2015 年 10 月开源，社区具有很高的知名度和热度，至今依然保持着几周发版的更新速度。2020 年 Pivotal 被兄弟公司 VMWare 收购，由 VMWare 继续运营商业产品，形成了商业 VMware Tanzu Greenplum 和开源 Greenplum 两条产品线。商业产品提供了比开源产品更多的功能，如与 EMC DD Boost、Symantec NetBackup 的整合，QuickLZ 压缩算法，替代过时的 gpcheck 的 gpsupport 实用程序等。

3.1.2 MPP——一切皆并行

Greenplum 采用无共享（Shared-Nothing）的大规模并行处理（MPP）架构，将实际的数据存储设备分成一个个段（Segment）服务器上的小存储单元，每个单元都有一个连接本地磁盘的专用独立的高带宽通道。各个段服务器可以通过完全并行的方式处理每个查询，同时使用所有磁盘连接，并按照查询计划的要求在各段间实现高效数据流动。Greenplum 基于这种架构可以帮助客户创建数据仓库（Greenplum 从开始设计的时候就被定义成数据仓库），充分利用低成本的商用服务器、存储和联网设备，通过经济的方式进行 PB 级数据运算，并且在处理 OLAP、BI 和数据挖掘等任务时其性能远超通用数据库系统。

并行工作方式贯穿了 Greenplum 功能设计的方方面面：外部表数据装载是并行的，查询计划执行是并行的，索引的建立和使用是并行的，统计信息收集是并行的，表关联（包括其中的数据重分布或广播及关联计算）是并行的，排序和分组聚合是并行的，备份恢复也是并行的，甚而数据库启停和元数据检查等维护工具也按照并行方式来设计。得益于这种无所不在的并行，Greenplum 在数据装载和数据计算中表现出强悍的性能。

Greenplum 建立在无共享架构上，让每一个 CPU 和每一块磁盘 I/O 都运转起来，无共享架构将这种并行处理发挥到极致。试想一台内置 16 块 SAS 盘的 X86 服务器，磁盘扫描性能在 2000MB/s 左右，20 台这样的服务器构成的集群 I/O 性能是 40GB/s，这样超大的 I/O 吞吐量是传统存储难以企及的。另外，Greenplum 还可以建立在 PostgreSQL 数据库实例级别上进行并行计算，可在一次 SQL 请求中利用到每个节点上多个 CPU 核的计算能力，对 X86 的 CPU 超线程有很好的支持，能提供更好的请求响应速度。

3.2 Greenplum 系统架构

Greenplum 是一个纯软件的 MPP 数据库服务器，其系统架构专门用于管理大规模分析型数据仓库或商业智能工作负载。从技术上讲，MPP 无共享架构是指具有多个节点的系统，每个节点都有自己的内存、操作系统和磁盘，它们协作执行一项操作。Greenplum 使用这种高性能系统架构分配 PB 级别的数据，并行使用系统的所有资源来处理请求。

3.2.1 Greenplum 与 PostgreSQL

Greenplum 6 版本基于 PostgreSQL 9.4 开源数据库，本质上是若干面向磁盘的 PostgreSQL 数据库实例，共同作为一个内聚的数据库管理系统（DBMS）。大多数情况下，Greenplum 在 SQL 支持、配置选项和最终用户功能方面与 PostgreSQL 非常相似。用户操作 Greenplum 数据库就像与常规 PostgreSQL 交互一样。

Greenplum 与 PostgreSQL 的主要区别为：

- 除了支持 Postgres 优化器外，还有自己的 GPORCA 优化器。
- Greenplum 数据库可以使用 Append-Optimized 存储格式。
- Greenplum 支持列存储，即逻辑上组织为表的数据，物理上以面向列的格式存储数据。列存储只能与 Append-Optimized 表一起使用。

Greenplum 对 PostgreSQL 的内部结构进行了修改和补充，以支持数据库的并行结构。例如，对系统目录、优化器、查询执行器和事务管理器组件做过修改和增强，能够在所有并行 PostgreSQL 数据库实例上同时运行查询。Greenplum 依赖 Interconnect（内部互连）在网络层支持不同 PostgreSQL 实例之间的通信，使得系统作为单一逻辑数据库运行。

较之标准 PostgreSQL，Greenplum 还增加了并行数据装载（外部表）、资源管理、查询优化和存储增强功能。Greenplum 开发的许多功能和优化也进入了 PostgreSQL 社区，促进了 PostgreSQL 的发展。例如，表分区是 Greenplum 首先开发的一个特性，现在已成为标准 PostgreSQL 的一部分。

Greenplum 顶层系统架构如图 3-1 所示。Master 是 Greenplum 数据库系统的入口，是客户端连接并提交 SQL 语句的数据库实例。Master 将其工作与系统中其他叫作 Segment 的数据库实例进行协调，这些数据库实例负责实际存储和处理用户数据。每个 Master 和 Segment 都是一个 PostgreSQL 数据库实例。

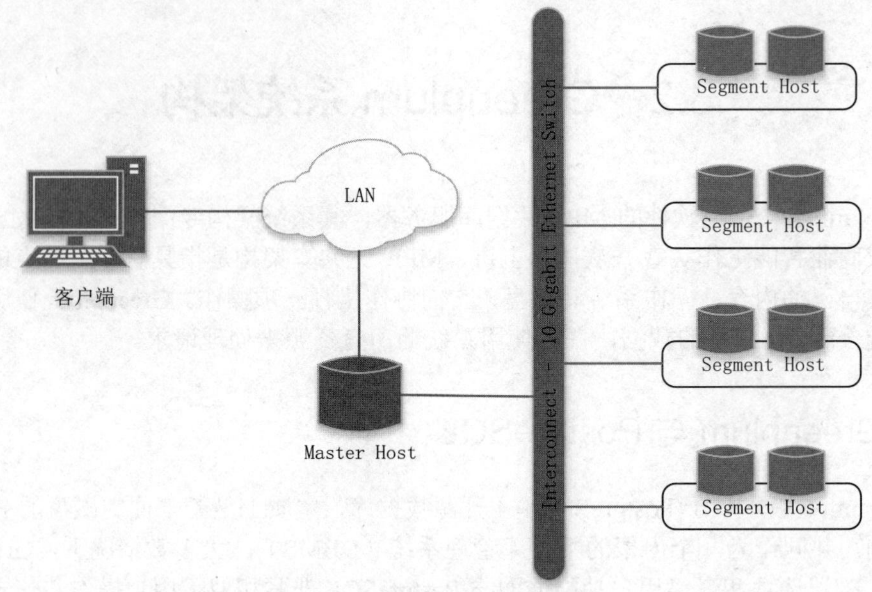

图 3-1 Greenplum 顶层系统架构

3.2.2 Master

Master 是 Greenplum 的系统入口，它接收客户端连接和 SQL 查询，并将工作分配给 Segment 实例。最终用户通过 Master 与 Greenplum 数据库交互，就像与典型 PostgreSQL 数据库交互一样。用户可以使用诸如 psql 之类的客户端程序或 JDBC、ODBC、libpq 之类的应用程序编程接口（API）连接到数据库。

Master 数据库实例中存储全局系统目录（Global System Catalog）。全局系统目录是一组系统表，其中包含关于 Greenplum 本身的元数据。Master 实例中不包含任何用户数据，用户数据仅驻留在 Segment 实例中。Master 验证客户端连接，处理传入的 SQL 命令，在 Segment 之间分配工作负载，协调每个 Segment 返回的结果，并将最终结果返给客户端程序。

Greenplum 数据库使用写前日志（WAL）进行主/备 Master 镜像。在基于 WAL 的日志记录中，所有修改都会在应用之前写入日志，以确保任何进程内操作的数据完整性。

3.2.3 Segment

Greenplum 的 Segment 实例是独立的 PostgreSQL 数据库，每个数据库存储一部分数据并执行一部分查询处理。当用户通过 Master 连接到数据库并发出查询时，将在每个 Segment 数据库中创建进程以处理该查询的工作。有关查询过程的更多信息，参见 3.3.3 节。

用户定义的表及其索引分布在所有可用的 Segment 中，每个 Segment 都包含互斥的部分数据（复制表除外，这种表会在每个 Segment 实例上存储一份完整的数据拷贝）。提供服务的数据库服务器进程在相应的 Segment 实例下运行。

Segment 在称为段主机的服务器上运行。一台段主机通常运行 2~8 个 Segment 实例，具体数量取决于 CPU 核、内存、磁盘、网卡和工作负载。所有段主机的配置应该相同，以避免木桶效应。让 Greenplum 获得最佳性能的关键是将数据和负载均匀分布到多个能力相同的 Segment 上，以便所有 Segment 同时处理任务并同时完成其工作。

3.2.4 Interconnect

Interconnect 即内部互连，是 Greenplum 数据库系统架构中的核心组件，互连指的是 Segment 在网络间的进程间通信。Interconnect 使用标准以太网交换数据，出于性能原因，建议使用万兆网或更快的系统。

默认情况下，Interconnect 使用带有流量控制的用户数据报协议（UDPIFC）进行通信，通过网络发送消息。Greenplum 软件执行超出 UDP 提供的数据包验证，这意味着其可靠性相当于传输控制协议（TCP），性能和可扩展性超过 TCP。如果将 Interconnect 改为 TCP，Greenplum 数据库的可扩展性则限制为 1000 个 Segment 实例，UDPIFC 作为 Interconnect 的默认协议不受此限制。

Interconnect 实现了对同一集群中多个 PostgreSQL 实例的高效协同和并行计算，承载了并行查询计划生产、查询分派（QD）、协调节点上查询执行器（QE）的并行工作、数据分布、Pipeline 计算、镜像复制、健康探测等诸多任务。

3.3 Greenplum 功能特性

Greenplum 绝不仅仅只是"PostgreSQL + Interconnect 并行调度 + 分布式事务"这么简单，它还提供了许多高级数据分析管理功能和企业级管理模块。本节将主要介绍其中几个重要模块的特色功能。

3.3.1 存储模式

Greenplum 提供了几种灵活的存储模式。创建表时，可以通过设置本小节介绍的存储选项定义如何存储表数据，为工作负载选择最佳存储模式。为了简化建表时定义存储模式，可以通过 gp_default_storage_options 参数设置默认的存储选项。

1. Heap 存储

Greenplum 默认使用与 PostgreSQL 相同的堆（Heap）存储模型。堆表适用于 OLTP 类型的工作负载，数据通常在最初装载后进行修改。update 和 delete 操作需要存储行级别的版本控制信息以确保数据库事务处理的可靠性。堆存储适合小表，例如维度表，这些表通常在初始装载后进行更新。

行存堆表是默认的存储模式，建表时不需要额外语法：

```
-- 建表
create table foo (a int, b text) distributed by (a);

-- 查看表信息
```

```
\d foo
      Table "public.foo"
 Column| Type    | Modifiers
-------+---------+-----------
 a     | integer |
 b     | text    |
Distributed by: (a)
```

Greenplum 6 版本中引入了全局死锁检测的新概念，以降低 update 和 delete 的锁级别。在 6 以前的版本中，update 和 delete 操作使用表级排它锁，也就是说，在 6 之前的版本中，一张表上同时只能有一个 update 或者 delete 语句被执行，其他的 update 或 delete 语句需要等待前面的语句执行完成之后才能获得所需要的锁。

从 6 版本开始，打开全局死锁检测后，堆表 update 和 delete 操作的锁将降低为行级排它锁，允许并发更新。全局死锁检测确定是否存在死锁，并通过取消一个或多个与最年轻事务相关联的后端进程来消除死锁。全局死锁检测由 gp_enable_global_deadlock_detector 参数控制，默认为 off。

```
$ gpconfig -s gp_enable_global_deadlock_detector
Values on all segments are consistent
GUC         : gp_enable_global_deadlock_detector
Master  value: off
Segment value: off
$ gpconfig -c gp_enable_global_deadlock_detector -v on
$ gpstop -arf
$ gpconfig -s gp_enable_global_deadlock_detector
Values on all segments are consistent
GUC         : gp_enable_global_deadlock_detector
Master  value: on
Segment value: on
```

另外，如果要进行高并发 insert、update、delete 操作，建议关闭 log_statement 参数（默认为 all），因为过多的日志输出也会影响这种操作的性能。

2. Append-Optimized 存储

Append-Optimized 存储表（简称 AO 表）适合于数据仓库环境中非规范化的事实表。事实表通常分批加载，并通过只读查询进行访问，是系统中最大的表。大型事实表采用 AO 存储可消除维护行级更新的多版本控制存储开销，每行可节省约 20 字节，这使得存储页结构更精简，更易于优化。而且 AO 表一般还会选择压缩选项，可以大大节省存储空间。AO 存储模型针对批量数据装载进行了优化，不建议使用单行 insert 语句。

通过 create table 的 with 子句定义存储选项，默认不指定 with 子句时，创建的是行存堆表。如果设置了 gp_default_storage_options 参数，存储模式与该参数的设置一致。下面是一个创建不带压缩选项的 AO 表的例子。

```
-- 建表
create table bar (a int, b text) with (appendoptimized=true) distributed by
(a);

-- 查看表信息
\d bar
```

```
Append-Only Table "public.bar"
 Column |  Type   | Modifiers
--------+---------+-----------
 a      | integer |
 b      | text    |
Compression Type: None
Compression Level: 0
Block Size: 32768
Checksum: t
Distributed by: (a)
```

appendoptimized 是以前 appendonly 的别称，在系统表中仍然存储 appendonly 关键字，显示存储信息时也将显示 appendonly。在可重复读或串行化隔离级事务中，不允许对 AO 表进行 update 或 delete。cluster、declare . . . for update 不适用于 AO 表。

3. 选择行存或列存

Greenplum 支持在 create table 时选择行存或列存，或者在分区表中为不同分区作不同选择，具体情况需要根据业务场景进行确切评估。建议绝大部分情况下选择行存，因为现在的列存技术容易导致文件数严重膨胀，后果更为严重。

从一般角度来说，行存具有更广泛的适用性，而列存对于一些特定场景可以节省大量 I/O 资源以提升性能，也可以提供更好的压缩效果。在考虑行存还是列存时可参考如下几点：

- 数据更新。如果一张表在数据装载后有频繁的更新操作，则选择行存堆表。列存表必须是 AO 表，所以没有别的选择。
- insert 频率。如果有频繁的 insert 操作，那么就选择行存表。列存表不擅长频繁地进行 insert 操作，因为在物理存储上列存表每一个字段都对应一个文件，频繁地进行 insert 操作将需要每次都写很多个文件。
- 查询涉及的列数。如果在 select 列表或 where 条件中经常涉及很多字段，选择行存表。列存表对于大数据量的单字段聚合查询表现更好，如：

```
select sum(salary) ...
select avg(salary) where salary > 10000
```

或者在 where 条件中使用单独字段进行条件过滤且返回相对少量的记录数，如：

```
select salary, dept ... where state='ca'
```

- 表中列数。当需要同时查询许多列，或者当表的行大小相对较小时，行存效率更高。对于列很多但只查询很少列时，列存表提供更好的查询性能。
- 压缩。列存表将具有相同数据类型的列数据连续存储在一起，因此对于相同的数据和压缩选项，往往列存的压缩效果更好，而行存无法具备这种优势。当然，越好的压缩效果意味着越困难的随机访问，因为数据读取都需要解压缩。不过 6 版本引入的 ZSTD 压缩算法具有非常优秀的压缩/解压缩效率。

下面语句创建一个不带压缩的列存表：

```
-- 建表
create table bar (a int, b text) with (appendoptimized=true, orientation=column)
```

```
distributed by (a);

    -- 查看表信息
    \d bar
    Append-Only Columnar Table "public.bar"
     Column| Type    | Modifiers
    -------+---------+-----------
     a     | integer |
     b     | text    |
    Checksum: t
    Distributed by: (a)
```

4. 使用压缩（必须是 AO 表）

AO 表的压缩可以作用于整个表，也可以压缩特定列，可以对不同的列应用不同的压缩算法。表 3-1 总结了可用的压缩算法。

表 3-1　AO 表压缩算法

行或列	可用压缩类型	支持的压缩算法
行	表级	ZLIB、ZSTD、QUICKLZ（开源版本不可用）
列	列级或表级	RLE_TYPE、ZLIB、ZSTD、QUICKLZ（开源版本不可用）

选择 AO 表的压缩类型和级别时，需要考虑以下因素：

- CPU 性能。Segment 主机需要有足够的 CPU 资源进行压缩和解压缩。
- 压缩比/磁盘空间。磁盘空间占用最小化是一个因素，但也要考虑压缩和扫描数据所需的时间和 CPU 资源。我们需要找到有效压缩数据的最佳设置，从而不会导致过长的压缩时间或较慢的扫描速度。
- 压缩速度。QuickLZ 压缩通常使用较少的 CPU 资源，比 ZLIB 压缩速度快，但压缩率低。ZLIB 压缩率高，但压缩速度慢。例如，在压缩级别 1（compresslevel=1）下，QuickLZ 和 ZLIB 具有相当的压缩率，尽管速度不同。与 QuickLZ 相比，使用压缩级别为 6 的 ZLIB 可以显著提高压缩率，但压缩速度较低。ZSTD 则可以提供良好的压缩率或速度。
- 解压缩/扫描速度。压缩 AO 表的性能不仅取决于压缩选项，还与硬件、查询优化设置等因素有关。应该进行对比测试以确定合适的压缩选项。

不要在使用压缩的文件系统上创建压缩 AO 表，这样做只会来带额外的 CPU 开销。下面语句创建压缩级别为 5 的 ZLIB 压缩的 AO 表。

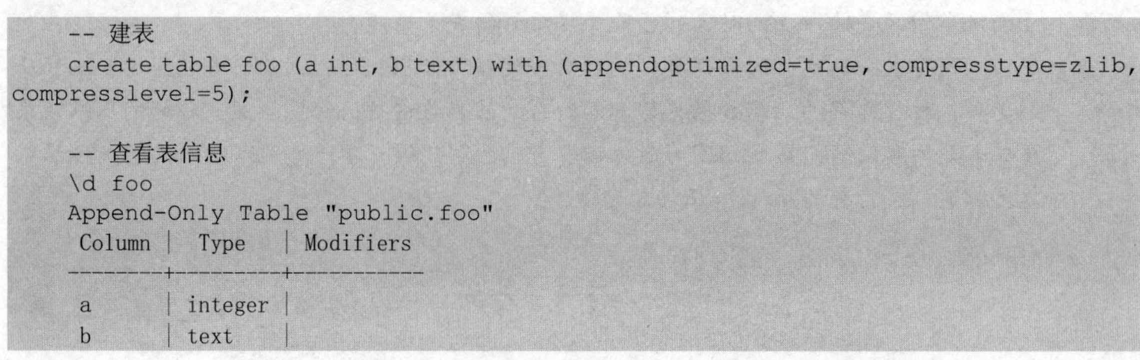

```
    -- 建表
    create table foo (a int, b text) with (appendoptimized=true, compresstype=zlib,
compresslevel=5);

    -- 查看表信息
    \d foo
    Append-Only Table "public.foo"
     Column | Type    | Modifiers
    --------+---------+-----------
     a      | integer |
     b      | text    |
```

```
Compression Type: zlib
Compression Level: 5
Block Size: 32768
Checksum: t
Distributed by: (a)
```

5. 检查 AO 表的压缩与分布情况

Greenplum 提供了两个内置函数用以检查 AO 表的压缩率和分布情况。它们可以使用对象 ID 或表名作为参数，表名可能需要带模式名，如表 3-2 所示。

表 3-2　获取压缩 AO 表元数据的函数

函数	返回类型	描述
get_ao_distribution(name) get_ao_distribution(oid)	集合类型（dbid、tuplecount）	展示 AO 表的分布情况，每行对应 segid 和记录数
get_ao_compression_ratio(name) get_ao_compression_ratio(oid)	float8	计算 AO 表的压缩率。如果该信息未得到，将返回–1

压缩率得到的是一个常见的比值类型。例如，返回值 3.19 或 3.19:1 表示未压缩表的大小略大于压缩表大小的 3 倍。表的分布作为一组行返回，指示每个 Segment 上存储该表的记录数。例如，在一个有着四个 Segment 的系统上，dbid 范围为 0~3，函数返回类似下面的结果集。

```
=# select get_ao_distribution('lineitem_comp');
 get_ao_distribution
---------------------
(0,7500721)
(1,7501365)
(2,7499978)
(3,7497731)
(4 rows)
```

3.3.2　事务与并发控制

数据库管理系统中的并发控制机制使并发查询返回正确的结果，同时确保数据完整性。传统数据库的分布式事务使用两阶段锁协议，防止一个事务修改另一个并发事务读取的数据，并防止任何并发事务读取或写入另一个事务更新的数据，即读写相互阻塞。协调事务所需的锁会增加数据库争用，因而降低总体事务吞吐量。

Greenplum 沿用 PostgreSQL 多版本并发控制（MVCC）模型来管理堆表的并发分布式事务。使用 MVCC，每个查询都会取得一个查询启动时的数据快照。查询在运行时无法看到其他并发事务所做的更改，这可以确保查询所看到的是数据一致性视图。读取行的查询永远不会阻塞写入行的事务，写入行的查询不会被读取行的事务阻塞。与传统的使用锁来协调读写数据事务之间的访问相比，MVCC 允许更大的并发性。AO 表使用的并发控制模型与这里讨论的 MVCC 模型不同，它们适用于“一次写入，多次读取”的应用程序，这类应用从不或很少执行行级更新。

1. 快照

快照是在语句或事务开始时可见的一个行集，可确保查询在执行期间具有一致且有效的数据视图。一个新事务开始时被分配一个唯一的事务 ID（XID），它是一个递增的 32 位整数。未包含在事务中的 SQL 语句被视为单语句事务，BEGIN 和 COMMIT 被隐式添加，效果类似于某些数据库系统（如 MySQL）中的自动提交。Greenplum 仅将 XID 值分配给涉及 DDL 或 DML 操作的事务，这些事务通常是唯一需要 XID 的事务。

当事务插入一行时，XID 与该行一起保存在 xmin 系统列中。当事务删除一行时，XID 保存在 xmax 系统列中。更新一行被视为先删除再插入，因此 XID 保存到已删除行的 xmax 和新插入行的 xmin。xmin 系统列和 xmax 系统列以及事务完成状态所确定的一系列事务，其中的行版本对当前事务是可见的。一个事务可以看到小于 xmin 的所有事务的执行结果（保证已提交），但不能看到任何大于或等于 xmax 的事务结果（未提交）。

对于多语句事务，还必须标识事务中插入行或删除行的命令，以便可以看到当前事务中前面语句所做的更改。cmin 系统列标识事务中的插入命令，cmax 系统列标识事务中的删除命令。命令标识仅在事务期间起作用，因此在事务开始时该值将重新从 0 开始累加。cmin 和 cmax 用于判断同一个事务内其他命令导致的行版本变更是否可见。

XID 是数据库实例的一个属性。每个 Segment 实例都有自己的 XID 序列，无法与其他 Segment 的 XID 进行比较。主机使用集群范围的会话 ID（gp_session_ID）与 Segment 协调分布式事务，Segment 维护分布式事务 ID 与其本地 XID 的映射。Master 使用两阶段提交协议在所有 Segment 之间协调分布式事务。如果事务在任何一个 Segment 上执行失败，它将在所有 Segment 上回滚。

可以通过 select 语句查看任意行的 xmin、xmax、cmin 和 cmax 系统列。

```
select xmin, xmax, cmin, cmax, * from tablename;
```

在 Master 上执行的查询返回的 XID 是分布式事务 ID。如果在单个 Segment 实例中运行该查询，那么 xmin 和 xmax 值将是该 Segment 的本地事务 ID。

Greenplum 将复制表（Replicated Table）的所有行分布到每个 Segment 上，因此每一行在每个 Segment 上都是重复的。每个 Segment 实例维护自己的 xmin、xmax、cmin 和 cmax 以及 gp_segment_id。Greenplum 不允许用户查询从 Master 访问复制表的这些系统列（将会得到一个字段不存在的错误信息），因为它们没有明确的单一值。

2. 事务 ID 回卷

如前所述，MVCC 模型使用 XID 来确定在查询或事务开始时哪些行可见。XID 是一个 32 位的整数，因此理论上 Greenplum 最大可以运行大约 42 亿个事务，之后 XID 将回卷重置。Greenplum 对 XID 使用模 2^{32} 的计算方式，这允许 XID 循环使用。对于任何给定的 XID，过去的 XID 大约有 20 亿，未来的 XID 大约有 20 亿。这里有个问题，当一行的版本持续存在了大约 20 亿个事务后，再循环使用时，该行的 XID 又从头开始计数，使它看似为一个新行。为了防止出现这种情况，Greenplum 有一种称为 Frozen XID 的特殊 XID，它比任何常规 XID 都要老。某一行的 xmin 必须在 20 亿次事务内替换为 Frozen XID，这也是 VACUUM 命令执行的功能之一。

每隔 20 亿个事务对数据库进行至少一次清理，就可以防止 XID 回卷。Greenplum 数据库监视 XID，并且在需要一次 VACUUM 操作时发出警告。当 XID 大部分不再可用，且在 XID 发生回卷之前，将发出警告：

```
    WARNING: database "database_name" must be vacuumed within
number_of_transactions transactions
```

发出警告时就需要一次 VACUUM 操作。如果没有执行所需的 VACUUM 操作，Greenplum 在 XID 发生回卷前且达到一个限度时，会停止创建新事务以避免可能的数据丢失，并发出以下错误：

```
    FATAL: database is not accepting commands to avoid wraparound data loss in
database "database_name"
```

有关从此错误中恢复的过程，参阅 https://docs.greenplum.org/6-17/admin_guide/managing/maintain.html#topic3__np160654。

服务器配置参数 xid_warn_limit 和 xid_stop_limit 控制何时显示这些警告和错误。xid_warn_limit 参数指定在 xid_stop_limit 之前多少个 XID 时发出警告。xid_stop_limit 参数指定在回卷发生之前多少个 XID 时发出错误并且不再允许创建新事务。

3. 事务隔离模式

SQL 标准描述了数据库事务并发运行时可能出现的三种现象：

- 脏读：一个事务可以从另一个并发事务中读取未提交的数据。
- 不可重复读：一个事务两次读取同一行得到不同的结果，因为另一个并发事务在这个事务开始后提交了更改。
- 幻读：在同一事务中执行两次查询可以返回两组不同的行，因为另一个并发事务添加了行。

SQL 标准定义了数据库系统可以支持的四个事务隔离级，以及每个级别下并发执行事务时所允许的现象，如表 3-3 所示。

表 3-3　SQL 事务隔离级

隔离级	脏读	不可重复读	幻读
Read Uncommitted	可能	可能	可能
Read Committed	不可能	可能	可能
Repeatable Read	不可能	不可能	可能
Serializable	不可能	不可能	不可能

Greenplum 默认的事务隔离级为 Read Committed，由 default_transaction_isolation 参数指定。Greenplum 的 Read Uncommitted 和 Read Committed 隔离级的行为类似于 SQL 标准的 Read Committed 级别，Serializable 和 Repeatable Read 隔离级的行为类似于 SQL 标准的 Repeatable Read 级别，只是还防止了幻读。

Read Committed 和 Repeatable Read 之间的区别在于，前者事务中的每个语句只能看到在语句启动之前提交的行，而后者事务中的语句只能看到在事务启动之前提交的行。在 Read Committed 隔离级下，如果另一个并发事务自事务开始以来已提交更改，则在事务中两次相同查询得到的数据可能不同。Read Committed 模式还允许幻读，在同一事务中运行两次查询可以返回两组不同的行。

Greenplum 的 Repeatable Read 隔离级可避免不可重复读和幻读。试图修改由另一个并发事务修改的数据的事务将被回滚。如果应用程序不需要 Repeatable Read 隔离模式，则最好使用 Read Committed 模式以提高并发性。Greenplum 不保证并发运行的一组事务产生与串行化顺序执行相同的结果。若指定了 Serializable 隔离级，Greenplum 数据库将返回到 Repeatable Read。

对于 Greenplum 的并发事务，应检查并识别可能并发更新相同数据的事务。对识别出来的问题，可以通过使用显式的表锁，或要求冲突的事务更新一个虚行（该虚行表示冲突），来防止该问题发生。SQL 语句 set transaction isolation level 可以设置当前事务的隔离模式，必须在执行 select、insert、delete、update 或 copy 语句前设置。

```
begin;
set transaction isolation level repeatable read;
...
commit;

-- 隔离模式也可以指定为 BEGIN 语句的一部分
begin transaction isolation level repeatable read;
```

4. 删除过期行

更新或删除行会在表中保留该行的过期版本，当表中过期的行累积后，必须扩展磁盘文件以容纳新行。由于运行查询所需的磁盘 I/O 增加，性能下降——这种情况称为膨胀（bloat），应该通过定期清理表来进行管理。当过期的行不再被任何活动事务引用时，可以删除该行并重新使用它占用的空间。VACUUM 命令将过期行使用的空间标记为可重用。

不带 FULL 的 VACUUM 命令可以与其他查询同时运行。它会标记之前被过期行所占用的空间为空闲，并更新空闲空间映射。当需要空间分配给新行时，Greenplum 首先会查询该表的空闲空间映射，寻找有可用空间的页。如果没有找到这样的页，会为该文件追加新页。

不带 FULL 的 VACUUM 不会合并页或者减小表在磁盘上的尺寸。它回收的空间只是放在空闲空间映射中表示可用。为了防止磁盘文件大小增长，经常运行 VACUUM 非常重要。运行 VACUUM 的频率取决于表中数据更新和删除的频率（插入只会增加新行）。大量更新的表可能每天需要运行几次 VACUUM，以确保通过空闲空间映射能找到可用空间。在一个更新或者删除大量行的事务之后，运行 VACUUM 也非常重要。

VACUUM FULL 命令会把表重写为没有过期行，并且将表减小到其最小尺寸。表中的每一页都会被检查，其中的可见行被移动到前面还没有完全填满的页中，空页会被丢弃。表会被一直锁住直到 VACUUM FULL 完成。相对于常规 VACUUM 命令来说，VACUUM FULL 是一种非常昂贵的操作，可以用定期清理来避免或者推迟这种操作。最好是在一个维护期中运行 VACUUM FULL。一种替代方案是，用一个 CREATE TABLE AS 语句重新创建表并且删除掉旧表。

可以运行 VACUUM VERBOSE tablename 得到一份 Segment 上已移除的过期行数量、受影响页数以及可用空闲空间页数的报告。查询 pg_class 系统表可以找出一个表在所有 Segment 上使用了多少页，查询前应先对表执行 ANALYZE 确保得到准确的数据。

```
select relname, relpages, reltuples from pg_class where relname='tablename';
```

另一个有用的工具是 gp_toolkit 模式中的 gp_bloat_diag 视图，它通过比较表使用的实际页数与预期页数来鉴别表膨胀。

5. 管理事务 ID 示例

下面看一个 Greenplum 官方文档中提供的示例。这个简单的例子说明了 MVCC 的概念以及它如何使用 XID 管理数据和事务，展示的概念如下：

- 如何使用 XID 管理表上的多个并发事务。
- 如何使用 Frozen XID 管理 XID。
- 模计算如何根据 XID 确定事务的顺序。

示例有如下假设：

- 该表是一个包含 2 列和 4 行数据的简单表。
- 有效的 XID 值从 0 到 9，9 之后，XID 将在 0 处重新启动。
- Frozen XID 为-2（与 Greenplum 数据库里的实际值不同）。
- 事务在一行上执行。
- 仅执行插入和更新操作。
- 所有更新的行都保留在磁盘上，不执行删除过期行的操作。

表的初始数据如表 3-4 所示，xmin 的顺序即为行插入的顺序。

表 3-4　初始示例表

Item	amount	xmin	xmax
Widget	100	0	null
Giblet	200	1	null
Sprocket	300	2	null
Gizmo	400	3	null

表 3-5 显示了对 amount 列执行如下更新后的表数据。

- xid = 4: **update** tbl **set** amount=208 **where** item = 'widget'
- xid = 5: **update** tbl **set** amount=133 **where** item = 'sprocket'
- xid = 6: **update** tbl **set** amount=16 **where** item = 'widget'

粗体表示当前行，其他是过期行。可以通过 xmax 为 null 条件确定表的当前行（Greenplum 使用了稍微不同的方法来确定当前表行）。

表 3-5　更新示例表

item	amount	xmin	xmax
widget	100	0	4
giblet	**200**	**1**	**null**
sprocket	300	2	5
gizmo	**400**	**3**	**null**
widget	208	4	6
sprocket	**133**	**5**	**null**
widget	**16**	**6**	**null**

MVCC 使用 XID 值确定表的状态。例如下面两个独立事务同时运行。

- UPDATE 命令将 sprocket 数量值更改为 133（xmin 值为 5）。
- SELECT 命令返回 sprocket 的值。

在 UPDATE 事务期间，查询返回 300，直到 UPDATE 事务完成。对于这个简单的示例，数据库的可用 XID 值即将用完。当 Greenplum 即将用完可用的 XID 值时将执行以下操作：发出警告，指出数据库的 XID 值即将用完；在分配最后一个 XID 之前，Greenplum 停止接收事务，以防止两个事务分配同一 XID 值，并发出错误警告。

为了管理存储在磁盘上的 XID 和表数据，Greenplum 提供了 VACUUM 命令。在示例表上执行 VACUUM 会释放 XID 值，以便通过将 xmin 值更改为 Frozen XID，使表可以容纳 10 行以上。VACUUM 命令还会更改 XID 值为 obsolete 以指示过期行。Greenplum 中不带 FULL 的 VACUUM 操作会标记已经删除的行，并且对性能和数据可用性影响最小。

表 3-6 显示的是在示例表上执行 VACUUM 操作后的情况，该命令更新了磁盘上的表数据。对于磁盘上不再是当前的 widget 行和 sprocket 行标记为过时。对于当前的 giblet 和 gizmo 行，xmin 已更改为 Frozen XID，这些值仍然是当前表值（行的 xmax 值为 null）。这两行对所有事务都可见，因为当执行模计算时，xmin 值是 Frozen XID，比所有其他 XID 值都小。VACUUM 操作后，XID 值 0、1、2 和 3 可供使用。这里显示的执行方式与 Greenplum 中的 VACUUM 命令略有不同，但概念相同。

表 3-6　VACUUM 后的示例表

item	Amount	xmin	Xmax
widget	100	obsolete	obsolete
giblet	200	-2	null
sprocket	300	obsolete	obsolete
gizmo	400	-2	null
widget	208	4	6
sprocket	133	5	null
widget	16	6	null

当更新 xmin 值为-2 的磁盘行时，xmax 值会像往常一样替换为 XID，并且在访问该行的任何并发事务完成后，磁盘上的行将被视为过期，可以从磁盘删除过期行。对于 Greenplum 数据库，带有 FULL 选项的 VACUUM 执行回收磁盘空间的操作。

表 3-7 显示的是更多更新事务后磁盘上的表数据。XID 值已回卷并在 0 处重新开始，没有再执行 VACUUM 操作。

表 3-7　回卷 XID 的示例表

item	amount	xmin	xmax
widget	100	obsolete	obsolete
giblet	200	−2	1
sprocket	300	obsolete	obsolete
gizmo	400	−2	9
widget	208	4	6

（续表）

item	amount	xmin	xmax
sprocket	133	5	null
widget	16	6	7
widget	222	7	null
giblet	233	8	0
gizmo	18	9	null
giblet	88	0	1
giblet	44	1	null

3.3.3　并行查询

理解 Greenplum 的查询处理过程有助于写出更加优化的 SQL 语句。与其他数据库管理系统类似，Greenplum 有如下查询步骤：

步骤 01 用户使用客户端程序（如 psql）连接到 Master 实例，并向系统提交 SQL 语句。

步骤 02 Master 接收到查询后，由查询编译器解析接收到的 SQL 语句，并将生成的查询解析树递交给查询优化器。

步骤 03 查询优化器根据查询所需的磁盘 I/O、网络流量等成本信息，生成它认为最优的执行计划，并将查询计划交给查询分发器。

步骤 04 查询分发器向 Segment 分发查询计划。

步骤 05 查询执行器并行执行查询，将结果传回至 Master，最后 Master 向客户端返回结果。

1. 计划分发

Master 负责接收、解析和优化查询，它将并行查询计划分发给所有的 Segment，如图 3-2 所示。

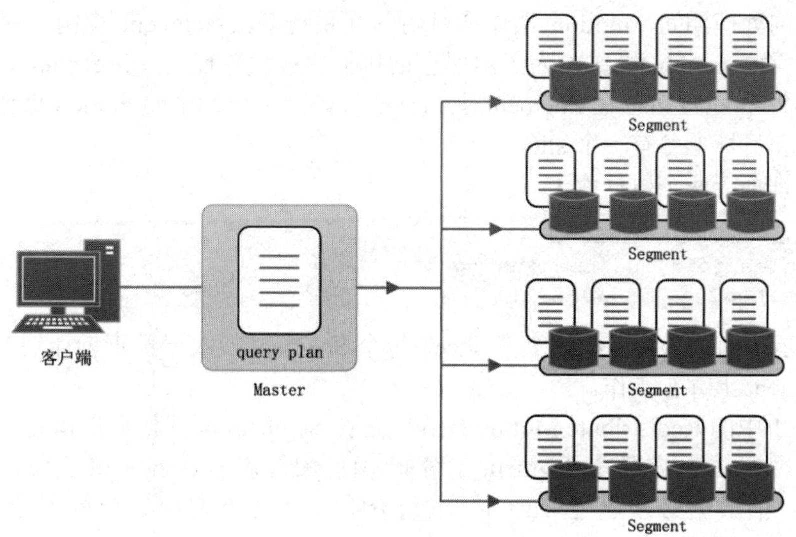

图 3-2　分发并行查询计划

每个 Segment 负责在其自己的数据集上执行本地数据库操作。大多数操作，如表扫描、连接、聚合和排序等在所有 Segment 上并行，每个操作都在一个 Segment 数据库实例上执行，与存储在其他 Segment 中的数据无关。

某些查询可能仅访问单个 Segment 上的数据，例如单行插入、更新、删除或对表分布键列进行过滤的查询。在此类查询中，查询计划不会分发给所有 Segment，而是只发给包含受影响行的 Segment，如图 3-3 所示。

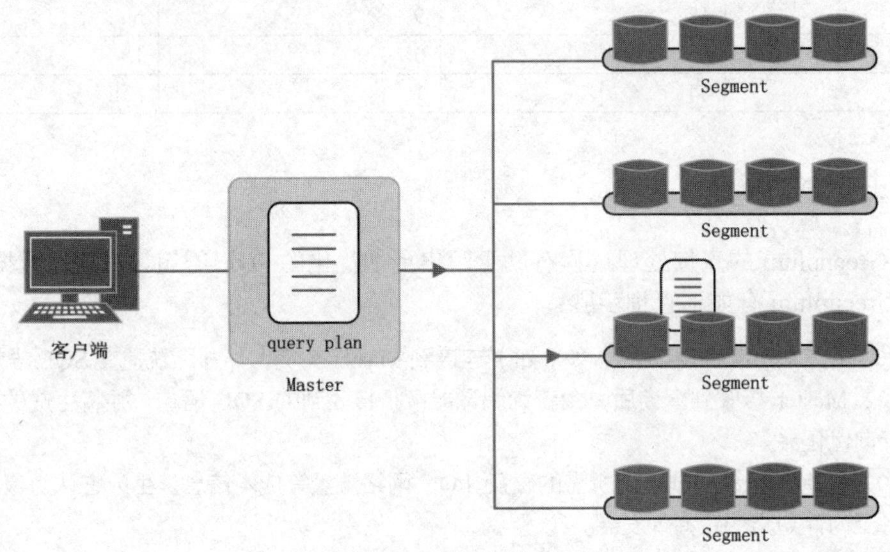

图 3-3 分发目标查询计划

2. 查询计划

一个查询计划是 Greenplum 为了产生查询结果而要执行的一系列操作。查询计划中的每个节点或步骤，表示一个数据库操作。查询计划由下向上被读取和执行。

除了通常的扫描、连接、聚合、排序等数据库操作，Greenplum 还有一种叫作 motion 的操作类型。查询处理期间，motion 操作通过内部互联网络在 Segment 实例间移动数据。并不是每个查询都需要 motion 操作。为了实现查询执行的最大并行度，Greenplum 将查询计划分成多个 slice，每个 slice 可以在 Segment 上独立执行。查询计划中的 motion 操作总是分片的，迁移数据的源和目标上各有一个 slice。

下面的查询连接两个数据库表。

```
select customer, amount
  from sales join customer using (cust_id)
 where datecol = '04-30-2021';
```

图 3-4 显示了为该查询生成的 3 个 slice。每个 Segment 接收一份查询计划的拷贝，查询计划在多个 Segment 上并行工作。

注意 slice 1 中的 Redistribute Motion 操作，它在 Segment 间移动数据以完成表连接。假设 customer 表通过 cust_id 字段在 Segment 上分布，而 sales 表通过 sale_id 字段分布。为了连接两个表，sales 的数据必须通过 cust_id 重新分布。因此查询计划在每个分片上各有一个 Redistribute Motion 操作。

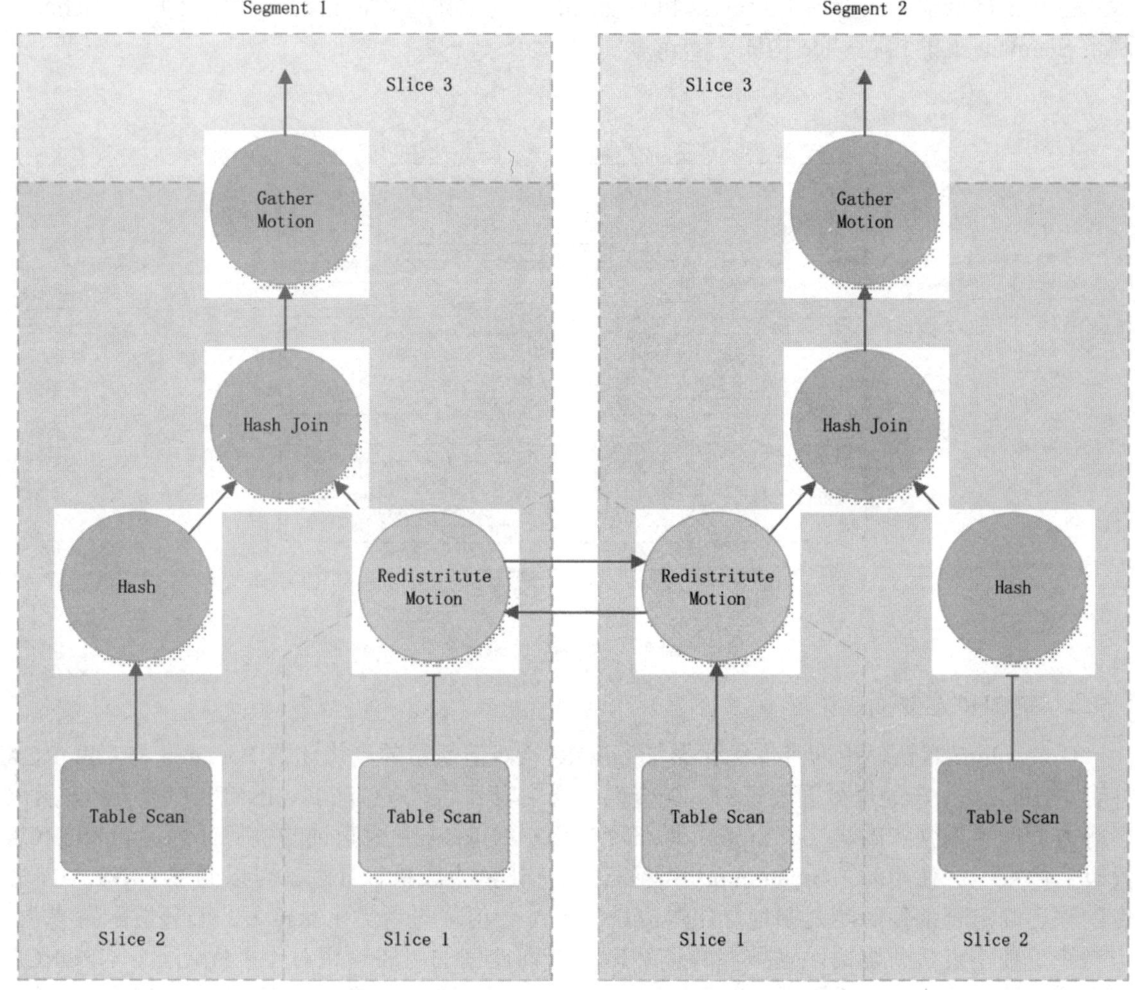

图 3-4　查询计划分片

在这个执行计划中还有一种叫作 Gather Motion 的操作。当 Segment 将查询结果发送回 Master，用于向客户端展示时，会使用 Gather Motion。因为查询计划中发生 motion 的部分总是被分片，所以在图 3-4 所示的顶部还有一个隐含的 slice 3。并不是所有查询计划都包含 Gather Motion，例如，CREATE TABLE x AS SELECT... 语句就没有 Gather Motion 操作，因为结果数据被发送到新表而不是 Master。

3. 并行查询

Greenplum 会创建许多数据库进程处理一个查询。Master 和 Segment 上的查询工作进程分别被称为查询分发器（QD）和查询执行器（QE）。QD 负责创建和分发查询计划，并返回最终的查询结果。QE 在 Segment 中完成实际的查询工作，并与其他工作进程互通中间结果。

查询计划的每个 slice 至少需要一个工作进程。工作进程独立完成被赋予的部分查询计划。一个查询执行时，每个 Segment 中有多个并行执行的工作进程。工作在不同 Segment 中的相同 slice 构成一个 gang。查询计划被从下往上执行，一个 gang 的中间结果数据向上流向下一个 gang。不同 Segment 的进程间通信是由 Greenplum 的内部互联组件 Interconnect 完成的。

图 3-5 显示了示例查询中 Master 和 Segment 上的工作进程，查询计划分成了 3 个 slice，两个 Segment 上的相同 slice 构成了 gang。

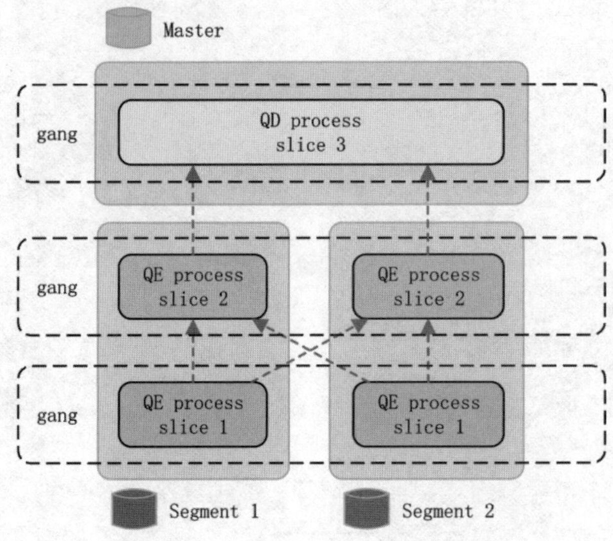

图 3-5　查询工作进程

4. GPORCA 查询优化器

Greenplum 默认使用的查询优化器是 GPORCA，但遗留的老优化器 Postgres 与 GPORCA 并存。GPORCA 在处理分区表查询、子查询、通用表表达式（CTE）、INSERT 语句、去重聚合等方面做了增强和改进。Greenplum 尽可能使用 GPORCA 生成查询的执行计划，当 GPORCA 没有启用或无法使用时，Greenplum 用老的查询优化器生成执行计划。可以通过 EXPLAIN 命令的输出确定查询使用的是哪种优化器。GPORCA 会忽略与老优化器相关的服务器配置参数，但当查询使用老优化器时，这些参数仍然影响查询计划的生成。相对于老优化器，GPORCA 在多核环境中的优化能力更强，并且在分区表查询、子查询、连接、排序等操作上提升了性能。图 3-6 显示的是 Greenplum 查询优化器。

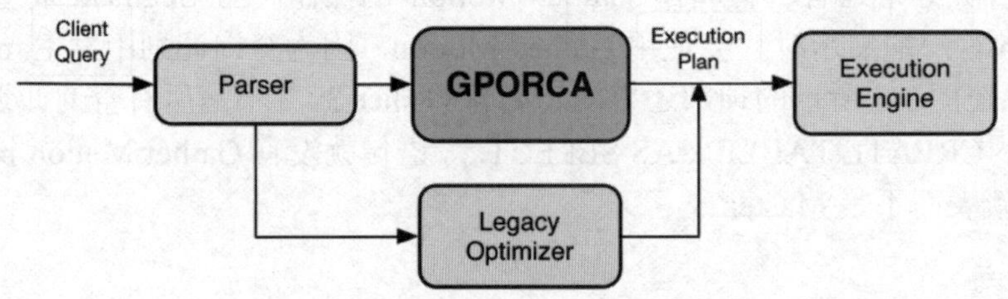

图 3-6　Greenplum 查询优化器

3.3.4　并行数据装载

在大型数据仓库中，必须在相对较小的维护时间窗口内装载大量数据。Greenplum 通过其外部表功能支持快速并行数据装载。用户还可以在单行错误隔离模式下装载外部表，以便在继续装载格式正确的行的同时，将坏行过滤到单独的错误日志中。可以为装载操作指定错误阈值，以控制导致 Greenplum 取消装载操作的错误行数。通过将外部表与 Greenplum 的并行文件服务器 gpfdist 结合使用，可以从 Greenplum 系统获得最大的并行性和吞吐量，如图 3-7 所示。

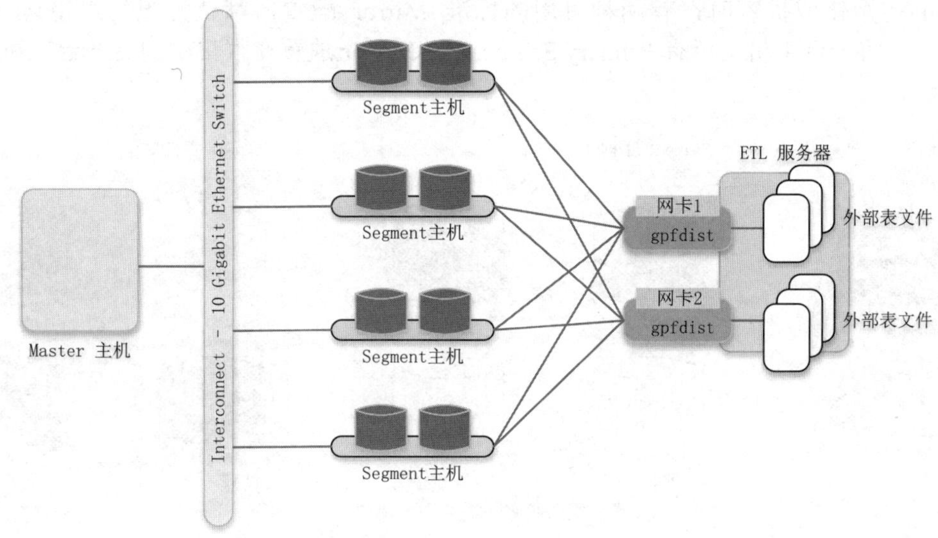

图 3-7　使用 gpfdist 的外部表

gpfdist 是 Greenplum 提供的一种文件服务器，它提供了良好的性能并且非常容易运行。gpfdist 利用 Greenplum 系统中的所有 Segment 读写外部表。gp_external_max_segs 配置参数控制可被单一 gpfdist 实例同时使用的 Segment 数量，默认值为 64。

另一个 Greenplum 实用程序 gpload 运行在 YAML 格式的控制文件中指定的装载任务中，可以在控制文件中描述源数据位置、格式、所需转换、参与主机、目标数据库以及其他详细信息。通过这种方式可以定义一个复杂的任务，并以可控、可重复的方式运行。

我们将在第 9 章“Greenplum 运维与监控”中详细介绍 gpfdist 和 gpload 技术，并给出具体示例。

3.3.5　冗余与故障转移

Greenplum 可以配置为高可用，以使得数据库集群更可靠地运行。如果不能接受数据丢失，Greenplum 要求 Mater 和 Segment 实例都必须开启高可用配置。也就是说，高可用配置不仅仅是可靠性的保证，也是数据安全的保证。Greenplum 支持为 Master 配置 Standby，为 Segment 配置 Mirror，以确保数据库中的每个角色都有备份，而不会出现单点故障。

1. Segment 镜像

部署 Greenplum 系统时，可以选择配置 Mirror Segment 实例，Mirror 允许数据库查询在 Primary Segment 不可用时自动切换到 Mirror 上。强烈建议在生产系统上配置 Mirror。Mirror 由事务日志复制过程保持最新，该过程同步 Primary 实例和 Mirror 实例之间的数据。Primary 向 Mirror 同步数据的时候，Primary 对于每一次写数据页都会通过消息发送到 Mirror。如果一个 Primary 无法向其 Mirror 发送数据，Primary 会把数据放入队列，超过

gp_segment_connect_timeout（默认为 10 分钟）后认为 Mirror 故障，从而将对应的 Mirror 标记为 down，而该 Primary 则变为更改跟踪模式。

Mirror 和 Primary 实例必须始终位于不同的主机上，以防止单个主机出现故障。在 Greenplum 初始化或扩容时，有两种可用的标准 Mirror 配置。默认配置为组镜像（Group Mirroring），将一台主机上所有 Primary Segment 的 Mirror 放置在群集中的另一台主机上，如图 3-8 所示。

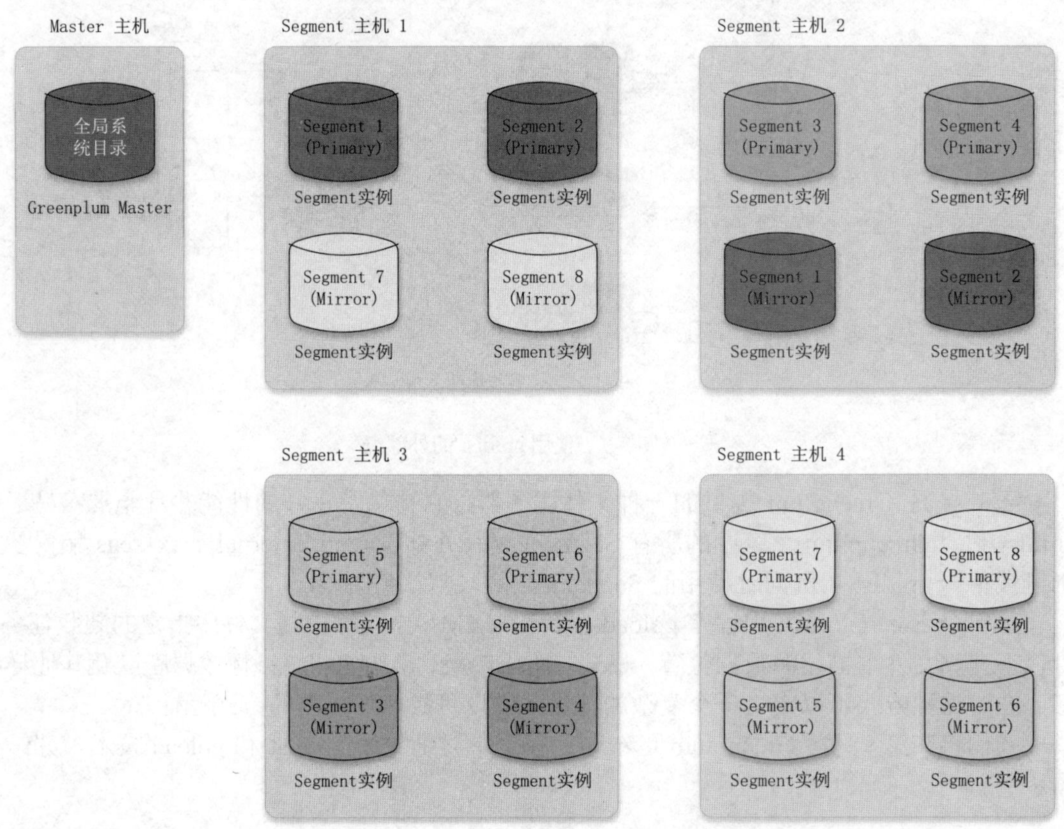

图 3-8 Segment 组镜像

另一种标准配置是扩展镜像（Spread Mirroring），将每个主机 Primary Segment 的 Mirror 扩展到其余主机上。这显然要求群集中的主机数多于每个主机的 Primary Segment 数。图 3-9 显示的是配置扩展镜像时如何分布 Segment 数据。

2. Segment 故障切换与恢复

在 Greenplum 中启用 Mirror Segment 时，如果 Primary 实例或所在主机宕掉，系统将自动切换到相应的 Mirror 实例，只要剩余 Segment 实例上的所有数据可用，Greenplum 数据库系统即可保持运行。

当无法连接到 Primary Segment 时，会在 Greenplum 系统目录中将该 Primary 实例标记为 down，并自动用其 Mirror 替换失效的 Primary 以继续提供服务。发生故障的 Segment 将停止运行，直到采取人为步骤使它重新联机。可以在系统启动和运行时恢复故障 Segment，恢复过程仅复制 Segment 停止运行期间丢失的增量差异数据。如果发生故障时有正在执行的事务，则该事务将回滚并在新的 Segment 上自动重新启动。gpstate 程序可用于识别发生故障的 Segment，该程序显示系统目录表 gp_segment_configuration 中的信息。

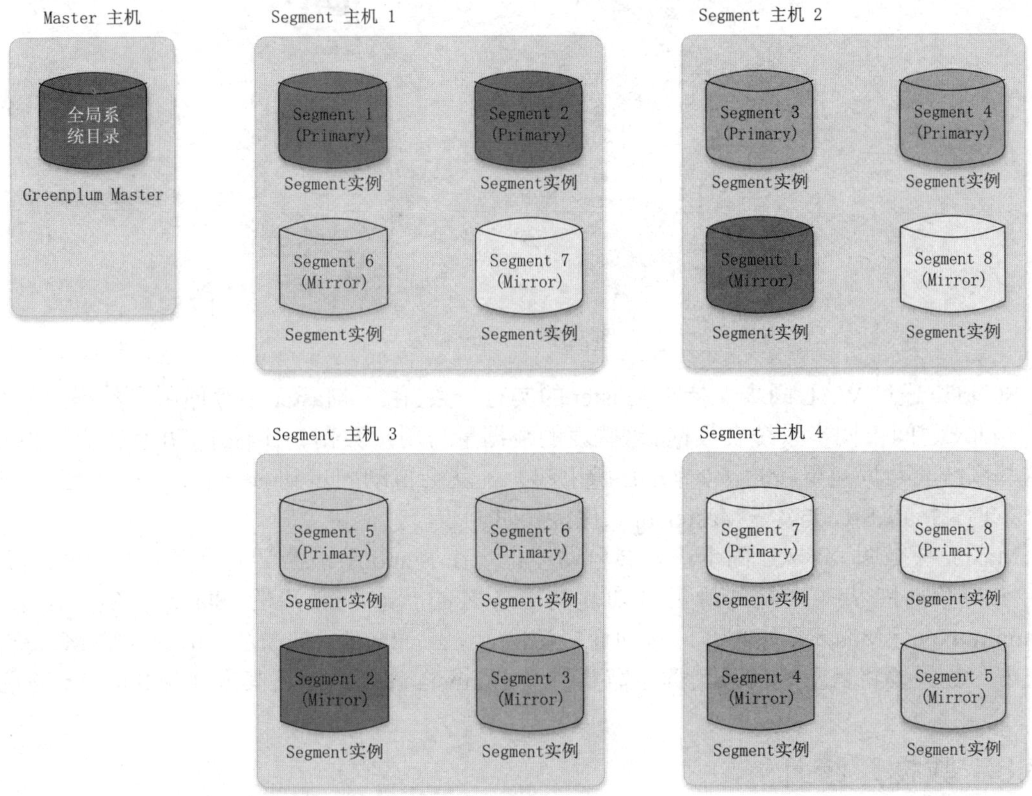

图 3-9　Segment 扩展镜像

如果由于 Segment 故障而导致整个 Greenplum 数据库无法运行（例如未启用 Mirror 或没有足够的 Segment 联机以访问所有用户数据），系统将自动关闭。客户端在尝试连接到数据库时会看到类似下面的错误，此时必须先恢复所有失败的 Segment，然后才能继续操作。

```
ERROR: All segment databases are unavailable
```

3. Master 镜像

如同 Primary 需要 Mirror 一样，可以在另一台主机上为 Master 实例配置一个镜像，按照惯例将其称为 Standby。Standby 是一个纯粹的容错节点，只作为 Master 出现问题时的热备，并要求与 Master 配置相同端口。在 Master 健康时，客户端只能通过 Master 来建立连接并执行 SQL 命令。当 Master 发生故障无法继续提供服务时，需要人为在 Standby 主机上执行 gpactivatestandby 命令来激活 Standby 作为新的 Master。到目前为止，Greenplum 没有实现 Standby 的自动激活。

可以为 Mater 和 Standby 配置同一个虚 IP，用于在 Master 和 Standby 之间漂移。当 Standby 被激活时，将虚 IP 漂移到 Standby 所在主机，这样客户端不需要修改连接信息就可以继续访问数据库。

Greenplum 中的 Master 节点镜像架构如图 3-10 所示。

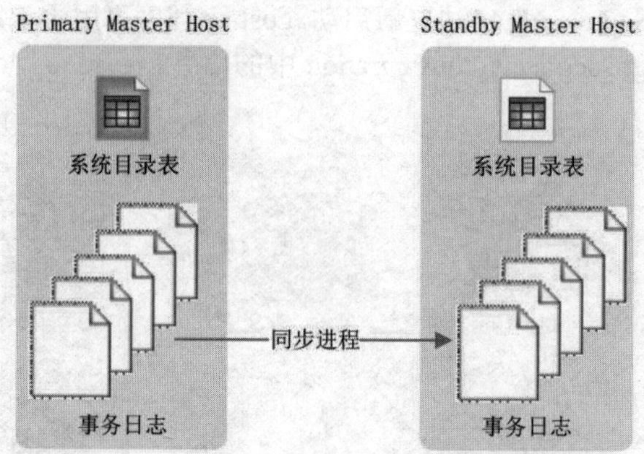

图 3-10　Master 镜像

Standby 通过 WAL 同步保持与 Master 的实时一致。由于 Master 不存储用户数据，在 Master 和 Standby 之间仅同步系统表数据。这些表的数据量与用户数据相比很小，并且较少发生变化。当这些系统表数据被更新时（如 DDL 所引起），就会自动同步到 Standby 从而保证与 Master 的一致性，所以 Standby 与 Master 可以保持实时同步。

Master 失效时，WAL 同步进程会自动停止。在 Standby 被激活时，冗余的 WAL 日志会被用来将数据库状态恢复到最后成功提交事务时的状态。激活的 Standby 实际上会成为 Greenplum 的新 Master，接收客户端的连接访问。一旦 Standby 被激活，旧的失败 Master 将脱离集群，如果要将其重新加入集群，需要使用 gpinitstandby 命令将其添加为 Standby 角色。

3.3.6　数据库统计

统计信息指的是数据库中所存储数据的元信息描述。查询优化器需要依据最新的统计信息为查询生成最佳执行计划。例如查询连接了两个表，一个表必须被广播到所有 Segment，那么优化器会选择广播其中的小表，使网络流量最小。

1. ANALYZE

ANALYZE 命令计算优化器所需的统计信息，并将结果保存到系统目录中。有三种方式启动分析操作：

- 直接运行 ANALYZE 命令。
- 在数据库外运行 analyzedb 命令行实用程序。
- 执行 DML 操作的表上没有统计信息，或者 DML 操作影响的行数超过了指定的阈值时，系统自动执行分析操作。

计算统计信息会消耗时间和资源，因此 Greenplum 会以对大表采样数据的方式建立一个小表，通过计算部分数据产生统计信息的估算值。如果是分区表，则从全部分区中采样。

大多数情况下，默认设置能够提供生成正确查询执行计划的信息。如果产生的统计不能生成优化的查询执行计划，管理员可以调整配置参数，通过增加样本数据量产生更加精确的统计。统计信息越精确，所消耗的 CPU 和内存资源越多，因此可能由于资源的限制，无法生成更好的计划。

此时就需要查看执行计划并测试查询性能，目标是要通过增加的统计成本达到更好的查询性能。

2. 系统统计

（1）表大小

查询优化器使用查询必须处理的数据行数和必须访问的磁盘页数等统计信息，寻找查询所需的最小磁盘 I/O 和网络流量的执行计划。用于估算行数和页数的数据分别保存在 pg_class 系统表的 reltuples 列和 relpages 列中，其中的值是最后运行 VACUUM 或 ANALYZE 命令时生成的数据。随着行的添加或删除，估算的准确性会降低，但操作系统始终可以提供磁盘页面的准确计数，因此只要 reltuples 与 relpages 的比例没有显著变化，优化器就可以生成足够准确的行数估计值，以选择正确的查询执行计划。

如果 reltuples 列的值与 SELECT COUNT(*)的返回值差很多，应该执行分析以更新统计信息。运行 REINDEX 命令完成重新创建索引后，relpages 列和 reltuples 列将重置为 0，此时应该在表上运行 ANALYZE 命令以更新这些列。

（2）pg_statistic 系统表与 pg_stats 视图

pg_statistic 系统表保存每个数据库表上最后执行 ANALYZE 操作的结果。pg_stats 视图以一种更友好的方式表示 pg_statistic 的内容。

为一列收集的统计信息因不同的数据类型而有所差异，因此 pg_statistic 表将适合相应数据类型的统计信息存储在四个槽位中，每个槽位由四列组成。例如，第一个槽位通常包含列的最常用值，由 stakind1、staop1、stanumbers1 和 stavalues1 列组成。

stakindN 列中的每一列都包含一个数字代码，用于描述存储在其槽位中的统计信息的类型。从 1 到 99 的 stakind 代码是为 PostgreSQL 数据类型保留的。Greenplum 数据库使用代码 1、2、3、4、5 和 99，0 表示槽位未使用。

新创建的表和索引没有统计信息。可以使用 gp_stats_missing 视图检查缺少统计信息的表，该视图位于 gp_toolkit 模式中：

```
select * from gp_toolkit.gp_stats_missing;
```

（3）统计更新

运行不带参数的 ANALYZE 会更新数据库中所有表的统计信息，这可能需要执行很长时间，因此最好在数据更改后有选择地分析表。也可以选择分析一个表列的子集，例如只分析 join、where、order by、group by、having 等子句中用到的列。

如果样本包含空页，则分析严重膨胀的表可能会生成较差的统计信息。因此在分析膨胀表前，最好先执行 VACUUM 操作。

（4）分析分区表和 AO 表

在分区表上运行 ANALYZE 命令时，它逐个分析每个叶级别的子分区。可以只在新增或修改的分区文件上运行 ANALYZE，避免分析没有变化的分区。analyzedb 命令行程序自动跳过无变化的分区，并且它是多会话并行的，可以同时分析几个分区，默认运行 5 个会话，会话数可以通过命令行的-p 选项设置，值域为 1～10。每次运行 analyzedb，它都会将 AO 表和分区的状态信息保存在 Master 节点数据目录中的 db_analyze 目录下，比如 /data/master/gpseg-1/db_analyze。下次运行时，analyzedb 比较每个表的当前状态与上次保存的状态，不分析没有变化的表或分区。Heap 表总是会被分析。

GPORCA 查询优化器需要分区表根级别的统计信息，而老的优化器不使用该统计。如果启用（默认）了 GPORCA 优化器，则还需要运行 ANALYZE 或 ANALYZE ROOTPARTITION 来刷新根分区统计信息。分析分区表的时间与分析具有相同数据的非分区表的时间类似，因为 ANALYZE ROOTPARTITION 不收集叶分区的统计信息（仅对数据进行采样）。

Greenplum 服务器配置参数 optimizer_analyze_root_partition 会影响在分区表的根分区上收集统计信息的时间。如果参数为 on(默认)，则在运行 ANALYZE 时，不需要 ROOTPARTITION 关键字来收集根分区的统计信息。在根分区上运行 ANALYZE 时，或者在分区表的叶级别叶子分区上运行 ANALYZE，并且其他叶子分区具有统计信息时，将收集根分区统计信息。如果所有子分区的统计信息都已经更新，ROOTPARTITION 选项可用于只收集分区表的全局状态信息，这可以节省分析时间。

如果该参数处于禁用状态，则必须运行 ANALYZE ROOTPARTITION 以收集根分区统计信息。如果不使用 GPORCA 对分区表运行查询（将服务器配置参数 optimizer 设置为 off），可以将服务器配置参数 optimizer_analyze_root_partition 也设置为 off，以限制 ANALYZE 更新根分区统计信息。

3. 统计配置

（1）统计目标

统计目标指的是一个列的 most_common_vals、most_common_freqs 和 histogram_bounds 数组的大小。这些数组的含义可以从 pg_stats 视图的定义得到。可以通过设置服务器配置参数修改全局目标值，也可以使用 ALTER TABLE 命令设置任何表列的目标值。目标值越大，优化器评估质量越高，但 ANALYZE 需要的时间也越长。

default_statistics_target 服务器配置参数设置系统默认的统计目标。默认值 100 通常已经足够，只有经过测试确定要定义一个新目标时，才考虑提高或降低该值。例如，要将默认统计信息目标从 100 提高到 150，可以使用 gpconfig 程序：

```
gpconfig -c default_statistics_target -v 150
```

单个列的统计目标可以用 ALTER TABLE 命令设置。某些查询可以通过为特定列，尤其是分布不规则的列增加目标值以提高性能。如果将一列的目标值设置为 0，ANALYZE 将忽略该列。下面的命令将 notes 列的统计目标设置为 0，因为该列对于查询优化没有任何作用：

```
alter table emp alter column notes set statistics 0;
```

统计目标可以设置为 0～1000 的值，或者设置成-1，此时恢复使用系统默认的统计目标值。父分区表上设置的统计目标影响子分区，如果父表上某列的目标设置为 0，则其所有子分区上的该列统计目标也为 0。但是，如果以后增加或者交换了其他子分区，新增的子分区将使用默认目标值，交换的子分区使用以前的统计目标。因此如果增加或交换了子分区，应该在新的子分区上设置统计目标。

（2）自动收集统计信息

如果一个表没有统计信息，或者在表上执行的特定操作改变了大量数据时，Greenplum 可以在表上自动运行 ANALYZE。对于分区表，自动统计收集仅当直接操作叶表时被触发，它仅分析叶表。自动收集统计信息有三种模式：

- none：禁用自动收集。
- on_no_stats：在一个没有统计信息的表上执行 CREATE TABLE AS SELECT、INSERT、COPY 命令时触发分析操作。
- on_change：在表上执行 CREATE TABLE AS SELECT、UPDATE、DELETE、INSERT 或 COPY 命令，并且影响的行数超过了 gp_autostats_on_change_threshold 配置参数设定的阈值时触发分析操作。

依据命令是单独执行还是在函数中执行，自动收集统计信息模式的设置方法也不一样。如果是在函数外单独执行，gp_autostats_mode 配置参数控制统计模式，默认值为 on_no_stats。gp_autostats_mode_in_functions 参数控制在过程语言函数中执行表操作时的行为，默认情况下设置为 none。

在 on_change 模式下，仅当受影响的行数超过 gp_autostats_on_change_threshold 配置参数定义的阈值时，才会触发分析。此参数的默认值是一个非常高的值，为 2147483647，能有效禁用自动统计数据收集。on_change 模式可能触发意外中断系统的大型分析操作，因此不建议全局设置。on_change 在会话中可能很有用，例如在加载后自动分析表。

要禁用函数外的自动统计信息收集，将 gp_autostats_mode 参数设置为 none。

```
gpconfigure -c gp_autostats_mode -v none
```

将 gp_autostats_mode_in_functions 更改为 on_no_stats，可为函数中没有统计信息的表启用自动统计信息收集。

```
gpconfigure -c gp_autostats_mode_in_functions -v on_no_stats
```

如果要记录自动统计信息收集操作，将 log_autostats 系统配置参数设置为 on。

3.4 为什么选择 Greenplum

现在的 SQL、NoSQL、NewSQL、Hadoop 等技术，都能在不同层面或不同应用上处理大数据的某些问题，其中 Hadoop 是较早用来处理大数据集合的分布式存储计算基础架构。那么作为用户，面对这么多技术选型，我们何时以及为什么要选择 Greenplum 构建数据仓库呢？近年来笔者也尝试过一些 SQL-on-Hadoop 产品，从最初的 Hive，到 Spark SQL、Impala，再到 Kylin、HAWQ，在这些产品上进行了一系列 ETL、CDC、多维数据仓库、OLAP 实验。从数据库的角度看，笔者的总体感觉是这些产品与传统的 DBMS 相比，功能不够完善，性能差距较大，甚至很难找到一个相对完备的数据仓库解决方案。本节将以笔者个人的实践体验对比一下 Greenplum 与 SQL-on-Hadoop，并简述 Greenplum 的可行性和局限性。

3.4.1 Greenplum 还是 SQL-on-Hadoop

Greenplum 和 Hadoop 都是为了解决大数据并行计算而出现的技术，二者的相似点在于：

- 分布式存储数据在多个节点上。
- 采用分布式并行计算框架。
- 支持向外扩展来提高整体的计算能力和存储容量。
- 支持 X86 开放集群架构。

但两种技术在数据存储和计算方法上，也存在很多显而易见的差异：

- Greenplum 按照关系数据库行列表方式存储数据（有模式）；Hadoop 按照文件切块方式分布式存储（无模式）数据。
- 两者采用的数据分布机制不同，Greenplum 采用 Hash 分布，计算节点和存储紧密耦合，数据分布在记录级的更小粒度，一般在 1KB 以下；Hadoop FS 按照文件切块后随机分配，节点和数据无耦合，数据分布粒度在文件块级，默认为 64MB。
- Greenplum 采用 SQL 并行查询计划；Hadoop 采用 MapReduce 框架。

基于以上不同，体现在效率、功能特性等方面也大不相同。Greenplum 数据库在计算并行度、计算算法上比 Hadoop 更加优雅，效率更高。图 3-11 由 Pivotal 提供，显示相同硬件环境下，基于 MapReduce 的 Hive 和 Greenplum 在 TPC-H（商业智能测试）22 个 SQL 测试中的性能比较，可以看到两者的执行速度相去甚远。

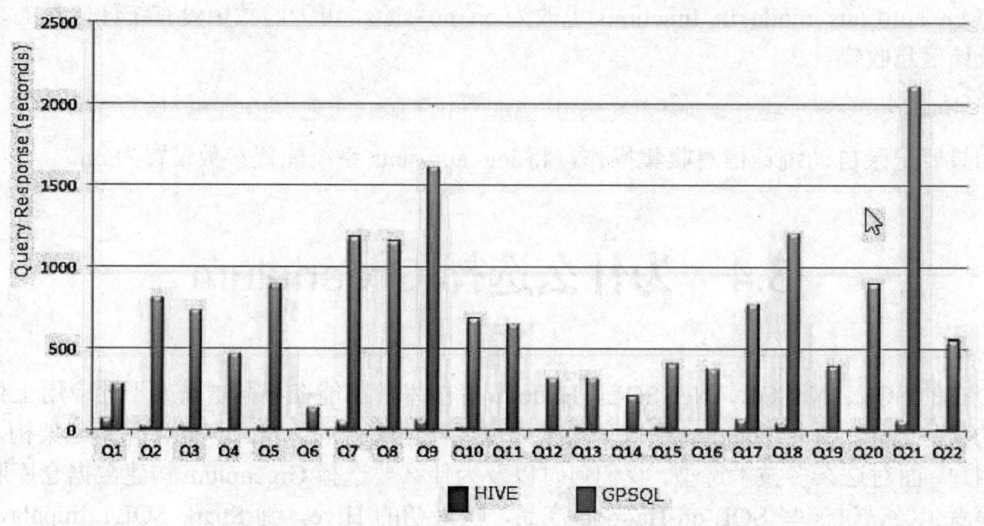

图 3-11　Hive 和 Greenplum 在 TPCH 中的性能比较

为了取得第一手数据，笔者做了以下两个简单的 Greenplum 与 MySQL 查询性能对比测试，以便有一个最初的直观体验。也许你会觉得拿分布式集群数据库与单机集中式数据库作比较有失公允，没错！笔者想说明的是：这两个查询都是线上实际在 MySQL 上运行的慢查询，而考虑 Greenplum 就是为了解决大数据量在 MySQL 上查不动的问题。而且这也并不是严格的对等测试，Greenplum 只是由三台测试机组成的集群，而 MySQL 使用的是线上高配服务器。

```
-- 查询 1:
select userid, target, relation_type, update_time
  from relation
```

```
 where userid = 717600270
   and relation_type in (1, 2)
 order by update_time desc
 limit 30;

-- 查询 2:
select a.*
  from moments_dynamic a -- force index (idx_user_all)
  join (select target from relation r
         where r.userid = 918046590
           and (r.relation_type = 1 or r.relation_type = 2)
         union all
        select 918046590) b
    on a.userid=b.target
 where dynamic_status = 0
   and dynamic_type in (1, 6, 8, 11, 13)
 order by id desc
 limit 80;
```

moments_dynamic 表有 79309341 行，relation 表有 499194521 行。查询 1，Greenplum 用时 44 ms，MySQL 用时 9210 ms；查询 2，Greenplum 用时 75ms，MySQL 用时 170 ms(force index (idx_user_all))。

在功能上 Greenplum 数据库采用 SQL 作为主要交互式语言。SQL 语言简单易学，具有很强的数据操纵能力和过程语言的流程控制能力，是专门为统计和数据分析开发的语言，丰富的功能和函数极大简化了数据操作和交互过程。

而对于 MapReduce 编程明显是困难的，在原生的 MapReduce 开发框架基础上进行开发，需要技术人员谙熟 Java 开发和并行原理，而这即便是技术人员也难以学习和操控。为了解决易用性问题，近年来 SQL-on-Hadoop 技术大量涌现出来，成为当前 Hadoop 开发使用的一个技术热点。其中，Hive 支持 MapReduce、Spark、Tez 三种计算框架；Spark SQL 采用内存中的 MapReduce；Impala、HAWQ 则借鉴 MPP 计算思想来做查询优化和内存数据管道计算，以此来提高性能。

虽然 SQL-on-Hadoop 比原始的 MapReduce 在易用性上有所提高，但在 SQL 成熟度和复杂分析上目前还与 Greenplum 数据库有较大差距，笔者在使用过程中对此深有体会：

- SQL-on-Hadoop 系统中，除了 HAWQ（HAWQ 从代码级别上可以简单理解成是数据存储在 HDFS 上的 Greenplum 数据库）外，其余系统对 SQL 的支持都非常有限，特别是分析型复杂 SQL，如 SQL 2003 OLAP WINDOW 函数，几乎都不支持，更不用说存储过程等数据库常规功能。以 Impala 为例，不支持 Date 数据类型，不支持 XML 和 JSON 相关函数，不支持 covar_pop、covar_samp、corr、percentile、percentile_approx、histogram_numeric、collect_set 等聚合函数，不支持 rollup、cube、grouping set 等操作，不支持数据抽样（Sampling）等数据分析中的常用操作。在 TPC-DS 测试中，Spark SQL、Impala、Hive 等只支持其中 1/3 左右的 SQL 测试。TPC-DS 是专门用于评测决策支持系统（大数据或数据仓库）的标准 SQL 测试集，包含 99 个 SQL。
- 由于 HDFS 本身只能追加数据的特性（Append-only），SQL-on-Hadoop 大多不支持行级数据更新（update）和删除（delete）功能。而像 Hive 虽然通过配置可以支持事务和行级更新，但实现极为别扭，性能更是无法接受，基本不具实用价值。

- SQL-on-Hadoop 不擅长于交互式即席查询，多通过预关联的方式来规避这个问题。另外，在并发处理方面能力较弱，高并发大查询场景下，需要控制计算请求的并发度，避免资源过载导致的稳定性和性能下降等问题。笔者就曾多次遇到几个并发 Spark SQL 任务占用大量内存，最终出现 OOM 错误的情况。

反观专为大数据存储、计算、挖掘而设计的 Greenplum，它所拥有的丰富特性使其成为构建数据仓库等分析型应用的理想选择：

- 完善的标准支持。Greenplum 完全支持 ANSI SQL 2008 标准和 SQL OLAP 2003 扩展。例如，支持内连接、外连接、全连接、笛卡尔连接、相关子查询等所有表连接方式，支持并集、交集、差集等集合操作，并支持递归函数调用。作为一个数据库系统，提供这些功能很好理解。
- 除了包含诸多字符串、数字、日期时间、类型转换等常规标量函数以外，Greenplum 还包含丰富的窗口函数和高级聚合函数，这些函数经常被用于分析型数据查询。窗口函数包括 cume_dist、dense_rank、first_value、lag、last_valueexpr、lead、ntile、percent_rank、rank、row_number 等。高级聚合函数包括 median、percentile_cont (expr) within group (order by expr [desc/asc])、percentile_disc (expr) within group (order by expr [desc/asc])、sum(array[])、pivot_sum (label[], label, expr)等。
- 得益于 PostgreSQL 良好的扩展性（这里是 extension，不是 scalability），Greenplum 可以采用各种开发语言来开发用户自定义函数（UDF）。自定义函数部署到 Greenplum 后，能充分享受到实例级别的并行性能优势。建议把库外的处理逻辑部署为用 MPP 数据库的 UDF 这种库内方式来处理，这将获得意想不到的性能和方便。
- 支持分布式事务，支持 ACID，保证数据的强一致性。
- Greenplum 支持用“Hadoop 外部表”方式来访问、加载 HDFS 的数据。虽然 Greenplum 的 Hadoop 外部表性能大幅低于 MPP 内部表，但比 Hadoop 自身的 Hive 要快很多。Greenplum 还提供了 gpfdist 文件服务器，可并行读写本地文件系统中的文件，最大化数据装载性能。
- Greenplum 有完善的生态系统，可以与很多企业级产品集成，如 SAS、Cognos、Informatic、Tableau 等；也可以与很多种开源软件集成，如 Pentaho、Talend 等。

3.4.2 适合 DBA 的解决方案

Greenplum 最吸引人的地方是它支持 SQL 过程化编程，这是通过 UDF 实现的。编写 UDF 的语言可以是 SQL、C、Java、Perl、Python、R 和 pgSQL。数据库应用开发人员常用的自然是 SQL 和 pgSQL，PL/pgSQL 函数可以为 SQL 语言增加控制结构，执行复杂的计算任务，并继承所有 PostgreSQL 的数据类型（包括用户自定义类型）、函数和操作符。Greenplum 是笔者所使用过的分布式数据库解决方案中唯一支持 SQL 过程化编程的。对于习惯了编写存储过程的 DBA（Database Administrator，数据库管理员）来说，这无疑大大提高了 Greenplum 的易用性。下面列举一些 UDF 提供的特性。

1. 给内部函数起别名

许多 Greenplum 的内部函数是用 C 语言编写的，这些函数在集群初始化时声明，并静态连接到 Greenplum 服务器。用户不能自己定义新的内部函数，但可以给已存在的内部函数起别名。下面的例子创建了一个新的函数 fn_all_caps，它是内部函数 upper 的别名。

```
    create function fn_all_caps (text) returns text as 'upper' language internal
strict;
```

2. 返回结果集的表函数

表函数返回多行结果集，在 FROM 子句中进行调用，就像查询一个表、视图或子查询。如果表函数返回单列，那么返回的列名就是函数名。下面是一个表函数的例子，该函数返回 channel 表中给定 ID 值的数据。

```
    create function fn_getchannel(int) returns setof channel as $$
       select * from channel where id = $1;
    $$ language sql;
```

3. 参数个数可变的函数

Greenplum 从 PostgreSQL 继承了一个非常好的特性，即函数参数的个数可变，在某些数据库系统中，想实现这个功能很麻烦。参数个数可变是通过一个动态数组来实现的，因此所有参数都应该具有相同的数据类型。这种函数将最后一个参数标识为 VARIADIC，并且参数必须声明为数组类型。下面是一个例子，实现类似原生函数 greatest 的功能。

```
    create or replace function fn_mgreatest(variadic numeric[]) returns numeric
as $$
    declare
       l_i numeric:=-99999999999999;
       l_x numeric;
       array1 alias for $1;
    begin
      for i in array_lower(array1, 1) .. array_upper(array1, 1)
      loop
        l_x:=array1[i];
        if l_x > l_i then
          l_i := l_x;
        end if;
      end loop;
      return l_i;
    end;
    $$ language 'plpgsql';
```

执行函数结果如下：

```
    db1=# select fn_mgreatest(variadic array[10, -1, 5, 4.4]);
     fn_mgreatest
    --------------
              10
    (1 row)
```

```
db1=# select fn_mgreatest(variadic array[10, -1, 5, 4.4, 100]);
 fn_mgreatest
--------------
          100
(1 row)
```

4. 多态数据类型

PostgreSQL 中的 anyelement、anyarray、anynonarray 和 anyenum 四种伪类型被称为多态类型，使用这些类型声明的函数叫作多态函数。多态函数的同一参数在每次调用函数时可以有不同数据类型，实际使用的数据类型由调用函数时传入的参数确定。当一个查询调用多态函数时，特定的数据类型在运行时被解析。

如果一个函数的返回值被声明为多态类型，那么它的参数中至少应该有一个是多态的，并且参数与返回结果的实际数据类型必须匹配。例如，函数声明为 assubscript(anyarray, integer) returns anyelement。此函数的第一个参数为数组类型，而且返回值必须是实际数组元素的数据类型。再比如，一个函数的声明为 asf(anyarray) returns anyenum，那么参数只能是枚举类型的数组。参数个数可变的函数也可以使用多态类型，实现方式是声明函数的最后一个参数为 VARIADIC anyarray。

下面看几个多态类型函数的例子。

①判断任意两个相同数据类型的入参是否相等：

```
create or replace function fn_equal (anyelement,anyelement)
   returns boolean as $$
begin
   if $1 = $2 then return true;
   else return false;
   end if;
end; $$
language 'plpgsql';
```

函数调用：

```
db1=# select fn_equal(1,1);
 fn_equal
----------
 t
(1 row)

db1=# select fn_equal(1,'a');
ERROR:  invalid input syntax for integer: "a"
LINE 1: select fn_equal(1,'a');
                          ^
db1=# select fn_equal('a','A');
ERROR:  could not determine polymorphic type because input has type "unknown"

db1=# select fn_equal(text 'a',text 'A');
 fn_equal
----------
 f
(1 row)

postgres=# select fn_equal(text 'a',text 'a');
```

```
 fn_equal
----------
 t
(1 row)
```

②遍历任意类型的数组，数组元素以行的形式返回：

```
create or replace function fn_unnest(anyarray)
returns setof anyelement
language 'sql' as
$$
   select $1[i] from generate_series(array_lower($1,1),array_upper($1,1)) i;
$$;
```

函数调用：

```
db1=# select fn_unnest(array[1,2,3,4]);
 fn_unnest
-----------
         1
         2
         3
         4
(4 rows)

db1=# select fn_unnest(array['a','b','c']);
 fn_unnest
-----------
 a
 b
 c
(3 rows)
```

③返回任意数组类型中的最大元素：

```
create or replace function fn_mgreatest1(v anyelement, variadic anyarray)
returns anyelement as $$
declare
    l_i v%type;
    l_x v%type;
    array1 alias for $2;
begin
    l_i := array1[1];
    for i in array_lower(array1, 1) .. array_upper(array1, 1) loop
        l_x:=array1[i];
        if l_x > l_i then
           l_i := l_x;
        end if;
    end loop;
    return l_i;
end;
$$ language 'plpgsql';
```

说明：

- 变量不能定义成伪类型，但可以通过参数进行引用，如上面函数中的 l_i v%type。

- 动态数组必须是函数的最后一个参数。
- 第一个参数的作用仅是为变量定义数据类型，所以在调用函数时传空即可。

函数调用：

```
db1=# select fn_mgreatest1(null, variadic array[10, -1, 5, 4.4]);
 fn_mgreatest1
---------------
           10
(1 row)

db1=# select fn_mgreatest1(null, variadic array['a', 'b', 'c']);
 fn_mgreatest1
---------------
 c
(1 row)
```

3.4.3 Greenplum 的局限

Greenplum 最大的特点总结起来就一句话：在低成本开放平台基础上，提供强大的并行数据计算性能和海量数据管理能力。并行计算能力是对大任务、复杂任务的快速高效计算，但如果我们指望 MPP 并行数据库能够像 OLTP 数据库一样，在极短的时间处理大量的高并发小任务，这个并非 MPP 数据库所长。请牢记，并行和并发是两个完全不同的概念，并发强调的是一同发起，并行强调的是一起执行。MPP 数据库是为了解决大数据问题而设计的并行计算技术，而不是大量小数据问题的高并发请求。

再通俗点说，Greenplum 主要定位在 OLAP 领域。利用 Greenplum MPP 数据库做大数据计算或分析平台是非常适合的，例如数据仓库系统、ODS 系统、历史数据管理系统、分析系统、数据集市等。而 MPP 数据库都不擅长做 OLTP 交易系统，所谓交易系统，就是高频的事务型小规模数据插入、修改、删除，每次事务处理的数据量不大，但每秒钟都会发生几十次甚至几百次以上交易型事务。这类系统的衡量指标是 TPS，适用的系统是 OLTP 数据库，如 MySQL。在本书 5.6.6 小节“消费延迟监控”中，会看到作为主打 AP 的 Greenplum，在同步适合 TP 的 MySQL 数据时，所表现出来的量化的性能差异。

除了 OLTP、OLAP 之分，近来还出现了所谓的 HTAP（Hybrid Transactional/Analytical Processing），即混合事务/分析处理。在笔者看来，HTAP 作为概念的意义大于实用意义，至少目前如此，就像概念车，外观上无比炫酷，但就是不会量产。从原理上讲，TP 与 AP 在需求、应用场景、性能衡量指标、建模与设计方法、优化策略等方面都截然不同（参见 1.2.3 小节“操作型系统和分析型系统的对比”），结果必然是在实现技术上大相径庭。正所谓鱼和熊掌不可兼得，虽然也有一些打上 HTAP 标签的产品，但终究还是在 AP 与 TP 之间做权衡，侧重其中之一，而在另一方面的表现则差强人意。

3.5 小 结

（1）Greenplum 是 MPP 架构的分布式数据库，针对分析型应用，尤其适合于数据仓库。

（2）Greenplum 建立在无共享架构上，其并行工作方式可以最大限度地发挥硬件能力。

（3）Master、Segment 和 Interconnect 是构成 Greenplum 的顶层组件。每个 Master 和 Segment 都是一个单独的 PostgreSQL 数据库实例。Master 是 Greenplum 的系统入口，负责接收客户端连接和 SQL 查询，并将工作分配给 Segment 实例。Master 实例只存储系统元数据，不存储任何用户数据。每个 Segment 存储部分用户数据，处理部分查询工作。Interconnect 是 Greenplum 数据库体系结构中的核心组件，实现了对同一个集群中多个 PostgreSQL 实例的高效协同和并行计算，承载了并行查询计划生产和分派、协调节点上查询执行器的并行工作、数据分布、Pipeline 计算、镜像复制、健康探测等诸多任务。

（4）Greenplum 支持 Heap 表和 AO 表，Heap 表支持行存，AO 表支持行存和列存，并可以使用压缩。

（5）Greenplum 继承了 PostgreSQL 的 MVCC 模型实现并发控制，支持 SQL 标准中的全部四种事务隔离级，默认隔离级为 Read Committed。

（6）每个 Segment 中有多个并行的工作进程协同处理一个查询。

（7）利用 gpfdist 外部表或 gpload 程序，可以向 Greenplum 并行装载外部数据，最大化数据装载性能。

（8）Primary/Mirror 提供 Segment 自动检测和故障切换，Mirror 有 group 和 spread 两种标准分布方式，默认为 group。Standby 提供 Master 热备，在需要时可手工激活。这两种机制共同为生产环境提供高可用、容错的 Greenplum 环境。

（9）Greenplum 查询优化器依赖表列的统计信息生成执行计划，可以通过配置自动收集这些统计信息。

（10）有别于 SQL-on-Hadoop 技术，Greenplum 更符合数据库特性，支持行级更新，通过 UDF 实现过程化编程，编写 UDF 的语言可以是 SQL、C、Java、Perl、Python、R 和 pgSQL。这些功能特性在提高易用性的同时提供了更高的性能，是更适合 DBA 的解决方案。

（11）Greenplum 不适合 OLTP 类型的应用场景。

第4章

Greenplum 安装部署

Greenplum 是一个 MPP 分布式数据库软件，本质上是并行利用硬件使其充分发挥能力以达到最佳性能。Greenplum 可以运行在多种环境中，如物理机、虚拟机、云服务器等，但无论哪种环境，要保证高可用、高性能和稳定性，都必须以选择适当的硬件、操作系统、文件系统为基础。对底层系统和数据库的合理配置，也是获得一个强力 Greenplum 集群的重要前提条件。本章将详细说明 Greenplum 6 安装部署所涉及的各方面问题。

4.1 平台需求

本节主要介绍 Greenplum 6 安装部署时对平台的要求。

4.1.1 操作系统

Greenplum 6 可以运行在以下主流操作系统之上：

- Red Hat Enterprise Linux 64-bit 7.x。
- Red Hat Enterprise Linux 64-bit 6.x。
- CentOS 64-bit 7.x。
- CentOS 64-bit 6.x。
- Ubuntu 18.04 LTS。

RHEL 6.x 和 CentOS 6.x 的一个已知问题是，启动资源组时 Greenplum 的性能明显下降。这是由 Linux cgroup 内核错误引起的，已在 CentOS 7.x 和 RHEL 7.x 系统中修复。对于安装在 CentOS 或 RHEL 7.3 之前版本的 Greenplum，可能由于 Linux 内核问题导致高工作负载的

Greenplum 数据库挂起，7.3 版本解决了该问题，所以建议操作系统选择 CentOS 或 RHEL 7.3 或以上的 64 位版本。另外，不要在 Greenplum 主机上安装防病毒软件，这可能会导致额外的 CPU 和 I/O 负载，从而干扰 Greenplum 数据库的操作。

Greenplum 6 需要在 RHEL 或 CentOS 7 系统上安装以下软件包（在安装 Greenplum RPM 包时，这些软件包将作为依赖项自动安装）：apr、apr-util、bash、bzip2、curl、krb5、libcurl、libevent、libxml2、libyaml、zlib、openldap openssh、openssl、openssl-libs、perl、readline、rsync、R、sed、tar、zip。如果使用 PL/Java 或 PXF，需要安装 Open JDK 8 或 Open JDK 11。

4.1.2　硬件和网络

Greenplum 数据库系统中的所有主机应该具有相同的硬件和软件配置。数据库整体性能依赖于硬件的性能和各种硬件资源的均衡。对于 OLAP 应用来说，最大的瓶颈是磁盘性能，因此所有其他资源都应围绕磁盘性能来均衡配置。这些资源包括 CPU 主频与核数、内存容量、网络带宽、RAID 等。资源配置的基本宗旨是：I/O 资源必须有富余，CPU 资源被充分利用。

1. CPU 主频与核数

就目前来说，一个 SQL 语句的执行性能，取决于单核的计算能力和有多少个 Primary Segment 参与计算。通常对于一个 Primary Segment 来说，在执行一个任务时，只能利用一个 CPU 核的计算能力。

现在主流的两路 X86 服务器，其 CPU 一般都配置 64 核甚至更高核数。在相同核数情况下追求高主频需要很高的成本，性价比很低，基本没有什么选择的空间。所以，要提升集群的整体计算能力，核数是个非常重要的因素。如果可能，应尽量增加 CPU 核数，配置 96 核甚至 128 核以上的 CPU，这将会带来更好的计算能力。

2. 内存容量

单机最小物理内存需求为 16GB。随着近年来大规模数据分析需求的上升，主流配置单机内存至少 256GB，很多已经达到 512GB 甚至更高。Greenplum 的很多算子，比如 Hash、Agg、Sort 等都属于内存密集型算子，可能需要消耗大量内存。

活跃内存的消耗量与计算的数据量、计算类型、并发数都有关系。只能说配置的内存越多，Greenplum 在处理内存需求量很大的场景时会更高效，但不能保证活跃内存的使用率就一定很高。因此，如果极少有内存密集型计算，可以适当降低内存配置，不过建议每个 Primary 段的最低内存配置不要低于 30GB。如前所述，Greenplum 集群中的 I/O 是最珍贵的资源，如果内存不足，数据就会从内存溢出到磁盘文件，把压力转移到磁盘上，这种情况是不应该出现的。

3. 网络带宽

内联网络的带宽极其重要。MPP 架构带来了一个无法避免的数据移动问题。虽然数据移动不是总会发生，但如果发生时受带宽限制，数据移动操作就会卡在网络层。好在已经普遍存在的万兆网卡和万兆交换机提供了强大的网络能力。

强烈建议集群中所有主机在同一局域网内，连接万兆交换机。另外，为了实现网络的高可用，每台主机建议至少配置两块万兆网卡。如果可以选择，要采用 mode4 的 bond，而不是

mode1。从安全角度来看，mode4 和 mode1 是完全一样的，都有多个通道，只要不是全部通道故障，不会影响连通性。而从带宽角度考虑，正常情况下 mode4 的带宽更高，而 mode1 的带宽就相当于故障了的 mode4。

一定要确保网络的健康，长期大量错包、丢包必定影响集群的稳定性甚至性能。对于超大规模集群，应该考虑为 Master 服务器配置更多的网口做链路聚合，因为随着 Master 管理的机器增多，Master 本身的网络压力会随之上升。对于 100 台以上的集群，可以考虑增加 Master 的网络带宽为 4 个万兆口做 mode4 的链路聚合。

4. RAID 卡性能

如果使用的是机械盘，则 RAID 卡是缓解磁盘压力的关键，其最大作用是将离散 I/O 操作缓存并合并为连续 I/O 操作。普通机械盘的随机读写能力较差，一个 10K/Min 转速的机械盘，连续的磁盘读写性能不会超过 200MB/S，随机读写性能更差，一般 IOPS 能力都达不到 200。

对于 OLAP 型应用，主要是大尺寸的连续读写。如果 RAID 卡有 Cache 功能，不管是读还是写，都可以经过 RAID 卡的 Cache 进行 I/O 合并，充分发挥机械盘的连续读写能力。一般要求 24 块机械盘，起码要配置 2GB 以上 Cache 的双通道 RAID 卡，否则 RAID 卡可能成为性能瓶颈。根据经验，24 块机械盘，采用 12 块一组的 RAID-5 方案，条带一般选择 256KB 大小。

5. 磁盘配置

磁盘性能对 Greenplum 尤为重要。对 OLAP 型应用，目前主流的配置方案是，Segment 节点主机配置 24 块机械盘，Master 节点主机配置 8~12 块机械盘。如果选择 SSD 或 NVMe，可以根据容量和性能评估硬盘数量。

不能只是单纯地追求容量，要综合考虑性能指标，单块磁盘的容量越大，故障恢复的时间越长。一般来说，如果选择机械盘，目前主流的选择是单盘不超过 1.8TB。

4.1.3 文件系统

应该在 XFS 文件系统上运行 Greenplum 数据库。原厂未明确支持其他文件系统，所以 Greenplum 数据库的数据目录应该使用 XFS 文件系统。

对于网络文件系统或共享存储，也必须挂载为本地 XFS 文件系统。非本地磁盘的文件系统，虽然支持，但不推荐。对 Greenplum 来说，都是本地目录，不会区别对待不同的存储。网络文件系统或共享存储，虽然可以运行，但性能和可靠性无法保证。

4.2 容量评估

本节是估算 Greenplum 数据库系统可以容纳多少数据的指南。除此之外，还希望在每个 Segment 主机上有额外的空间来放置备份文件和需要加载的外部数据文件。

4.2.1 可用磁盘空间

要估算 Greenplum 数据库系统可以容纳的数据量，必须从计算每个 Segment 主机上可用于数据存储的物理磁盘的原始容量开始，然后用每个 Segment 主机的可用磁盘容量乘以 Greenplum 集群中的 Segment 主机数。原始容量等于磁盘大小乘以磁盘数量，而磁盘数量要考虑使用的 RAID 级别，例如使用带有 Hotspare 的 RAID-5 的原始容量计算如下：

```
原始容量 = 磁盘大小 * (磁盘总数 - RAID 数量 - Hotspare 数量)
```

下一步计算格式化后的磁盘容量，这时要考虑文件系统格式化开销（大约 10%）：

```
格式化后的磁盘容量 = 原始容量 * 0.9
```

磁盘使用率不能是 100%，为保障性能，Greenplum 建议磁盘使用率不要超过 70%，因此可用磁盘空间为：

```
可用磁盘空间 = 格式化后的磁盘容量 * 0.7
```

假设 24 块 1.2TB 的磁盘，做两组 RAID-5，带有两块 Hotspare，则可用磁盘空间为：

```
1.2TB * (24 - 2 - 2) * 0.9 * 0.7 = 15.12TB
```

Greenplum 可以将其余 30%空间用于相同磁盘上的临时文件和事务文件。如果主机有一个单独的磁盘系统用于临时文件和事务文件，则可以指定一个使用这些文件的表空间。根据磁盘系统的配置，移动文件的位置可能会提高性能。

通常使用 Mirror 实现数据冗余是生产环境的必选项，那么在计算用户数据（U）的实际可用存储量时，用户数据的大小将增加一倍（2×U）。Greenplum 还需要保留一些空间作为活动查询的工作区（Work Space），其大小约为用户数据大小的三分之一：

```
(2 * U) + U/3 = 15.12TB
用户数据可用空间 (U) = 6.48TB
```

这里的计算公式针对的是典型的分析型应用。高并发工作负载或需要大量临时空间的查询可以从保留较大的工作区中获益。通过适当的负载管理，可以提高总体系统吞吐量，同时降低工作区使用率。此外，通过指定临时空间和用户空间位于不同的表空间上，可以将它们彼此隔离。

4.2.2 用户数据容量

与其他数据库类似，原始数据一旦被装载到数据库中，将比原始数据文件稍大一些，平均而言，约为原始大小的 1.4 倍。根据使用的数据类型、表存储类型和数据是否压缩等因素，情况可能有所不同。计算用户数据容量要考虑以下因素：

- 页开销。数据被装载到 Greenplum 数据库中时，被划分为 32KB 的页，每页有 20 字节的开销。
- 行开销。在常规堆表中，每行数据有 24 字节的行开销，AO 表只有 4 字节的行开销。

- 列开销。对于数据值本身，与每个属性值关联的大小取决于所选的数据类型。一般来说，希望使用尽可能小的数据类型来存储数据。
- 索引。在 Greenplum 数据库中，索引以表数据的形式分布在 Segment 主机上，默认为 B 树索引。由于索引大小取决于索引中唯一值的数量和要插入的数据，因此不可能预先计算索引的确切大小，但可以使用下面的公式进行粗略估计：

```
B 树索引：唯一值个数 * (数据类型字节数 + 24 字节)
位图索引：(唯一值个数 * 行数 / 8 * 压缩率) + (唯一值个数 * 32)
```

4.2.3 元数据和日志空间

在每个 Segment 主机上，还有一些下面列出的 Greenplum 数据库日志文件和系统元数据，相对于用户数据来说，它们所占空间很小。

- 系统元数据。每个 Segment 实例（Primary 或 Mirror）或 Master 实例的元数据约有 20MB。
- 预写日志。每个 Segment 实例（Primary 或 Mirror）或 Master 实例为预写日志分配空间。WAL 被划分为 64MB 的段文件，文件数量最多为：2 × checkpoint_segments + 1。可以使用它来估计 WAL 的空间需求，Greenplum 数据库实例的 checkpoint_segments 默认为 8，这意味着要为主机上的每个实例分配 1088MB 的 WAL 空间。
- 数据库日志文件。每个 Segment 实例和 Master 实例生成的数据库日志文件将随时间增长。应为这些日志文件分配足够的空间，并使用日志轮换功能以确保日志文件不会过大。

4.2.4 RAID 划分最佳实践

机械盘建议做 RAID-5，一方面可以提高数据安全性，另一方面能缓解倾斜的影响。对于机械盘 RAID-5 一般采取如下方式配置：

- StripSize：Master 建议为 32KB ~ 128KB，准确的选择可以根据测试情况来确定。如果无法确定，可以选择 128KB。Segment 建议为 256KB，这是经验值，具体设备的最优值可以根据测试来确定。
- WritePolicy：选择[Always Write Back]或称为[Force Write Back]。
- ReadPolicy：选择[Read Ahead]。
- Raid Cache 比例：不建议调整，因为调整了反而往往使得综合性能下降。
- Drive Cache：选择[Disable]。
- IO Policy：选择[Direct]。
- 系统盘：操作系统建议安装在单独的两块盘的 RAID-1 上。
- Hotspare：如果需要，建议做 Global Hotspare。如果更换磁盘的流程不是很长，比如一两天就能更换故障磁盘，建议可以不配置 Hotspare。Hotspare 不是一定会带来好处，因为出现故障时，RAID 的性能会有很大程度的下降，且这个过程是自动的，无法根据业务情况灵活安排。

Master 类主机的 RAID 划分可参考表 4-1。

表 4-1 Master 类主机 RAID 划分

<table>
<tr><th>磁盘</th><th>RAID 类型</th><th>磁盘数量</th><th>设备号</th><th>可用容量</th><th>挂载点</th><th>用途</th></tr>
<tr><td rowspan="4">本地盘</td><td rowspan="2">RAID-1</td><td rowspan="2">2</td><td rowspan="2">/dev/sda</td><td>2048MB</td><td>/boot</td><td rowspan="2">操作系统</td></tr>
<tr><td>剩余尺寸</td><td>/</td></tr>
<tr><td rowspan="2">RAID-5</td><td rowspan="2">X+1+1</td><td>/dev/sdb</td><td>内存尺寸</td><td>swap</td><td>SWAP</td></tr>
<tr><td>/dev/sdc</td><td>剩余尺寸</td><td>/data</td><td>数据盘</td></tr>
</table>

Segment 类主机的 RAID 划分可参考表 4-2。

表 4-2 Segment 类主机 RAID 划分

<table>
<tr><th>磁盘</th><th>RAID 类型</th><th>磁盘数量</th><th>设备号</th><th>可用容量</th><th>挂载点</th><th>用途</th></tr>
<tr><td rowspan="6">本地盘</td><td rowspan="2">RAID-1</td><td rowspan="2">2</td><td rowspan="2">/dev/sda</td><td>2048MB</td><td>/boot</td><td rowspan="2">操作系统</td></tr>
<tr><td>剩余尺寸</td><td>/</td></tr>
<tr><td rowspan="4">RAID-5</td><td rowspan="2">Y+1+1</td><td>/dev/sdb</td><td>内存尺寸/2</td><td>swap</td><td>SWAP</td></tr>
<tr><td>/dev/sdc</td><td>剩余尺寸</td><td>/data1</td><td>数据盘</td></tr>
<tr><td rowspan="2">Y+1+1</td><td>/dev/sdd</td><td>内存尺寸/2</td><td>swap</td><td>SWAP</td></tr>
<tr><td>/dev/sde</td><td>剩余尺寸</td><td>/data2</td><td>数据盘</td></tr>
</table>

生产环境一般都需要配置 Mirror，一旦出现故障切换，Mirror 被激活的主机将会消耗更多的内存资源，因此 SWAP 是对故障切换的一种保护。配置 Greenplum 数据库时，在健康状态下不应该使用 SWAP。如果镜像模式是 group mirroring，SWAP 尺寸应该与物理内存相同，如果是 spread mirroring，一般可以设置 SWAP 尺寸为物理内存的 1/N，N 为单台主机上所有 Segment 实例数，包括 Primary 和 Mirror。

由于 SWAP 的性能会极大地影响计算效率，因此 Greenplum 要求将 SWAP 设置在性能最好的磁盘上。两块盘组成的 RAID-1 用作操作系统安装，其性能与数据盘的 RAID-5 相比差很多，因此不能将 SWAP 设置在操作系统盘上。

对于 SSD 或 NVMe 盘来说，以上关于性能的问题需要重新衡量，比如 SWAP 放在哪里？是否要做 RAID，等等。一般来说，在不考虑安全要求的情况下，建议不做 RAID，因为 RAID 的校验计算对于 RAID 卡的计算能力来说，会约束磁盘的性能发挥。如果条件允许，SSD 或 NVMe 是更好的选择，这也是硬盘技术的未来趋势。机械盘在长期高压力下，故障率会很高，而 SSD 技术则会更稳定。

4.3 操作系统配置

本节说明如何为 Greenplum 数据库软件安装操作系统环境。安装环境的主机、软硬件信息如下。

- 主机信息如表 4-3 所示，所有主机在一个局域网内通过万兆网连接。

表 4-3　主机信息

主机别名	IP 地址	Greenplum 角色
mdw	114.112.77.198	Master、Segment
smdw	114.112.77.199	Standby Master、Segment
sdw3	114.112.77.200	Segment

- 硬件配置：每台主机 CPU 2×12 核；内存 128GB；SSD 用作 Segment 数据盘，可用空间 7.4TB，机械盘用于 Master 数据盘，可用空间 1.4TB。
- 系统软件版本如表 4-4 所示。

表 4-4　系统软件版本

名称	版本
操作系统	CentOS Linux release 7.9.2009 (Core)
JDK	openjdk version "1.8.0_282"
Greenplum	6.14.1

本书后面的实践部分都是在这里描述的主机环境中进行的。

注　意

这只是个实验环境，生产环境中，Greenplum 的 Master、Standby Master、Segment 应该部署在独立主机上，并且硬件配置，尤其是 CPU 核数与物理内存都有所增加。

4.3.1　安装操作系统

根据实践经验，建议按照表 4-5 所示方式安装 Linux 操作系统，这也是目前的主流选择。

表 4-5　Linux 安装

选项	要求			
操作系统版本	RHEL/CentOS 7.3 以上 X86 64 位服务器			
目录及尺寸	挂载点	设备名	文件系统格式	尺寸
	/boot	/sda1	XFS	2048MB
	/	/sda2	XFS	剩余全部
	SWAP	/sdb	SWAP	内存尺寸/2
	SWAP	/sdd	SWAP	内存尺寸/2
语言选择	English(United States)			
时区选择	Asia/Shanghai			
软件选择	File and Print Server			
附加组件选择	Development Tools			

如果在安装操作系统时，图形化引导界面中无法配置超过 128GB 的 SWAP，可以在操作系统装好之后再配置。Greenplum 数据库使用的数据盘不需要在安装操作系统时配置（表 4-5

中未列出数据盘），可以在装好操作系统之后，在准备安装部署 Greenplum 数据库时再统一按照文件系统挂载要求进行配置。按本实验环境的主机规划，Master 类主机只需要一个数据分区/data，存储介质为机械盘，可用空间为 1.4TB；Segment 类主机需要两个数据分区/data1、/data2，分别用作 Primary Segment 和 Mirror Segment，存储介质是 SSD，可用空间各为 3.7TB。

最好为 Greenplum 数据库的操作系统配置 yum 源。在部署 Greenplum 集群时，可能会有少量的软件包需要安装，对于未按照建议安装的操作系统，可能会有大量的软件包需要安装。

4.3.2 禁用 SELinux 和防火墙

对于运行 RHEL 或 CentOS 的主机系统，必须禁用 SELinux，或将其配置为允许对 Greenplum 进程、目录和 gpadmin 用户进行无限制访问。在所有主机上使用 root 用户执行以下步骤禁用 SELinux。

①执行以下命令检查 SELinux 状态：

```
sestatus
```

②如果 SELinux 状态不是 disabled，则编辑/etc/selinux/config 文件，执行以下命令修改 SELINUX 参数值为 disabled：

```
SELINUX=disabled
```

完成以上操作后需要重启系统以使配置生效。我们将在完成所有操作系统配置后再重启系统，一次性使所有配置生效。如要临时禁用 SELinux，可执行下面的命令：

```
setenforce 0
```

还应该禁用 Linux 6.x 上的 iptables，或 Linux 7.x 上的 firewalld 等防火墙软件。如果未禁用防火墙，则必须将其配置为允许 Greenplum 主机之间进行所需的通信。在所有主机上使用 root 用户执行以下步骤禁用防火墙软件。

③执行以下命令检查防火墙状态：

```
systemctl status firewalld
```

如果已禁用则输出如下：

```
firewalld.service - firewalld - dynamic firewall daemon
 Loaded: loaded (/usr/lib/systemd/system/firewalld.service; disabled; vendor
preset: enabled)
   Active: inactive (dead)
     Docs: man:firewalld(1)
```

④如果未禁用，则执行以下命令禁用防火墙服务：

```
systemctl stop firewalld.service
systemctl disable firewalld.service
```

4.3.3 操作系统推荐配置

Greenplum 要求在系统的所有主机（Master 类和 Segment 类）上设置某些 Linux 操作系统

参数。通常需要更改以下类别的系统参数：

- 共享内存。除非内核的共享内存段大小合适，否则 Greenplum 数据库实例将无法工作。对于 Greenplum 数据库，大多数默认操作系统安装的共享内存值设置得太小。在 Linux 系统上还必须禁用 OOM killer。
- 网络。在大容量 Greenplum 数据库系统上，必须设置某些与网络相关的参数，以优化 Greenplum 互联网络连接。
- 用户限制。用户限制控制由用户 shell 启动进程的可用资源。默认设置可能会导致某些数据库查询失败，因为它们将耗尽处理查询所需的文件描述符。Greenplum 数据库要求单个进程可以打开的文件描述符数值更高。

在所有主机上使用 root 用户执行以下步骤设置操作系统参数。

（1）设置主机名

编辑/etc/hosts 文件，添加 Greenplum 系统中的所有 IP 地址、主机名、别名。Master 别名为 mdw，Standby Master 别名为 smdw，Segment 别名为 sdw1、sdw2……

```
114.112.77.198 mdw
114.112.77.199 smdw
114.112.77.200 sdw3
```

（2）设置系统参数

编辑/etc/sysctl.conf 文件，添加如下参数设置，然后执行 sysctl -p 命令使配置生效。

```
# 共享内存页
kernel.shmall = 32912094
kernel.shmmax = 134807937024
kernel.shmmni = 4096

# Segment 主机内存溢出策略
vm.overcommit_memory = 2
vm.overcommit_ratio = 95

# 禁用端口范围
net.ipv4.ip_local_port_range = 10000 65535

# 内核
kernel.sem = 500 2048000 200 4096
kernel.sysrq = 1
kernel.core_uses_pid = 1
kernel.msgmnb = 65536
kernel.msgmax = 65536
kernel.msgmni = 2048

# 网络
net.ipv4.tcp_syncookies = 1
net.ipv4.conf.default.accept_source_route = 0
net.ipv4.tcp_max_syn_backlog = 4096
net.ipv4.conf.all.arp_filter = 1
net.core.netdev_max_backlog = 10000
net.core.rmem_max=33554432
```

```
net.core.wmem_max=33554432

# 虚拟内存
vm.swappiness = 0
vm.zone_reclaim_mode = 0
vm.dirty_expire_centisecs = 500
vm.dirty_writeback_centisecs = 100

# 对于大于 64GB 内存的主机系统，推荐以下配置
vm.dirty_background_ratio = 0
vm.dirty_ratio = 0
vm.dirty_background_bytes = 1610612736 # 1.5GB
vm.dirty_bytes = 4294967296            # 4GB

vm.min_free_kbytes = 7898906
```

Greenplum 数据库使用共享内存在属于同一 PostgreSQL 实例的 postgres 进程之间进行通信。shmall 设置可在系统范围内使用的共享内存总量，以页为单位。shmmax 以字节为单位设置单个共享内存段的最大大小。根据系统的物理内存和页面大小设置 kernel.shmall 和 kernel.shmmax 值，通常这两个参数的值为系统物理内存的一半。使用操作系统变量 _PHYS_PAGES 和 PAGE_SIZE 设置参数：

```
kernel.shmall = echo $(expr $(getconf _PHYS_PAGES) / 2)的值
kernel.shmmax = echo $(expr $(getconf _PHYS_PAGES) / 2 \* $(getconf PAGE_SIZE))
的值
```

如果 Greeplum 的 Master 类主机和 Segment 类主机的物理内存大小不同，则对应主机上的 kernel.shmall 和 kernel.shmmax 值也将不同。

操作系统使用 vm.overcommit_memory 内核参数来确定可以为进程分配多少内存。对于 Greenplum 数据库，此参数应始终设置为 2。vm.overcommit_ratio 是用于应用程序进程的内存百分比，其余部分保留给操作系统。

为避免 Greenplum 数据库和其他应用程序发生端口冲突，Greenplum 集群初始化时，不要指定参数 net.ipv4.ip_local_port_range 范围内的端口作为 Greenplum 数据库端口。

增加 vm.min_free_kbytes 以确保满足来自网络和存储驱动程序的 PF_MEMALLOC 请求，这对于具有大量内存的系统尤其重要。不要将 vm.min_free_kbytes 设置为高于系统内存的 5%，这样做可能会导致内存不足。执行下面的 awk 命令可将 vm.min_free_kbytes 设置为系统物理内存的 3%：

```
awk 'BEGIN {OFMT = "%.0f";} /MemTotal/ {print "vm.min_free_kbytes =", $2 * .03;}'
/proc/meminfo >> /etc/sysctl.conf
```

（3）设置资源限制

Linux 模块 pam_limits 通过读取 limits.conf（Linux 6）文件或 20-nproc.conf（Linux 7）文件中的值来设置用户限制，确保文件中的所有参数都设置为所需值。编辑/etc/security/limits.d/20-nproc.conf 文件，添加（或修改）如下参数设置。可执行 ulimit -a 命令来确认当前配置。

```
* soft nofile 524288
* hard nofile 524288
* soft nproc 131072
* hard nproc 131072
```

（4）设置 XFS 文件系统 mount 选项

编辑/etc/fstab 文件，添加 XFS 文件系统 mount 选项为 rw,nodev,noatime,nobarrier,inode64：

```
/dev/data /data xfs rw,nodev,noatime,nobarrier,inode64 0 0
/dev/data1 /data1 xfs rw,nodev,noatime,nobarrier,inode64 0 0
/dev/data2 /data2 xfs rw,nodev,noatime,nobarrier,inode64 0 0
```

remount 使配置生效：

```
mount -o remount /data
mount -o remount /data1
mount -o remount /data2

# 查看
mount
```

（5）设置预读值

每个磁盘设备文件的预读值（blockdev）应为 16384。

```
# 获取值
/sbin/blockdev --getra /dev/sdb1
# 设置值
/sbin/blockdev --setra 16384 /dev/sdb1
```

将设置命令添加到/etc/rc.d/rc.local 文件，并将该文件设置为可执行，使得系统重启自动执行：

```
chmod +x /etc/rc.d/rc.local
```

（6）设置磁盘 I/O 调度策略

用于磁盘访问的 Linux 磁盘 I/O 调度程序支持不同的策略，如 CFQ、AS 和 deadline，建议使用 deadline scheduler 选项。

```
echo deadline > /sys/block/sdb/queue/scheduler
echo mq-deadline > /sys/block/nvme0n1/queue/scheduler
echo mq-deadline > /sys/block/nvme1n1/queue/scheduler
```

将设置命令添加到/etc/rc.d/rc.local 文件，使得系统重启时自动执行。按照以下官方文档中描述的方法，在本实验环境中重启后无效。

```
# 设置
grubby --update-kernel=ALL --args="elevator=mq-deadline"
# 查看
grubby --info=ALL
```

（7）禁用透明大页面

RHEL 6.0 或更高版本默认启用透明大页面（THP），它会降低 Greenplum 数据库的性能，因此需要将其禁用。

```
# 查看当前配置
cat /sys/kernel/mm/transparent_hugepage/enabled

# 设置
echo never > /sys/kernel/mm/transparent_hugepage/enabled
```

```
# 使得系统重启后自动生效
grubby --update-kernel=ALL --args="transparent_hugepage=never"

# 查看
grubby --info=ALL
```

（8）禁止 IPC 对象删除

禁用 RHEL 7.2 或 CentOS 7.2 的 IPC 对象删除。当非系统用户账户注销时，默认的 systemd 设置 RemoveIPC=yes 会删除 IPC 连接，这会导致 gpinitsystem 程序因信号量错误而失败。执行以下操作以避免此问题。

编辑/etc/systemd/logind.conf 文件，设置 RemoveIPC 参数：

```
RemoveIPC=no
```

重启服务使配置生效：

```
service systemd-logind restart
```

（9）设置 SSH 连接数阈值

某些 Greenplum 数据库管理实用程序，如 gpexpand、gpinitsystem 和 gpaddmirrors，在系统之间使用 SSH 连接来执行其任务。在大型 Greenplum 数据库部署、云部署或每个主机具有大量 Segment 的部署中，这些实用程序可能会超过主机未经身份验证连接的最大阈值，发生这种情况时会收到如下错误：

```
ssh_exchange_identification: Connection closed by remote host.
```

更新/etc/ssh/sshd_config 文件中的 MaxStartups 和 MaxSessions 配置参数，以增加连接阈值：

```
MaxStartups 10:30:200
MaxSessions 200
```

使用“start:rate:full”语法指定 MaxStartups，可以通过 SSH 守护进程启用随机早期连接断开。start 标识在断开连接前允许的未经验证的 SSH 连接尝试次数。一旦达到未经验证的连接尝试的 start 次数，SSH 守护进程将拒绝后续连接尝试的百分比。full 标识未经验证的连接尝试的最大次数，在此之后所有尝试都被拒绝。

重启服务使配置生效：

```
systemctl reload sshd.service
```

（10）确认或配置时区

date 命令的输出应该为东八区，例如：Thu Feb 25 08:13:00 CST 2021。如果在安装操作系统时设置的时区有误，可以执行 tzselect 命令更改时区，依次选择 Asia→China→Beijing Time→YES。一定要在安装 Greenplum 前确保时区设置正确，因为在 Greenplum 系统初始化后，LC_COLLATE、LC_CTYPE 的值不能再更改。

4.3.4 时钟同步

应该使用 NTP（Network Time Protocol，网络时间协议）同步构成 Greenplum 集群的所有主机的系统时钟。Segment 主机上的 NTP 应配置为使用 Master 主机作为主时间源，Standby

Master 主机作为辅助时间源。在 Master 主机和 Standby Master 主机上，将 NTP 配置为指向首选时间服务器。具体步骤如下：

步骤01 执行如下命令在 mdw 主机的/etc/ntp.conf 文件中添加 NTP 服务器：

```
server 101.251.209.250
```

步骤02 执行如下命令在 smdw 主机的/etc/ntp.conf 文件中添加 NTP 服务器：

```
server mdw prefer
server 101.251.209.250
```

步骤03 执行如下命令在 sdw3 主机的/etc/ntp.conf 文件中添加 NTP 服务器：

```
server mdw prefer
server smdw
```

步骤04 执行如下命令在所有主机启动 ntpd 服务并查看时间同步状态：

```
systemctl disable chronyd
systemctl enable ntpd
systemctl start ntpd
ntpstat
```

4.3.5 创建 Greenplum 管理员账号

不能以 root 用户身份运行 Greenplum 数据库服务器，因此需要在每个节点上创建专用的操作系统用户，以运行和管理 Greenplum 数据库，按照惯例，此用户名为 gpadmin。gpadmin 用户必须具有访问安装和运行 Greenplum 数据库所需的服务和目录的权限。

每个 Greenplum 主机上的 gpadmin 用户必须配置 SSH 密钥对，并且集群中的任何主机都能够免密 SSH 到群集中的任何主机。可以选择授予 gpadmin 用户 sudo 权限，以便用 gpadmin 用户身份执行 sudo、ssh、scp、gpssh、gpscp 等命令，管理 Greenplum 数据库集群中的所有主机。

以下步骤显示如何在主机上设置 gpadmin 用户、设置密码、创建 SSH 密钥对以及启用可选的 sudo 功能。

（1）建立组和用户

注意确保 gpadmin 用户在每个主机上具有相同的用户 id（uid）和组 id（gid），以防止使用它们标识的脚本或服务出现问题。如果 gpadmin 用户在不同的 Segment 主机上具有不同的 uid 或 gid，则将 Greenplum 数据库备份到某些网络文件系统或存储设备时可能会失败。创建 gpadmin 组和用户时，可以使用 groupadd -g 选项指定 gid，使用 useradd -u 选项指定 uid。使用 id gpadmin 命令查看当前主机上 gpadmin 用户的 uid 和 gid。

```
groupadd -r -g 1001 gpadmin
useradd gpadmin -r -m -g gpadmin -u 1001
passwd gpadmin

chown -R gpadmin:gpadmin /data
chown -R gpadmin:gpadmin /data1
```

```
chown -R gpadmin:gpadmin /data2
```

（2）生成 SSH 密钥对

切换到 gpadmin 用户并为 gpadmin 用户生成 SSH 密钥对。在提示输入 passphrase 时按 Enter 键，以便 SSH 连接不需要输入密码短语。

```
su gpadmin
ssh-keygen -t rsa -b 4096
```

（3）授予 gpadmin 用户 sudo 访问权限

执行 visudo 命令，去掉下行的注释：

```
# %wheel        ALL=(ALL)       NOPASSWD: ALL
```

将 gpadmin 用户添加到 wheel 组：

```
usermod -aG wheel gpadmin
```

4.3.6 安装 JDK（可选）

```
# 查找 yum 资源库中的 Java 包
yum search java | grep -i --color JDK
# 安装 Java 1.8
yum install -y java-1.8.0-openjdk.x86_64 java-1.8.0-openjdk-devel.x86_64
# 验证安装
java -version
```

执行完以上所有步骤后，重启所有主机使全部配置生效。

4.4 安装 Greenplum 软件

本节说明如何在构成 Greenplum 集群的所有主机上安装 Greenplum 数据库软件，如何为 gpadmin 用户启用免密 SSH，以及如何验证安装。

4.4.1 安装软件包

在所有主机上使用 root 用户执行以下命令：

```
# 下载安装包
wegt https://github.com/greenplum-db/gpdb/releases/download/6.14.1/
open-source-greenplum-db-6.14.1-rhel7-x86_64.rpm

# 安装
yum -y install ./open-source-greenplum-db-6.14.1-rhel7-x86_64.rpm

# 修改安装目录的属主和组
chown -R gpadmin:gpadmin /usr/local/greenplum*
chgrp -R gpadmin /usr/local/greenplum*
```

在 RHEL/CentOS 系统上，可以使用带有--prefix 选项的 rpm 命令将 Greenplum 安装到非默认目录下而不是在/usr/local 下。但是使用 rpm 安装包不会自动安装 Greenplum 数据库的依赖项，必须手动将依赖项安装到每个主机系统。要将 Greenplum 安装到指定目录，在所有主机上使用 root 用户执行以下命令。

```
# 手动安装依赖项
yum install apr apr-util bash bzip2 curl krb5 libcurl libevent libxml2 libyaml
zlib openldap openssh openssl openssl-libs perl readline rsync R sed tar zip

# 使用带有--prefix 选项的 rpm 命令指定安装目录（用实际目录替换<dir>）
rpm --install ./open-source-greenplum-db-6.14.1-rhel7-x86_64.rpm
--prefix=<dir>

# 修改安装目录的属主和组
chown -R gpadmin:gpadmin <dir>/greenplum*
chgrp -R gpadmin:gpadmin <dir>/greenplum*
```

4.4.2 配置免密 SSH

在 Greenplum 集群中的任何主机上的 gpadmin 用户，必须能够通过 SSH 免密连接到集群中的任何主机。如果启用了从 Master 主机到集群中其他每台主机的免密 SSH（“1-n 免密 SSH”），则可以使用 Greenplum 的 gpssh-exkeys 命令行实用程序启用从每台主机到其他每台主机的免密 SSH（“n-n 免密 SSH”）。

在 mdw 主机上使用 gpadmin 用户执行以下步骤配置免密 SSH。

步骤 01 执行如下命令设置 Greenplum 环境：

```
source /usr/local/greenplum-db/greenplum_path.sh
```

步骤 02 执行如下命令启用 1-n 免密 SSH：

```
# 将当前用户的公钥复制到集群中其他主机的 authorized_hosts 文件中
ssh-copy-id mdw
ssh-copy-id smdw
ssh-copy-id sdw3
```

步骤 03 在 gpadmin 用户主目录中创建内容如下（所有主机名）、名为 all_host 的文件：

```
mdw
smdw
sdw3
```

步骤 04 执行如下命令启用 n-n 免密 SSH：

```
gpssh-exkeys -f all_host
```

4.4.3 确认软件安装

要确保 Greenplum 软件已正确安装和配置，可在 mdw 主机上执行以下命令来确认。如有必要，在继续执行下一项任务之前纠正所有问题。

```
su - gpadmin
gpssh -f all_host -e 'ls -l /usr/local/greenplum-db-6.14.1'
```

如果安装成功，应该能够在没有密码提示的情况下登录到所有主机。所有主机都应该显示 Greenplum 安装目录中的相同内容，并且这些目录的属主都是 gpadmin 用户。

Greenplum 安装目录下包含以下文件或目录。

- greenplum_path.sh：此文件包含 Greenplum 数据库的环境变量。
- bin：此目录包含 Greenplum 数据库管理实用程序，还包含 PostgreSQL 客户端和服务器程序，其中大多数程序也用于 Greenplum。
- docs/cli_help：此目录包含 Greenplum 命令行实用程序的帮助文件。
- docs/cli_help/gpconfigs：此目录包含示例 gpinitsystem 配置文件和主机文件，可在安装和初始化 Greenplum 数据库系统时修改和使用这些文件。
- ext：一些 Greenplum 数据库实用程序使用的外部捆绑程序（如 Python）。
- include：C 头文件。
- lib：Greenplum 和 PostgreSQL 库文件。
- sbin：支持内部脚本和程序。
- share：Greenplum 数据库的共享文件。

4.5 初始化 Greenplum 数据库系统

在上一节已经安装好了 Greenplum 数据库软件，本节将对 Greenplum 数据库进行初始化。

4.5.1 创建数据存储区

1. 在 Master 和 Standby Master 主机创建数据存储区

Master 主机和 Standby Master 主机上需要一个数据存储区来存储 Greenplum 数据库系统数据，如目录数据和其他系统元数据。Master 类实例的数据目录位置不同于 Segment 类实例，前者不存储任何用户数据，只有系统目录表和元数据，因此不需要指定与 Segment 上相同的存储空间。被创建或选择用作数据存储区域的目录，应有足够的磁盘空间存放数据，并且其属主为 gpadmin。

在 mdw 主机上使用 gpadmin 用户执行以下命令创建 Master 类实例数据目录：

```
# Master
```

```
mkdir -p /data/master
chown gpadmin:gpadmin /data/master
source /usr/local/greenplum-db/greenplum_path.sh
# Standby Master
gpssh -h smdw -e 'mkdir -p /data/master'
gpssh -h smdw -e 'chown gpadmin:gpadmin /data/master'
```

2. 在 Segment 主机创建数据存储区

在 mdw 主机上使用 gpadmin 用户执行以下命令，一次性地在所有 Segment 主机上创建 Primary 和 Mirror 数据目录。

```
source /usr/local/greenplum-db/greenplum_path.sh
gpssh -f all_host -e 'mkdir -p /data1/primary'
gpssh -f all_host -e 'mkdir -p /data1/mirror'
gpssh -f all_host -e 'mkdir -p /data2/primary'
gpssh -f all_host -e 'mkdir -p /data2/mirror'
gpssh -f all_host -e 'chown -R gpadmin /data1/*'
gpssh -f all_host -e 'chown -R gpadmin /data2/*'
```

注　意

本实验环境中只有三台主机，其中有两台扮演双重角色。

4.5.2 验证系统

Greenplum 提供了一个名为 gpcheckperf 的管理实用程序，可用于识别集群主机上的硬件和系统级问题。gpcheckperf 在指定主机上启动会话，并运行以下性能测试：

- 网络性能（gpnetbench*）。
- 磁盘 I/O 性能（dd 测试）。
- 内存带宽（stream 测试）。

在使用 gpcheckperf 之前，必须在性能测试涉及的主机之间设置免密 SSH。由于 gpcheckperf 要调用 gpssh 和 gpscp，因此这些 Greenplum 实用程序必须位于$PATH 中。

1. 验证网络性能

通过 gpcheckperf 命令的-r n、-r N 或-r M 参数来测试网络性能，-r n 是串行对测试，-r N 是并行对测试，-r M 是全矩阵交叉测试。将指定的参与测试的主机按照顺序进行配对。比如-r n，第一台主机向第二台主机发包，完成后第二台向第一台发包，然后第三台和第四台配对，顺序相互发包，依次测试直到所有主机测试完。如果是-r N，匹配的顺序和-r n 一致，不同的是所有分组测试同时开始相互发包。如果是奇数个主机，最后一个会和第一个再组成一组，对于-r N 测试，这可能会影响最终结果。-r M 则是每台主机都向其他主机发包，形成全矩阵交叉测试。-r n 和-r N 能够体现网卡之间的独立性能，而-r M 则更能体现实际生产使用时的网络负载能力，是真实的工作模式。

gpcheckperf 运行一个网络基准测试程序，将 5 秒的数据流从当前主机传输到测试中包含的每台远程主机上。在默认情况下，数据并行传输到每台远程主机，最小、最大、平均和中值网络传输速率以每秒兆字节（MB/s）为单位报告。如果传输速率低于预期（小于 100 MB/s），则可以使用-r n 选项连续运行网络测试以获得每台主机的结果。

在 mdw 主机上使用 gpadmin 用户执行以下命令，结果应该大于 100 MB/s。

```
# 设置 Greenplum 环境
source /usr/local/greenplum-db/greenplum_path.sh

# 检查点对点网络传输速度
# ①双向同时发包，适合偶数个主机的情况
gpcheckperf -f all_host -r N -d /tmp > subnet.out
# ②单向顺序发包，适合奇数个主机的情况
gpcheckperf -f all_host -r n -d /tmp > subnet.out

# 检查全矩阵多对多网络传输速度
gpcheckperf -f all_host -r M -d /tmp > subnet.out
```

大多数 Greenplum 系统主机都配置有多个网卡（NIC），每个网卡位于自己的子网中。在测试网络性能时，单独测试每个子网非常重要。例如，考虑如表 4-6 所示的主机网络配置。

表 4-6　每个 Segment 主机配置两个子网

Segment 主机	子网 1	子网 2
Segment1	sdw1-1	sdw1-2
Segment2	sdw2-1	sdw2-2
Segment3	sdw3-1	sdw3-2

需要创建两个主机文件用于 gpcheckperf 网络测试，如表 4-7 所示。

表 4-7　用于 gpcheckperf 网络测试的主机文件

hostfile_gpchecknet_ic1	hostfile_gpchecknet_ic2
sdw1-1	sdw1-2
sdw2-1	sdw2-2
sdw3-1	sdw3-2

然后每个子网运行一次 gpcheckperf。如果测试奇数台主机，则以串行对测试模式运行。

```
gpcheckperf -f hostfile_gpchecknet_ic1 -r n -d /tmp > subnet1.out
gpcheckperf -f hostfile_gpchecknet_ic2 -r n -d /tmp > subnet2.out
```

如果要测试的主机数量为偶数，则可以在并行测试模式下运行。

2. 验证磁盘 I/O 和内存带宽性能

要测试磁盘和内存带宽性能，使用 -r ds 选项运行 gpcheckperf，结果以每秒兆字节为单位显示。磁盘测试使用 dd 命令（标准 UNIX 实用程序）测试逻辑磁盘或文件系统的顺序吞吐量性能，内存测试使用 stream 基准程序来测量可持续内存带宽。使用 -d 选项指定要在每个主机上测试的文件系统目录，必须对这些目录具有写访问权限。需要测试所有 Primary 和 Mirror 的目录位置。

在 mdw 主机上使用 gpadmin 用户执行以下命令：

```
# 设置 Greenplum 环境
```

```
source /usr/local/greenplum-db/greenplum_path.sh

# 检查磁盘 I/O（dd）和内存带宽（stream）性能
gpcheckperf -f all_host -r ds -D -d /data1/primary -d /data2/primary -d
/data1/mirror -d /data2/mirror > io.out
```

程序需要执行一段时间，因为它会在主机之间复制大文件。测试完成后，将在输出中看到磁盘读写和流测试的汇总结果。

4.5.3 初始化数据库

Greenplum 数据库是分布式的，因此其初始化过程涉及多个单独的 PostgreSQL 数据库实例，即在 Greenplum 中的 Segment 实例。包括 Master 和所有 Segment 在内的每个数据库实例都必须在系统中的所有主机上进行初始化，以便它们可以作为一个统一的 DBMS（数据库管理系统）一起工作。Greenplum 提供了自己的 initdb 版本，称为 gpinitsystem，它负责在 Master 和每个 Segment 实例上初始化数据库，并以正确的顺序启动每个实例。初始化并启动 Greenplum 数据库系统后，就可以通过 Master 连接到 Greenplum，就像在 PostgreSQL 中一样创建和管理数据库。

在 mdw 主机上使用 gpadmin 用户执行以下步骤进行 Greenplum 初始化：

步骤 01 执行以下命令设置 Greenplum 环境：

```
source /usr/local/greenplum-db/greenplum_path.sh
```

步骤 02 执行以下命令复制 Greenplum 数据库配置文件：

```
cp $GPHOME/docs/cli_help/gpconfigs/gpinitsystem_config
~/gpinitsystem_config
```

步骤 03 编辑/home/gpadmin/gpinitsystem_config 文件内容如下：

```
# Greenplum 系统名称
ARRAY_NAME="Greenplum Data Platform"

# 段数据目录名的前缀
SEG_PREFIX=gpseg

# Primary 的起始端口号
PORT_BASE=6000

# Primary 段数据目录所在的文件系统位置
# 列表中的位置数决定了在每台物理主机上创建的 Primary 段数
# 这些 Primary 段将在所有 Segment 主机中均匀分布
declare -a DATA_DIRECTORY=(/data1/primary /data1/primary /data1/primary
/data2/primary /data2/primary /data2/primary)

# Master 主机的操作系统主机名或 IP 地址
MASTER_HOSTNAME=mdw

# Master 实例数据目录所在的文件系统位置
```

```
    MASTER_DIRECTORY=/data/master

    # Master 实例端口号
    MASTER_PORT=5432

    # 用于连接远程主机的 shell 程序
    TRUSTED_SHELL=ssh

    # WAL 检查点最多可以等待的 WAL 个数，如无必要不要修改
    # 增加该参数的值，检查点频发度会降低，但崩溃后恢复时间会延长
    # 初始化后可通过 check_point_segments 参数修改配置
    CHECK_POINT_SEGMENTS=8

    # 服务器端默认字符集编码
    ENCODING=UNICODE

    # Mirror 的起始端口号
    MIRROR_PORT_BASE=7000

    # Mirror 段数据目录的文件系统位置，个数必须等于 DATA_DIRECTORY 参数中指定的 Primary 段
的数量
    declare -a MIRROR_DATA_DIRECTORY=(/data1/mirror /data1/mirror /data1/mirror
/data2/mirror /data2/mirror /data2/mirror)
```

步骤 04 执行如下命令进行初始化：

```
    cd ~
    cp all_host seg_host
    gpinitsystem -c gpinitsystem_config -h seg_host -s smdw -S /data/master/ -O
config_template
```

gpinitsystem 程序将使用配置文件中定义的值创建 Greenplum 数据库系统，-c 指定配置文件名，-h 指定 Segment 主机文件名，-s 指定 Standby Master 主机名，-S 指定 Standby Master 的数据目录，-O 指定输出的配置文件名。

gpinitsystem 实用程序将验证系统配置，确保可以连接到每个主机并访问配置中指定的数据目录。如果所有检查都成功，程序将提示确认配置，例如：

```
    => Continue with Greenplum creation? Yy/Nn
```

如果出现类似以下的错误：

```
    gpinitstandby:vvml-z2-greenplum:gpadmin-[INFO]:-Validating environment and
parameters for standby initialization...
    gpinitstandby:vvml-z2-greenplum:gpadmin-[ERROR]:-Parent directory  does not
exist on host smdw
    gpinitstandby:vvml-z2-greenplum:gpadmin-[ERROR]:-This directory must be
created before running gpactivatestandby
    gpinitstandby:vvml-z2-greenplum:gpadmin-[ERROR]:-Failed to create standby
    gpinitstandby:vvml-z2-greenplum:gpadmin-[ERROR]:-Error initializing standby
master: Parent directory  does not exist
```

可以单独初始化 Standby Master 实例，命令如下：

```
    gpinitstandby -s smdw
```

成功初始化后，可以执行 gpstate 命令检查 Greenplum 系统状态：

```
# 整体状态
gpstate
# Segment 状态
gpstate -e
# Standby Master 状态
gpstate -f
```

如果初始化过程中遇到任何错误，整个过程将失败，并且可能留下一个部分创建的系统。此时应查看错误消息和日志，以确定故障原因以及故障发生的位置。日志文件在~/gpAdminLogs 中创建。

根据发生错误的时间，可能需要进行清理，然后重试 gpinitsystem 程序。例如，如果创建了一些 Segment 实例，但有些创建失败，则可能需要停止 postgres 进程，并从数据存储区域中删除任何由 gpinitsystem 创建的数据目录。如果 gpinitsystem 程序失败，并且系统处于部分安装状态，将会创建以下回退（backout）脚本来帮助执行清理过程：

```
~/gpAdminLogs/backout_gpinitsystem_<user>_<timestamp>
```

可以使用此回退脚本清理部分创建的 Greenplum 数据库系统：删除任何 gpinitsystem 创建的数据目录、postgres 进程和日志文件。更正导致 gpinitsystem 失败的错误并运行回退脚本后，重新初始化 Greenplum 数据库。

4.5.4 设置 Greenplum 环境变量

必须为 Master 主机和 Standby Master 主机上的 Greenplum 管理员用户（默认为 gpadmin）设置环境变量。安装目录中提供了 greenplum_path.sh 文件，其中包含 Greenplum 数据库的环境变量设置。Greenplum 数据库管理实用程序还要求设置 MASTER_DATA_DIRECTORY 环境变量，指向 Master 数据目录位置中由 gpinitsystem 实用程序创建的目录。

在 mdw 主机上使用 gpadmin 用户执行以下步骤设置 Greenplum 环境：

步骤 01 编辑资源文件~/.bashrc，在文件中添加如下环境变量：

```
source /usr/local/greenplum-db/greenplum_path.sh
export MASTER_DATA_DIRECTORY=/data/master/gpseg-1
export PGPORT=5432
export PGUSER=gpadmin
export PGDATABASE=postgres
export LD_PRELOAD=/lib64/libz.so.1 ps
```

步骤 02 执行如下命令使配置生效：

```
source ~/.bashrc
```

步骤 03 执行如下命令将环境文件复制到 Standby Master 主机上：

```
cd ~
scp .bashrc smdw:'pwd'
```

4.6　允许客户端连接

Greenplum 系统初始安装后，数据库中包含一个预定义的超级用户。这个用户和安装 Greenplum 的操作系统用户具有相同的名字，叫作 gpadmin。缺省时，系统只允许使用 gpadmin 用户从本地连接至数据库。为了允许任何其他用户从本地或远程主机连接数据库，需要配置 Greenplum 允许此类连接。

Greenplum 从代码级可以追溯到 PostgreSQL。它的客户端访问与认证，是由标准的 PostgreSQL 基于主机的认证文件 pg_hba.conf 所控制。Master 和每个 Segment 的数据目录下都存在一个 pg_hba.conf 文件。在 Greenplum 中，Master 实例的 pg_hba.conf 文件控制客户端对 Greenplum 系统的访问和认证，而 Segment 的 pg_hba.conf 文件的作用只是允许每个 Segment 作为 Master 节点主机的客户端连接数据库，而 Segment 本身并不接受其他客户端的连接。正因如此，不要修改 Segment 实例的 pg_hba.conf 文件。

pg_hba.conf 的格式是普通文本，其中每行一条记录，表示一个认证条目，Greenplum 忽略空行和任何注释字符（#）后面的文本。一条记录由四个或五个以空格或 tab 符分隔的字段构成。如果字段值中包含空格，则需要用双引号引起来，并且记录不能跨行。与很多其他数据库系统类似，Greenplum 也接受 TCP 连接和本地的 UNIX 域套接字（socket）连接。

每个 TCP 连接客户端的访问认证记录具有以下格式：

```
    host|hostssl|hostnossl  <database>  <role>
<CIDR-address>|<IP-address>,<IP-mask>  <authentication-method>
```

本地 UNIX 域套接字的访问记录具有下面的格式：

```
    local  <database>  <role>  <authentication-method>
```

表 4-8 描述了每个字段的含义。

表 4-8　pg_hba.conf 文件中的字段含义

字段	描述
local	匹配使用 UNIX 域套接字的连接请求。如果没有此种类型的记录，则不允许 UNIX 域套接字连接
host	匹配使用 TCP/IP 的连接请求。除非在服务器启动时使用了适当的 listen_addresses 服务器配置参数（默认值为“*”，允许所有 IP 连接），否则不能远程 TCP/IP 连接
hostssl	匹配使用 SSL 加密的 TCP/IP 连接请求。服务器启动时必须通过设置 SSL 配置参数启用 SSL
hostnossl	匹配不使用 SSL 的 TCP/IP 的连接请求
<database>	指定匹配此行记录的数据库名。值“all”表示允许连接所有数据库。多个数据库名用逗号分隔。也可以指定一个包含数据库名的文件，在文件名前加“@”

（续表）

字段	描述
<role>	指定匹配此行记录的数据库角色名。值“all”表示所有角色。如果指定的角色是一个组并且想包含所有的组成员，在角色名前面加一个“+”。多个角色名可以通过逗号分隔。也可以指定一个包含角色名的文件，在文件名前加“@”
<CIDR-address>	指定此行记录匹配的客户端主机的 IP 地址范围。它包含一个以标准点分十进制记法表示的 IP 地址，以及一个 CIDR 掩码长度。IP 地址只能用数字表示，不能是域名或主机名。掩码长度标识客户端 IP 地址必须匹配的高位数。在 IP 地址、斜杠和 CIDR 掩码长度之间不能有空格。CIDR 地址典型的例子有，单一主机如 192.0.2.2/32，小型网络如 192.0.2.0/24，大型网络如 192.0.0.0/16。指定单一主机时，IPv4 的 CIDR 掩码是 32，Ipv6 的是 128。网络地址不要省略尾部的零
<IP-address>，<IP-mask>	这个字段是另一种 IP 地址表示方法，用掩码地址替换掩码长度。例如，255.255.255.255 对应的 CIDR 掩码长度是 32。此字段用于 host、hostssl 和 hostnossl 记录
<authentication-method>	指定连接认证时使用的方法。Greenplum 支持 PostgreSQL 9.0 所支持的认证方法，如信任认证、口令认证、Kerberos 认证、基于 Ident 的认证、PAM 认证等

编辑 mdw 和 smdw 的/data/master/gpseg-1/pg_hba.conf 文件，添加如下客户端 IP 地址或网段，允许任意地址访问：

```
host  all  all  0.0.0.0/0  md5
```

保存并关闭文件，然后执行下面的命令重载 pg_hba.conf 文件的配置，使修改生效：

```
gpstop -u
```

pg_hba.conf 中的条目会按顺序进行匹配。当某个登录被前面的记录匹配，将不会继续匹配后面的记录。所以，一定要避免记录之间存在相互包含的关系，否则不易发现登录失败的原因。通用原则是越靠前的条目匹配条件越严格，但认证方法越弱；越靠后的条目匹配条件越松散，但认证方法越强。本地 socket 连接使用 Ident 认证方式。

编辑这个文件时一定要注意保证输入的正确性，避免 Windows 隐藏符号等特殊不可见字符的出现，也不能随意修改初始化时自动生成的记录。错误的修改可能会导致无法访问数据库，甚至出现无法执行 gpstop 等尴尬情况，那时只能使用 pg_ctl 或 kill -9 才能停库，这是不应该发生的。

4.7 修改 Greenplum 配置参数

到目前为止，实验环境的 Greenplum 集群已经启动，并能够接受客户端连接，但所有服务器参数都使用的是默认值。应该根据具体硬件配置和应用需求修改某些重要的可配置参数，以使集群达到更好的性能。因为 Greenplum 的底层是多个 PostgreSQL 实例，可以参考 PGTune

- calculate configuration for PostgreSQL based on the maximum performance for a given hardware configuration（https://pgtune.leopard.in.ua/）来调整相关参数。

建议使用 gpconfig 命令来统一修改参数，该命令的主要选项说明如下：

- -s <参数名称>：显示服务器参数在 Master 和 Segment 上的当前值。
- -c <参数名称>：指定要配置的服务器参数。
- -v <参数值>：指定配置的服务器参数值。缺省该值将应用于集群中的所有数据库实例，包括 Primary、Mirror、Master 和 Standby Master。
- -m <参数值>：参数值只应用于 Master 和 Standby Master 实例。该选项必须与 -v 选项一起使用。

下面是本实验环境修改 Greenplum 配置参数的命令：

```
gpconfig -c max_connections -v 2500 -m 500
gpconfig -c max_prepared_transactions -v 500
gpconfig -c shared_buffers -v 5GB -m 32GB
gpconfig -c effective_cache_size -v 16GB -m 96GB
gpconfig -c maintenance_work_mem -v 1280MB -m 2GB
gpconfig -c log_statement -v none
gpconfig -c gp_enable_global_deadlock_detector -v on
gpconfig -c gp_workfile_compression -v on
gpconfig -c gp_max_partition_level -v 1
gpconfig -c gp_vmem_protect_limit -v 19660
gpconfig -c gp_resqueue_priority_cpucores_per_segment -v 5.3 -m 64
```

max_connections 服务器参数限制对 Greenplum 数据库系统的并发访问数量，Greenplum 6.14 版本的默认值 Master 为 250，Segment 为 750。这是一个本地化参数，就是说需要把 Master、Standby Master 以及所有 Segment 都分别修改。建议 Segment 的值是 Master 的 5~10 倍，不过这个规律并非总是如此，在 max_connections 较大时通常没有这么高的倍数，2~3 倍也是允许的，但 Segment 上的值不能小于 Master。增加此参数值可能会导致 Greenplum 数据库请求更多的共享内存。

max_prepared_transactions 设置同时处于准备状态的事务数，Greenplum 6.14 版本的默认值为 250。Greenplum 内部使用准备事务保证跨 Segment 的数据完整性。该参数值必须大于等于 max_connections，并且在 Master 和 Segment 上应该设置成相同的值。

shared_buffers 设置一个 Segment 实例用于共享内存缓冲区的内存量，至少为 128KB 与 16KB×max_connections 的较大者，6.14 版本的默认值为 125MB。如果连接 Greenplum 时发生共享内存分配错误，可以尝试增加 SHMMAX 或 SHMALL 操作系统参数的值，或者降低 shared_buffers 或者 max_connections 参数的值来解决此类问题。

effective_cache_size 参数告诉 PostgreSQL 的优化器有多少内存可以被用来缓存数据，以及帮助决定是否应该使用索引，6.14 版本的默认值为 16GB。这个数值越大，优化器使用索引的可能性也越大，因此该数值应该设置成 shared_buffers 加上可用操作系统缓存，即这两者的总量。通常这个数值会超过系统内存总量的 50%，并且是 32K 的倍数。此参数仅用于估算目的，不影响 Greenplum 服务器实例分配的共享内存大小。

maintenance_work_mem 指定 VACUUM、CREATE INDEX 等维护操作使用的最大内存量，6.14 版本默认值为 16MB。该值设置较大可能会提高 VACUUM、CREATE INDEX 或还原数据

库 dump 的性能。

log_statement 参数控制日志中记录哪些 SQL 语句，6.14 版本的可选值为 NONE、DDL、MOD、ALL，默认值为 ALL。DDL 记录所有数据定义命令，如 CREATE、ALTER 和 DROP 命令。MOD 记录所有 DDL 语句，以及 INSERT、UPDATE、DELETE、TRUNCATE 和 COPY FROM，还会记录 PREPARE 和 EXPLAIN ANALYZE 语句。

gp_enable_global_deadlock_detector 控制是否启用 Greenplum 数据库全局死锁检测器来管理堆表上的并发更新和删除操作，以提高性能，默认设置为 off，全局死锁检测器被禁用。启用全局死锁检测器允许并发更新，全局死锁检测器确定何时存在死锁，并通过取消与所涉及的最年轻事务关联的一个或多个后端进程来打破死锁。

gp_workfile_compression 用于控制溢出文件是否进行压缩，6.14 版本的默认值为 off，一般建议配置为 on。如果 Greenplum 数据库使用 SATA 磁盘驱动器，启用压缩有助于避免 I/O 操作导致磁盘子系统过载。

gp_max_partition_level 指定最大分区层次，设置为 1 不允许创建多级分区。多级分区很容易导致很多叶子分区实际上存储的数据量很小甚至是空表，未必带来性能提升，反而会为分区维护带来异常的复杂度。

gp_vmem_protect_limit 参数用于限制，在开启资源队列的情况下，一个 Segment 实例使用的最大内存总量，6.14 版本默认值为 8192MB。如果该值设置过大，可能出现操作系统内存不足的报错，设置过小又可能导致内存利用不足。建议配置为：物理内存×0.9 /（Primary + Mirror 数量），单位 MB。例如，256GB 内存，6 个 Primary，6 个 Mirror，设置为 19660。

gp_resqueue_priority_cpucores_per_segment 设置每个 Segment 实例使用的 CPU 核数，6.14 版本默认值为 4。建议专用 Master、Standby Master 主机上设置为 CPU 核数，Segment 主机上设置为 CPU 核数 /（Primary + Mirror 数量）。仅当使用基于资源队列时，才会强制执行该配置参数。

4.8 后续步骤

安装并配置好 Greenplum 之后，出于性能与安全性考虑，建议执行以下后续步骤。

4.8.1 创建临时表空间

可以选择将临时文件或事务文件移动到一个特定的表空间从而改善数据库的查询、备份或数据读写的性能。Greenplum 通过 temp_tablespaces 参数来控制用于 Hash Agg、Hash Join、排序操作等临时溢出文件的存储位置。在 Greenplum 6.14 版本中，这个目录默认为 <data_dir>/base/pgsql_tmp。当使用 create 命令创建临时表和临时表上的索引时，如果没有明确指定表空间，temp_tablespaces 所指向的表空间将存储这些对象的数据文件。

使用 temp_tablespaces 时需要注意：

- 只能为临时文件或事务文件指定一个临时表空间。

- 该表空间还可以用作存储其他数据库对象的表空间。
- 如果被用于临时表空间，该表空间将不能被删除。

通过 create tablespace 来创建表空间：

```
create tablespace tmptbs location '/data/tmptbs';
```

查询 pg_tablespace 系统表获取表空间的信息：

```
select oid,* from pg_tablespace;
```

表空间必须由 superuser 创建，不过创建好之后可以允许普通数据库用户来使用该表空间。用 superuser 执行以下 SQL 命令为所有数据库用户指定临时表空间：

```
alter role all set temp_tablespaces='tmptbs';
```

4.8.2 创建数据库用户

Greenplum 采用基于角色的访问控制机制，简化了用户与权限的关联性。角色既可以代表一个数据库用户，又可以代表一组权限。角色所拥有的预定义的系统权限是通过角色属性实现的。

使用 create role 命令创建一个角色时，必须授予 login 系统属性（类似于 Oracle 的 connect 角色），使得该角色可以连接数据库。我们将在第 9 章“Greenplum 运维与监控”中详细介绍角色及其属性。

现在 Greenplum 数据库中只有 gpadmin 一个超级用户。执行下面的 SQL 命令创建一个用户 dwtest：

```
create role dwtest with password '123456' login createdb;
```

测试登录和创建数据库：

```
[gpadmin@vvml-z2-greenplum~]$psql -U dwtest -h mdw
Password for user dwtest:
Timing is on.
Pager usage is off.
psql (9.4.24)
Type "help" for help.

postgres=> create database dw;
CREATE DATABASE
postgres=>
```

超级用户只应该用于执行特定的系统管理任务，如故障处理、备份恢复、升级扩容等。一般的数据库访问不要使用 gpadmin 用户，ETL 等生产系统也不应该使用 gpadmin 用户。后面的实践部分除非限制都用 dwtest 用户连接数据库。

4.9 Greenplum 升级

最后简单介绍一下 Greenplum 6 的小版本升级过程。按照 Greenplum 的版本规则，6 系列是一个大版本，在大版本内的升级全部属于小版本升级，主要是替换软件包。除此之外还可能会有一些函数或者功能的修补，这些都会在官方的版本发布文档中作详细说明。

4.9.1 升级条件

检查运行 Greenplum 的主机硬件环境，以确保其符合 Greenplum 数据库的运行要求。实际上这个操作不仅仅是在升级之前要做，在日常运行中，也应该每几个月做一次巡检，根据每次的检查结果进行纵向比对，以便发现硬件性能的变化。可以使用 gpcheckperf 命令进行硬件的性能测试。

如果需要执行 gpcheckcat 命令，应该在准备升级前几周的一个维护时间窗口执行，因为 gpcheckcat 命令最好是在受限（Restrict）模式下进行。如果发现了系统目录（Catalog）问题，需要在升级之前进行修复。gpcheckcat 命令位于$GPHOME/bin 目录下，在执行该命令时，如果数据库不在受限模式下，可能会得到不准确的结果。

如果 gpcheckcat 命令检查出了系统目录不一致，可以尝试通过-g 参数生成修复不一致的 SQL 脚本，不过并不是任何系统目录不一致都可以自动生成修复脚本。在执行了修复 SQL 脚本之后，应该再次执行 gpcheckcat 命令并生成 SQL 脚本，以确保不再有不一致的情况。

4.9.2 升级步骤

事先下载新版安装包文件，并将其复制到构成 Greenplum 集群的所有主机的相同目录下，然后使用 gpadmin 操作系统用户在 Master 主机上执行以下脚本进行升级，例如从 6.17.2 升级到 6.18.0。

```
    # 切换到 gpadmin 用户
    su - gpadmin
    # 停库
    gpstop -af
    # 升级软件包，all_host 文件中包含构成 Greenplum 集群的所有主机名
    gpssh -f all_host -v -e 'sudo yum -y upgrade
/home/gpadmin/open-source-greenplum-db-6.18.0-rhel7-x86_64.rpm'
    # 启库
    gpstart
```

4.10 小　结

（1）在准备安装部署 Greenplum 软件前，要确认所依赖的软硬件平台和网络环境。这些

基础设施对 Greenplum 的性能、可用性和稳定性至关重要。建议生产环境使用 RHEL 或 CentOS 7.3 以上的 64 位版本的操作系统，文件系统使用 XFS。硬件至少配置 128 核 CPU，256GB 内存，数据目录使用 SSD 硬盘。网络至少有两块万兆网卡，采用 mode4 的 bond。所有主机软硬件环境相同。

（2）生产环境建议部署 Standby Master 和 Mirror Segment 以保证高可用性，不要等出现问题停服了才追悔莫及。

（3）在使用 RAID 5、部署 Mirror 的前提下，用户数据实际容量估算公式为：磁盘大小×(磁盘总数-RAID 数量-Hotspare 数量)×0.9×0.7×3/7。

（4）操作系统需要适当配置以适应 Greenplum 使用。包括：禁用 SELinux 和防火墙、设置主机名、配置共享内存和内存溢出策略、Greenplum 可用的端口号范围、套接字读写缓冲区大小、用户资源限制、设置 XFS 文件系统 mount 选项、设置预读值、设置磁盘 I/O 调度策略、禁用透明大页面、禁止 IPC 对象删除、设置 SSH 连接数阈值、确认或配置时区、配置时钟同步、创建 Greenplum 管理员账号和主机间的免密 SSH 等。

（5）按步骤执行 Greenplum 数据库系统初始化：创建数据存储区、执行 gpcheckperf 测试硬件和网络、准备好 Greenplum 数据库配置文件、执行 gpinitsystem 初始化数据库、设置 Greenplum 环境变量。

（6）配置 Master 和 Standby Master 主机的 pg_hba.conf 文件以允许客户端连接。

（7）为达到最佳性能修改 Greenplum 配置参数。

（8）创建独立临时表空间以提升性能。

（9）创建单独的数据库用户而不要使用 gpadmin 执行应用代码。

（10）Greenplum 的小版本升级步骤主要是停库、替换所有主机的软件包、启库。

第 5 章

实时数据同步

构建实时数据仓库最大的挑战在于从操作型数据源实时抽取数据，即 ETL 过程中的 Extract 部分。我们要以全量加增量的方式实时捕获源系统中所需的所有数据及其变化，而这一切都要在不影响对业务数据库进行正常操作的前提下进行，目标是要满足高负载、低延迟，难点也正在于此，所以需要完全不同于批处理的技术加以实现。当操作型数据进入数据仓库过渡区或 ODS 以后，就可以利用数据仓库系统软件提供的功能特性进行后续处理，不论是 Greenplum、Hive 或是其他软件，这些处理往往只需要使用其中一种，相对来说简单一些。

Greenplum 作为数据仓库的计算引擎，其数据来源多是业务数据，其中以 MySQL 为主。本章将介绍两种主要的从 MySQL 实时同步数据到 Greenplum 的解决方案，一是 maxwell + Kafka + bireme、二是 Canal + Kafka + ClientAdapter，这两个方案的共同点是都使用开源组件，不需要编写代码，只要进行适当配置便可运行。总体来说，两种方案都是基于 MySQL binlog 捕获数据变化，然后将 binlog 以数据流的形式传入 Kafka 消息队列，再以消费消息的方式将数据变化应用到 Greenplum。但是，两者在实现上区别很大，尤其是消费端的不同实现方式使数据载入 Greenplum 的性能差别巨大。由于主要的 MySQL 变化数据捕获技术都是基于其复制协议，并以消息系统作为中间组件，所以会先介绍作为基础的 MySQL 数据复制技术和 Kafka。在接触具体的数据库和中间件前，我们以讨论四种通用的变化数据捕获方式作为本章开始。

5.1 数据抽取方式

抽取数据是 ETL 处理过程的第一个步骤，也是数据仓库中最重要和最具有挑战性的部分，适当的数据抽取是成功建立数据仓库的关键。

从源系统抽取数据导入数据仓库或过渡区有两种方式，可以从源系统把数据抓取出来（拉），也可以请求源系统把数据发送（推）到数据仓库。影响选择数据抽取方式的一个重要因素是操作型系统的可用性和数据量，这是抽取整个数据集还是仅仅抽取自最后一次抽取以来的变化数据的基础。我们考虑以下两个问题：

- 要抽取哪部分源数据加载到数据仓库？有两种可选方式，完全抽取和变化数据捕获。
- 数据抽取的方向是什么？有两种方式，拉模式，即数据仓库主动去源系统拉取数据；推模式，由源系统将自己的数据推送给数据仓库。

对于第二个问题来说，要改变或增加操作型业务系统的功能通常是非常困难的，这种困难不仅体现在技术上，还有来自于业务系统用户及其开发者的阻力。从理论上讲，数据仓库不应该要求对源系统做任何改造，实际上也很少由源系统推数据给数据仓库。因此对这个问题的答案比较明确，大都采用拉数据模式。下面我们着重讨论第一个问题。

如果数据量很小并且易处理，一般来说采取完全源数据抽取，就是将所有的文件记录或所有的数据库表数据抽取至数据仓库。这种方式适合基础编码类型的源数据，比如邮政编码、学历、民族等。基础编码型源数据通常是维度表的数据来源。如果源数据量很大，抽取全部数据是不可行的，那么只能抽取变化的源数据，即自最后一次抽取以来发生了变化的数据。这种数据抽取模式称为变化数据捕获，简称 CDC（Change Data Capture），常被用于抽取操作型系统的事务数据，比如销售订单、用户注册，或各种类型的应用日志记录等。

CDC 大体可以分为两种，一种是侵入式的，另一种是非侵入式的。所谓侵入式的是指 CDC 操作会给源系统带来性能影响。只要 CDC 操作以任何一种方式对源库执行了 SQL 语句，就可以认为是侵入式的 CDC。常用的四种 CDC 方法是：基于源数据中时间戳或序列的 CDC、基于触发器的 CDC、基于快照的 CDC、基于日志的 CDC，其中前三种是侵入式的。表 5-1 总结了四种 CDC 方案的特点。

表 5-1　四种 CDC 方案比较

对比项	时间戳或序列	触发器	快照	日志
能区分插入/更新	否	是	是	是
周期内，检测到多次更新	否	是	否	是
能检测到删除	否	是	是	是
不具有侵入性	否	否	否	是
支持实时	否	是	否	是
不依赖数据库	是	否	是	否

5.1.1　基于源数据的 CDC

基于源数据的 CDC 要求源数据里有相关的属性列，抽取过程可以利用这些属性列来判断哪些数据是增量数据。最常见的属性列有以下两种：

- 时间戳。这种方法至少需要一个更新时间戳，但最好有两个：一个插入时间戳，表示记录何时创建；一个更新时间戳，表示记录最后一次更新的时间。
- 序列。大多数数据库系统都提供自增功能。如果数据库表列被定义成自增的，就可以很容易地根据该列识别出新插入的数据。

这种方法的实现较为简单，假设 t1 表中有一个时间戳字段 last_inserted，t2 表中有一个自增序列字段 id，则下面 SQL 语句的查询结果就是新增的数据，其中{last_load_time}和{last_load_id}分别表示 ETL 系统中记录的最后一次数据装载时间和最大自增序列号。

```
select * from t1 where last_inserted > {last_load_time};
select * from t2 where id > {last_load_id};
```

通常需要建立一个额外的数据库表存储上一次更新时间或上一次抽取的最后一个序列号。在实践中，一般是在一个独立的模式下或在数据过渡区里创建这个参数表。基于时间戳和自增序列的方法是 CDC 最简单的实现方式，也是最常用的方法，但它的缺点也很明显：

- 不能区分插入和更新操作。只有当源系统包含了插入时间戳和更新时间戳两个字段，才能区别插入和更新，否则不能区分。
- 不能记录删除数据的操作。不能捕获到删除操作，除非是逻辑删除，即记录没有被真的删除，只是做了逻辑上的删除标志。
- 无法识别多次更新。如果在一次同步周期内，数据被更新了多次，只能同步最后一次更新操作，中间的更新操作都丢失了。
- 不具有实时能力。时间戳和基于序列的数据抽取一般适用于批量操作，不适用于实时场景下的数据抽取。

基于源数据的 CDC 方法具有侵入性，如果操作型系统中没有时间戳或时间戳信息不可用，那么不得不通过修改源系统把时间戳包含进去，首先要求修改操作型系统的表包含一个新的时间戳列，然后建立一个触发器，在修改一行时更新时间戳列的值。这些操作在实施前必须被源系统的拥有者所接受，并且要仔细评估对源系统产生的影响。

有些方案通过高频率扫描递增列的方式实现准实时数据抽取。例如 Flume 的 flume-ng-sql-source 插件，默认每 5 秒查询一次源表的主键以捕获新增数据。https://blog.csdn.net/wzy0623/article/details/73650053 展示了一个具体示例，请读者参考。

5.1.2 基于触发器的 CDC

当执行 INSERT、UPDATE、DELETE 这些 SQL 语句时，可以激活数据库里的触发器，并执行一些动作，也就是说触发器可以用来捕获变更的数据并把数据保存到中间临时表里。然后这些变更的数据再从临时表中取出，被抽取到数据仓库的过渡区里。但在大多数场合下，不允许向操作型数据库里添加触发器（业务数据库的变动通常都异常慎重），而且这种方法会降低系统的性能，所以此方法用得并不是很多。

作为直接在源数据库上建立触发器的替代方案，可以使用源数据库的复制功能，把源数据库上的数据复制到从库上，在从库上建立触发器以提供 CDC 功能。尽管这种方法看上去过程冗余，且需要额外的存储空间，但实际上这种方法非常有效，而且没有侵入性。复制是大部分数据库系统的标准功能，如 MySQL、Oracle 和 SQL Server 等都有各自的数据复制方案。

5.1.3　基于快照的 CDC

如果没有时间戳，也不允许使用触发器，就要使用快照表了。可以通过比较源表和快照表来获得数据变化。快照就是一次性抽取源系统中的全部数据，把这些数据装载到数据仓库的过渡区中。下次需要同步时，再从源系统中抽取全部数据，并把全部数据也放到数据仓库的过渡区中，作为这个表的第二个版本。然后再比较这两个版本的数据，从而找到变化。

有多个方法可以获得这两个版本数据的差异。假设表有两个列 id 和 name，id 是主键列。该表的第一、二个版本的快照表名为 snapshot_1、snapshot_2。下面的 SQL 语句在主键 id 列上做全外连接，并根据主键比较的结果增加一个标志字段，I 表示新增，U 表示更新，D 代表删除，N 代表没有变化，外层查询过滤掉没有变化的记录。

```
select * from
(select case when t2.id is null then 'D'
             when t1.id is null then 'I'
             when t1.name <> t2.name then 'U'
             else 'N'
         end as flag,
        case when t2.id is null then t1.id else t2.id end as id,
        t2.name
   from snapshot_1 t1 full outer join snapshot_2 t2 on t1.id = t2.id) a
 where flag <> 'N';
```

当然，这样的 SQL 语句需要数据库支持全外连接。对于 MySQL 这样不支持全外连接的数据库，可以使用类似下面的查询来实现：

```
select 'U' as flag, t2.id as id, t2.name as name
  from snapshot_1 t1 inner join snapshot_2 t2 on t1.id = t2.id
 where t1.name != t2.name
 union all
select 'D' as flag, t1.id as id, t1.name as name
  from snapshot_1 t1 left join snapshot_2 t2 on t1.id = t2.id
 where t2.id is null
 union all
select 'I' as flag, t2.id as id, t2.name as name
  from snapshot_2 t2 left join snapshot_1 t1 on t2.id = t1.id
 where t1.id is null;
```

基于快照的 CDC 可以检测到插入、更新和删除的数据，这是相对于基于时间戳的 CDC 方法的优点。它的缺点是需要大量的存储空间来保存快照。另外，当表很大时，这种查询会有比较严重的性能问题。

5.1.4　基于日志的 CDC

最复杂的和最没有侵入性的 CDC 方法是基于日志的方式，数据库会把每个插入、更新、删除操作记录到日志里。如使用 MySQL 数据库，只要在数据库服务器中启用二进制日志 binlog（设置 log_bin 服务器系统变量），之后就可以实时地从数据库日志中读取到所有数据库写操作，并使用这些操作来更新数据仓库中的数据。这种方式需要把二进制日志转换为可以理解的格式，然后再把里面的操作按照顺序读取出来。

MySQL 提供了一个叫作 mysqlbinlog 的日志读取工具。这个工具可以把二进制的日志格式转换为可读的格式，然后就可以把这种格式的输出保存到文本文件里，或者直接把这种格式的日志应用到 MySQL 客户端用于数据还原操作。mysqlbinlog 工具有很多命令行参数，其中最重要的一组参数可以设置开始/截止时间戳，这样能够只从日志里截取一段时间的日志。另外，日志里的每个日志项都有一个序列号，也可以用来做偏移操作。MySQL 的日志提供了上述两种方式来防止 CDC 过程发生重复或丢失数据的情况。下面是使用 mysqlbinlog 的两个例子：第一条命令将 jbms_binlog.000002 文件中从 120 偏移量以后的操作应用到一个 MySQL 数据库中；第二条命令将 jbms_binlog.000002 文件中一段时间的操作格式化输出到一个文本文件中。

```
    mysqlbinlog --start-position=120 jbms_binlog.000002 | mysql -u root -p123456
    mysqlbinlog --start-date="2011-02-27 13:10:12" --stop-date="2011-02-27
13:47:21" jbms_binlog.000002 > temp/002.txt
```

使用基于数据库的日志工具也有缺陷，即只能用来处理一种特定的数据库，如果要在异构的数据库环境下使用基于日志的 CDC 方法，就要使用 GoldenGate 之类的软件。本章介绍的两种实时数据同步方案都是使用开源组件完成类似功能。

5.2 MySQL 数据复制

Maxwell、Canal 都可以实时读取 MySQL 二进制日志，本质上都是将自身伪装成一个从库，利用 MySQL 原生的主从复制协议获取并处理二进制日志。了解 MySQL 复制的基本原理有助于理解和使用这些组件。

简单来说，复制就是将一个来自 MySQL 数据库服务器（主库）的数据复制到其他一个或多个 MySQL 数据库服务器（从库）。传统的 MySQL 复制提供了一种简单的 Primary-Secondary 复制方法，默认情况下，复制是单向异步的。MySQL 支持两种复制方式：基于行的复制和基于语句的复制。这两种方式都是通过在主库上记录二进制日志（binlog）、在从库重放中继日志（relylog）来实现异步的数据复制，二进制日志或中继日志中的记录被称为事件。所谓异步包含两层含义，一是主库的二进制日志写入与将其发送到从库是异步进行的，二是从库获取与重放日志事件是异步进行的。这意味着，在同一时间点上从库上的数据更新可能落后于主库，并且无法保证主从之间的延迟间隔。

复制给主库增加的开销主要体现在启用二进制日志带来的 I/O，但是增加并不大，MySQL 官方文档中称开启二进制日志会产生 1%的性能损耗。出于对历史事务备份以及从介质失败中恢复的目的，这点开销是非常必要的。除此之外，每个从库也会对主库产生一些负载，例如网络和 I/O。当从库读取主库的二进制日志时，也会造成一定的 I/O 开销。如果从一个主库复制到多个从库，唤醒多个复制线程发送二进制日志内容的开销将会累加。但所有这些复制带来的额外开销相对于应用对 MySQL 服务器造成的高负载来说都微不足道。

5.2.1　复制的用途

复制的用途主要体现在以下五个方面。

1. 横向扩展

通过复制可以将读操作指向从库来获得更好的读扩展。所有写入和更新都在主库上进行，但读取可能发生在一个或多个从库上。在这种读写分离模型中，主库专用于更新，显然比同时进行读写操作会有更好的写性能。

> **注　意**
>
> 写操作并不适合通过复制来扩展。在一主多从架构中，写操作会被执行多次，正如“木桶效应”，这时整个系统的写性能取决于写入最慢的那部分。

2. 负载均衡

通过 MySQL 复制可以将读操作分布到多个服务器上，实现对读密集型应用的优化。对于小规模的应用，可以简单地对机器名做硬编码或者使用 DNS 轮询（将一个机器名指向多个 IP 地址）。当然也可以使用复杂的方法，例如使用 LVS 网络负载均衡器等，将负载分配到不同的 MySQL 服务器上。

3. 提高数据安全性

提高数据安全性可以从两方面来理解。其一，因为数据被复制到从库，并且从库可以暂停复制过程，所以可以在从库上执行备份操作而不会影响对应的主库。其二，当主库出现问题时，还有从库的数据可以被访问。但是，对备份来说，复制仅是一项有意义的技术补充，它既不是备份也不能够取代备份。例如，用户误删除一个表，而且此操作已经在从库上被复制执行，在这种情况下只能用备份来恢复。

4. 提高高可用性

复制可以帮助应用程序避免 MySQL 单点失败，一个包含复制的设计良好的故障切换系统能够显著缩短宕机时间，提高高可用性。

5. 滚动升级

比较普遍的做法是，使用一个高版本的 MySQL 作为从库，保证在升级全部实例前，查询能够在从库上按照预期执行。在测试没有问题后，将高版本的 MySQL 切换为主库，并将应用连接至该主库，然后重新搭建高版本的从库。

在后面介绍 Maxwell 和 Canal 方案时会看到，其架构正是利用了横向扩展中的级联主从拓扑结构，以及从库可以安全暂停复制的特点才得以实现。

5.2.2　二进制日志 binlog

MySQL 复制依赖二进制日志 binlog，所以要理解复制如何工作，先要了解 MySQL 的二进制日志。

二进制日志包含描述数据库更改的事件，如建表操作或对表数据的更改等。开启二进制日志有两个重要目的：

- 用于复制。主库的二进制日志提供要发送到从库的数据更改记录。主库将其二进制日志中包含的事件发送到从库，从库执行这些事件以对其本地数据进行相同的更改。
- 用于恢复。当出现介质错误，如磁盘故障时，数据恢复操作需要使用二进制日志。还原备份后，重新执行备份后记录的二进制日志中的事件，最大限度减少数据丢失。

不难看出，MySQL 二进制日志所起的作用与 Oracle 的归档日志类似。二进制日志只记录更新数据的事件，不记录 SELECT 或 SHOW 等语句。通过设置 log-bin 系统变量开启二进制日志，不同版本的 MySQL 的默认配置可能不同，如 MySQL 5.6 默认为不开启，MySQL 8 默认为开启。

二进制日志有 STATEMENT、ROW、MIXED 三种格式，通过 binlog-format 系统变量设置：

- STATMENT 格式，基于 SQL 语句的复制（Statement-Based Replication，SBR）。每一条会修改数据的 SQL 语句会被记录到 binlog 中。这种格式的优点是不需要记录每行的数据变化，这样二进制日志会比较少，减少磁盘 I/O，提高性能。缺点是在某些情况下会导致主库与从库中的数据不一致，例如 last_insert_id()、now()等非确定性函数，以及用户自定义函数即 UDF 易出现问题等。
- ROW 格式，基于行的复制（Row-Based Replication，RBR）。该格式不记录 SQL 语句的上下文信息，仅记录哪条数据被修改了，修改成了什么样子，能清楚记录每一行数据的修改细节。其优点是不会出现某些特定情况下的存储过程、函数或触发器的调用和触发无法被正确复制的问题。缺点是通常会产生大量的日志，尤其是在大表上执行 alter table 操作时会让日志暴涨。
- MIXED 格式，混合复制（Mixed-Based Replication，MBR）。它是语句和行两种格式的混合体，默认使用 STATEMENT 模式保存二进制日志，对于 STATEMENT 模式无法正确复制的操作，会自动切换到基于行的格式，MySQL 会根据执行的 SQL 语句选择日志保存方式。

不同版本的 MySQL 的 binlog-format 参数的默认值可能不同，如 MySQL 5.6 的默认值为 STATEMENT，MySQL 8 默认使用 ROW 格式。二进制日志的存放位置最好设置到与 MySQL 数据目录不同的磁盘分区中，以降低磁盘 I/O 的竞争，提升性能，并且在数据磁盘故障的时候还可以利用备份和二进制日志恢复数据。

5.2.3 复制的步骤

总的来说，MySQL 复制有五个步骤：

步骤 01 在主库上把数据更改事件记录到二进制日志中。

步骤 02 从库上的 I/O 线程向主库询问二进制日志中的事件。

步骤 03 主库上的 binlog dump 线程向 I/O 线程发送二进制事件。

步骤 04 从库上的 I/O 线程将二进制日志事件复制到自己的中继日志中。

步骤 05 从库上的 SQL 线程读取中继日志中的事件，并将其重放到从库上。

图 5-1 更详细地描述了复制的细节。

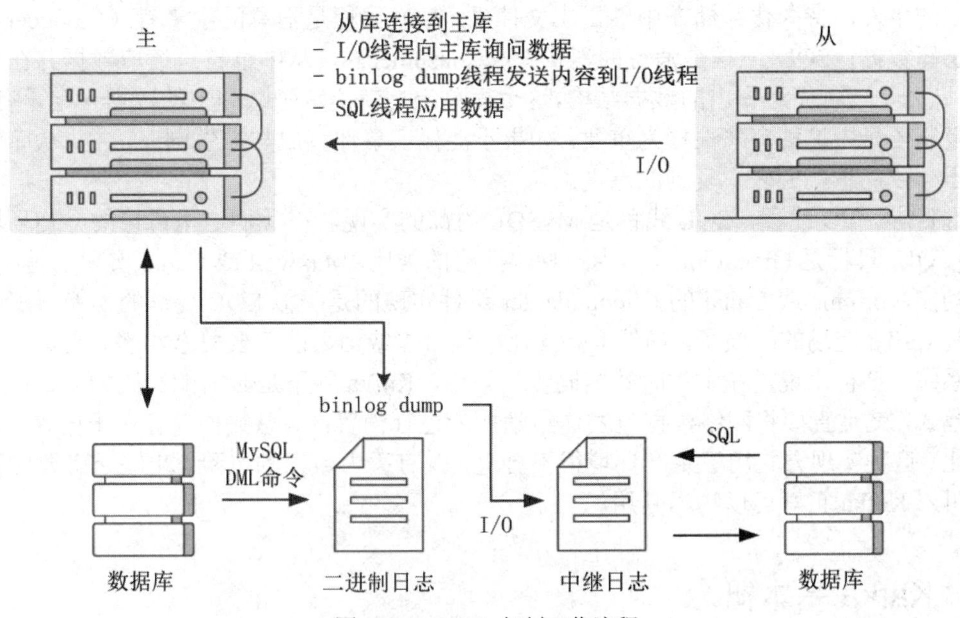

图 5-1　MySQL 复制工作流程

第一步是在主库上记录二进制日志。每次在准备提交事务完成数据更新前，主库都会将数据更新的事件先记录到二进制日志中。MySQL 会按事务提交的顺序而非每条语句的执行顺序来记录二进制日志。在记录二进制日志后，主库会告诉存储引擎可以提交事务了。

下一步，从库将主库的二进制日志复制到其本地的中继日志中。首先，从库会启动一个工作线程，称为 I/O 线程。I/O 线程跟主库建立一个普通的客户端连接，然后在主库上启动一个特殊的二进制日志转储（binlog dump）线程，它会读取主库上二进制日志中的事件，但不会对事件进行轮询。如果该线程追赶上了主库，它将进入睡眠状态，直到主库发送信号通知其有新的事件时才会被唤醒，从库 I/O 线程会将接收到的事件记录到中继日志中。

从库的 SQL 线程执行最后一步，该线程从中继日志中读取事件并在从库上执行，从而实现从库数据的更新。当 SQL 线程追赶 I/O 线程时，中继日志通常已经在系统缓存中，所以读取中继日志的开销很低。SQL 线程执行的事件也可以通过 log_slave_updates 系统变量来决定是否写入其自己的二进制日志中，这可以用于级联复制的场景。

这种复制架构实现了获取事件和重放事件的解耦，允许这两个过程异步进行。也就是说 I/O 线程能够独立于 SQL 线程之外工作。但这种架构也限制了复制的过程，其中最重要的一点是在主库上并发更新的查询在从库上通常只能串行化执行，因为默认只有一个 SQL 线程来重放中继日志中的事件。在 MySQL 5.6 以后已经可以通过配置 slave_parallel_workers 等系统变量进行并行复制，相关细节参见 https://wxy0327.blog.csdn.net/article/details/94614149#t8。

5.3 使用 Kafka

从 MySQL 复制中从库的角度来看，实际上是实现了一个消息队列的功能。消息就是二进制日志中的事件，持久化存储在中继日志文件里。I/O 线程是消息的生产者（Producer），向中继日志写数据，SQL 线程是消息的消费者（Consumer），从中继日志读取数据并在目标库上重放。队列是一种先进先出的数据结构，这个简单定义就决定了队列中的数据一定是有序的。在数据复制场景中这种有序性极为重要，如果不能保证事件重放与产生同序，主、从库中的数据将会不一致，也就失去了复制的意义。

中继日志、I/O 线程、SQL 线程是 MySQL 内部的实现。在我们这里讨论的异构环境中，源是 MySQL，目标是 Greenplum。作为一种不严格的类比，Maxwell 或 Canal 实现的是类似 I/O 线程的功能，bireme 或 Canal 的 ClientAdapter 组件实现的是类似 SQL 线程的功能。那中继日志呢？是 Kafka 登场的时候了，当然 Kafka 比中继日志或消息队列要复杂得多，它是一个完整的消息系统。严格来说，在本实时数据同步场景中，Kafka 并不是必需的。比如 Canal 的 TCP 服务器模式，就是直接将网络数据包发送给消费者进行消费，消息数据只存在于内存中，并不做持久化。这种实现方式用于生产环境很不合适，既有丢失数据的风险，也缺乏必要的管理和监控，引入 Kafka 正好可以物尽其用。

5.3.1 Kafka 基本概念

Kafka 是一款基于发布与订阅的分布式消息系统，其数据按照一定顺序持久化保存，并可以按需读取。此外，Kafka 的数据分布在整个集群中，具备数据故障保护和性能伸缩能力。本小节介绍 Kafka 最为重要的基本概念。

1. 消息和批次

Kafka 的数据单元被称为消息，它可以被看作是数据库里的一条记录。消息由字节数组组成，所以对于 Kafka 来说，消息里的数据没有特别的格式或含义。消息可以有一个可选的元数据，也就是键。与消息一样，键也是一个字节数组，对于 Kafka 来说也没有特殊的含义。当消息以一种可控的方式写入不同分区时会用到键。最简单的例子就是为键生成一个一致性哈希值，然后使用哈希值对主题分区进行取模，为消息选取分区。这样可以保证具有相同键的消息总是被写到相同的分区上。对数据库来说，通常将表的主键作为消息的键，这是 Kafka 保证消费顺序的关键所在，后面会详细说明。

为了提高效率，消息被分批次写入 Kafka。批次就是一组消息，这些消息属于同一个主题和分区。把消息分批次传输可以减少网络开销。不过，这要在延迟时间和吞吐量之间做出权衡：批次越大，单位时间处理的消息就越多，单个消息的传输时间就越长。批次数据会被压缩，这样可以提升数据的传输和存储能力，但要做更多的计算处理。

2. 主题与分区

Kafka 的消息通过主题（topic）进行分类。主题就好比数据库的表，或者文件系统的目录。

主题可以被分为若干个分区，一个分区就是一个提交日志。消息以追加的方式写入分区，然后以先进先出的顺序读取。

> **注 意**
>
> 由于一个主题一般包含几个分区，因此无法在整个主题范围内保证消息的顺序，但可以保证消息在单个分区内的顺序。如果需要所有消息都是有序的，那么最好只用一个分区。

图 5-2 所示的主题有 4 个分区，消息被追加写入每个分区的尾部。Kafka 通过分区来实现数据冗余和伸缩性。分区可以分布在不同的服务器上，也就是说，一个主题可以横跨多个服务器，以此来提供更强大的性能。

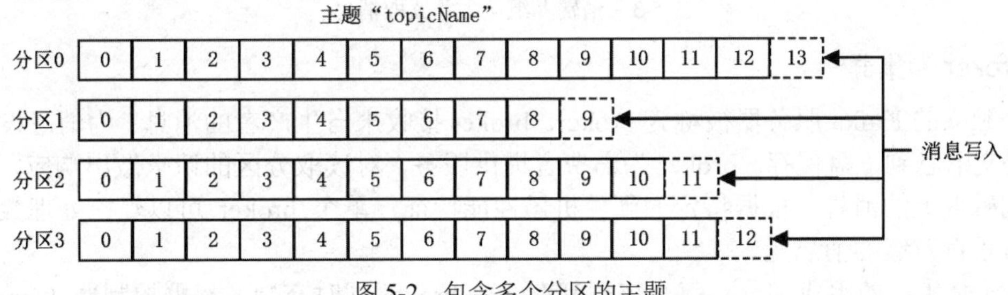

图 5-2 包含多个分区的主题

3. 生产者和消费者

Kafka 的客户端就是 Kafka 系统的用户，它们被分为两种基本类型：生产者（producer）和消费者（consumer）。除此之外，还有其他两个客户端 API：用于数据集成的 Kafka Connect API 和用于流式处理的 Kafka Streams。这些客户端 API 使用生产者和消费者作为内部组件，提供了高级功能。

生产者创建消息。一般情况下，一个消息会被发布到一个特定的主题上。生产者在默认情况下把消息均匀分布到主题的所有分区上，而并不关心特定消息会被写到哪个分区。在某些情况下，生产者会把消息直接写到指定分区。这通常是通过消息键和分区器来实现的，分区器为键生成一个哈希值，并将其映射到指定分区。这样可以保证包含同一个键的消息会被写到同一个分区上。生产者也可以使用自定义的分区器，根据不同业务规则将消息映射到分区。

消费者读取数据。消费者订阅一个或多个主题，并按消息生成的顺序读取它们。消费者通过检查消息的偏移量（offset）来区分已经读取的消息。偏移量是另一种元数据，它是一个不断递增的整数值，在消息创建时，Kafka 会把它添加到消息里。在给定分区里，每个消息的偏移量都是唯一的。消费者把每个分区最后读取的消息偏移量保存在 ZooKeeper 或 Kafka 中，如果消费者关闭或重启，它的读取状态不会丢失。

消费者是消费者组（Consumer Group）的一部分，也就是说，可能有一个或多个消费者共同读取一个主题。组保证每个分区只能被同组中的一个消费者使用。在图 5-3 所示的组中，有 3 个消费者同时读取一个主题，其中两个消费者各自读取一个分区，另一个消费者读取其他两个分区。消费者和分区之间的映射通常被称为消费者对分区的所有权关系（ownership）。

通过这种方式，消费者可以消费包含大量消息的主题。而且如果一个消费者失效，组里的其他消费者可以接管失效消费者的工作。

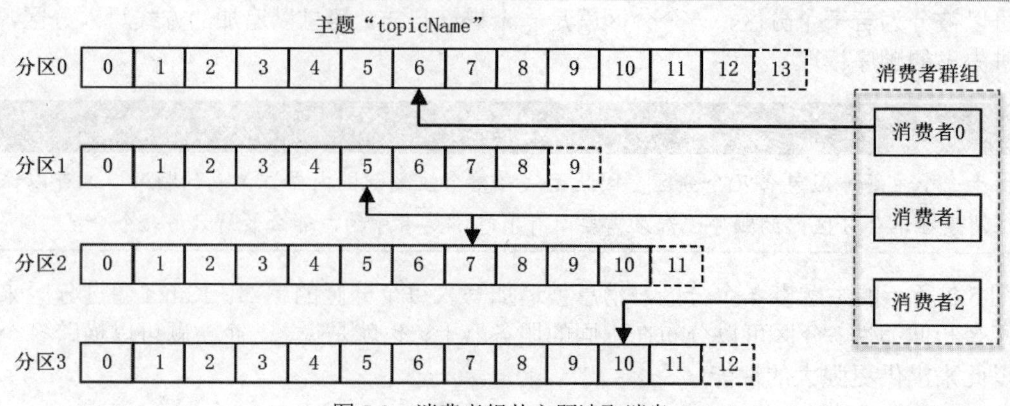

图 5-3 消费者组从主题读取消息

4. broker 和集群

一个独立的 Kafka 服务器被称为 broker。broker 接收来自生产者的消息，为消息设置偏移量，并提交消息到磁盘保存。broker 为消费者提供服务，对读取分区的请求做出响应，返回已经提交到磁盘上的消息。根据特定的硬件机器性能特征，单个 broker 可以轻松处理数千个分区以及每秒百万级的消息量。

broker 是集群的组成部分，每个集群都有一个 broker 同时充当了集群控制器（controller）的角色，它被自动从集群的活跃成员中选举出来，负责将分区分配给 broker 和监控 broker 等管理工作。在集群中，一个分区从属于一个 broker，该 broker 被称为分区的首领（leader）。一个分区可以分配给多个 broker，如果这个时候发生分区复制，如图 5-4 所示，这种复制机制为分区提供了消息冗余，如果有一个 broker 失效，其他 broker 可以接管领导权。不过，相关的消费者和生产者都要重新连接到新的首领。

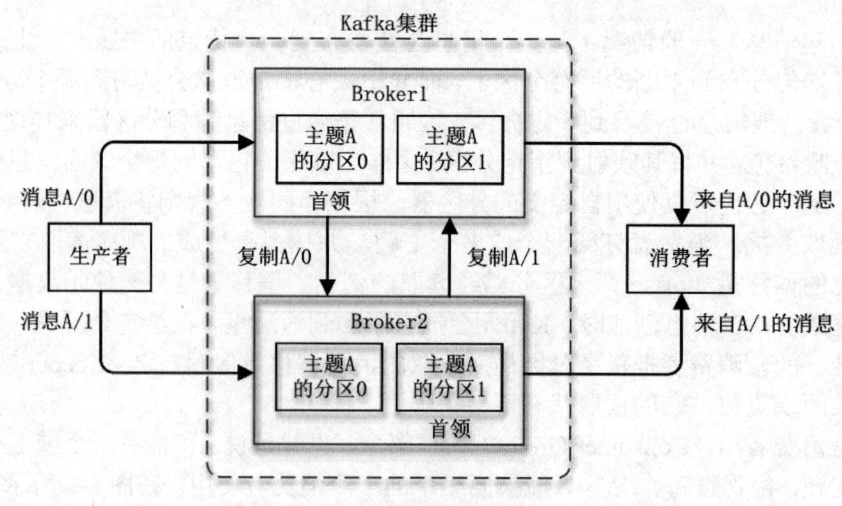

图 5-4 集群里的分区复制

消息保存期限（retention）是 Kafka 的一个重要特性。Kafka broker 默认的消息保留策略是：要么保留一段时间（默认为 7 天），要么保留到消息到达一定大小的字节数（默认为 1GB）。当消息数量达到这些上限时，旧消息就会过期并被删除，所以在任何时刻，可用消息的总量都不会超过配置参数所指定的大小。主题可以配置自己的保留策略，能将消息保留到不再使用它们为止。例如，用于跟踪用户活动的数据可能需要保留几天，而应用程序的度量指标可能只需要保留几小时。可以通过配置把主题当作紧凑型日志（Log Compacted），只有最后一个带有特定键的消息会被保留下来。这种情况对于变更日志类型的数据比较适用，因为人们只关心最后时刻发生的那个变更。

5.3.2　Kafka 消费者与分区

通常消息的生成速度比消费速度快，显然此时有必要对消费者进行横向扩展。就像多个生产者可以向相同的主题写入消息一样，我们也可以使用多个消费者从同一主题读取消息，对消息进行分流。

Kafka 消费者从属于消费者组，一个组里的消费者订阅的是同一个主题，每个消费者接收主题一部分分区的消息。假设主题 T1 有 4 个分区，我们创建了消费者 C1，它是组 G1 里唯一的消费者，我们用它订阅主题 T1。消费者 C1 将收到主题 T1 全部 4 个分区的消息，如图 5-5 所示。

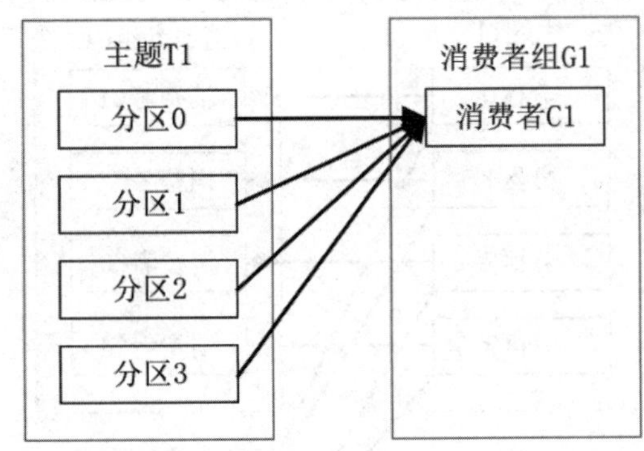

图 5-5　1 个消费者接收 4 个分区的消息

如果在组 G1 里新增一个消费者 C2，那么每个消费者将分别从两个分区接收消息。我们假设消费者 C1 接收分区 0 和分区 2 的消息，消费者 C2 接收分区 1 和分区 3 的消息，如图 5-6 所示。

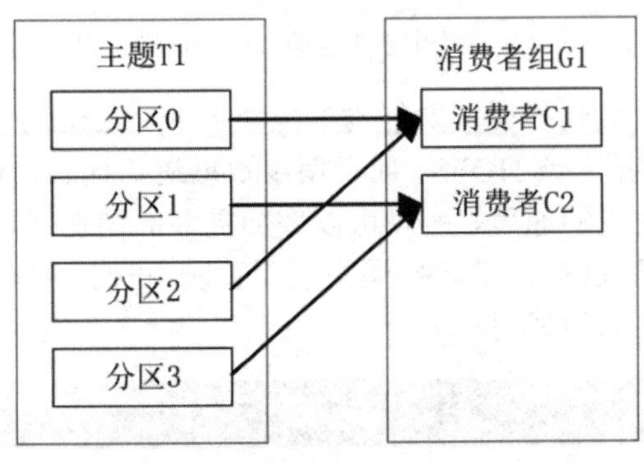

图 5-6　2 个消费者接收 4 个分区的消息

如果组 G1 有 4 个消费者，那么每个消费者可以分配到一个分区，如图 5-7 所示。

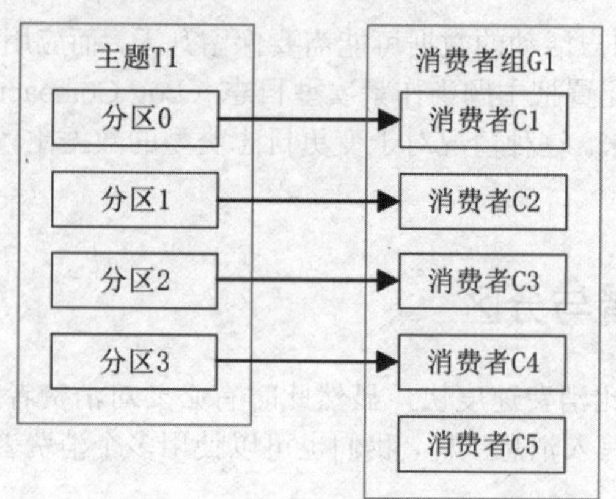

图 5-7　4 个消费者接收 4 个分区的消息

如果我们往组里添加更多的消费者，超过主题的分区数量，那么有一部分消费者就会被闲置，不会接收任何消息，如图 5-8 所示。

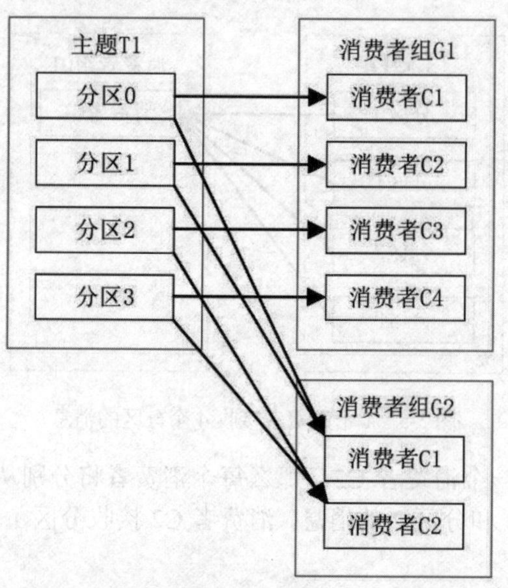

图 5-8　5 个消费者接收 4 个分区的消息

往群组里增加消费者是横向扩展消费能力的主要方式。Kafka 消费者经常会做一些高延迟的操作，比如把数据写到数据库或 HDFS，或者使用数据进行比较耗时的计算。在这些情况下，单个消费者无法跟上数据生成的速度，所以可以增加更多的消费者，让它们分担负载，每个消费者只处理部分分区的消息，这就是横向扩展的主要手段。我们有必要为主题创建大量的分区，在负载增长时可以加入更多的消费者。

注　意

不要让消费者数量超过主题分区的数量，多余的消费者只会被闲置。

除了通过增加消费者来横向扩展单个应用程序外，还经常出现多个应用程序从同一个主题读取数据的情况。实际上，Kafka 设计的主要目标之一，就是要让主题里的数据能够满足企业各种应用场景的需求。在这些场景里，每个应用程序可以获取到所有的消息，而不只是其中的一部分。只要保证每个应用程序有自己的消费者组，就可以让它们获取到主题的所有消息。横向扩展 Kafka 消费者或消费者组并不会对性能造成负面影响。

在上面的例子里，如果新增一个只包含一个消费者的组 G2，那么这个消费者将从主题 T1 上接收所有消息，与组 G1 之间互不影响。组 G2 可以增加更多的消费者，每个消费者可以消费若干个分区，就像组 G1 那样，如图 5-9 所示。总的来说，组 G2 还是会接收所有消息，不管有没有其他组存在。

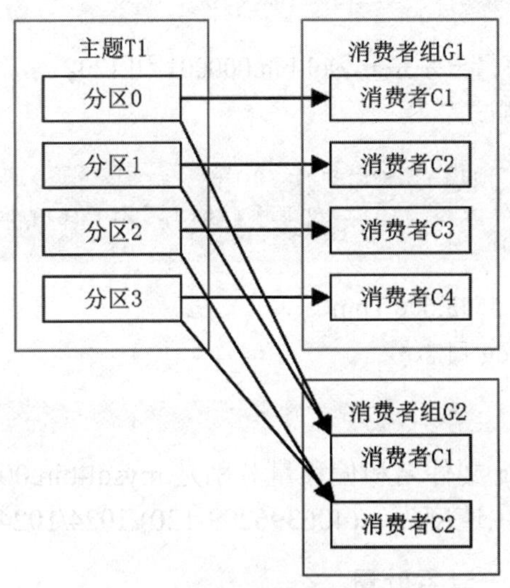

图 5-9　两个消费者组对应一个主题

简而言之，为每一个需要获取一个或多个主题全部消息的应用程序创建一个消费者组，然后往组里添加消费者来伸缩读取能力和处理能力，组里的每个消费者只处理一部分消息。

5.4　选择主题分区数

本节主要介绍如何选择主题分区数。

5.4.1　使用单分区

上一节提到，Kafka 只能保证单个分区中消息的顺序，因此如果要求与数据库保持强一致性，最好只使用一个分区。那么，单分区的吞吐量能否满足负载需求呢？下面就在现有环境上做一个测试，以得出有根据的量化的结论。

1. 测量 MySQL binlog 日志量

测试方法为使用 tpcc-mysql 工具，执行一段时间的压测，然后查看这段时间产生的 binlog

文件大小，得出 binlog 吞吐量。TPC-C 是专门针对联机事务处理系统的规范，而 tpcc-mysql 则是 Percona 公司基于 TPC-C 衍生出来的产品，专用于 MySQL 基准测试，下载地址为 https://github.com/Percona-Lab/tpcc-mysql。关于 tpcc-mysql 的安装和使用，参见 https://wxy0327.blog.csdn.net/article/details/94614149#t6。

测量 MySQL binlog 日志量的步骤如下：

步骤 01 从库重置 binlog：

```
reset master;
show master status;
```

初始 binlog 文件名和偏移量分别是 mysql-bin.000001 和 120。

步骤 02 主库执行 tpcc 测试：

```
# 10 仓库，32 并发线程，预热 10 秒，执行 300 秒
~/tpcc-mysql-master/tpcc_start -h172.16.1.126 -d tpcc_test -u root -p "123456"
-w 10 -c 32 -r 10 -l 300
```

得到的每分钟事务数为：5543.600 TpmC。

步骤 03 在从库查询 binlog 日志量：

```
show binary logs;
```

压测执行结束后，binlog 文件名和偏移量分别是 mysql-bin.000001 和 406396209。预热 10 秒，执行 300 秒，binlog 产生速度为：(406396209-120)/1024/1024/310 ≈ 1.25MB/S。

2. 测量 kafka 单分区生产者吞吐量

测量 kafka 单分区生产者吞吐量的步骤如下：

步骤 01 创建 topic：

```
# 创建 topic
kafka-topics.sh --create --topic test --bootstrap-server 172.16.1.124:9092
--partitions 1 --replication-factor 3
# 查看 topic
kafka-topics.sh --describe --topic test --bootstrap-server 172.16.1.124:9092
```

创建了一个单分区三副本的 topic：

```
Topic: test  Partition: 0  Leader: 339  Replicas: 339,330,340  Isr: 339,330,340
```

步骤 02 执行测试：

```
kafka-producer-perf-test.sh --topic test --num-records 500000 --record-size
2048 --throughput -1 --producer-props bootstrap.servers=172.16.1.124:9092 acks=1
```

kafka-producer-perf-test.sh 是 Kafka 提供的生产者性能测试命令行工具，这里所使用的选项说明如下：

- num-records：指定发送的消息总数。
- record-size：指定每条消息的字节数，这里假设约为一个 binlog event 的大小。在 MySQL

中可用 show binlog events 命令查看每个 event 的大小。

- throughput：指定每秒发送的消息数，-1 为不限制。
- acks：指定生产者的应答方式，有效值为 0、1、all。0 表示生产者在成功写入消息之前不会等待任何来自服务器的响应，吞吐量最高，但最可能丢失消息；1 表示只要首领节点收到消息，生产者就会收到一个来自服务器的成功响应；all 表示只有所有参与复制的节点全部收到消息时，生产者才会收到一个来自服务器的成功响应，最安全但延迟最高。

测试结果为：

```
    500000 records sent, 10989.010989 records/sec (21.46 MB/sec), 1267.54 ms avg
latency, 1714.00 ms max latency, 1388 ms 50th, 1475 ms 95th, 1496 ms 99th, 1693
ms 99.9th.
```

可以看到单分区平均吞吐量约 21.46 MB/S，平均每秒发送 10989 条 2KB 的消息。两相比较，Kafka 单分区生产者的消息吞吐量大约是压测 binlog 吞吐量的 17 倍。实际生产环境的硬件配置会比本实验环境高得多，单分区吞吐量通常可达 100 MB/S。通过这个粗略测试得出的结论是单分区可以承载一般的生产数据库负载。

3. 测量 kafka 单分区消费者吞吐量

单分区只能有一个消费者（一个消费组中），但可以利用多个线程提高消费性能。

```
    kafka-consumer-perf-test.sh --broker-list 172.16.1.124:9092 --topic test
--messages 500000 --threads 1
```

kafka-consumer-perf-test.sh 是 Kafka 提供的消费者性能测试命令行工具。--threads 指定消费线程数，线程数为 1、3、6、12 时的测试结果如下：

```
    start.time, end.time, data.consumed.in.MB, MB.sec, data.consumed.in.nMsg,
nMsg.sec, rebalance.time.ms, fetch.time.ms, fetch.MB.sec, fetch.nMsg.sec
    # 1 线程
    2021-12-09 10:57:19:198, 2021-12-09 10:57:28:921, 976.6543, 100.4478, 500047,
51429.2914, 3034, 6689, 146.0090, 74756.6153
    # 3 线程
    2021-12-09 10:57:52:134, 2021-12-09 10:58:00:280, 976.6543, 119.8937, 500047,
61385.5880, 3039, 5107, 191.2384, 97914.0396
    # 6 线程
    2021-12-09 10:58:58:345, 2021-12-09 10:59:06:495, 976.6543, 119.8349, 500047,
61355.4601, 3031, 5119, 190.7901, 97684.5087
    # 12 线程
    2021-12-09 10:59:16:028, 2021-12-09 10:59:24:093, 976.6543, 121.0979, 500047,
62002.1079, 3031, 5034, 194.0116, 99333.9293
```

5.4.2　如何选定分区数量

严格来说只要涉及多分区，一定会有消费顺序问题。在非强一致性场景中，可以通过选择表的主键作为分区键，以适当避免消费乱序带来的数据一致性问题，同时利用多分区保持 Kafka 的扩展性。在选择分区数量时，需要考虑如下几个因素：

- 主题需要达到多大的吞吐量？例如每秒是写入 100KB 还是 1GB？

- 从单个分区读取数据的最大吞吐量是多少？每个分区一般都会有一个消费者，如果消费者写入数据库的速度不超过每秒 50MB，那么从一个分区读取数据的吞吐量也不需要超过每秒 50MB。
- 可以通过类似的方法估算生产者向单个分区写入数据的吞吐量，不过生产者的速度一般比消费者快得多，所以最好为生产者多估算一些吞吐量。
- 每个 broker 包含的分区个数、可用的磁盘空间和网络带宽。
- 如果消息是按不同键写入分区的，那么为已有主题新增分区会很困难。
- 单个 broker 对分区个数是有限制的，因为分区越多，占用内存越多，完成首领选举需要的时间也越长。

如果估算出主题的吞吐量和消费者吞吐量，可以用主题吞吐量除以消费者吞吐量算出分区个数。如果不知道这些信息，根据经验，把分区大小限制在 25GB 以内可以得到比较理想的效果。

5.5 Maxwell + Kafka + Bireme

本节介绍的方案是采用 Maxwell+Kafka+Bireme，将 MySQL 数据实时同步至 Greenplum。Maxwell 实时解析 MySQL 的 binlog，并将输出的 JSON 格式数据发送到 Kafka，Kafka 在此方案中主要用于消息中转，Bireme 负责读取 Kafka 的消息并应用于 Greenplum 数据库以增量同步数据。方案实施的主要流程为如下三步：

步骤 01 搭建 Kafka 服务。

步骤 02 搭建 Maxwell 服务，修改配置，使其能够连接 MySQL 并能向 Kafka 写入数据。

步骤 03 搭建 Bireme 服务，修改配置，使其能读取 Kafka 的数据并能向 Greenplum 写入数据。

5.5.1 总体架构

本方案的总体架构如图 5-10 所示。

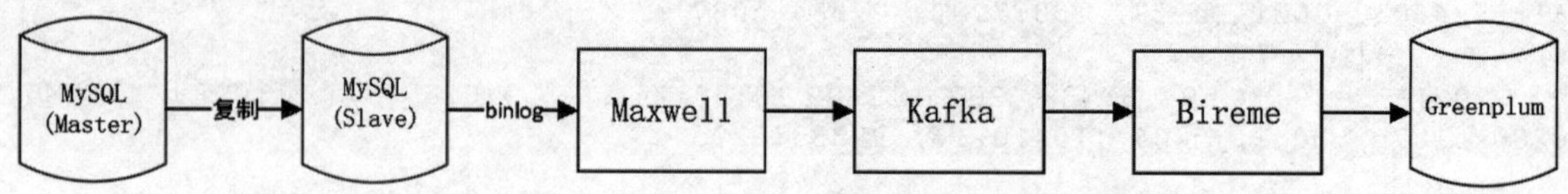

图 5-10 Maxwell + Kafka + Bireme 架构

图 5-10 中的 Maxwell 从 MySQL 复制的从库中级联获取 binlog，这样做的原因将在 5.5.5 节“实时 CDC”中详细说明。Maxwell 是一个能实时读取 MySQL 二进制日志 binlog，并生成 JSON 格式的消息，作为生产者发送给 Kafka、Kinesis、RabbitMQ、Redis、Google Cloud Pub/Sub、文件或其他平台的应用程序，其中 Kafka 是 Maxwell 支持最完善的一个消息系统。它的常见应用场景有 ETL、维护缓存、收集表级别的 DML 指标、增量同步到搜索引擎、数据分区迁移、

切库 binlog 回滚方案等。Maxwell 在 GitHub 上具有较高的活跃度，官网地址为 https://github.com/zendesk/maxwell。

Maxwell 主要提供了下列功能：

- 支持 select * from table 方式进行全量数据初始化。
- 支持 GTID，当 MySQL 发生 failover 后，自动恢复 binlog 位置。
- 可以对数据进行分区，解决数据倾斜问题。发送到 Kafka 的数据支持 database、table、column 等级别的数据分区。
- 工作方式是伪装为 MySQL Slave，在主库上创建 dump 线程连接，接收 binlog 事件，然后根据 schemas 信息拼装成 JSON 字符串，可以接受 DDL、XID、ROW 等各种事件。

Bireme 是一个 Greenplum 数据仓库的增量同步工具，目前支持 MySQL、PostgreSQL 和 MongoDB 数据源，Maxwell + Kafka 是一种支持的数据源类型。Bireme 作为 Kafka 的消费者，采用 DELETE + COPY 的方式，将数据源的修改记录同步到 Greenplum。相较于 INSERT、UPDATE、DELETE 方式，COPY 方式速度更快，性能更优。Bireme 的主要特性是采用小批量加载方式（默认加载延迟时间为 10 秒）提升数据同步的性能，但要求所有同步表在源和目标数据库中都必须有主键。Bireme 官网地址为 https://github.com/HashDataInc/bireme/。

Kafka 在本架构中作为消息中间件将 Maxwell 和 Bireme 桥接在一起，上下游组件的实现都依赖于它。正如本节开头所述，搭建 Kafka 服务是实施本方案的第一步。为了简便，在本实验环境中使用 CDH 中自带的 Kafka 服务，其基本信息如下：

- Kafka 集群由三台虚拟机组成，实例为：172.16.1.124:9092（controller）、172.16.1.125:9092、172.16.1.126:9092。
- 三台虚拟机的基本硬件配置同为：4 核 CPU、8GB 内存、千兆网卡。
- Kafka 版本为 kafka_2.11-2.2.1-cdh6.3.1，即编译 Kafka 源代码的 Scala 编译器版本号为 2.11，Kafka 版本号为 2.2.1，平台为 CDH 6.3.1。可执行 shell 命令查看 Kafka 版本信息：ps -ef|grep '/libs/kafka.\{2,40\}.jar'。
- default.replication.factor 副本数改为 3，其他 Kafka 配置参数均采用默认值。

default.replication.factor 参数指定 broker 级别的复制系数，CDH 中的 Kafka 默认值为 1。这里将该设置改为 3，也就是说每个分区总共会被 3 个不同的 broker 复制 3 次。在默认情况下，Kafka 会确保分区的每个副本被放在不同的 broker 上。

如果复制系数为 N，一方面，在 N−1 个 broker 失效的情况下，仍然能够从主题读取数据或向主题写入数据，所以更高的复制系数会带来更高的可用性；另一方面，复制系数 N 需要至少 N 个 broker，而且 N 个数据副本会占用 N 倍的磁盘空间。所以通常要在可用性和存储硬件之间做出权衡。

如果因 broker 重启导致的主题不可用是可接受的（这在集群里属正常行为），那么把复制系数设为 1 即可。复制系数为 2 意味着可以容忍 1 个 broker 失效。但是要知道，有时候 1 个 broker 发生失效会导致集群不稳定，迫使重启另一个 broker，即集群控制器。也就是说，如果将复制系数设置为 2，就有可能因为重启等问题导致集群暂时不可用。基于以上原因，建议在要求高可用的场景里把复制系数设置为 3，大多数情况下这已经足够安全。

下面在 Kafka 中创建一个 topic，在后面配置 Maxwell 时将使用该 topic。

```
# 设置 Kafka 可执行文件路径
export PATH=$PATH:/opt/cloudera/parcels/CDH-6.3.1-1.cdh6.3.1.p0.1470567/lib/kafka/bin/;
# 创建一个三分区三副本的 topic，主要用于演示数据在分区间的均匀分布
kafka-topics.sh --create --topic mytopic --bootstrap-server 172.16.1.124:9092 --partitions 3 --replication-factor 3
# 查看 topic
kafka-topics.sh --list --bootstrap-server 172.16.1.124:9092
# 查看 partition
kafka-topics.sh --describe --topic mytopic --bootstrap-server 172.16.1.124:9092
# 查看每个分区的大小
kafka-log-dirs.sh --describe --topic-list mytopic --bootstrap-server 172.16.1.124:9092
```

mytopic 的分区如下：

```
Topic: mytopic  Partition: 0  Leader: 340  Replicas: 340,339,330  Isr: 340,339,330
Topic: mytopic  Partition: 1  Leader: 330  Replicas: 330,340,339  Isr: 330,340,339
Topic: mytopic  Partition: 2  Leader: 339  Replicas: 339,330,340  Isr: 339,330,340
```

ISR（In Sync Replica）是 Kafka 的副本同步机制。leader 会维持一个与其保持同步的副本集合，该集合就是 ISR，每个分区都有一个 ISR，由 leader 动态维护。我们要保证 Kafka 不丢消息，就要保证 ISR 这组集合中至少有一个存活，并且消息成功提交。

本实验环境部署的其他角色如下：

- MySQL 主库：172.16.1.126:3306。
- MySQL 从库：172.16.1.127:3306。
- Greenplum Master：114.112.77.198:5432。

Greenplum 集群主机的操作系统版本为 CentOS Linux release 7.9.2009 (Core)，其他所有主机操作系统版本为 CentOS Linux release 7.2.1511 (Core)。MySQL 已经开启主从复制，相关配置如下：

```
log-bin=mysql-bin             # 开启 binlog
binlog-format=ROW             # 选择 ROW 格式
server_id=126                 # 主库 server_id，从库为 127
log_slave_updates             # 开启级联 binlog
```

我们还事先在 MySQL 中创建了 Maxwell 用于连接数据库的用户，并授予了相关权限。

```
-- 在 126 主库执行
create user 'maxwell'@'%' identified by '123456';
grant all on maxwell.* to 'maxwell'@'%';
grant select, replication client, replication slave on *.* to 'maxwell'@'%';
```

MySQL 主从复制相关配置参见 https://wxy0327.blog.csdn.net/article/details/90081518#t6，Greenplum 安装部署参见上一章。

5.5.2 Maxwell 安装配置

我们在 172.16.1.126 上搭建 Maxwell 服务，操作步骤如下：

步骤 01 下载并解压：

```
wget https://github.com/zendesk/maxwell/releases/download/v1.34.1/
maxwell-1.34.1.tar.gz
tar -zxvf maxwell-1.34.1.tar.gz
```

步骤 02 备份示例配置文件：

```
cd ~/maxwell-1.34.1
cp config.properties.example config.properties
```

步骤 03 编辑 config.properties 文件内容如下：

```
log_level=info
metrics_type=http
http_port=9090

producer=kafka

# Kafka 配置
kafka_topic=mytopic
kafka.bootstrap.servers=172.16.1.124:9092,172.16.1.125:9092,172.16.1.126:9
092
kafka.compression.type=snappy
kafka.retries=0
kafka.acks=1
kafka.batch.size=16384
kafka_partition_hash=murmur3
producer_partition_by=primary_key

# MySQL 配置
host=172.16.1.127
port=3306
user=maxwell
password=123456

filter=exclude: *.*, include: tpcc_test.*, include: source.*, include: test.*
```

配置参数说明如表 5-2 所示。

表 5-2　Maxwell 配置参数说明

参数名称	描述
log_level	日志级别，有效值 debug、info、warn、error，默认为 info
metrics_type	监控报告类型，有效值 slf4j、jmx、http、datadog
http_port	metrics_type 为 HTTP 时使用的端口号
producer	生产者，有效值为 stdout、file、kafka、kinesis、pubsub、sqs、rabbitmq、redis，默认为 stdout（控制台输出）

（续表）

参数名称	描述
kafka_topic	Kafka 主题名，Maxwell 向该主题写数据，默认值为 maxwell。除了指定为静态 topic，还可以动态传参，如 namespace_%{database}_%{table}，启动 Maxwell 时%{database}和%{table}将被具体的库名和表名替换，并在 Kafka 中自动创建这些 topic。Namespace（命名空间）用于限制 topic 名称，可以省略
kafka.bootstrap.servers	Kafka broker 列表
kafka.compression.type	消息压缩类型，默认不压缩。使用压缩可以降低网络传输和存储开销，而这些往往是向 Kafka 发送消息的瓶颈所在
kafka.retries	生产者从服务器收到错误时重发消息的次数，如果到达该值，生产者将放弃重试并返回错误
kafka.acks	生产者响应方式
kafka.batch.size	一个批次使用的内存字节数，默认为 16KB。生产者会把发送到同一个分区的消息放到一个批次里，然后按批次发送消息。如果该值设置得太小，生产者需要更频繁地发送消息，会增加一些额外开销
kafka_partition_hash	为消息选择 Kafka 分区时使用的 hash 算法，有效值 default、murmur3，默认为 default
producer_partition_by	输入到 Kafka 的分区函数，有效值 database、table、primary_key、transaction_id、column、random，默认为 database。在很多业务系统中，不同数据库的活跃度差异很大，主体业务的数据库操作频繁，产生的 binlog 也就很多，而 Maxwell 默认使用数据库名作为 key 进行 hash，那么显而易见，binlog 的操作经常都被分到同一个分区里，造成数据倾斜。这里选择了主键作为分区 key，同一主键被分到同一分区，同时选用 murmurhash3 哈希算法，以获得更好的效率和分布。用主键作为分区 key 还可以使得对同一主键行的更新将保持与数据库同序
filter	过滤规则，通过 exclude 排除，通过 include 包含，值可以为具体的数据库、表、列，甚至用 JavaScript 来定义复杂的过滤规则，可以用正则表达式描述。这里配置为接收 MySQL 源端 tpcc_test、source、test 三个库里所有表的 binlog
host、port、user、password	连接 MySQL 实例所用的 IP、端口、用户名、密码

Maxwell 完整的配置参数说明参见 http://maxwells-daemon.io/config/。

步骤 04 启动 Maxwell：

Maxwell 用 Java 语言开发，启动 maxwell 1.34.1 需要 JDK 11 运行环境，用 JDK 8 则会报错：

```
    Error: A JNI error has occurred, please check your installation and try again
    Exception in thread "main" java.lang.UnsupportedClassVersionError:
com/zendesk/maxwell/Maxwell has been compiled by a more recent version of the Java
Runtime (class file version 55.0), this version of the Java Runtime only recognizes
class file versions up to 52.0
```

因此需要先安装 JDK 11：

```
yum -y install jsvc
rpm -ivh jdk-11.0.12_linux-x64_bin.rpm
```

然后启动 Maxwell：

```
export JAVA_HOME=/usr/java/jdk-11.0.12
cd ~/maxwell-1.34.1
bin/maxwell --config config.properties --daemon
```

--config 选项指定配置文件，--daemon 选项指定 Maxwell 实例作为守护进程到后台运行。Maxwell 启动时，会在它所连接的 MySQL 实例中创建一个名为 maxwell 的数据库，其中包含如下 7 个表，保存 Maxwell 的元数据。

- bootstrap：用于数据初始化，在 5.5.5 小节会介绍 Maxwell 的 bootstrap 功能。
- columns：记录所有的列信息。
- databases：记录所有的数据库信息。
- heartbeats：记录心跳信息。
- positions：记录 binlog 读取位置，包括 binlog 文件及其偏移量。
- schemas：记录 DDL 的 binlog 信息。
- tables：记录所有的表信息。

Maxwell 成功启动后，将在日志文件中看到类似下面的信息：

```
[mysql@node2~/maxwell-1.34.1]$tail
/home/mysql/maxwell-1.34.1/bin/../logs/MaxwellDaemon.out
15:22:54,297 INFO  BinlogConnectorReplicator - Setting initial binlog pos to:
mysql-bin.000001:406400351
15:22:54,302 INFO  MaxwellHTTPServer - Maxwell http server starting
15:22:54,306 INFO  MaxwellHTTPServer - Maxwell http server started on port 9090
15:22:54,326 INFO  BinaryLogClient - Connected to 172.16.1.127:3306 at
mysql-bin.000001/406400351 (sid:6379, cid:5179862)
15:22:54,326 INFO  BinlogConnectorReplicator - Binlog connected.
15:22:54,339 INFO  log - Logging initialized @4344ms to
org.eclipse.jetty.util.log.Slf4jLog
15:22:54,595 INFO  Server - jetty-9.4.41.v20210516; built:
2021-05-16T23:56:28.993Z; git: 98607f93c7833e7dc59489b13f3cb0a114fb9f4c; jvm
11.0.12+8-LTS-237
15:22:54,710 INFO  ContextHandler - Started
o.e.j.s.ServletContextHandler@4ceb3f9a{/,null,AVAILABLE}
15:22:54,746 INFO  AbstractConnector - Started
ServerConnector@202c0dbd{HTTP/1.1, (http/1.1)}{0.0.0.0:9090}
15:22:54,747 INFO  Server - Started @4755ms
[mysql@node2~/maxwell-1.34.1]$
```

从 http://172.16.1.126:9090/可以获取所有监控指标，指标说明参见 https://maxwells-daemon.io/config/#monitoring-metrics。

5.5.3　Bireme 安装配置

我们在 172.16.1.126 上搭建 Bireme 服务，操作步骤如下：

步骤01 下载并解压：

```
wget https://github.com/HashDataInc/bireme/releases/download/
v2.0.0-alpha-1/bireme-2.0.0-alpha-1.tar.gz
tar -zxvf bireme-2.0.0-alpha-1.tar.gz
```

步骤02 备份示例配置文件：

```
cd ~/bireme-2.0.0-alpha-1/etc/
cp config.properties config.properties.bak
```

步骤03 编辑 config.properties 文件内容如下：

```
target.url = jdbc:postgresql://114.112.77.198:5432/dw
target.user = dwtest
target.passwd = 123456

data_source = mysql

mysql.type = maxwell
mysql.kafka.server = 172.16.1.124:9092,172.16.1.125:9092,172.16.1.126:9092
mysql.kafka.topic = mytopic

pipeline.thread_pool.size = 3

state.server.addr = 172.16.1.126
state.server.port = 9091
```

配置参数说明如表 5-3 所示。

表 5-3 Bireme 配置参数说明

参数名称	描述
target.url、target.user、target.passwd	目标 Greenplum 的 URL、用户名、密码，Bireme 使用这些信息连接 Greenplum 数据库并写入数据
data_source	指定数据源<source_name>，多个数据源用逗号分隔开，忽略空白字符
<source_name>.type	数据源的类型
<source_name>.kafka.server	数据源的 Kafka 地址
<source_name>.kafka.topic	数据源在 Kafka 中对应的 topic
pipeline.thread_pool.size	pipeline 线程数。每个数据源可以有多个 pipeline，对于 maxwell，每个 Kafka topic 分区对应一个 pipeline
state.server.addr、state.server.port	监控服务器的 IP 地址、端口。Bireme 启动一个轻量级的 HTTP 服务器，方便用户获取当前的数据装载状态

Bireme 完整的配置参数说明参见 https://github.com/HashDataInc/bireme/blob/master/README_zh-cn.md。

步骤04 编辑 mysql.properties 文件内容如下：

```
test.t1 = public.t1
```

在 config.properties 文件中指定数据源为 MySQL，因此需要新建文件~/bireme-2.0.0-alpha-1/etc/mysql.properties，在其中加入源表到目标表的映射。这里是将 MySQL 中 test.t1 表的数据同步到 Greenplum 的 public.t1 表中。

注 意

数据源属性配置文件的文件名的前缀必须为 data_source 参数的值。

步骤 05 在源和目标库创建表（注意所有表都要有主键）：

```
-- MySQL，126 主库执行
use test;
create table t1 (a int primary key);

-- Greenplum
set search_path=public;
create table t1 (a int primary key);
```

在 MySQL 主库上建表的 DDL 语句会写到 binlog 中，并在从库上重放。同样，因为我们建表前已经启动了 Maxwell，该建表语句也会随 binlog 传递到 Maxwell。Maxwell 可以通过启用 output_ddl 支持 DDL 事件捕获，该参数是 boolean 类型，默认为 false。默认配置时不会将 DLL 的 binlog 事件发送到 Kafka，只会记录到日志文件和 maxwell.schemas 表中。

如果 output_ddl 设置为 true，除了日志文件和 maxwell.schemas 表，DDL 事件还会被写到由 ddl_kafka_topic 参数指定的 Kafka topic 中，默认为 kafka_topic。Kafka 中的 DDL 消息需要由消费者实现消费逻辑，Bireme 不处理 DDL。我们使用默认配置，DDL 只记录信息，不写入消息，因此只要在目标 Greenplum 库手动执行同构的 DDL 语句，使源和目标保持相同的表结构，MySQL 中执行的 DDL 语句就不会影响后面的数据同步。

步骤 06 启动 Bireme：

Bireme 用 Java 语言开发，启动 Bireme 2.0.0 需要 JDK 8 运行环境，用 JDK 11 则会报错：

```
Bireme JMX enabled by default
Starting the bireme service...
Cannot find any VM in Java Home /usr/java/jdk-11.0.12
Failed to start bireme service
```

因此先安装 JDK 8：

```
yum -y install java-1.8.0-openjdk.x86_64
```

然后启动 Bireme，这里使用的是安装 CDH 时自带的 JDK 8：

```
export JAVA_HOME=/usr/java/jdk1.8.0_181-cloudera
cd ~/bireme-2.0.0-alpha-1
bin/bireme start
```

Bireme 成功启动后，将在控制台看到类似下面的信息：

```
Bireme JMX enabled by default
Starting the bireme service...
The bireme service has started.
```

从 http://172.16.1.126:9091/?pretty 可以获取 Bireme 状态：


```
{
  "source_name": "mysql",
  "type": "MAXWELL",
  "pipelines": [
    {
      "name": "mytopic-1",
      "latest": "1970-01-01T08:00:00.000Z",
      "delay": 0.0,
      "state": "NORMAL"
    },
    {
      "name": "mytopic-2",
      "latest": "1970-01-01T08:00:00.000Z",
      "delay": 0.0,
      "state": "NORMAL"
    },
    {
      "name": "mytopic-3",
      "latest": "1970-01-01T08:00:00.000Z",
      "delay": 0.0,
      "state": "NORMAL"
    }
  ]
}
```


Bireme 状态中的各项说明如下：

- source_name：数据源名称。
- type：数据源类型。
- pipelines：包含了一组 pipeline 的同步状态，每一个数据源可能用多个 pipeline 同时工作。
- name：pipeline 名称。
- latest：最新的数据产生时间。
- delay：从数据进入 Bireme 到成功加载并返回的时间间隔。
- state：pipeline 的状态。

现在所有服务都已正常，可以进行一些简单的测试。

```
-- 在 MySQL 主库执行一些数据修改
use test;
insert into t1 values (1);
insert into t1 values (2);
insert into t1 values (3);
update t1 set a=10 where a=1;
delete from t1 where a=2;
commit;

-- 查询 Greenplum
dw=> select * from public.t1;
 a
----
```

```
  3
 10
(2 rows)
```

可以看到 MySQL 中的数据变化被实时同步到 Greenplum 中。

5.5.4　如何保证数据的顺序消费

Bireme 实现中的一个 pipeline 就是 Kafka 中的一个消费者。我们建的 topic 有三个分区，Maxwell 在写数据的时候指定一个主键作为 hash key，那么同一主键的相关数据，一定会被分发到同一个分区中去，而单个分区中的数据一定是有序的。消费者从分区中取出数据的时候，也一定是有序的，到这里顺序没有错乱。接着，我们在消费者里可能设置多个线程来并发处理消息（如配置 pipeline.thread_pool.size=3），因为如果消费者是单线程，而处理又比较耗时的话，则吞吐量太低。一个消费者多线程并发处理就可能出现乱序问题，如图 5-11 所示。

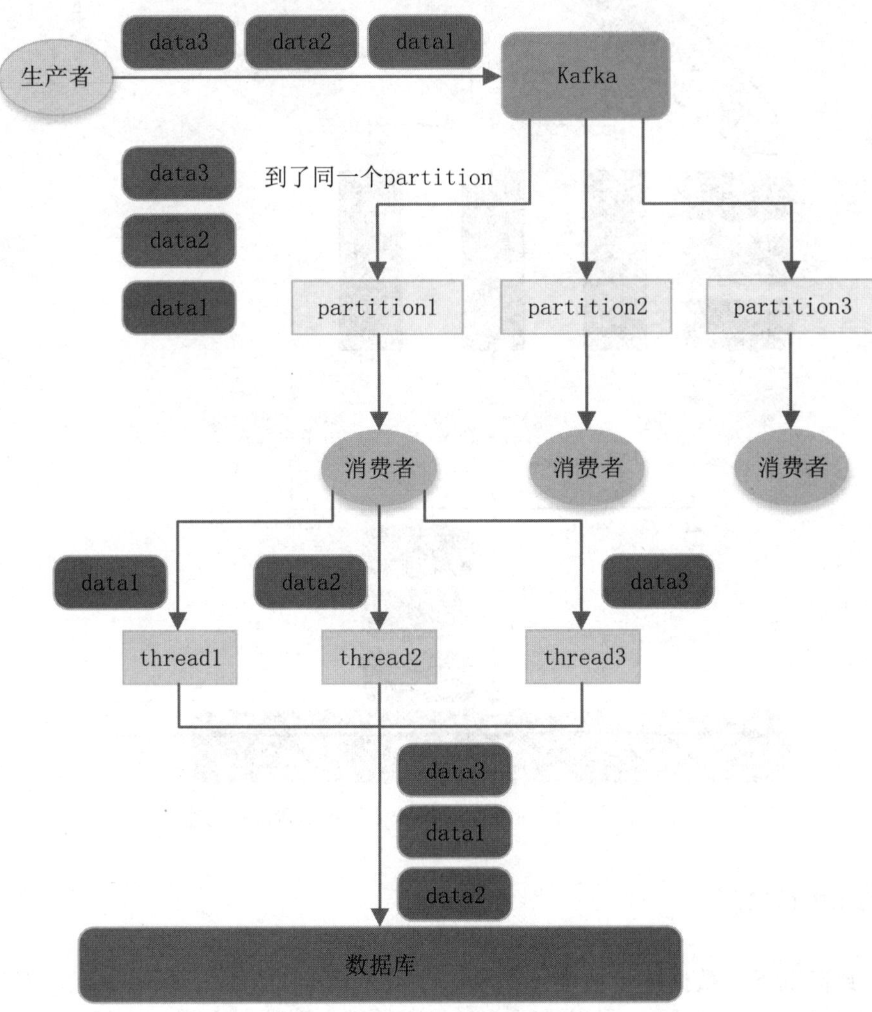

图 5-11　多线程消费造成乱序

解决该问题的方式是写 N 个内存阻塞队列，具有相同主键的数据都到同一个队列，然后对于 N 个线程，每个线程分别消费一个队列即可，这样就能保证顺序性，如图 5-12 所示。Bireme 就是使用该模型实现的。

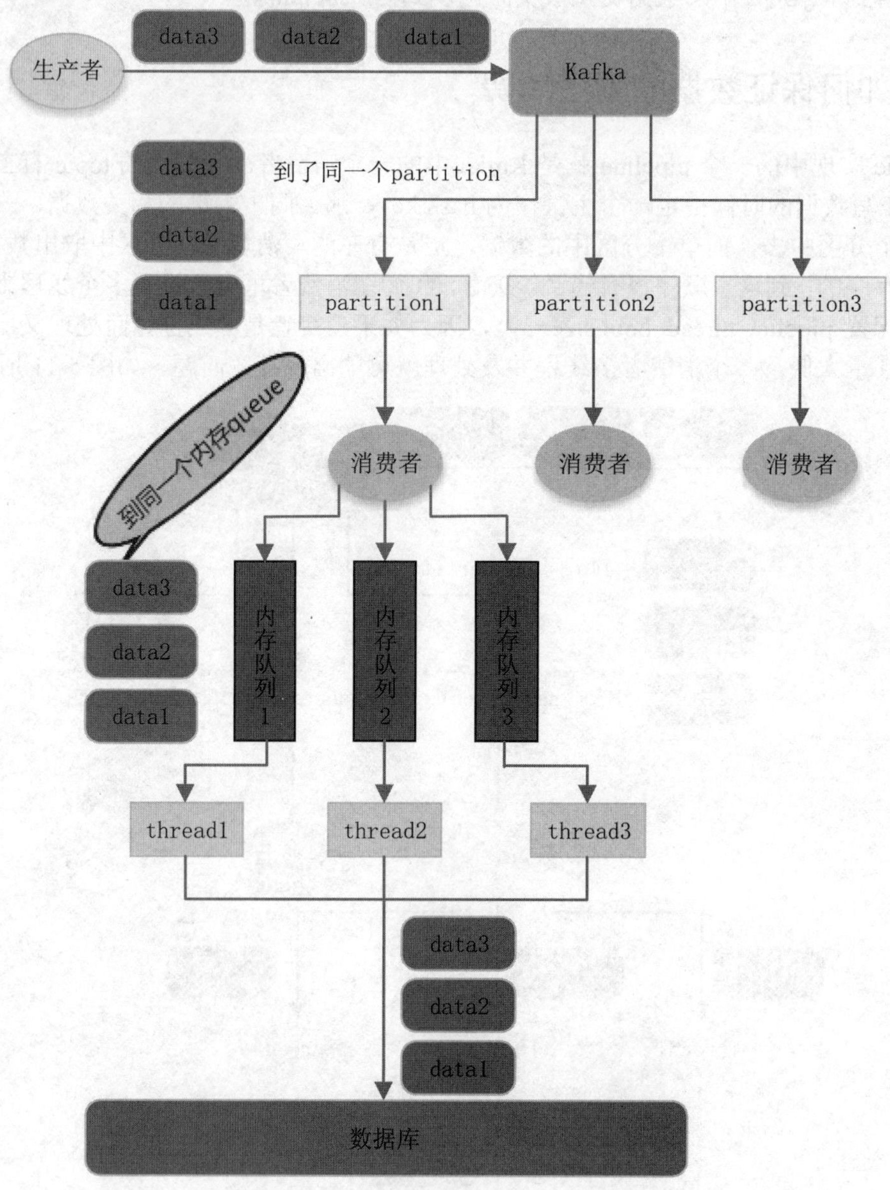

图 5-12　用内存阻塞队列解决多线程消费乱序问题

5.5.5　实时 CDC

在大多数情况下，数据同步被要求在不影响线上业务的情况下联机执行，而且还要求对线上库的影响越小越好。例如，同步过程中对主库加锁会影响对主库的访问，因此通常是不被允许的。本小节演示如何在保持对线上库正常读写的前提下，通过全量加增量的方式，完成从

MySQL 到 Greenplum 的实时数据同步。

为展示完整过程，先做一些清理工作，然后对主库执行 tpcc-mysql 压测，模拟正在使用的线上业务数据库，在压测执行期间做全部 9 个测试用表的全量和增量数据同步。

执行下面这段 shell 脚本对 Maxwell、Bireme 进行清理。

```
# 停止 Maxwell 进程
ps -ef | grep maxwell | grep -v grep | awk '{print $2}' | xargs kill

# 在 127 从库删除 Maxwell 库
drop database maxwell;

# 停止 Bireme 服务
export JAVA_HOME=/usr/java/jdk1.8.0_181-cloudera
cd ~/bireme-2.0.0-alpha-1
bin/bireme stop

# 清除 Bireme 日志
cat /dev/null > ~/bireme-2.0.0-alpha-1/logs/bireme.err
cat /dev/null > ~/bireme-2.0.0-alpha-1/logs/bireme.gc
cat /dev/null > ~/bireme-2.0.0-alpha-1/logs/bireme.out
```

Bireme 要求所有表都具有主键。tpcc-mysql 测试中的 history 表没有主键，因此在主库为该表添加主键，构成主键的字段为表全部 8 个字段的联合。

```
alter table history add primary key (h_c_id,h_c_d_id,h_c_w_id,h_d_id,h_w_id,
h_date,h_amount,h_data);
```

主库执行压测模拟业务库。后面的数据同步操作均在压测期间执行。

```
# 10 仓库，32 并发线程，预热 5 分钟，执行半小时
~/tpcc-mysql-master/tpcc_start -h172.16.1.126 -d tpcc_test -u root -p "123456"
-w 10 -c 32 -r 300 -l 1800
```

1. 全量同步

全量同步的操作步骤如下：

步骤 01 在 Greenplum 中创建模式。

模式（schema）是一个有趣的概念，不同数据库系统中的模式代表完全不同的东西。如在 Oracle 中，默认在创建用户的时候就建立了一个和用户同名的模式，并且互相绑定，因此很多情况下 Oracle 的用户和模式可以通用。MySQL 中的 schema 是 database 的同义词。而 Greenplum 中的模式是从 PostgreSQL 继承来的，其概念与 SQL Server 的模式更为类似，是数据库中的逻辑对象。

Greenplum 的模式是数据库中对象和数据的逻辑组织。模式允许在一个数据库中存在多个同名的对象，如果对象属于不同的模式，同名对象之间不会冲突。使用模式有如下好处：

- 方便管理多个用户共享一个数据库，但是又可以互相独立。
- 方便管理众多对象，更有逻辑性。
- 如果创建对象时是带 schema 的，方便兼容某些第三方应用程序。

比如要设计一个复杂系统，由众多模块构成，有时候模块间又需要具有独立性。各模块存放进单独的数据库显然是不合适的。此时就可使用模式来划分各模块间的对象，再对用户进行适当的权限控制，这样逻辑也非常清晰。执行以下操作在 Greenplum 中创建模式。

```
# 连接 Master
psql -d dw -U dwtest -h 127.0.0.1
-- 创建模式
create schema tpcc_test;
-- 修改用户搜索路径
alter database dw set search_path to public,pg_catalog,tpcc_test;
```

步骤 02 在 tpcc_test 模式中创建 tpcc-mysql 测试用表。

tpcc-mysql 安装目录下的 create_table.sql 文件中包含 MySQL 里的建表脚本。将该 SQL 脚本改为 Greenplum 版：

- 去掉 Engine=InnoDB，这是 MySQL 用的。
- 将 tinyint 改为 smallint，Greenplum 没有 tinyint 数据类型。
- 将 datetime 改为 timestamp，Greenplum 没有 datetime 数据类型。
- 为 history 表添加主键，构成主键的字段为该表全部 8 个字段的联合。

Greenplum 是分布式数据库，一般为提高查询性能需要在建表时通过 distributed by 子句指定分布键。如果表有主键，同时又没有指定分布键，则 Greenplum 自动使用主键作为表的分布键，我们出于简便使用这种方式。关于选择分布键的最佳实践，将在 6.1 节“建立数据仓库示例模型”中加以说明。执行以下 SQL 命令在 tpcc_test 模式中建表。

```
-- 设置当前模式
set search_path to tpcc_test;

-- 创建 tpcc-mysql 测试用的 9 个表
...

create table history (
h_c_id int,
h_c_d_id smallint,
h_c_w_id smallint,
h_d_id smallint,
h_w_id smallint,
h_date timestamp,
h_amount decimal(6,2),
h_data varchar(24),
primary key
(h_c_id,h_c_d_id,h_c_w_id,h_d_id,h_w_id,h_date,h_amount,h_data) );

...
```

步骤 03 修改 Bireme 表映射配置。

编辑~/bireme-2.0.0-alpha-1/etc/mysql.properties 文件内容如下：

```
tpcc_test.customer = tpcc_test.customer
```

```
tpcc_test.district = tpcc_test.district
tpcc_test.history = tpcc_test.history
tpcc_test.item = tpcc_test.item
tpcc_test.new_orders = tpcc_test.new_orders
tpcc_test.order_line = tpcc_test.order_line
tpcc_test.orders = tpcc_test.orders
tpcc_test.stock = tpcc_test.stock
tpcc_test.warehouse = tpcc_test.warehouse
```

等号左边是 MySQL 库表名，右边为对应的 Greenplum 模式及表名。Bireme 虽然提供了表映射配置文件，但实际只支持 Greenplum 中的 public 模式，如果映射其他模式，Bireme 启动时会报错：

```
Greenplum table and MySQL table size are inconsistent
```

通过查看 GetPrimaryKeys.java 的源代码，发现它在查询 Greenplum 表的元数据时，使用的是硬编码：

```
String tableList = sb.toString().substring(0, sb.toString().length() - 1) + ")";
String tableSql = "select tablename from pg_tables where schemaname='public'
and tablename in " + tableList + "";
String prSql = "SELECT NULL AS TABLE_CAT, "
    + "n.nspname  AS TABLE_SCHEM, "
    + "ct.relname AS TABLE_NAME, "
    + "a.attname  AS COLUMN_NAME, "
    + "(i.keys).n AS KEY_SEQ, "
    + "ci.relname AS PK_NAME "
+ "FROM pg_catalog.pg_class ct
JOIN pg_catalog.pg_attribute a ON (ct.oid = a.attrelid) "
    + "JOIN pg_catalog.pg_namespace n ON (ct.relnamespace = n.oid) "
+ "JOIN ( SELECT i.indexrelid, i.indrelid, i.indisprimary,
information_schema._pg_expandarray(i.indkey) AS KEYS
FROM pg_catalog.pg_index i) i
ON (a.attnum = (i.keys).x AND a.attrelid = i.indrelid) "
+ "JOIN pg_catalog.pg_class ci ON (ci.oid = i.indexrelid)
WHERE TRUE AND n.nspname = 'public' AND ct.relname in "
    + tableList + " AND i.indisprimary ORDER BY TABLE_NAME, pk_name, key_seq";
```

可以简单修改源代码解决此问题，但还有另一个表映射问题。在表映射配置文件中，目标端 Greenplum 只能使用一个模式而不能自由配置。该问题与 Bireme 的整体实现架构有关，它使用二维数组存储配置项，代码倒是简化了，可逻辑完全不对。这个问题可不像 public 那么好改，估计得重构才行。

步骤 04 停止 127 从库复制。

执行如下命令：

```
-- 在 127 从库上执行
stop slave;
```

这么简单的一句命令却是实现全量数据同步的关键所在。从库停止复制，不影响主库的正常使用，也就不会影响业务。此时从库的数据处于静止状态，不会产生变化，这使得获取全量数据变得轻而易举。

步骤 05 执行全量数据同步。

Maxwell 提供了一个命令行工具 maxwell-bootstrap 帮助用户完成数据初始化。它基于 SELECT * FROM table 的方式进行全量数据读取，不会产生多余的 binlog。启动 Maxwell 时，如果使用--bootstrapper=sync，则初始化引导和 binlog 接收使用同一线程，这意味着所有 binlog 事件都将被阻止，直到引导完成。如果使用--bootstrapper=async（默认配置），Maxwell 将产生一个用于引导的单独线程。在这种异步模式下，非引导表将由主线程正常复制，而引导表的 binlog 事件将排队，并在引导过程结束时发送到复制流。

如果 Maxwell 在下次引导时崩溃，它将完全重新引导全量数据，不管之前的进度如何。如果不需要此行为，则需要手动更新 bootstrap 表。具体来说，是将未完成的引导程序行标记为“完成”（is_complete=1）或删除该行。

虽然 Maxwell 考虑到了全量数据初始化问题，但 Bireme 却处理不了全量数据消费，会报类似下面的错误：

```
    cn.hashdata.bireme.BiremeException: Not found. Record does not have a field
named "w_id"
```

设置 producer=stdout，从控制台可以看到 bootstrap 和正常 insert 会生产不同的 JSON 输出。执行 maxwell-bootstrap：

```
    export JAVA_HOME=/usr/java/jdk-11.0.12
    cd ~/maxwell-1.34.1
    bin/maxwell-bootstrap --config config.properties --database test --table t1
--client_id maxwell
```

控制台输出：

```
    {"database":"maxwell","table":"bootstrap","type":"insert","ts":1638778749,
"xid":39429616,"commit":true,"data":{"id":1,"database_name":"tpcc_test","table
_name":"t1","where_clause":null,"is_complete":0,"inserted_rows":0,"total_rows"
:1,"created_at":null,"started_at":null,"completed_at":null,"binlog_file":null,
"binlog_position":0,"client_id":"maxwell","comment":null}}
    {"database":"tpcc_test","table":"t1","type":"bootstrap-start","ts":1638778
770,"data":{}}
    {"database":"tpcc_test","table":"t1","type":"bootstrap-insert","ts":163877
8770,"data":{"a":1}}
    {"database":"tpcc_test","table":"t1","type":"bootstrap-complete","ts":1638
778770,"data":{}}
```

普通 insert 控制台输出：

```
    {"database":"tpcc_test","table":"t1","type":"insert","ts":1638778816,"xid"
:39429828,"commit":true,"data":{"a":2}}
```

Bireme 不处理 bootstrap 相关类型，因此这里无法使用 maxwell-bootstrap 进行全量数据同步。我们执行以下操作，手动将源表的全量数据复制到目标表。

```
    # 在 127 从库将源表数据导出成文本文件
    mkdir tpcc_test_bak
    mysqldump -u root -p123456 -S /data/mysql.sock -t -T ~/tpcc_test_bak tpcc_test
customer district history item new_orders order_line orders stock warehouse
--fields-terminated-by='|' --single-transaction
```

```
# 复制到 198 目标服务器
scp ~/tpcc_test_bak/*.txt gpadmin@114.112.77.198:/data/tpcc_test_bak/

# 在 198 上将文本文件导入目标表
# 用 gpadmin 用户连接数据库
psql -d dw

-- 用 copy 命令执行导入
copy customer from '/data/tpcc_test_bak/customer.txt' with delimiter '|';
copy district from '/data/tpcc_test_bak/district.txt' with delimiter '|';
copy history from '/data/tpcc_test_bak/history.txt' with delimiter '|';
copy item from '/data/tpcc_test_bak/item.txt' with delimiter '|';
copy new_orders from '/data/tpcc_test_bak/new_orders.txt' with delimiter '|';
copy order_line from '/data/tpcc_test_bak/order_line.txt' with delimiter '|';
copy orders from '/data/tpcc_test_bak/orders.txt' with delimiter '|';
copy stock from '/data/tpcc_test_bak/stock.txt' with delimiter '|';
copy warehouse from '/data/tpcc_test_bak/warehouse.txt' with delimiter '|';

-- 分析表
analyze customer;
analyze district;
analyze history;
analyze item;
analyze new_orders;
analyze order_line;
analyze orders;
analyze stock;
analyze warehouse;
```

2. 增量同步

Maxwell 是从从库接收 binlog，停止复制使得从库的 binlog 不再发生变化，从而给 Maxwell 提供了一个增量数据同步的初始 binlog 位点。只要此时启动 Maxwell 与 Bireme 服务，然后开启从库的复制，增量数据就会自动执行同步。操作步骤如下：

步骤 01 执行如下命令启动 Maxwell：

```
export JAVA_HOME=/usr/java/jdk-11.0.12
cd ~/maxwell-1.34.1
bin/maxwell --config config.properties --daemon
```

步骤 02 执行如下命令启动 Bireme：

```
export JAVA_HOME=/usr/java/jdk1.8.0_181-cloudera
cd ~/bireme-2.0.0-alpha-1
bin/bireme start
```

步骤 03 执行如下命令启动 MySQL 从库的数据复制：

```
-- 在 127 从库上执行
start slave;
```

步骤 04 执行如下命令查看 Kafka 消费情况：

```
    export PATH=$PATH:/opt/cloudera/parcels/CDH-6.3.1-1.cdh6.3.1.p0.1470567/
lib/kafka/bin/;
    kafka-consumer-groups.sh --bootstrap-server 172.16.1.124:9092 --describe
--group bireme
```

压测结束时，三个消费者的 LAG 在几秒后都变为 0，说明此时源和目标已经实时同步，而且 Bireme 的消费延迟很小，几乎是同时完成数据同步。可以对比 MySQL 主库、从库和 Greenplum 的表数据以确认三者的数据一致性。

聪明如你也许已经想到，如果数据量太大，导致全量同步执行时间过长，以至于 MySQL 从库的复制停滞太久，在重新启动复制后会不会延迟越拉越久，从而永远不能追上主库呢？理论上可能发生这种情况，但实际上不太可能出现。首先，业务库不可能永远满载工作，总有波峰和波谷。其次，数据仓库通常只需要同步部分业务数据，而不会应用全部 binlog。最后，我们还能采取各种手段加快 MySQL 主从复制，使从库在一个可接受的时间范围内追上主库，包括：

- 在数据完整性允许的情况下，设置 innodb_flush_log_at_trx_commit 和 sync_binlog 双 0。
- 使用 MySQL 5.6 以后版本的组提交和多线程复制。
- 使用 MySQL 5.7.22 及其以后版本的基于 WriteSet 的多线程复制。

Maxwell + Kafka + Bireme 方案的优点主要体现为两点：一是容易上手，只需配置无须编程即可使用；二是消费速度快，这得益于 Bireme 采用的 DELETE + COPY，通过小批次准实时进行数据装载的方式。这种方案的缺点也很明显，由于 Bireme 的实现比较糟糕。前面已经看到了几处，如不支持 DDL、不支持 maxwell-bootstrap、不支持源表和目标表的自由映射等。而且，当 pipeline.thread_pool.size 值设置小于 Kafka 分区数时，极易出现 Consumer group 'xxx' is rebalancing 问题，该问题还不能自行恢复，笔者极度怀疑这是由实现代码的瑕疵所造成的。也难怪，Bireme 这个个人作品在 GitHub 上已经四年没更新了。下面介绍更为流行，也是我们所实际采用的基于 Canal 的解决方案。

5.6 Canal Server + Kafka + Canal ClientAdapter

本节介绍的方案和上节类似，只是将 Kafka 的生产者与消费者换成了 Canal Server 和 Canal ClientAdapter。

5.6.1 总体架构

本方案的总体架构如图 5-13 所示。

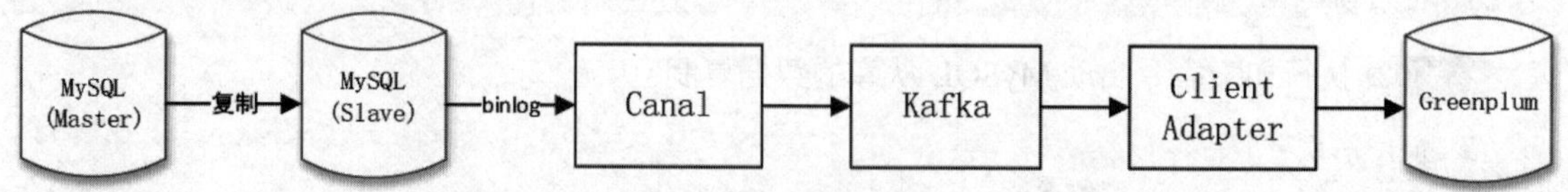

图 5-13 Canal Server + Kafka + Canal ClientAdapter 架构

Canal 是阿里开源的一个的组件，无论功能还是实现上都与 Maxwell 类似。其主要用途是基于 MySQL 数据库增量日志解析，提供增量数据订阅和消费，工作原理相对比较简单：

- Canal 模拟 MySQL Slave 的交互协议，伪装自己为 MySQL Slave，向 MySQL Master 发送 dump 协议。
- MySQL Master 收到 dump 请求，开始推送 binlog 给 Slave，即 Canal。
- Canal 解析 binlog 对象（原始字节流）。

图 5-14 显示了 Canal 服务器的构成模块。Server 代表一个 Canal 运行实例，对应于一个 JVM。Instance 对应于一个数据队列，1 个 Server 对应 1~n 个 Instance。在 Instance 模块中，EventParser 完成数据源接入，模拟 MySQL Slave 与 Master 进行交互并解析协议。EventSink 是 Parser 和 Store 的连接器，进行数据过滤、加工与分发。EventStore 负责存储数据。MetaManager 是增量订阅与消费信息管理器。

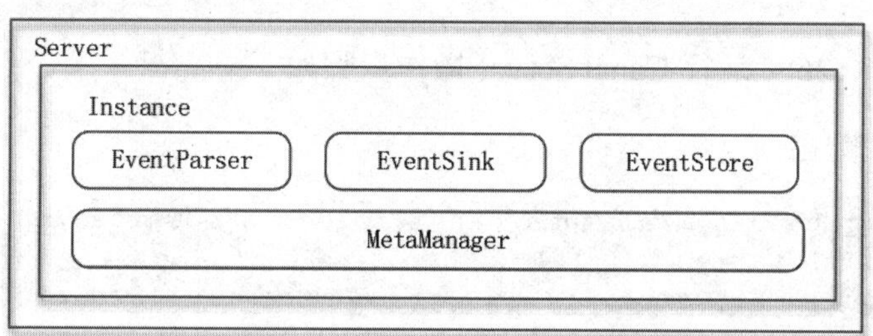

图 5-14　Canal 服务器构成模块

Canal 1.1.1 版本之后默认支持将 Canal Server 接收到的 binlog 数据直接投递到消息队列，目前支持的消息系统有 Kafka 和 RocketMQ。早期的 Canal 仅提供 Client API，需要用户自己编写客户端程序实现消费逻辑。Canal 1.1.1 版本之后增加了 ClientAdapter，提供客户端数据落地的适配及启动功能。

下面演示安装配置 Canal Server 和 ClientAdapter 实现从 MySQL 到 Greenplum 的实时数据同步。这里使用的环境与 5.5.1 节的相同，MySQL 已经配置好主从复制，CDH 的 Kafka 服务正常。我们还事先在 MySQL 中创建了 Canal 用于连接数据库的用户，并授予了相关权限。

```
-- 在 126 主库上执行
create user canal identified by 'canal';
grant select, replication slave, replication client on *.* to 'canal'@'%';
```

下面在 Kafka 中创建一个名为 example 的 topic，后面配置 Canal 时将使用该 topic。

```
kafka-topics.sh --create --topic example --bootstrap-server 172.16.1.124:9092
--partitions 3 --replication-factor 3
```

example 的分区如下：

```
    Topic: example  Partition: 0  Leader: 340  Replicas: 340,339,330  Isr:
340,339,330
    Topic: example  Partition: 1  Leader: 339  Replicas: 339,330,340  Isr:
339,330,340
    Topic: example  Partition: 2  Leader: 330  Replicas: 330,340,339  Isr:
330,340,339
```

ClientAdapter 在 1.14 版本为了解决对 MySQL 关键字的兼容问题引入了一个 Bug，使它只能兼容 MySQL，在向 Greenplum 插入数据时会报错：

```
canal 1.1.5 bug
2021-10-08 16:51:09.347 [pool-2-thread-1] ERROR com.alibaba.otter.canal.client.adapter.support.Util - ERROR: syntax error at or near "`"
  Position: 15
org.postgresql.util.PSQLException: ERROR: syntax error at or near "`"
  Position: 15
```

该问题的详细描述可参见 https://github.com/alibaba/canal/pull/3020，直至写本书时最新的 1.1.5 版本依然没有解决这个问题。1.1.3 版本还没有出现此问题，因此我们选择使用 Canal 1.1.3，要求 JDK 1.8 以上。

5.6.2 Canal Server 安装配置

我们在 172.16.1.126 上运行 Canal Server 操作步骤如下：

步骤 01 下载并解压：

```
wget https://github.com/alibaba/canal/releases/download/canal-1.1.3/canal.deployer-1.1.3.tar.gz
tar -zxvf canal.deployer-1.1.3.tar.gz -C ~/canal_113/deployer/
```

步骤 02 编辑 Canal 配置文件/home/mysql/canal_113/deployer/conf/canal.properties，修改以下配置项：

```
# Canal 服务器模式
canal.serverMode = kafka
# Kafka 服务器地址
canal.mq.servers = 172.16.1.124:9092,172.16.1.125:9092:172.16.1.126:9092
```

canal.properties 是 Canal 服务器配置文件，其中包括以下三部分定义：

- common argument：通用参数定义，可以将 instance.properties 的公用参数抽取放置到这里，这样每个实例启动的时候就可以共享配置。instance.properties 配置定义优先级高于 canal.properties
- destinations：Canal 实例列表定义，列出当前服务器上有多少个实例，每个实例的加载方式是 spring 或 manager 等。
- MQ：消息队列相关配置。

步骤 03 编辑 instance 配置文件 /home/mysql/canal_113/deployer/conf/example/instance.properties，修改以下配置项：

```
# Canal 实例对应的 MySQL Master
canal.instance.master.address=172.16.1.127:3306
# 注释 canal.mq.partition 配置项
# canal.mq.partition=0
# Kafka topic 分区数
canal.mq.partitionsNum=3
```

```
# 哈希分区规则，指定所有正则匹配的表对应的哈希字段为表主键
canal.mq.partitionHash=.*\\..*:$pk$
```

instance.properties 是 Canal 实例配置文件，在 canal.properties 定义了 canal.destinations 后，需要在 canal.conf.dir 对应的目录下建立同名目录。例如默认配置：

```
canal.destinations = example
canal.conf.dir = .../conf
```

这时需要在 canal.properties 所在目录中保存（或创建）example 目录，example 目录里有一个 instance.properties 文件。

与上节介绍的 Bireme 类似，Canal 同样存在消息队列的顺序性问题。Canal 目前选择支持的 Kafka/rocketmq，本质上都是基于本地文件的方式来支持分区级的顺序消息能力，也就是 binlog 写入消息队列可以有一些顺序性保障，这取决于用户的参数选择。

Canal 支持消息队列数据的四种路由方式：单 topic 单分区，单 topic 多分区、多 topic 单分区、多 topic 多分区。canal.mq.dynamicTopic 参数主要控制是单 topic 还是多 topic，针对命中条件的表可以发到表名对应的 topic、库名对应的 topic，或默认 topic。canal.mq.partitionsNum 和 canal.mq.partitionHash 主要控制是否多分区以及分区的路由计算，针对命中条件可以做到按表级做分区、按主键级做分区等。

Canal 的消费顺序性，主要取决于路由选择，例如：

- 单 topic 单分区，可以严格保证和 binlog 一样的顺序性，缺点就是性能较差，单分区的性能写入大概在 2~3k 的 TPS。
- 多 topic 单分区，可以保证表级别的顺序性。一张表或者一个库的所有数据都写入到一个 topic 的单分区中，可以保证有序，针对热点表也存在写入分区的性能问题。
- 对于单 topic、多 topic 的多分区，如果用户选择的是指定 table 的方式，保障的是表级别的顺序性（存在热点表写入分区的性能问题）。如果用户选择的是指定 pk hash 的方式，那只能保障一个主键的多次 binlog 顺序性。pk hash 的方式性能最好，但需要权衡业务，如果业务上有主键变更或者对多主键数据有顺序性依赖，就会产生业务处理错乱的情况。如果有主键变更，主键变更前和变更后的值会落在不同的分区里，业务消费就会有先后顺序的问题，需要注意。

如果事先创建好 topic，canal.mq.partitionsNum 参数值不能大于该 topic 的分区数。如果选择在开始向 Kafka 发送消息时自动创建 topic，则 canal.mq.partitionsNum 值不能大于 Kafka 的 num.partitions 参数值，否则在 Canal Server 启动时报错：

```
ERROR com.alibaba.otter.canal.kafka.CanalKafkaProducer - Invalid partition
given with record: 1 is not in the range [0...1).
```

步骤 04 启动 Canal Server：

```
~/canal_113/deployer/bin/startup.sh
```

Canal Server 成功启动后，将在日志文件/home/mysql/canal_113/deployer/logs/canal/canal.log 中看到类似下面的信息：

```
2021-12-14 16:29:42.724 [destination = example , address = /172.16.1.127:3306 ,
```

```
EventParser] WARN  c.a.o.c.p.inbound.mysql.rds.RdsBinlogEventParserProxy - --->
find start position successfully,
EntryPosition[included=false,journalName=mysql-bin.000001,position=333,serverI
d=127,gtid=,timestamp=1639466655000] cost : 688ms , the next step is binlog dump
```

从 MySQL 可以看到 Canal 用户创建的 dump 线程：

```
*************************** 4. row ***************************
     Id: 5739453
   User: canal
   Host: 172.16.1.126:22423
     db: NULL
Command: Binlog Dump
   Time: 123
  State: Master has sent all binlog to slave; waiting for binlog to be updated
   Info: NULL
```

5.6.3 Canal ClientAdapter 安装配置

我们在 172.16.1.126 上运行 Canal ClientAdapter，操作步骤如下：

步骤 01 下载并解压：

```
wget https://github.com/alibaba/canal/releases/download/canal-1.1.3/
canal.adapter-1.1.3.tar.gz
tar -zxvf canal.adapter-1.1.3.tar.gz -C ~/canal_113/adapter/
```

步骤 02 编辑启动器配置文件/home/mysql/canal_113/adapter/conf/application.yml，内容如下：

```
server:
  port: 8081              # REST 端口号
spring:
  jackson:
    date-format: yyyy-MM-dd HH:mm:ss
    time-zone: GMT+8
    default-property-inclusion: non_null

canal.conf:
  mode: kafka             # Canal Client 的模式: tcp kafka rocketMQ
  canalServerHost: 127.0.0.1:11111    # 对应单机模式下的 Canal Server 的 ip:port
  mqServers: 172.16.1.124:9092,172.16.1.125:9092:172.16.1.126:9092  # MQ 地址
  batchSize: 5000         # 每次获取数据的批大小，单位为 K
  syncBatchSize: 10000    # 每次同步的批数量
  retries: 0              # 重试次数， -1 为无限重试
  timeout:                # 同步超时时间，单位毫秒
  accessKey:
  secretKey:
  canalAdapters:          # 适配器列表
  - instance: example     # Canal 实例名或者 MQ topic 名
    groups:               # 消费分组列表
    - groupId: g1         # 分组 id，如果是 MQ 模式将用到该值
      outerAdapters:      # 分组内适配器列表
      - name: logger      # 日志适配器
```

```
    - name: rdb           # 指定为 RDB 类型同步
      key: Greenplum      # 适配器唯一标识，与表映射配置中 outerAdapterKey 对应
      properties:         # 目标库 JDBC 相关参数
        jdbc.driverClassName: org.postgresql.Driver           # JDBC 驱动名
        jdbc.url: jdbc:postgresql://114.112.77.198:5432/dw    # JDBC URL
        jdbc.username: dwtest                               # JDBC username
        jdbc.password: 123456                               # JDBC password
        threads: 10                                         # 并行线程数，默认 1
        commitSize: 30000                                   # 批次提交的最大行数
```

1.1.3 版本的 ClientAdapter 支持如下功能：

- 客户端启动器。
- 同步管理 REST 接口。
- 日志适配器。
- 关系数据库的表对表数据同步。
- HBase 的表对表数据同步。
- ElasticSearch 多表数据同步。

适配器将会自动加载 conf/rdb 下的所有以.yml 结尾的表映射配置文件。

步骤 03 编辑 RDB 表映射文件/home/mysql/canal_113/adapter/conf/rdb/t1.yml，内容如下：

```
dataSourceKey: defaultDS     # 源数据的 key
destination: example         # canal 的 instance 或者 MQ 的 topic
groupId: g1                  # 对应 MQ 模式下的 groupId，只会同步对应 groupId 的数据
outerAdapterKey: Greenplum # adapter key，对应上面配置 outAdapters 中的 key
concurrent: true             # 是否按主键 hash 并行同步，并行同步的表必须保证主键不会
                               更改，及不存在依赖该主键的其他同步表上的外键约束
dbMapping:
  database: test             # 源数据的 database/shcema
  table: t1                  # 源数据表名
  targetTable: public.t1     # 目标数据源的模式名.表名
  targetPk:                  # 主键映射
    a: a                     # 如果是复合主键可以换行映射多个
#  mapAll: true              # 是否整表映射，要求源表和目标表字段名一模一样。如果
                           targetColumns 也配置了映射，则以 targetColumns 配置为准
  targetColumns:             # 字段映射，格式：目标表字段：源表字段，如果字段名一样
                             源表字段名可不填
    a: a
  commitBatch: 30000         # 批量提交的大小
```

RDB 类型的 Canal ClientAdapter 用于适配从 MySQL 到关系数据库（需要支持 JDBC）的数据同步及导入。

步骤 04 启动 Canal ClientAdapter：

```
~/canal_113/adapter/bin/startup.sh
```

Canal ClientAdapter 成功启动后，将在日志文件/home/mysql/canal_113/adapter/logs/adapter/adapter.log 中看到类似下面的信息：

```
    2021-12-14 17:40:37.206 [main] INFO
c.a.o.canal.adapter.launcher.loader.CanalAdapterLoader - Start adapter for
canal-client mq topic: example-g1 succeed
    ...
    2021-12-14 17:40:37.384 [Thread-5] INFO
c.a.o.c.adapter.launcher.loader.CanalAdapterKafkaWorker - =============> Start to
subscribe topic: example <=============
    2021-12-14 17:40:37.385 [Thread-5] INFO
c.a.o.c.adapter.launcher.loader.CanalAdapterKafkaWorker - =============>
Subscribe topic: example succeed <=============
    ...
```

现在所有服务都已正常，可以进行一些简单的测试。

```
-- 在 MySQL 主库上执行一些数据修改
use test;
insert into t1 values (4),(5),(6);
update t1 set a=30 where a=3;
delete from t1 where a=10;
commit;

-- 查询 Greenplum
dw=> select * from public.t1;
a
----
 30
  6
  5
  4
(4 rows)
```

可以看到 MySQL 中的数据变化被实时同步到 Greenplum 中。

5.6.4 配置 HA 模式

Canal 的高可用不是服务器级别，而是基于实例的，一个 Canal 实例对应一个 MySQL 实例。Canal 通过将增量订阅&消费的关系信息持久化存储在 ZooKeeper 中，保证数据集群共享，以支持 HA 模式。我们在 172.16.1.127 上再部署一个 Canal Server，然后对 126、127 上的 Canal Server 进行 HA 模式配置。配置中所使用的 ZooKeeper 是 Kafka 同一 CDH 集群中的 ZooKeeper 服务。

1. 配置 Canal Server

配置 Canal Server 的操作步骤如下：

步骤 01 在 127 上安装 Canal Server：

```
    wget https://github.com/alibaba/canal/releases/download/canal-1.1.3/
canal.deployer-1.1.3.tar.gz
    tar -zxvf canal.deployer-1.1.3.tar.gz -C ~/canal_113/deployer/
```

步骤 02 修改 canal.properties 文件，加上 ZooKeeper 配置：

```
# 126、127 两个 Canal Server 的配置相同
canal.zkServers = 172.16.1.125:2181,172.16.1.126:2181,172.16.1.127:2181
canal.instance.global.spring.xml = classpath:spring/default-instance.xml
# 注释下面行
# canal.instance.global.spring.xml = classpath:spring/file-instance.xml
```

步骤 03 修改 example/instance.properties 文件：

```
canal.instance.mysql.slaveId=1126    # 另一台机器改成 1127，保证 slaveId 不重复即可
```

注 意

两台机器上的 instance 目录的名字需要保证完全一致，因为 HA 模式依赖于 instance name 进行管理，同时必须都选择 default-instance.xml 配置。

步骤 04 启动两台机器的 Canal Server：

```
~/canal_113/deployer/bin/startup.sh
```

启动后可以查看 logs/example/example.log，只会看到一台机器上出现了启动成功的日志，如这里启动成功的是 126：

```
    2021-12-15 11:23:46.593 [main] INFO
c.a.otter.canal.instance.core.AbstractCanalInstance - start successful...
```

ZooKeeper 中记录了集群信息：

```
    [zk: localhost:2181(CONNECTED) 6] ls
/otter/canal/destinations/example/cluster
    [172.16.1.127:11111, 172.16.1.126:11111]
```

2. 配置 Canal ClientAdapter

配置 Canal ClientAdapter 的操作步骤如下：

步骤 01 修改 ClientAdapter 启动器配置文件 application.yml，加上 ZooKeeper 配置：

```
# 注释下面一行
# canalServerHost: 127.0.0.1:11111
Zoo KeeperHosts: 172.16.1.125:2181,172.16.1.126:2181,172.16.1.127:2181
```

步骤 02 重启 ClientAdapter：

```
~/canal_113/adapter/bin/stop.sh
~/canal_113/adapter/bin/startup.sh
```

ClientAdapter 会自动从 ZooKeeper 中的 running 节点获取当前服务的工作节点，然后与其建立连接。连接成功后，Canal Server 会记录当前正在工作的服务器信息：

```
    [zk: localhost:2181(CONNECTED) 9] get
/otter/canal/destinations/example/running
    {"active":true,"address":"172.16.1.126:11111","cid":1}
```

现在进行一些简单的测试验证功能是否正常：

```
-- 在 MySQL 主库执行一些数据修改
```

```
use test;
insert into t1 values (7),(8),(9);
update t1 set a=40 where a=4;
delete from t1 where a in (5,6,7);
commit;

-- 查询 Greenplum
dw=> select * from public.t1;
a
----
 30
  8
  9
 40
(4 rows)
```

可以看到 MySQL 中的数据变化被实时同步到 Greenplum 中，所有组件工作正常。

数据消费成功后，Canal Server 会在 ZooKeeper 中记录下当前最后一次消费成功的 binlog 位点，在下次重启客户端时，会从最后一个位点继续进行消费。

```
[zk: localhost:2181(CONNECTED) 19] get
/otter/canal/destinations/example/1001/cursor
{"@type":"com.alibaba.otter.canal.protocol.position.LogPosition","identity":{"slaveId":-1,"sourceAddress":{"address":"node3","port":3306}},"postion":{"gtid":"","included":false,"journalName":"mysql-bin.000001","position":4270,"serverId":126,"timestamp":1639541811000}}
```

3. 自动切换

自动切换的操作步骤如下：

步骤 01 停止正在工作的 126 的 Canal Server：

```
~/canal_113/deployer/bin/stop.sh
```

这时 127 会立即启动 example instance，提供新的数据服务。ZooKeeper 中显示如下：

```
[zk: localhost:2181(CONNECTED) 20] get
/otter/canal/destinations/example/running
{"active":true,"address":"172.16.1.127:11111","cid":1}
```

步骤 02 再验证一下功能是否正常：

```
-- 在 MySQL 主库执行一些数据修改
use test;
insert into t1 values (1),(2);
update t1 set a=3 where a=30;
delete from t1 where a in (8,9,40);
commit;

-- 查询 Greenplum
dw=> select * from public.t1;
a
---
 1
 3
```

```
    2
    (3 rows)
```

步骤03 启动 126 的 Canal Server，它将再次被添加到集群中。ZooKeeper 中显示如下：

```
    [zk: localhost:2181(CONNECTED) 22] ls /otter/canal/destinations/example/
cluster
    [172.16.1.127:11111, 172.16.1.126:11111]
```

5.6.5 实时 CDC

我们依然可以使用 5.5.5 小节介绍的方法，进行全量加增量的实时数据同步。工作原理和操作步骤别无二致，只是实现的组件变了，Maxwell 替换为 Canal Server，Bireme 替换为 ClientAdapter，而这些改变对于数据仓库用户来说是完全透明的。

在初始化数据同步之前，需要进行必要的清理工作：

```
    ~/canal_113/deployer/bin/stop.sh
    ~/canal_113/adapter/bin/stop.sh
    rm ~/canal_113/deployer/conf/example/meta.dat
    rm ~/canal_113/deployer/conf/example/h2.mv.db
    cat /dev/null > ~/canal_113/adapter/logs/adapter/adapter.log
    cat /dev/null > ~/canal_113/deployer/logs/canal/canal.log
    cat /dev/null > ~/canal_113/deployer/logs/example/example.log
```

meta.dat 文件的内容是个 JSON 字符串，存储实例最后获取的 binlog 位点信息，例如：

```
    {"clientDatas":[{"clientIdentity":{"clientId":1001,"destination":"example"
,"filter":""},"cursor":{"identity":{"slaveId":-1,"sourceAddress":{"address":"n
ode3","port":3306}},"postion":{"gtid":"","included":false,"journalName":"mysql
-bin.000001","position":3707,"serverId":126,"timestamp":1639531036000}}}],"des
tination":"example"}
```

Canal Server 重启时，从 meta.dat 文件中 journalName 的起始位置开始同步，如果此时获取到的 binlog 信息在 MySQL 中已被清除，启动将会失败。通常在 MySQL 中执行了 reset master、purge binary logs 等操作，或修改完 instance.properties 配置后，重启 Canal Server 前需要删除 meta.dat 文件。

h2.mv.db 是 Canal Server 的元数据存储数据库。当 MySQL 修改了表结构，根据 binlog 的 DDL 语句，将该时刻表结构元数据信息存储在 h2.mv.db 的 meta_snapshot、meta_history 等表中。该设计主要为解决 MySQL 在某一时刻发生 DDL 变更，如果回溯时间跨越 DDL 变更的时刻而产生的解析字段不一致的问题。目前 Canal ClientAdapter 不支持 DDL。

清理后的 Canal 处于一个全新的初始状态，此时可以在不影响业务数据库正常访问的前提下进行实时数据同步，主要操作步骤归纳如下：

步骤01 在目标 Greenplum 中创建需要同步的表，其结构与 MySQL 中的源表一致。

步骤02 配置 Canal ClientAdapter 的表映射关系，为每个同步表生成一个.yml 文件。

步骤03 停止 MySQL 从库的复制，使其数据静止不变。从库可以安全停止复制是本方案成立的关键因素。

步骤04 执行全量同步，将需要同步的 MySQL 表数据导入 Greenplum 的对应表中。这一步可以采用多种方式实现，如执行 mysqldump 或 select ... into outfile，将 MySQL 数据导出成文件，再用 Greenplum 的 copy 命令或 gpfdist 执行数据装载；或者使用 Kettle 这样的工具，直接以数据流的形式传导数据，不需要在文件落盘。

步骤05 启动 Canal Server 和 Canal ClientAdapter，从 MySQL 从库获取 binlog，经 Kafka 中转，将数据变化应用于目标库。

步骤06 启动 MySQL 从库的复制，增量变化数据自动同步。

5.6.6 消费延迟监控

有别于 Bireme 的 DELETE + COPY，Canal ClientAdapter 在 Greenplum 上逐条执行 INSERT、UPDATE、DELETE 语句，从日志中清晰可见：

```
    2021-12-15 12:45:37.597 [pool-24-thread-1] INFO
c.a.o.canal.client.adapter.logger.LoggerAdapterExample - DML:
{"data":[{"a":3}],"database":"test","destination":"example","es":1639543537000
,"groupId":"g1","isDdl":false,"old":[{"a":30}],"pkNames":null,"sql":"","table"
:"t1","ts":1639543512399,"type":"UPDATE"}
    2021-12-15 12:45:38.308 [pool-24-thread-1] INFO
c.a.o.canal.client.adapter.logger.LoggerAdapterExample - DML:
{"data":[{"a":1},{"a":2}],"database":"test","destination":"example","es":16395
43537000,"groupId":"g1","isDdl":false,"old":null,"pkNames":null,"sql":"","tabl
e":"t1","ts":1639543512393,"type":"INSERT"}
    2021-12-15 12:46:02.934 [pool-24-thread-1] INFO
c.a.o.canal.client.adapter.logger.LoggerAdapterExample - DML:
{"data":[{"a":8},{"a":40}],"database":"test","destination":"example","es":1639
543562000,"groupId":"g1","isDdl":false,"old":null,"pkNames":null,"sql":"","tab
le":"t1","ts":1639543537814,"type":"DELETE"}
```

正如上节所见，压测中 Bireme 的批次方式与 MySQL 的执行速度相差不大，而 Canal ClientAdapter 的这种方式在 Greenplum 中的执行速度会比在 MySQL 中慢得多。下面我们还是使用 tpcc-mysql 压测制造 MySQL 负载，然后执行脚本监控消费延迟。Greenplum 中已经创建好 tpcc-mysql 测试所用的 9 张表，需要配置这些表的映射关系，为每张表生成一个.yml 文件：

```
    [mysql@node2~]$ls -l /home/mysql/canal_113/adapter/conf/rdb
    total 40
    -rw-r--r-- 1 mysql mysql 825 Oct 11 11:13 customer.yml
    -rw-r--r-- 1 mysql mysql 538 Oct 11 11:18 district.yml
    -rw-r--r-- 1 mysql mysql 603 Oct 22 15:38 history.yml
    -rw-r--r-- 1 mysql mysql 379 Oct 11 11:23 item.yml
    -rw-r--r-- 1 mysql mysql 407 Oct 11 11:26 new_orders.yml
    -rw-r--r-- 1 mysql mysql 631 Oct 11 11:30 order_line.yml
    -rw-r--r-- 1 mysql mysql 506 Oct 11 11:33 orders.yml
    -rw-r--r-- 1 mysql mysql 720 Oct 11 11:44 stock.yml
    -rw-r--r-- 1 mysql mysql 275 Dec 14 17:37 t1.yml
    -rw-r--r-- 1 mysql mysql 473 Oct 11 11:50 warehouse.yml
    [mysql@node2~]$
```

history.yml 文件内容如下（其他表映射配置文件类似）：

```
    dataSourceKey: defaultDS
    destination: example
```

```
groupId: g1
outerAdapterKey: Greenplum
concurrent: true
dbMapping:
  database: tpcc_test
  table: history
  targetTable: tpcc_test.history
  targetPk:
    h_c_id: h_c_id
    h_c_d_id: h_c_d_id
    h_c_w_id: h_c_w_id
    h_d_id: h_d_id
    h_w_id: h_w_id
    h_date: h_date
    h_amount: h_amount
    h_data: h_data
#  mapAll: true
  targetColumns:
    h_c_id: h_c_id
    h_c_d_id: h_c_d_id
    h_c_w_id: h_c_w_id
    h_d_id: h_d_id
    h_w_id: h_w_id
    h_date: h_date
    h_amount: h_amount
    h_data: h_data
  commitBatch: 30000
```

消费延迟监控脚本 lag.sh 内容如下：

```
#!/bin/bash
export PATH=$PATH:/opt/cloudera/parcels/CDH-6.3.1-1.cdh6.3.1.p0.1470567/
lib/kafka/bin/;

~/tpcc-mysql-master/tpcc_start -h172.16.1.126 -d tpcc_test -u root -p "123456"
-w 10 -c 32 -r 60 -l 540 > tpcc_test.log 2>&1

rate1=0
for ((i=1; i<=10; i++))
do
    startTime=`date +%Y%m%d-%H:%M:%S`
    startTime_s=`date +%s`

    lag=$(kafka-consumer-groups.sh --bootstrap-server 172.16.1.124:9092
--describe --group $1 |sed -n "3, 5p" | awk '{lag+=$5}END{print lag}')
    lag1=$lag

    sleep 60

    lag=$(kafka-consumer-groups.sh --bootstrap-server 172.16.1.124:9092
--describe --group $1 |sed -n "3, 5p" | awk '{lag+=$5}END{print lag}')

    endTime=`date +%Y%m%d-%H:%M:%S`
    endTime_s=`date +%s`
```

```
        lag2=$lag

        lag=$(($lag1 - $lag2))
        sumTime=$[ $endTime_s - $startTime_s ]
        rate=`expr $lag / $sumTime`

        rate1=$(($rate1 + $rate))
        echo "$startTime ---> $endTime" "Total:$sumTime seconds, consume $rate
messages per second."
    done

    echo;
    avg_rate=`expr $rate1 / 10`;
    left=`expr $lag2 / $avg_rate`
    echo "It will take about $left seconds to complete the consumption."
```

说明：

- 首先执行 10 分钟的 tpcc 压测制造 MySQL 负载。
- 压测结束后查看消费延迟，以位移（Offset）差作为度量。查看 10 次，每次相隔 1 分钟。
- 每次计算每秒消费的消息数，取 10 次的平均值估算还需要多长时间完成消费。
- example topic 中有 3 个分区，消费时会创建 3 个消费者，每个消费者用多线程（threads 参数指定）进行消费，因此需要累加 3 个消费者的延迟。

在数据同步使用的所有组件工作正常的情况下执行脚本，命令行参数是消费组名称（groupId 参数指定）：

```
    ./lag.sh g1
```

输出结果如下：

```
    20211216-11:33:05 ---> 20211216-11:34:11 Total:66 seconds, consume 1509
messages per second.
    20211216-11:34:11 ---> 20211216-11:35:17 Total:66 seconds, consume 1488
messages per second.
    20211216-11:35:17 ---> 20211216-11:36:23 Total:66 seconds, consume 1508
messages per second.
    20211216-11:36:23 ---> 20211216-11:37:29 Total:66 seconds, consume 1511
messages per second.
    20211216-11:37:29 ---> 20211216-11:38:35 Total:66 seconds, consume 1465
messages per second.
    20211216-11:38:35 ---> 20211216-11:39:41 Total:66 seconds, consume 1510
messages per second.
    20211216-11:39:41 ---> 20211216-11:40:48 Total:67 seconds, consume 1444
messages per second.
    20211216-11:40:48 ---> 20211216-11:41:54 Total:66 seconds, consume 1511
messages per second.
    20211216-11:41:54 ---> 20211216-11:43:00 Total:66 seconds, consume 1465
messages per second.
    20211216-11:43:00 ---> 20211216-11:44:06 Total:66 seconds, consume 1465
messages per second.

    It will take about 387 seconds to complete the consumption.
```

在本实验环境中，MySQL 执行 10 分钟的压测负载，Greenplum 大约需要执行 27 分半（kafka-consumer-groups.sh 命令本身需要约 6 秒的执行时间），两者的 QPS 相差 1.75 倍。由此也可以看出，Greenplum 作为分布式数据库，专为分析型数据仓库场景所设计，单条 DML 的执行效率远没有 MySQL 这种主机型数据库高，并不适合高并发小事务的 OLTP 型应用。

虽然性能上比 Bireme 的微批处理慢不少，但 Canal ClientAdapter 的 INSERT、UPDATE、DELETE 处理方式，使得用类似于数据库触发器的功能实现自动实时 ETL 成为可能，这也是下一章所要讨论的主题。

5.7　小　结

（1）时间戳、触发器、快照表、日志是常用的四种变化数据捕获方法。使用日志不会侵入数据库，适合做实时 CDC。

（2）Maxwell 和 Canal Server 本质都是 MySQL binlog 解析器，工作方式是把自己伪装成 Slave，实现 MySQL 复制协议。

（3）Maxwell 和 Canal Server 可作为生产者，将 binlog 解析结果以消息形式输出到 Kafka 中。

（4）Kafka 在数据同步方案中用于消息中转和持久化。使用 Kafka 时要注意多分区的消息顺序问题，通常可以将表主键作为哈希分区键，保证主键行的更新与源同序。

（5）Bireme 是一个 Greenplum 数据库的增量同步工具，支持将 Maxwell + Kafka 作为数据源，特点是采用 DELETE + COPY 方式，数据同步速度快。

（6）Canal ClientAdapter 提供客户端数据落地的适配及启动功能，可将 MySQL binlog 事件在目标数据库中回放，使用的是 INSERT、UPDATE、DELETE 方式。

第 6 章

实时数据装载

上一章详细讲解了如何用 Canal 和 Kafka，将 MySQL 数据实时全量同步到 Greenplum。对照图 1-1 的数据仓库架构，我们已经实现了 ETL 的实时抽取过程，将数据同步到 RDS 中。本章继续介绍如何实现后面的数据装载过程。实现实时数据装载的总体步骤可归纳如下。

1. 前期准备

为尽量缩短 MySQL 复制停止的时间，这一步包含所有可在前期完成的工作：

①在目标 Greenplum 中创建所需对象，如专用资源队列、模式、过渡区表、数据仓库的维度表和事实表等。

②预装载，如日期维度数据。

③配置 Canal ClientAdapter 的表映射关系，为每个同步表生成一个.yml 文件。

2. 停止 MySQL 复制

提供静态数据视图。

3. 全量 ETL

①执行全量同步，将需要同步的 MySQL 表数据导入 Greenplum 的过渡区表中。

②在 Greenplum 中用 SQL 完成初始装载。

4. 创建 rule 对象

在全量 ETL 后、实时 ETL 前，在 Greenplum 中创建 rule 对象，实现自动实时装载逻辑。

5. 重启 Canal Server 和 Canal ClientAdapter

从 MySQL 从库获取 binlog，经 Kafka 中转，将数据变化应用于 Greenplum 的过渡区表。

①停止 Canal Server，删除 meta.dat 和 h2.mv.db 文件。如果配置了 HA，停止集群中的所有 Canal Server，并在 ZooKeeper 中删除当前同步数据节点。

②停止 Canal ClientAdapter。

③启动 Canal Server。如果配置了 HA，启动集群中的所有 Canal Server，此时会在 ZooKeeper 中重置增量数据同步位点。

④启动 Canal ClientAdapter。

6. 启动 MySQL 复制，自动开始实时 ETL

停止 MySQL 复制期间的增量变化数据自动同步，并触发 rule 自动执行实时装载。

本章我们首先引入一个小而典型的销售订单示例，描述业务场景，说明示例中包含的实体和关系，以及源和目标库表的建立过程、测试数据和日期维度生成等内容。然后使用 Greenplum 的 SQL 脚本完成初始数据装载。最后介绍 Greenplum 的 rule 对象，并通过创建 rule 对象，将数据从 RDS 自动实时地载入 TDS。对创建示例模型过程中用到的 Greenplum 技术或对象，随时插入相关说明。

6.1　建立数据仓库示例模型

本节将建立一个数据仓库示例模型，模型中包括业务场景、数据库表和日期维度数据。

6.1.1　业务场景

1. 操作型数据源

示例的操作型系统是一个销售订单系统，初始时只有产品、客户、销售订单三个表，实体关系图如图 6-1 所示。

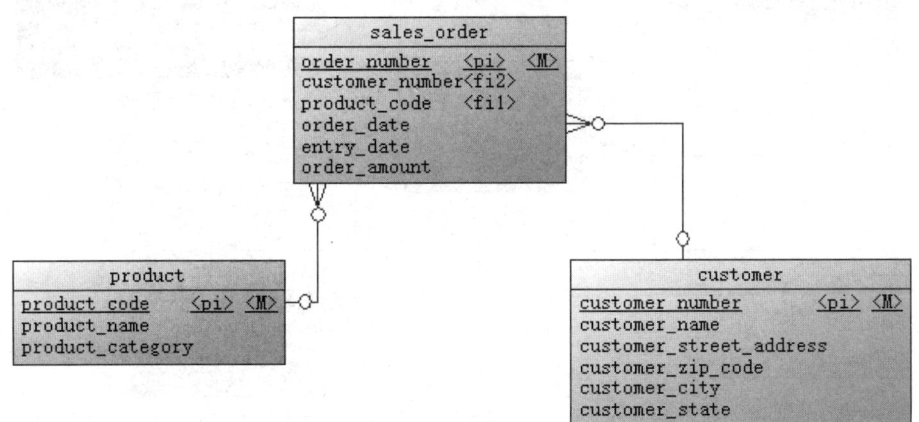

图 6-1　销售订单源系统实体关系图

这个场景中的表及其属性都很简单。产品表和客户表属于基本信息表，分别存储产品和客户的信息。产品只有产品编号、产品名称、产品分类三个属性，产品编号是主键，唯一标识一个产品。客户有六个属性，除客户编号和客户名称外，还包含省、市、街道、邮编四个客户所在地区属性，客户编号是主键，唯一标识一个客户。在实际应用中，基本信息表通常由其他后台系统维护。销售订单表有六个属性，订单号是主键，唯一标识一条销售订单记录。产品编号和客户编号是两个外键，分别引用产品表和客户表的主键。另外三个属性是订单时间、登记时间和订单金额。订单时间指的是客户下订单的时间，订单金额指的是该笔订单需要花费的金额，这些属性的含义都很清楚。订单登记时间表示订单录入的时间，大多数情况下它应该等同于订单时间。如果由于某种情况需要重新录入订单，还要同时记录原始订单的时间和重新录入的时间，或者出现某种问题，导致订单登记时间滞后于下订单的时间（8.5 节“迟到的事实”部分会讨论这种情况），这两个属性值就会不同。

源系统采用关系模型设计，为了减少表的数量，这个系统只做到了 2NF。由于地区信息依赖于邮编，因此这个模型中存在传递依赖。

2. 销售订单数据仓库模型设计

我们使用 2.2.1 节介绍的四步建模法设计星型数据仓库模型，具体操作步骤如下：

步骤 01 选择业务流程。在本示例中只涉及一个销售订单的业务流程。

步骤 02 声明粒度。ETL 实时处理，事实表中存储最细粒度的订单事务记录。

步骤 03 确认维度。显然产品和客户是销售订单的维度。日期维度用于业务集成，并为数据仓库提供重要的历史视角，每个数据仓库中都应该有一个日期维度。订单维度是特意设计的，用于后面说明退化维度技术。我们将在 7.5 节详细介绍退化维度。

步骤 04 确认事实。销售订单是当前场景中唯一的事实。

示例数据仓库的实体关系图如图 6-2 所示。

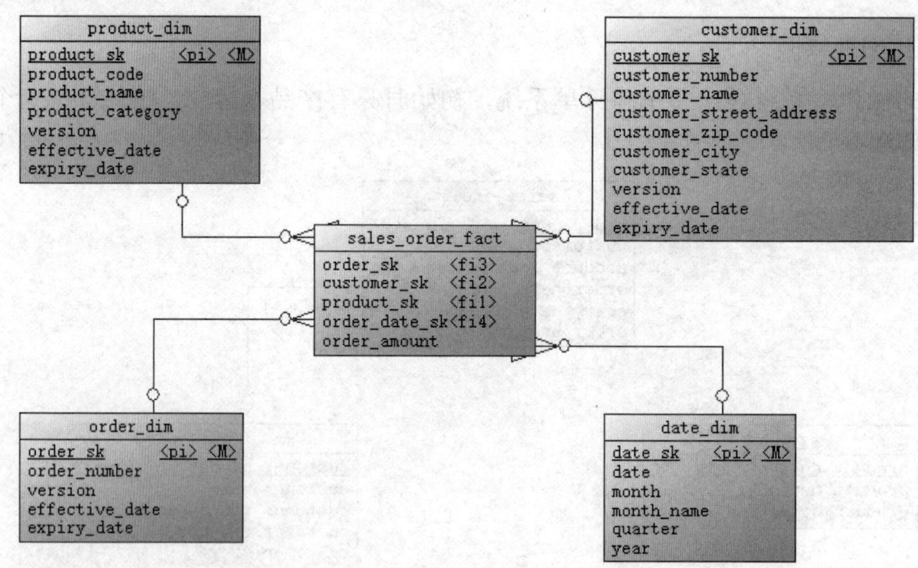

图 6-2 销售订单数据仓库实体关系图

作为演示示例，上面实体关系图中的实体属性都很简单，看属性名字便知其含义。除了日期维度外，其他三个维度都在源数据的基础上增加了代理键、版本号、生效日期、过期日期四个属性，用来描述维度变化的历史。当维度属性发生变化时，依据不同的策略，或生成一条新的维度记录，或直接修改原记录。日期维度有其特殊性，该维度数据一旦生成就不会改变，所以不需要版本号、生效日期和过期日期。代理键是维度表的主键。事实表引用维度表的代理键作为自己的外键，四个外键构成了事实表的联合主键。订单金额是当前事实表中的唯一度量。

6.1.2　建立数据库表

为了创建一个从头开始的全新环境，避免在建立实时数据仓库示例模型过程中数据同步出错，建立数据库表前先停止正在运行的 Canal Server（两个 HA 都停）和 Canal ClientAdapter。

```
    # 构成 Canal Server HA 的 126、127 两台都执行
    ~/canal_113/deployer/bin/stop.sh
    # 查询 ZooKeeper 确认
    /opt/cloudera/parcels/CDH-6.3.1-1.cdh6.3.1.p0.1470567/lib/Zoo
Keeper/bin/zkCli.sh
    [zk: localhost:2181(CONNECTED) 0] ls
/otter/canal/destinations/example/cluster
    []
    # 停止 Canal ClientAdapter，126 执行
    ~/canal_113/adapter/bin/stop.sh
```

1. 在 MySQL 主库中创建源库对象并生成测试数据

（1）建立源数据库表

执行的 SQL 语句如下：

```
    -- 建立源数据库，在 126 主库上执行
    drop database if exists source;
    create database source;

    use source;

    -- 建立客户表
    create table customer (
      customer_number int not null auto_increment primary key comment '客户编号，
主键',
      customer_name varchar(50) comment '客户名称',
      customer_street_address varchar(50) comment '客户住址',
      customer_zip_code int comment '邮编',
      customer_city varchar(30) comment '所在城市',
      customer_state varchar(2) comment '所在省份'    );

    -- 建立产品表
    create table product (
       product_code int not null auto_increment primary key comment '产品编码，主
键',
       product_name varchar(30) comment '产品名称',
       product_category varchar(30) comment '产品类型'    );

    -- 建立销售订单表
    create table sales_order (
       order_number bigint not null auto_increment primary key comment '订单号，
主键',
```

```
    customer_number int comment '客户编号',
    product_code int comment '产品编码',
    order_date datetime comment '订单时间',
    entry_date datetime comment '登记时间',
    order_amount decimal(10 , 2 ) comment '销售金额',
    foreign key (customer_number)
        references customer (customer_number)
        on delete cascade on update cascade,
    foreign key (product_code)
        references product (product_code)
        on delete cascade on update cascade    );
```

（2）生成源库测试数据

执行的 SQL 语句如下：

```
use source;

-- 生成客户表测试数据
insert into customer
(customer_name,customer_street_address,customer_zip_code,
customer_city,customer_state)
values
('really large customers', '7500 louise dr.',17050, 'mechanicsburg','pa'),
('small stores', '2500 woodland st.',17055, 'pittsburgh','pa'),
('medium retailers','1111 ritter rd.',17055,'pittsburgh','pa'),
('good companies','9500 scott st.',17050,'mechanicsburg','pa'),
('wonderful shops','3333 rossmoyne rd.',17050,'mechanicsburg','pa'),
('loyal clients','7070 ritter rd.',17055,'pittsburgh','pa'),
('distinguished partners','9999 scott st.',17050,'mechanicsburg','pa');

-- 生成产品表测试数据
insert into product (product_name,product_category)
values
('hard disk drive', 'storage'),
('floppy drive', 'storage'),
('lcd panel', 'monitor');

-- 生成 100 条销售订单表测试数据
drop procedure if exists generate_sales_order_data;
delimiter //
create procedure generate_sales_order_data()
begin
    drop table if exists temp_sales_order_data;
    create table temp_sales_order_data as select * from sales_order where 1=0;

    set @start_date := unix_timestamp('2021-06-01');
    set @end_date := unix_timestamp('2021-10-01');
    set @i := 1;

    while @i<=100 do
        set @customer_number := floor(1 + rand() * 6);
        set @product_code := floor(1 + rand() * 2);
        set @order_date := from_unixtime(@start_date + rand() *
(@end_date - @start_date));
        set @amount := floor(1000 + rand() * 9000);
```

```
        insert into temp_sales_order_data values
(@i,@customer_number,@product_code,@order_date,@order_date,@amount);
        set @i:=@i+1;
    end while;

    truncate table sales_order;
    insert into sales_order
    select null,customer_number,product_code,order_date,entry_date,
order_amount from temp_sales_order_data order by order_date;
    commit;

end
//
delimiter ;

call generate_sales_order_data();
```

客户表和产品表的测试数据取自 *Dimensional Data Warehousing with MySQL* 一书。我们创建一个 MySQL 存储过程生成 100 条销售订单测试数据。为了模拟实际订单的情况，订单表中的客户编号、产品编号、订单时间和订单金额都取一个范围内的随机值，订单时间与登记时间相同。因为订单表的主键是自增的，为了保持主键值和订单时间字段值的顺序一致，引入了一个名为 temp_sales_order_data 的表，存储中间临时数据。后面章节都是使用此方法生成订单测试数据。

2. 在 Greenplum 中创建目标库对象

（1）创建资源队列

执行的 SQL 语句如下：

```
# 用 gpadmin 用户连接 Greenplum
psql
-- 创建资源队列
create resource queue rsq_dwtest with
(active_statements=20,memory_limit='8000MB',priority=high,cost_overcommit=
true,
min_cost=0,max_cost=-1);
-- 修改 dwtest 用户使用的资源队列
alter role dwtest resource queue rsq_dwtest;
-- 查看用户资源队列
select rolname, rsqname
from pg_roles, pg_resqueue
where pg_roles.rolresqueue=pg_resqueue.oid;
```

资源组和资源队列是 Greenplum 用于管理资源的两种对象，默认使用资源队列。所有用户都必须分配到资源队列，如果创建用户时没有指定，该用户将会被分配到默认的资源队列 pg_default。

建议为不同类型的工作负载创建独立的资源队列，例如为高级用户、Web 用户、报表管理等创建不同的资源队列。可以根据相关工作的负载压力设置合适的资源队列限制。

active_statements 控制最大活动语句数量，设置为 20，意味着分配到 rsq_dwtest 资源队列的所有用户，在同一时刻最多只能有 20 个语句处于执行状态。超过的语句将处于等待状态，直到前面正在执行的语句有完成的。

memory_limit 控制该队列可以使用的内存总量。所有资源队列总的 memory_limit 建议设置为一个 Primary Segment 可以获得的物理内存总数的 90%以下。本环境中单台机器 128GB 内存，配置有 6 个 Primary Segment，每个可以获得的物理内存为 21GB。如果存在多个资源队列，它们的 memory_limit 总和不应超过 21GB * 0.9 = 19GB。

当与 active_statements 结合使用时，默认为每个语句分配的内存为：memory_limit / active_statements。如果某个 Primary Segment 超出内存限制，相关语句会被取消从而导致失败。在配置内存参数时，以真实生产环境的统计结果为依据进行调整最为稳妥。

priority 控制 CPU 使用优先级，默认为 medium。在并发争抢 CPU 时，高优先级资源队列中的语句将获得更多的 CPU 资源。要使资源队列的优先级设置在执行语句中强制生效，必须确保 gp_resqueue_priority 服务器参数已经设置为 on。

min_cost 和 max_cost 分别限制被执行语句可消耗的最小、最大成本。Cost 是查询优化器评估出来的总预计成本，意味着对磁盘的操作数量，以一个浮点数表示。例如，1.0 相当于获取一个磁盘页（Disk Page）。本例中的 rsq_dwtest 设置为不限制执行成本。

若一个资源队列配置了 Cost 阈值，则可以设置允许 cost_overcommit。在系统没有其他语句执行时，超过资源队列 Cost 阈值的语句可以被执行；而当有其他语句在执行时，Cost 阈值仍被强制评估和限制。如果 cost_overcommit 被设置为 FALSE，超过 Cost 阈值的语句将永远被拒绝。

（2）在 dw 库中建立模式

执行的 SQL 语句如下：

```
# 用 dwtest 用户连接 Greenplum
psql -U dwtest -h mdw -d dw
-- 创建 RDS 模式
create schema rds;
-- 创建 TDS 模式
create schema tds;
-- 查看模式
\dn
-- 修改数据库的模式查找路径
alter database dw set search_path to rds, tds, public, pg_catalog, tpcc_test;
-- 重新连接 dw 数据库
\c dw
-- 显示模式查找路径
show search_path;
```

每个 Greenplum 会话在任一时刻只能连接一个数据库。ETL 处理期间，需要将 RDS 与 TDS 中的表关联查询，因此将 RDS 和 TDS 对象存放在单独的数据库中显然是不合适的。这里在 dw 数据库中创建 RDS 和 TDS 两个模式，RDS 存储原始数据，作为源数据到数据仓库的过渡，TDS 存储转化后的多维数据仓库。在对应模式中建表，可使数据的逻辑组织更清晰。

（3）创建 RDS 模式中的数据库对象

执行的 SQL 语句如下：

```
-- 设置模式查找路径
set search_path to rds;
```

```
-- 建立客户原始数据表
create table customer (
  customer_number int primary key,
  customer_name varchar(30),
  customer_street_address varchar(30),
  customer_zip_code int,
  customer_city varchar(30),
  customer_state varchar(2)    );

comment on table customer is '客户原始数据表';
comment on column customer.customer_number is '客户编号';
comment on column customer.customer_name is '客户姓名';
comment on column customer.customer_street_address is '客户地址';
comment on column customer.customer_zip_code is '客户邮编';
comment on column customer.customer_city is '客户所在城市';
comment on column customer.customer_state is '客户所在省份';

-- 建立产品原始数据表
create table product (
  product_code int primary key,
  product_name varchar(30),
  product_category varchar(30)    );

comment on table product is '产品原始数据表';
comment on column product.product_code is '产品编码';
comment on column product.product_name is '产品名称';
comment on column product.product_category is '产品类型';

-- 建立销售订单原始数据表
create table sales_order (
  order_number bigint,
  customer_number int,
  product_code int,
  order_date timestamp,
  entry_date timestamp,
  order_amount decimal(10 , 2 ),
  primary key (order_number, entry_date)
) distributed by (order_number)
partition by range (entry_date)
( start (date '2021-06-01') inclusive
   end (date '2022-04-01') exclusive
   every (interval '1 month') );

comment on table sales_order is '销售订单原始数据表';
comment on column sales_order.order_number is '订单号';
comment on column sales_order.customer_number is '客户编号';
comment on column sales_order.product_code is '产品编码';
comment on column sales_order.order_date is '订单时间';
comment on column sales_order.entry_date is '登记时间';
comment on column sales_order.order_amount is '销售金额';
```

RDS 模式中表数据来自 MySQL 表，并且是原样装载，不需要任何转换，因此其表结构与

MySQL 中的表一致。表存储采用默认的行存堆模式。关于如何选择表存储模式，参见 3.3.1 节。当表定义了主键，同时没有指定分布键时，Greenplum 使用主键作为分布键，customer、product 两表均采用此方式。就 Greenplum 来讲，获得性能最重要的因素是实现数据均匀分布。因此分布键的选择至关重要，它直接影响数据倾斜情况，进而影响倾斜处理，最终影响查询执行速度。选择分布键应以大型任务计算不倾斜为最高目标。下面是 Greenplum 给出的分布策略最佳实践。

- 对任何表，明确指定分布键，或者使用随机分布，而不是依赖默认行为。
- 只要有可能，应该只使用单列作为分布键。如果单列无法实现均匀分布，最多使用两列的分布键。再多的分布列通常不会产生更均匀的分布，并且在散列过程中需要额外的时间。
- 如果两列分布键无法实现数据的均匀分布，则使用随机分布。在大多数情况下，多列分布键需要 motion 操作来连接表，因此它们与随机分布相比没有优势。
- 分布键列数据应包含唯一值或具有非常高的基数（不同值个数与总行数的比值）。
- 如果不是为了特定的目的设计，尽量不要选用 where 查询条件中频繁出现的列作为分布键。
- 应该尽量避免使用日期或时间列作为分布键，因为一般不会使用这种列来与其他表列进行关联查询。
- 不要用分区字段作为分布键。
- 为改善大表关联性能，应该考虑将大表之间的关联列作为分布键，关联列还必须是相同数据类型。如果关联列数据没有分布在同一段中，则其中一个表所需的行要动态重新分布到其他段。当连接的行位于同一段上时，大部分处理可以在段实例中完成，这些连接称为本地连接。本地连接最小化数据移动，每个网段独立于其他网段运行，网段之间没有网络流量或通信。
- 要定期检查数据分布倾斜和处理倾斜情况。第 9 章“Greenplum 运维与监控”部分会提供更多关于检查数据倾斜和处理倾斜的信息。

RDS 存储原始业务数据副本，sales_order 表包含全部订单，数据量大。为了便于大表维护，sales_order 采取范围分区表设计，每月数据一分区，以登记时间作为分区键。虽然 sales_order.order_number 列值本身是唯一的，但与 MySQL 的分区表类似，Greenplum 的分区表也要求主键中包含分区键列，否则会报错：

```
    ERROR:  PRIMARY KEY constraint must contain all columns in the partition key
    HINT:  Include column "entry_date" in the PRIMARY KEY constraint or create a
part-wise UNIQUE index after creating the table instead.
```

这个限制与分区表的实现有关。Greenplum 中的分区表，每个分区在物理上都是一个与普通表无异的表，psql 的\d 命令会列出所有分区子表名，可以直接访问这些分区子表。系统数据字典表中存储分区定义，逻辑上将分区组织在一起共同构成一个分区表，对外提供透明访问。与 Oracle 不同，MySQL 和 Greenplum 的分区表没有全局索引的概念，唯一索引只能保证每个分区内的唯一性。由分区表的定义所决定，分区键的值在分区间互斥，因此将分区键列加入主键中，就可以实现全局唯一性。而且，如果既指定了主键，又指定了分布键，则分布键应该是主键的子集：

```
    HINT:  When there is both a PRIMARY KEY and a DISTRIBUTED BY clause, the
DISTRIBUTED BY clause must be a subset of the PRIMARY KEY.
```

也正是由于这种分区表的实现方式，当使用多级分区时，很容易产生大量分区子表，会带来极大的性能问题和系统表压力。应该尽可能避免创建多级分区表。

下面是一些使用 Greenplum 分区表时的建议：

- 只用一级分区。
- 只用 range 分区。
- 单个 Primary Segment 数据量在 500 万以上时考虑分区。例如 24 个 Primary Segment，表数据量在 1.2 亿以上时再考虑分区。
- 每个叶子分区在每个 Primary Segment 上的记录数应在 100 万到 1000 万左右。例如 24 个 Primary Segment，每个叶子分区的数据量至少应在 2400 万以上。
- 查询要用到分区条件，以利用分区消除。
- 分区表尽量不要建索引，一定不要在分区字段上建索引。

（4）创建 TDS 模式中的数据库对象

执行的 SQL 语句如下：

```
-- 设置模式查找路径
set search_path to tds;

-- 建立客户维度表
create table customer_dim (
    customer_sk bigserial,
    customer_number int,
    customer_name varchar(50),
    customer_street_address varchar(50),
    customer_zip_code int,
    customer_city varchar(30),
    customer_state varchar(2),
    version int,
    effective_dt timestamp,
    expiry_dt timestamp,
    primary key (customer_sk, customer_number)
) distributed by (customer_number);

-- 建立产品维度表
create table product_dim (
    product_sk bigserial,
    product_code int,
    product_name varchar(30),
    product_category varchar(30),
    version int,
    effective_dt timestamp,
    expiry_dt timestamp,
    primary key (product_sk, product_code)
```

```
) distributed by (product_code);

-- 建立订单维度表
create table order_dim (
   order_sk bigserial,
   order_number bigint,
   version int,
   effective_dt timestamp,
   expiry_dt timestamp,
   primary key (order_sk, order_number)
) distributed by (order_number);

-- 建立日期维度表
create table date_dim (
   date_sk serial primary key,
   date date,
   month smallint,
   month_name varchar(9),
   quarter smallint,
   year smallint );

-- 建立销售订单事实表
create table sales_order_fact (
   order_sk bigint,
   customer_sk bigint,
   product_sk bigint,
   order_date_sk int,
   year_month int,
   order_amount decimal(10 , 2 ),
   primary key (order_sk, customer_sk, product_sk, order_date_sk, year_month)
) distributed by (order_sk)
partition by range (year_month)
( partition p202106 start (202106) inclusive ,
  partition p202107 start (202107) inclusive ,
  partition p202108 start (202108) inclusive ,
  partition p202109 start (202109) inclusive ,
  partition p202110 start (202110) inclusive ,
  partition p202111 start (202111) inclusive ,
  partition p202112 start (202112) inclusive ,
  partition p202201 start (202201) inclusive ,
  partition p202202 start (202202) inclusive ,
  partition p202203 start (202203) inclusive  end (202204) exclusive );
```

与 RDS 一样，TDS 中的表也使用默认按行的堆存储模式。TDS 中多建了一个日期维度表。数据仓库可以追踪历史数据，因此每个数据仓库都应该有一个与日期时间相关的维度表。为了捕获和表示数据变化，除日期维度表外，其他维度表比源表多了代理键、版本号、版本生效时间和版本过期时间四个字段。日期维度一次性生成数据后就不会改变，因此其除了日期本身相关属性外，只增加了一列代理键。事实表由维度表的代理键和度量属性构成，初始只有一个销售订单金额的度量值。用户可以声明外键和将此信息保存在系统表中，但 Greenplum 并不强制执行外键约束。

由于事实表数据量大，因此采取范围分区表设计。事实表中冗余了一列年月，作为分区键。之所以用年月做范围分区，是考虑到数据分析时经常使用年月分组进行查询和统计，这样可以有效利用分区消除提高查询性能。与 rds.sales_order 不同，这里显式定义了分区。

在装载 customer_dim、product_dim、order_dim 三个维度表的数据时，明显需要关联 RDS 中对应表的主键，分别是 customer_number、product_code 和 order_number。依据分布键最佳实践，选择单列，并将表间的关联列作为分布键。事实表 sales_order_fact 的数据装载需要关联多个维度表，其中 order_dim 是最大的维度表。遵循最佳实践，为实现本地关联，我们本应选择 order_number 列作为 sales_order_fact 的分布键，但该表中没有 order_number 列，它是通过 order_sk 与 order_dim 维度表关联。这里选择 order_sk 作为分布键虽不合理却是故意为之，在 7.5 节说明退化维度时，我们将修正该问题。

6.1.3　生成日期维度数据

日期维度是数据仓库中的一个特殊角色。日期维度包含时间概念，而时间是最重要的。因为数据仓库的主要功能之一就是存储和追溯历史数据，所以每个数据仓库里的数据都有一个时间特征。本例中创建一个 Greenplum 的函数，一次性预装载日期数据。

```
-- 生成日期维度表数据的函数
create or replace function fn_populate_date (start_dt date, end_dt date)
returns void as $$
declare
    v_date date:= start_dt;
    v_datediff int:= end_dt - start_dt;
begin
    for i in 0 .. v_datediff loop
        insert into date_dim(date, month, month_name, quarter, year)
        values(v_date, extract(month from v_date), to_char(v_date,'mon'),
extract(quarter from v_date), extract(year from v_date));
        v_date := v_date + 1;
    end loop;
    analyze date_dim;
end; $$
language plpgsql;

-- 执行函数生成日期维度数据
select fn_populate_date(date '2020-01-01', date '2022-12-31');

-- 查询生成的日期
select min(date_sk) , min(date) , max(date_sk) , max(date) , count(*)
  from date_dim;
```

6.2　初始装载

在数据仓库可以使用前，需要装载历史数据。这些历史数据是导入进数据仓库的第一个数据集合。首次装载被称为初始装载，一般是一次性工作。由最终用户来决定有多少历史数据导入数据仓库。例如，数据仓库使用的开始时间是 2021 年 12 月 1 日，而用户希望装载两年的历史数据，那么应该初始装载 2019 年 12 月 1 日到 2021 年 11 月 30 日之间的数据源。在装载事实表前，必须先装载所有的维度表。因为事实表需要引用维度的代理键。这不仅针对初始装载，也针对定期装载。本节说明执行初始装载的步骤，包括标识源数据、维度历史的处理、开发和验证初始装载过程。

6.2.1 数据源映射

设计开发初始装载步骤前需要识别数据仓库的每个事实表和每个维度表用到的并且是可用的数据源，还要了解数据源的特性，例如文件类型、记录结构和可访问性等。表 6-1 显示的是销售订单示例数据仓库需要的源数据的关键信息，包括源数据表、对应的数据仓库目标表等属性。这类表格通常称作数据源对应图，因为它反映了每个从源数据到目标数据的对应关系，生成这个表格的过程叫作逻辑数据映射。在本示例中，客户和产品的源数据直接与其数据仓库里的目标表，customer_dim 和 product_dim 表相对应，而销售订单事务表是多个数据仓库表的数据源。

表 6-1 销售订单数据源映射

源数据	源数据类型	文件名/表名	数据仓库中的目标表
客户	MySQL 表	customer	customer_dim
产品	MySQL 表	product	product_dim
销售订单	MySQL 表	sales_order	order_dim、sales_order_fact

6.2.2 确定 SCD 处理方法

标识出了数据源，现在要考虑维度历史的处理。大多数维度值是随着时间改变的，如客户改变了姓名，产品的名称或分类发生变化等。当一个维度改变，比如当一个产品有了新的分类时，有必要记录维度的历史变化信息。在这种情况下，product_dim 表里必须既存储产品老的分类，也存储产品当前的分类，并且，老的销售订单里的产品引用老的分类。渐变维（Slow Changing Dimensions，SCD）即是一种在多维数据仓库中实现维度历史的技术。有三种不同的 SCD 技术：SCD 类型 1（SCD1），SCD 类型 2（SCD2），SCD 类型 3（SCD3）。

- SCD1：通过更新维度记录直接覆盖已存在的值，它不维护记录的历史。SCD1 一般用于修改错误的数据。
- SCD2：在源数据发生变化时，给维度记录建立一个新的“版本”记录，从而维护维度历史。SCD2 不删除、不修改已存在的数据。使用 SCD2 处理数据变更历史的表有时也被形象地称为“拉链表”，所谓拉链就是记录一条数据从产生开始到当前状态的所有变化信息，像拉链一样串联起每条记录的整个生命周期。
- SCD3：通常用作保持维度记录的几个版本。它通过给某个数据单元增加多个列来维护历史。例如，为了记录客户地址的变化，customer_dim 维度表有一个 customer_address 列和一个 previous_customer_address 列，分别记录当前和上一个版本的地址。SCD3 可以有效维护有限的历史，而不像 SCD2 那样保存全部历史。SCD3 很少被使用，它只适用于数据存储空间不足并且用户接受有限维度历史的情况。

同一个维度表中的不同字段可以有不同的变化处理方式。在本示例中，客户维度历史的客户名称使用 SCD1，客户地址使用 SCD2，产品维度的两个属性——产品名称和产品类型都使用 SCD2 保存历史变化数据。在 SQL 实现上，对于 SCD1 一般就直接 UPDATE 更新属性，而 SCD2 则要新增记录。

6.2.3　实现代理键

多维数据仓库中的维度表和事实表一般都需要有一个代理键，作为这些表的主键，代理键一般由单列的自增数字序列构成。Greenplum 中的 bigserial（或 serial）数据类型在功能上与 MySQL 的 auto_increment 类似，常用于定义自增列。但它的实现方法却与 Oracle 的 sequence 类似，当创建 bigserial 字段的表时，Greenplum 会自动创建一个自增的 sequence 对象，bigserial 字段自动引用 sequence 实现自增。

Greenplum 数据库中的序列，实质上是一种特殊的单行记录的表，用以生成自增长数字，可用于为表记录生成自增长标识。Greenplum 提供了创建、修改、删除序列的命令，还提供了两个内置函数：nextval()用于获取序列的下一个值；setval()重新设置序列的初始值。

PostgreSQL 的 currval()和 lastval()函数在 Greenplum 中不被支持，但可以通过直接查询序列表来获取。

```
dw=> select last_value, start_value from date_dim_date_sk_seq;
 last_value | start_value
------------+-------------
       1096 |           1
(1 row)
```

序列对象包括几个属性，如名称、步长（每次增长的量）、最小值、最大值、缓存大小等。还有一个布尔属性 is_called，其含义是 nextval()先返回值还是序列的值先增长。例如，序列当前值为 100，如果 is_called 为 TRUE，则下一次调用 nextval()时返回的是 101，如果 is_called 为 FALSE，则下一次调用 nextval()时返回的是 100。

6.2.4　执行初始装载

初始数据装载需要执行两步主要操作，一是将 MySQL 表的数据装载到 RDS 模式的表中，二是向 TDS 模式中的表装载数据。

1. 装载 RDS 模式的表

使用上一章介绍的全量数据同步方法来实现：

```
-- 127 从库停止复制
stop slave;
# 从从库导出数据
cd ~
mkdir -p source_bak
mysqldump -u root -p123456 -S /data/mysql.sock -t -T ~/source_bak source customer product sales_order --fields-terminated-by='|' --single-transaction
# 将导出数据文件拷贝到 Greenplum 的 Master 主机
```

```
scp ~/source_bak/*.txt gpadmin@114.112.77.198:/data/source_bak/

# 用 gpadmin 用户连接数据库
psql -d dw

-- 设置搜索路径为 rds
set search_path to rds;

-- 装载前清空表，实现幂等操作
truncate table customer;
truncate table product;
truncate table sales_order;

-- 将外部数据装载到原始数据表
copy rds.customer from '/data/source_bak/customer.txt' with delimiter '|';
copy rds.product from '/data/source_bak/product.txt' with delimiter '|';
copy rds.sales_order from '/data/source_bak/sales_order.txt' with delimiter
'|';

-- 在装载数据后、执行查询前，先分析表以供查询优化器生成正确的执行计划
analyze rds.customer;
analyze rds.product;
analyze rds.sales_order;
```

2. 装载 TDS 模式的表

用 dwtest 用户连接 Greenplum 数据库，执行以下 SQL 语句。

```
# dwtest 用户执行
psql -U dwtest -h mdw -d dw

-- 设置搜索路径
set search_path to tds, rds;

-- 装载前清空表，实现幂等操作
truncate table customer_dim;
truncate table product_dim;
truncate table order_dim;
truncate table sales_order_fact;

-- 序列初始化
alter sequence customer_dim_customer_sk_seq restart with 1;
alter sequence product_dim_product_sk_seq restart with 1;
alter sequence order_dim_order_sk_seq restart with 1;

-- 装载 customer_dim 维度表
insert into customer_dim
(customer_number,customer_name,customer_street_address,customer_zip_code,
customer_city,customer_state,version,effective_dt,expiry_dt)
select
customer_number,customer_name,customer_street_address,customer_zip_code,
customer_city,customer_state,1,'2021-06-01','2200-01-01'
  from customer;

-- 装载 product_dim 维度表
```

```
    insert into product_dim
(product_code,product_name,product_category,version,effective_dt,expiry_dt)
    select
product_code,product_name,product_category,1,'2021-06-01','2200-01-01'
      from product;

    -- 装载 order_dim 维度表
    insert into order_dim (order_number,version,effective_dt,expiry_dt)
    select order_number,1,'2021-06-01','2200-01-01'
      from sales_order;

    -- 装载 sales_order_fact 事实表
    insert into sales_order_fact
    (order_sk,customer_sk,product_sk,order_date_sk,year_month,order_amount)
    select order_sk, customer_sk, product_sk, date_sk,
    to_char(order_date, 'YYYYMM')::int, order_amount
      from rds.sales_order a, order_dim b, customer_dim c, product_dim d, date_dim e
     where a.order_number = b.order_number
       and a.customer_number = c.customer_number
       and a.product_code = d.product_code
       and date(a.order_date) = e.date;

    -- 分析 TDS 模式的表
    analyze customer_dim;
    analyze product_dim;
    analyze order_dim;
    analyze sales_order_fact;
```

装载前清空表，以及重新初始化序列的目的是为了可重复执行初始装载 SQL 脚本。因为数据已经预生成，初始装载 SQL 不用处理 date_dim 维度表。其他维度表数据的初始版本号为 1，生效时间与过期时间设置为统一值，生效时间早于最早订单生成时间（最小 sales_order.order_date 值），过期时间设置为一个足够大的日期值。先装载所有维度表，再装载事实表。装载大量数据后，执行分析表操作是一个好习惯，也是 Greenplum 的推荐做法，有助于查询优化器制定最佳执行计划，提高查询性能。

3. 验证数据

初始装载完成后，可以使用下面的查询验证数据正确性：

```
    select order_number,customer_name,product_name,date,order_amount amount
      from sales_order_fact a, customer_dim b, product_dim c, order_dim d, date_dim e
     where a.customer_sk = b.customer_sk
       and a.product_sk = c.product_sk
       and a.order_sk = d.order_sk
       and a.order_date_sk = e.date_sk
     order by order_number;
```

注意，本例使用序列实现的代理键与业务主键不同序，即便在插入时使用 select ... order by 也无济于事：

```
    dw=> select order_sk, order_number from order_dim order by order_number limit 5;
     order_sk | order_number
    ----------+--------------
           24 |            1
```

```
        12 |            2
        68 |            3
        45 |            4
        63 |            5
(5 rows)
```

单行 insert 可以保证顺序递增，例如 6.1.3 小节的 fn_populate_date 函数中使用的 insert 语句。只有当一条 insert 语句插入多条记录时（如这里使用的 insert ... select 语句）才有此问题。这对于数据仓库来说并无大碍，想想 UUID 主键！我们只要切记 Greenplum 的序列只保证唯一性，不保证顺序性，因此应用逻辑不要依赖代理键的顺序。如果一定要保持初始装载的代理键与业务主键同序，只要写个函数或匿名块，用游标按业务主键顺序遍历源表记录，在循环中逐条 insert 目标表即可。

```
do $$declare
  r_mycur record;
begin
  --在读入游标时最好先对值进行排序，保证循环调用的顺序
  for r_mycur in select order_number from sales_order order by order_number
  loop
      --在游标内循环执行插入
      insert into order_dim (order_number,version,effective_dt,expiry_dt)
      values (r_mycur.order_number,1,'2021-06-01','2200-01-01');
  end loop;
end$$;
```

有得必有失，这种方案的缺点是性能差。上一章最后我们做过测试，本实验环境中 Greenplum 每秒约能执行 1500 条左右的单行 DML，比批处理方式慢得多。

6.3 实时装载

初始装载只在开始使用数据仓库前执行一次，而实时装载一般都是增量的，并且需要捕获和记录数据的变化历史。本节说明执行实时装载的步骤，包括识别数据源与装载类型、配置增量数据同步、创建 Greenplum 的 rule、启动和测试实时装载过程。

6.3.1 识别数据源与装载类型

实时装载首先要识别数据仓库的每个事实表和每个维度表用到的并且是可用的源数据，然后决定适合装载的抽取模式和维度历史装载类型。表 6-2 汇总了本示例的这些信息。

在捕获数据变化时，需要使用维度表的当前版本数据与从业务数据库最新抽取来的数据作比较。实现方式是在 Greenplum 中创建 rule 对象，用于自动处理数据变化。这种设计可以保留全部数据变化的历史，因为逻辑都在 rule 内部定义好并自动触发。

表 6-2　销售订单实时装载类型

数据源	RDS 模式	TDS 模式	抽取模式	维度历史装载类型
customer	customer	customer_dim	实时增量	address 列上 SCD2，name 列上 SCD1
product	product	product_dim	实时增量	所有属性均为 SCD2
sales_order	sales_order	order_dim	实时增量	唯一订单号
		sales_order_fact	实时增量	N/A
N/A	N/A	date_dim	N/A	预装载

事实表需要引用维度表的代理键，而且不一定是引用当前版本的代理键。比如有些迟到的事实数据，就必须找到事实发生时的维度版本。一个维度的所有版本区间应该构成一个连续且互斥的时间范围，每个事实数据都能对应维度的唯一版本。实现方式是利用维度表中的版本生效时间和版本过期时间两列，任何一个版本的有效期是一个“左闭右开”的区间，也就是说该版本包含生效时间，但不包含过期时间。因为 ETL 粒度为实时，所有数据变化都会被记录。

6.3.2　配置增量数据同步

这一步要做的是将 MySQL 数据实时同步到 RDS 模式的表中。我们已经按上一篇所述配置好了 Kafka、Canal Server 和 Canal ClientAdapter，现在只需增加 Canal ClientAdapter 的表映射配置，为每个同步表生成一个.yml 文件。本例初始需要在/home/mysql/canal_113/adapter/conf/rdb 目录下创建三个表的配置文件。

```
customer.yml
product.yml
sales_order.yml
```

customer.yml 文件内容如下（其他两个表映射配置文件类似）：

```
dataSourceKey: defaultDS
destination: example
groupId: g1
outerAdapterKey: Greenplum
concurrent: true
dbMapping:
  database: source
  table: customer
  targetTable: rds.customer
  targetPk:
    customer_number: customer_number
#  mapAll: true
  targetColumns:
    customer_number: customer_number
    customer_name: customer_name
    customer_street_address: customer_street_address
    customer_zip_code: customer_zip_code
    customer_city: customer_city
    customer_state: customer_state
  commitBatch: 30000 # 批量提交的大小
```

关于各个配置项的含义和作用已经在 5.6.3 节中详细说明，此处不再赘述。

6.3.3 在 Greenplum 中创建规则

1. 关于规则

Canal 可以实时获取、解析、重放 MySQL binlog，整个过程自动执行，对用户完全透明。要实现数据的实时装载，同样也需要有个程序能实时捕获数据变化，并自动触发执行 ETL 逻辑。在数据库中，能做这件事的首先想到的一定是触发器。不幸的是，Greenplum 在设计时将触发器移除了，这应该是出于性能的考虑，因为触发器的行级触发算法（for each row）对于海量数据来说绝对是灾难性的。万幸的是，Greenplum 从 PostgreSQL 继承的规则能提供类似于触发器的功能，而且是以执行附加的语句（for each statement）为代价，相对具有更好的性能和可控制性。触发器能实现的，基本上都可以用规则取而代之。

Greenplum 数据库规则系统允许定义对数据库表执行插入、更新或删除时所触发的操作。当在给定表上执行给定命令时，规则会导致运行附加或替换命令。规则也可用于实现 SQL 视图，但是自动更新的视图通常会优于显式定义的规则。规则本质上是命令转换机制或命令宏，而不像触发器那样对每个物理行独立操作，认识到这点非常重要。附加或替换发生在原命令开始执行之前。

创建一个规则的语法如下：

```
CREATE [OR REPLACE] RULE name AS ON event
  TO table_name [WHERE condition]
  DO [ALSO | INSTEAD] { NOTHING | command | (command; command ...) }
```

参数说明如表 6-3 所示。

表 6-3　CREATE RULE 参数说明

参数名称	描述
name	要创建的规则的名称，同一表上规则的名称必须唯一。同一表和同一事件类型上的多个规则按字母名称顺序应用
event	触发事件，可以是 select、insert、update、delete 之一
table_name	应用规则的表或视图的名称
condition	任何返回布尔值 SQL 条件表达式。条件表达式中只能引用 new 或 old，不能引用其他任何表，也不能包含聚合函数。new 和 old 是指 table_name 表的新值和旧值。insert 和 update 规则中的 new 有效，以引用正在插入或更新的新行。old 在 update 和 delete 规则中有效，以引用正在更新或删除的现有行
instead	指示用另一个命令替换而不是执行原始命令，instead nothing 导致原命令根本不运行
also	指示除原始命令外，还应运行某些命令。如果既不指定 also 也不指定 instead，则默认值为 also
command	组成规则行为的一个或多个命令。有效的命令有 select、insert、update 或 delete，可以使用关键字 new 或 old 引用表中的值

on select 规则必须是无条件的 instead 规则，并且必须具有由单个 select 命令组成的操作。

不难看出，on select 规则能有效地将表转换为视图，视图的可见内容是规则的 select 命令返回的行，而不是表中存储的任何内容。使用 create view 命令创建视图被认为比创建表的 on select 规则更好。

在 psql 中可以使用\d <table_name>查看指定表上的规则，而没有提供单独查看规则的命令。从这点看 Greenplum 将规则视为表上的属性，而不是一种独立的对象。

2. 创建实时装载规则

（1）customer 表删除规则

删除 customer 表中的一条数据时，需要将 customer_dim 维度表中 customer_number 对应的当前版本行的过期时间更新为当前时间。

```
    create rule r_delete_customer as on delete to customer do also
    (update customer_dim set expiry_dt=now()
    where customer_number=old.customer_number and expiry_dt='2200-01-01';);
```

（2）customer 表插入规则

向 customer 表中插入一条新数据时，需要向 customer_dim 维度表也插入一条对应数据。

```
    create rule r_insert_customer as on insert to customer do also
    (insert into customer_dim
(customer_number,customer_name,customer_street_address,customer_zip_code,
    customer_city,customer_state,version,effective_dt,expiry_dt)
     values
    (new.customer_number,new.customer_name,new.customer_street_address,
    new.customer_zip_code,new.customer_city,new.customer_state,1,now(),'2200-0
1-01'););
```

（3）customer 表更新规则

更新 customer 表中数据时，需要根据不同的 SCD 类型执行不同的操作。从表 6-2 可知，customer_dim 维度表的 customer_street_address 列上使用 SCD2，customer_name 列上使用 SCD1。因此在更新 address 时需要先将对应行的当前版本过期，然后插入一个新版本。更新 name 时，直接更新 customer_dim 维度表对应行所有版本的 customer_name 值。

```
    create rule r_update_customer as on update to customer do also
    (update customer_dim set expiry_dt=now()
      where customer_number=new.customer_number and expiry_dt='2200-01-01'
        and customer_street_address <> new.customer_street_address;

     insert into customer_dim
(customer_number,customer_name,customer_street_address,customer_zip_code,
    customer_city,customer_state,version,effective_dt,expiry_dt)
     select new.customer_number,new.customer_name,new.customer_street_address,
    new.customer_zip_code,new.customer_city,new.customer_state,version + 1,
    expiry_dt,'2200-01-01'
       from customer_dim
      where customer_number=new.customer_number
        and customer_street_address <> new.customer_street_address
        and version=(select max(version)
                       from customer_dim
                      where customer_number=new.customer_number);
```

```
    update customer_dim set customer_name=new.customer_name
     where customer_number=new.customer_number and
customer_name<>new.customer_name);
```

按照规则的定义，如果在一条 update customer 语句中同时更新了 customer_street_address 和 customer_name 列，则在 customer_dim 维度表上会触发 SCD1 和 SCD2 两种操作，那么是先处理 SCD2，还是先处理 SCD1 呢？为了回答这个问题，我们来看一个简单的例子。假设有一个维度表包含 c1，c2、c3、c4 四个字段，c1 是代理键，c2 是业务主键，c3 使用 SCD1，c4 使用 SCD2。源数据从 1、2、3 变为 1、3、4。如果先处理 SCD1，后处理 SCD2，则维度表的数据变化过程是先从 1、1、2、3 变为 1、1、3、3，再新增一条记录 2、1、3、4。此时表中的两条记录是 1、1、3、3 和 2、1、3、4。如果先处理 SCD2，后处理 SCD1，则数据的变化过程是先新增一条记录 2、1、2、4，再把 1、1、2、3 和 2、1、2、4 两条记录变为 1、1、3、3 和 2、1、3、4。可以看出，无论谁先谁后，最终的结果是一样的，而且结果中都会出现一条实际上从未存在过的记录：1、1、3、3。因为 SCD1 本来就不保存历史变化，所以单从 c2 字段的角度看，任何版本的记录值都是正确的，没有差别。而对于 c3 字段，每个版本的值是不同的，需要跟踪所有版本的记录。我们从这个简单的例子可以得出以下结论：虽然 SCD1 和 SCD2 的处理顺序不同，但最终结果仍是相同的，并且都会产生实际不存在的临时记录。因此从功能上说，SCD1 和 SCD2 的处理顺序并不关键，只需要记住对 SCD1 的字段，任意版本的值都正确，而 SCD2 的字段需要跟踪所有版本。从性能上看，先处理 SCD1 应该更好些，因为更新的数据行更少。本示例我们先处理 SCD2。

（4）product 表删除规则

删除 product 表中的一条数据时，需要将 product_dim 维度表中 product_code 对应的当前版本行的过期时间更新为当前时间。

```
    create rule r_delete_product as on delete to product do also
    (update product_dim set expiry_dt=now()
    where product_code=old.product_code and expiry_dt='2200-01-01';);
```

（5）product 表插入规则

向 product 表中插入一条新数据时，需要向 product_dim 维度表也插入一条对应数据。

```
    create rule r_insert_product as on insert to product do also
    (insert into product_dim (product_code,product_name,product_category,version,
effective_dt,expiry_dt)
     values (new.product_code,new.product_name,new.product_category,1,now(),
'2200-01-01'););
```

（6）product 表更新规则

从表 6-2 可知，在 product_dim 维度表的所有非键列（除 product_code 以外的列）上都使用 SCD2。

```
    create rule r_update_product as on update to product do also
    (update product_dim set expiry_dt=now()
     where product_code=new.product_code
       and expiry_dt='2200-01-01'
       and (product_name<>new.product_name or product_category <>
new.product_category);
```

```
    insert into product_dim (product_code,product_name,product_category,version,
effective_dt,expiry_dt)
    select new.product_code,new.product_name,new.product_category,version + 1,
   expiry_dt,'2200-01-01'
      from product_dim
     where product_code=new.product_code
       and (product_name <> new.product_name or product_category <>
new.product_category)
       and version=(select max(version)
                     from product_dim
                    where product_code=new.product_code));
```

（7）sales_order 表插入规则

订单维度表的装载比较简单，因为不涉及维度历史变化，只要将新增的订单号插入 order_dim 表和 sales_order_fact 表就可以了。

```
   create rule r_insert_sales_order as on insert to sales_order do also
   (insert into order_dim (order_number,version,effective_dt,expiry_dt)
    values (new.order_number,1,'2021-06-01','2200-01-01');

    insert into sales_order_fact
   (order_sk,customer_sk,product_sk,order_date_sk,year_month,order_amount)
    select e.order_sk, customer_sk, product_sk, date_sk,
   to_char(order_date, 'YYYYMM')::int, order_amount
      from rds.sales_order a, customer_dim b, product_dim c, date_dim d, order_dim e
     where a.order_number = new.order_number and e.order_number = new.order_number
       and a.customer_number = b.customer_number and b.expiry_dt = '2200-01-01'
       and a.product_code = c.product_code and c.expiry_dt = '2200-01-01'
       and date(a.order_date) = d.date
    );
```

注 意

规则中的执行顺序是先插入维度表再插入事实表，因为事实表要引用维度表的代理键。

6.3.4 启动实时装载

（1）重建 topic（可选）

如果已经在 kafka 中创建了 Canal 使用的 topic，并且没有消费积压，这一步可以忽略。为避免与之前的消息混淆，建议重新创建 topic。

```
   export PATH=$PATH:/opt/cloudera/parcels/CDH-6.3.1-1.cdh6.3.1.p0.1470567/
lib/kafka/bin/;
   kafka-topics.sh --delete --topic example --bootstrap-server 172.16.1.124:9092
   kafka-topics.sh --create --topic example --bootstrap-server 172.16.1.124:9092
--partitions 3 --replication-factor 3
```

（2）启动 Canal Server

我们配置了 Canal Server HA，数据同步位点记录在 ZooKeeper 中。在启动 Canal Server 前，先删除当前数据同步位点。Canal Server 启动后，会将数据同步起始位点重置为 MySQL 从库停止复制时的 binlog 位置。

```
    # 在 ZooKeeper 中删除当前数据同步位点
    /opt/cloudera/parcels/CDH-6.3.1-1.cdh6.3.1.p0.1470567/lib/Zoo
Keeper/bin/zkCli.sh
    [zk: localhost:2181(CONNECTED) 0] delete
/otter/canal/destinations/example/1001/cursor

    # 启动 Canal Server，在构成 Canal HA 的 126、127 上顺序执行
    ~/canal_113/deployer/bin/startup.sh

    # 查询 ZooKeeper 来确认起始同步位点
    /opt/cloudera/parcels/CDH-6.3.1-1.cdh6.3.1.p0.1470567/lib/Zoo
Keeper/bin/zkCli.sh
    [zk: localhost:2181(CONNECTED) 0] get
/otter/canal/destinations/example/1001/cursor
    {"@type":"com.alibaba.otter.canal.protocol.position.LogPosition","identity
":{"slaveId":-1,"sourceAddress":{"address":"node3","port":3306}},"postion":{"g
tid":"","included":false,"journalName":"mysql-bin.000001","position":109871,"s
erverId":126,"timestamp":1640659465000}}
```

（3）启动 Canal ClientAdapter

```
    # 在 126 上执行
    ~/canal_113/adapter/bin/startup.sh
```

（4）启动 MySQL 复制

```
    -- 127 从库开启复制
    start slave;
```

至此已经准备就绪，下面进行一些测试，验证实时数据装载是否正常。

6.3.5 测试

1. 生成测试数据

在 MySQL 的 source 源数据库（126 主库）中准备客户、产品和销售订单测试数据。

```
    use source;

    /*** 客户数据的改变如下：
    客户 6 的街道号改为 7777 ritter rd（原来是 7070 ritter rd），然后再改回原值。
    客户 7 的姓名改为 distinguished agencies（原来是 distinguished partners）。
    新增第八个客户。
    ***/
    update customer set customer_street_address = '7777 ritter rd.'
    where customer_number = 6 ;
    update customer set customer_street_address = '7070 ritter rd.'
    where customer_number = 6 ;
    update customer set customer_name = 'distinguished agencies'
    where customer_number = 7 ;
    insert into customer
    (customer_name, customer_street_address, customer_zip_code, customer_city,
customer_state)
    values ('subsidiaries', '10000 wetline blvd.', 17055, 'pittsburgh', 'pa') ;
```

```
    /*** 产品数据的改变如下：
    产品 3 的名称改为 flat panel（原来是 lcd panel）。
    新增第四个产品。
    ***/
    update product set product_name = 'flat panel' where product_code = 3 ;
    insert into product (product_name, product_category)
    values ('keyboard', 'peripheral') ;

    /*** 新增订单日期为 2021 年 12 月 29 日的 16 条订单。 ***/
    set sql_log_bin = 0;

    drop table if exists temp_sales_order_data;
    create table temp_sales_order_data as select * from sales_order where 1=0;

    set @start_date := unix_timestamp('2021-12-29');
    set @end_date := unix_timestamp('2021-12-30');

    set @customer_number := floor(1 + rand() * 8);
    set @product_code := floor(1 + rand() * 4);
    set @order_date := from_unixtime(@start_date + rand() * (@end_date -
@start_date));
    set @amount := floor(1000 + rand() * 9000);
    insert into temp_sales_order_data
    values (1,@customer_number,@product_code,@order_date,@order_date,@amount);

    ... 共插入 16 条数据 ...

    set sql_log_bin = 1;
    insert into sales_order
    select null,customer_number,product_code,order_date,entry_date,order_amount
from temp_sales_order_data order by order_date;

    commit ;
```

回想 5.6.2 小节我们配置 Canal Server 时，将哈希分区建指定为表的主键，以保证多分区下同一主键对应行更新的消费顺序。由于 temp_sales_order_data 表没有主键，因此 Canal Server 向 Kafka 写入消息时无法确定要写入哪个分区，会报空指针错误：

```
    2021-12-24 09:23:26.177 [pool-6-thread-1] ERROR
com.alibaba.otter.canal.kafka.CanalKafkaProducer - null
    java.lang.NullPointerException: null
        at
com.alibaba.otter.canal.common.MQMessageUtils.messagePartition ...
```

temp_sales_order_data 本来起到的就是临时表的作用，其数据变化不用复制到 MySQL 从库，更不需要同步到目标 Greenplum。因此在生成 temp_sales_order_data 表数据前关闭 binlog，在向 sales_order 表插入数据前再打开 binlog，这样既解决了报错问题，又能避免产生没必要的 binlog，同时不影响数据同步。

2. 确认实时装载正确执行

（1）查询客户维度表

```
-- 查询
select customer_sk, customer_number, customer_name,customer_street_address, version,effective_dt,expiry_dt
  from customer_dim
 order by customer_number, version;
-- 结果
...
7 | 6 | ... | 7070 ... | 1 | 2021-06-01 00:00:00        | 2021-12-28 11:27:18.85453
 8 | 6 | ... | 7777 ... | 2 | 2021-12-28 11:27:18.85453  | 2021-12-28 11:27:18.85453
10 | 6 | ... | 7070 ... | 3 |2021-12-28 11:27:18.85453  | 2200-01-01 00:00:00
 4 | 7 | ... | 9999 ... | 1 |2021-06-01 00:00:00        | 2200-01-01 00:00:00
 9 | 8 | ... | 10000... | 1 |2021-12-28 11:27:19.000636 | 2200-01-01 00:00:00
(10 rows)
```

可以看到，客户 6 因为地址变更而新增了两个版本，前一版本的过期时间与相邻下一版本的生效时间相同，任意版本的有效期是一个“左闭右开”的区间；客户 7 的姓名变更直接覆盖了原来的值；新增了客户 8。注意，从 effective_dt 和 customer_sk 都可以看到，目标库中是先插入的客户 8，后更新的客户 6，而我们在生成测试数据时是先更新的客户 6，后插入的客户 8。正如 5.6.2 节讨论 Canal 消费顺序时所述，选择主键哈希方式只能保障一个主键的多次 binlog 顺序性，而对于不同主键，源和目标两端可能执行不同序，这点在考虑业务需求时要格外注意。

（2）查询产品维度表

```
-- 查询
select * from product_dim order by product_code, version;
-- 结果
...
 3 | 3 | lcd .. | ... | 1 | 2021-06-01 00:00:00        | 2021-12-28 11:27:30.186543
 4 | 3 | flat ..| ... | 2 | 2021-12-28 11:27:30.186543 | 2200-01-01 00:00:00
 5 | 4 | keyb ..| ... | 1 | 2021-12-28 11:27:30.316842 | 2200-01-01 00:00:00
(5 rows)
```

可以看到，产品 3 的名称变更使用 SCD2 增加了一个版本，新增了产品 4 的记录。

（3）查询订单维度表

```
-- 查询
select * from order_dim order by order_number;
-- 结果
----------+-----------+---- ----+---------------------+---------------------
       24 |          1 |      1 | 2021-06-01 00:00:00 | 2200-01-01 00:00:00
       12 |          2 |      1 | 2021-06-01 00:00:00 | 2200-01-01 00:00:00
       68 |          3 |      1 | 2021-06-01 00:00:00 | 2200-01-01 00:00:00
       45 |          4 |      1 | 2021-06-01 00:00:00 | 2200-01-01 00:00:00
       63 |          5 |      1 | 2021-06-01 00:00:00 | 2200-01-01 00:00:00
...
      111 |        111 |      1 | 2021-06-01 00:00:00 | 2200-01-01 00:00:00
```

```
        112 |         112 |         1 | 2021-06-01 00:00:00 | 2200-01-01 00:00:00
        113 |         113 |         1 | 2021-06-01 00:00:00 | 2200-01-01 00:00:00
        114 |         114 |         1 | 2021-06-01 00:00:00 | 2200-01-01 00:00:00
        115 |         115 |         1 | 2021-06-01 00:00:00 | 2200-01-01 00:00:00
        116 |         116 |         1 | 2021-06-01 00:00:00 | 2200-01-01 00:00:00
(116 rows)
```

可以看到，现在有 116 个订单，其中 100 个是初始装载的，16 个是实时装载的。初始装载使用一条 INSERT 语句插入多行记录，代理键无序，实时装载是单行 INSERT，代理键与订单号同序。

（4）查询事实表

```
-- 查询
select a.order_sk,
order_number,customer_name,product_name,date,order_amount
  from sales_order_fact a, customer_dim b, product_dim c, order_dim d, date_dim e
 where a.customer_sk = b.customer_sk
   and a.product_sk = c.product_sk
   and a.order_sk = d.order_sk
   and a.order_date_sk = e.date_sk
 order by order_number;
-- 结果
...
 101 | 101 | medium retailers        | floppy drive    | 2021-12-29 |     7467.00
 102 | 102 | distinguished agencies  | flat panel      | 2021-12-29 |     1697.00
 103 | 103 | loyal clients           | keyboard        | 2021-12-29 |     7875.00
 104 | 104 | wonderful shops         | flat panel      | 2021-12-29 |     9030.00
 105 | 105 | wonderful shops         | floppy drive    | 2021-12-29 |     9662.00
 106 | 106 | good companies          | keyboard        | 2021-12-29 |     6034.00
 107 | 107 | subsidiaries            | flat panel      | 2021-12-29 |     4882.00
 108 | 108 | medium retailers        | hard disk drive | 2021-12-29 |     4808.00
 109 | 109 | wonderful shops         | keyboard        | 2021-12-29 |     1240.00
 110 | 110 | good companies          | flat panel      | 2021-12-29 |     8733.00
 111 | 111 | loyal clients           | keyboard        | 2021-12-29 |     1840.00
 112 | 112 | medium retailers        | keyboard        | 2021-12-29 |     3849.00
 113 | 113 | really large customers  | hard disk drive | 2021-12-29 |     8145.00
 114 | 114 | loyal clients           | keyboard        | 2021-12-29 |     3633.00
 115 | 115 | subsidiaries            | flat panel      | 2021-12-29 |     1911.00
 116 | 116 | good companies          | flat panel      | 2021-12-29 |     8898.00
(116 rows)
```

从 customer_name、product_name、order_sk 字段值看到，新增订单都引用了最新维度代理键。

6.4　动态分区滚动

rds.sales_order 和 tds.sales_order_fact 都是按月做的范围分区，需要进一步设计滚动分区维护策略。通过维护一个数据滚动窗口，删除老分区，添加新分区，将老分区的数据迁移到数据仓库以外的次级存储，以节省系统开销。下面的 Greenplum 函数按照转储最老分区数据、删除最老分区数据、建立新分区的步骤动态滚动分区。

```
-- 创建动态滚动分区的函数
create or replace function tds.fn_rolling_partition(p_year_month_start date)
returns int as $body$
declare
    v_min_partitiontablename name;
    v_year_month_end date := p_year_month_start + interval '1 month';
v_year_month_start_int int := extract(year from p_year_month_start) * 100
+ extract(month from p_year_month_start);
v_year_month_end_int int := extract(year from v_year_month_end) * 100
+ extract(month from v_year_month_end);
    sqlstring varchar(1000);
begin
    -- 处理 rds.sales_order
    -- 转储最早一个月的数据，
    select partitiontablename into v_min_partitiontablename
      from pg_partitions
     where tablename='sales_order' and partitionrank = 1;

sqlstring = 'copy (select * from ' || v_min_partitiontablename || ')
to ''/home/gpadmin/sales_order_' ||
cast(v_year_month_start_int as varchar) ||
'.txt'' with delimiter ''|'';';
    execute sqlstring;
    -- raise notice '%', sqlstring;

    -- 删除最早月份对应的分区
    sqlstring := 'alter table sales_order drop partition for (rank(1));';
    execute sqlstring;

    -- 增加下一个月份的新分区
sqlstring := 'alter table sales_order add partition start (date '''||
p_year_month_start ||''') inclusive end (date '''||
v_year_month_end  ||''') exclusive;';
    execute sqlstring;
    -- raise notice '%', sqlstring;


    -- 处理 tds.sales_order_fact
    -- 转储最早一个月的数据
    select partitiontablename into v_min_partitiontablename
      from pg_partitions
     where tablename='sales_order_fact' and partitionrank = 1;

sqlstring = 'copy (select * from ' || v_min_partitiontablename || ')
to ''/home/gpadmin/sales_order_fact_' ||
cast(v_year_month_start_int as varchar) ||
'.txt'' with delimiter ''|'';';
    execute sqlstring;
    -- raise notice '%', sqlstring;

    -- 删除最早月份对应的分区
```

```
        sqlstring := 'alter table sales_order_fact drop partition for (rank(1));';
        execute sqlstring;

        -- 增加下一个月份的新分区
        sqlstring := 'alter table sales_order_fact add partition start
('||cast(v_year_month_start_int as varchar)||') inclusive end
('||cast(v_year_month_end_int as varchar)||') exclusive;';
        execute sqlstring;
        -- raise notice '%', sqlstring;

        -- 正常返回 1
        return 1;

    -- 异常返回 0
    exception when others then
        raise exception '%: %', sqlstate, sqlerrm;
        return 0;
    end
    $body$ language plpgsql;
```

将执行该函数的 psql 命令行放到 cron 中自动执行。下面的例子表示每月 1 号 2 点执行分区滚动操作（假设数据仓库中只保留最近一年的销售数据）：

```
    0 2 1 * * psql -d dw -c "set search_path=rds,tds; select
fn_rolling_partition(date(date_trunc('month',current_date) + interval '1
month'));" > rolling_partition.log 2>&1
```

6.5 小　结

（1）我们使用一个简单而典型的销售订单示例，建立数据仓库模型。

（2）本示例模型在 MySQL 中建立源库表，在 Greenplum 中建立 RDS 和 TDS 模式，RDS 中存储同步表，TDS 中存储数据仓库表。

（3）初始装载较简单，只要有一个源端的静态数据视图，就可以用传统 SQL 方式实现。

（4）用 Greenplum 规则能够实现多维数据仓库的自动实时数据装载。

（5）对于分区表，Greenplum 建议只创建一级分区，通常需要进行定期的动态分区滚动维护。

第 7 章

维度表技术

前面章节中，我们实现了实时多维数据仓库的基本功能，如使用 Canal 和 Kafka 实现实时数据同步，定义 Greenplum 规则执行实时数据装载逻辑等。本章将继续讨论常见的维度表技术。

我们以最简单的“增加列”开始，继而讨论维度子集、角色扮演维度、层次维度、退化维度、杂项维度、维度合并、分段维度等基本的维度表技术。这些技术都是在实际应用中经常使用的。在说明这些技术的相关概念和使用场景后，我们以销售订单数据仓库为例，给出实现代码和测试过程，必要时会对前面已经完成的配置和脚本做出适当修改。

7.1 增加列

业务的扩展或变化不可避免，尤其像互联网行业，需求变更已经成为常态，唯一不变的就是变化本身，其中最常碰到的扩展是给一个已经存在的表增加列。以销售订单为例，假设因为业务需要，在操作型源系统的客户表中增加了送货地址的四个字段，并在销售订单表中增加了销售数量字段。由于数据源表增加了字段，数据仓库中的表也要随之修改。本节说明如何在客户维度表和销售订单事实表上添加列，并在新列上应用 SCD2，以及如何对消费配置和规则定义做修改。图 7-1 显示的是增加列后的数据仓库模式。

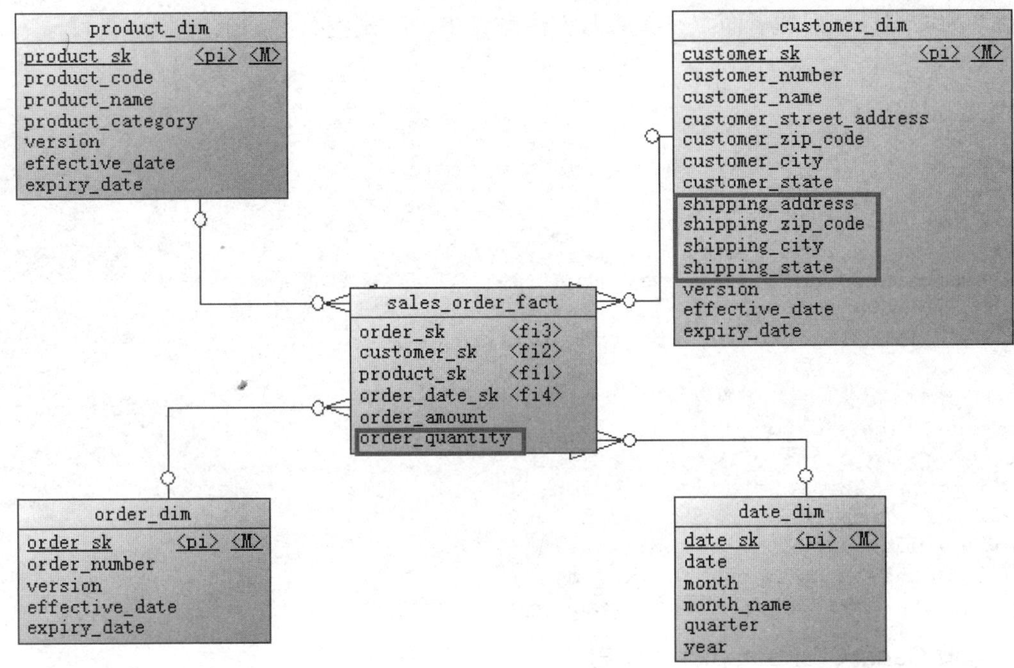

图 7-1　增加列后的数据仓库模式

1. 停止 Canal Server、Canal ClientAdapter

在实时应用场景中，执行任何 DDL 语句前，最好先停止消息队列两端的生产者和消费者，以避免可能出现的数据同步错误。此时不能再像初始装载时那样停止 MySQL 复制，因为主库的修改需要实时同步到从库。

```
# 停止 Canal Server，构成 Canal HA 的 126 主库、127 从库都执行
~/canal_113/deployer/bin/stop.sh
# 停止 Canal ClientAdapter，126 执行
~/canal_113/adapter/bin/stop.sh
```

2. 修改表结构

我们需要在已经存在的表上增加列。

（1）修改源数据库表结构

在 MySQL 主库上执行下面的 SQL 语句修改源数据库表结构：

```
-- 126 主库执行
use source;
alter table customer
  add shipping_address varchar(50) after customer_state
, add shipping_zip_code int after shipping_address
, add shipping_city varchar(30) after shipping_zip_code
, add shipping_state varchar(2) after shipping_city ;
alter table sales_order add order_quantity int after order_amount ;
```

以上语句给客户表增加了四列，表示客户的送货地址。销售订单表在销售金额列后面增加了销售数量列。after 关键字是 MySQL 对标准 SQL 的扩展，Greenplum 不支持这种扩展，只

能把新增列加到已有列的后面。在关系数据库理论中，列是没有顺序的。

（2）修改目标数据库表结构

```
-- 修改 RDS 数据库模式里的表
set search_path to rds;
alter table customer
add column shipping_address varchar(30),
add column shipping_zip_code int,
add column shipping_city varchar(30),
add column shipping_state varchar(2);
alter table sales_order add order_quantity int;

-- 修改 TDS 数据库模式里的表
set search_path to tds, rds;
alter table customer_dim
add column shipping_address varchar(30),
add column shipping_zip_code int,
add column shipping_city varchar(30),
add column shipping_state varchar(2);
alter table sales_order_fact add order_quantity int;
```

3. 修改 Canal ClientAdapter 表映射

在 customer.yml 和 sales_order.yml 文件中添加新增列的映射：

```
$cat ~/canal_113/adapter/conf/rdb/customer.yml
dataSourceKey: defaultDS
destination: example
groupId: g1
outerAdapterKey: Greenplum
concurrent: true
dbMapping:
  database: source
  table: customer
  targetTable: rds.customer
  targetPk:
    customer_number: customer_number
#  mapAll: true
  targetColumns:
    customer_number: customer_number
    customer_name: customer_name
    customer_street_address: customer_street_address
    customer_zip_code: customer_zip_code
    customer_city: customer_city
    customer_state: customer_state
    shipping_address: shipping_address
    shipping_zip_code: shipping_zip_code
    shipping_city: shipping_city
    shipping_state: shipping_state
  commitBatch: 30000 # 批量提交的大小

$cat ~/canal_113/adapter/conf/rdb/sales_order.yml
dataSourceKey: defaultDS
destination: example
groupId: g1
```

```
outerAdapterKey: Greenplum
concurrent: true
dbMapping:
  database: source
  table: sales_order
  targetTable: rds.sales_order
  targetPk:
    order_number: order_number
#  mapAll: true
  targetColumns:
    order_number: order_number
    customer_number: customer_number
    product_code: product_code
    order_date: order_date
    entry_date: entry_date
    order_amount: order_amount
    order_quantity: order_quantity
  commitBatch: 30000 # 批量提交的大小
```

4. 创建自定义操作符<=>

规则的定义中需要使用一个新的关系操作符“<=>”，因为原来少判断了一种情况。在源系统库中，客户地址和送货地址列都是允许为空的，这样的设计是出于灵活性和容错性的考虑。我们以送货地址为例进行讨论。

使用“shipping_address <> new.shipping_address”条件判断送货地址是否更改，根据不等号两边的值是否为空，会出现以下三种情况：

- shipping_address 和 new.shipping_address 都不为空。这种情况下如果两者相等则返回 false，说明地址没有变化，否则返回 true，说明地址改变了，逻辑正确。
- shipping_address 和 new.shipping_address 都为空。两者的比较会演变成 null<>null，根据 Greenplum 对“<>”操作符的定义，会返回 NULL。因为查询语句中只会返回判断条件为 true 的记录，所以不会返回数据行，符合我们的逻辑，说明地址没有改变。
- shipping_address 和 new.shipping_address 只有一个为空。就是说地址列从 NULL 变成非 NULL，或者从非 NULL 变成 NULL，这种情况明显应该新增一个版本，但根据“<>”的定义，此时返回值是 NULL，查询不会返回行，不符合我们的需求。

现在使用“not (shipping_address <=> new.shipping_address)”作为判断条件，我们先看一下其他数据库（如 Hive）中“<=>”操作符的定义：A <=> B——Returns same result with EQUAL(=) operator for non-null operands, but returns TRUE if both are NULL, FALSE if one of the them is NULL。从这个定义可知，当 A 和 B 都为 NULL 时返回 TRUE，其中一个为 NULL 时返回 FALSE，其他情况与等号返回相同的结果。下面再来看这三种情况：

- shipping_address 和 new.shipping_address 都不为空。这种情况下如果两者相等则返回 not (true)，即 false，说明地址没有变化，否则返回 not (false)，即 true，说明地址改变了，符合逻辑。
- shipping_address 和 new.shipping_address 都为空。两者的比较会演变成 not (null<=>null)，根据“<=>”的定义，会返回 not (true)，即 false。因为查询语句中只会返回判断条件为

true 的记录，所以查询不会返回行，符合我们的逻辑，说明地址没有改变。

- shipping_address 和 new.shipping_address 只有一个为空。根据“<=>”的定义，此时会返回 not (false)，即 true，查询会返回行，符合需求。

空值的逻辑判断有其特殊性，为了避免不必要的麻烦，数据库设计时应该尽量将字段设计成非空，必要时用默认值代替 NULL，并将此作为一个基本的设计原则。Greenplum 没有提供“<=>”比较操作符，但可以自定义：

```
    create or replace function fn_exactly_equal(left_o anyelement, right_o
anyelement) returns boolean as
    $$
      select left_o is null and right_o is null
    or (left_o is not null and right_o is not null and left_o = right_o)
    $$
    language sql;

    create operator <=> (procedure = fn_exactly_equal, leftarg = anyelement,
rightarg = anyelement, commutator = <=>);
```

Greenplum 中的 anyelement、anyarray、anynonarray 和 anyenum 四种伪类型被称为多态类型。使用这些类型声明的函数叫作多态函数。多态函数的同一参数在每次调用函数时可以有不同数据类型，实际使用的数据类型由调用函数时传入的参数所确定。当一个查询调用多态函数时，特定的数据类型在运行时解析。每个声明为 anyelement 的位置（参数或返回值）允许是任何实际的数据类型，但是在任何一次给定的函数调用中，anyelement 必须具有相同的实际数据类型。同样，每个声明为 anyarray 的位置允许是任何实际的数组数据类型，但是在任何一次给定的函数调用中，anyarray 也必须具有相同类型。如果某些位置声明为 anyarray，而另外一些位置声明为 anyelement，那么实际的数组元素类型必须与 anyelement 的实际数据类型相同。

anynonarray 在操作上与 anyelement 完全相同，它只是在 anyelement 的基础上增加了一个额外约束，即实际类型不能是数组。anyenum 在操作上也与 anyelement 完全相同，它只是在 anyelement 的基础上增加了一个额外约束，即实际类型必须是枚举（enum）类型。anynonarray 和 anyenum 并不是独立的多态类型，它们只是在 anyelement 上增加了约束而已。例如，f(anyelement, anyenum)与 f(anyenum, anyenum)是等价的，实际参数都必须是同样的枚举类型。

如果一个函数的返回值被声明为多态类型，那么它的参数中至少应该有一个是多态的，并且参数与返回结果的实际数据类型必须匹配。例如，函数声明为 assubscript(anyarray, integer) returns anyelement。此函数的第一个参数为数组类型，而返回值必须是实际数组元素的数据类型。再比如一个函数的声明为 asf(anyarray) returns anyenum，那么参数只能是枚举类型的数组。

5. 重建相关规则

（1）重建 customer_dim 维度表规则

因为新增列采用 SCD2 处理，需要在规则中增加对 shipping_address 的判断，其中使用<=>比较操作符。Greenplum 没有提供 alter rule 命令，只能先删除再重建。

```
    drop rule r_insert_customer on customer;
    create rule r_insert_customer as on insert to customer do also
    (insert into customer_dim
```

```
(customer_number,customer_name,customer_street_address,customer_zip_code,
    customer_city,customer_state,version,effective_dt,expiry_dt,
    shipping_address,shipping_zip_code,shipping_city,shipping_state)
     values
    (new.customer_number,new.customer_name,new.customer_street_address,
    new.customer_zip_code,new.customer_city,new.customer_state,1,now(),'2200-0
1-01',
    new.shipping_address,new.shipping_zip_code,new.shipping_city,new.shipping_
state
    ););

    drop rule r_update_customer on customer;
    create rule r_update_customer as on update to customer do also
    (update customer_dim set expiry_dt=now()
      where customer_number=new.customer_number and expiry_dt='2200-01-01'
    and ( not (customer_street_address <=> new.customer_street_address)
    or not (shipping_address <=> new.shipping_address));

    insert into customer_dim
(customer_number,customer_name,customer_street_address,customer_zip_code,
    customer_city,customer_state,version,effective_dt,expiry_dt,
    shipping_address,shipping_zip_code,shipping_city,shipping_state)
    select
    new.customer_number,new.customer_name,new.customer_street_address,
    new.customer_zip_code,new.customer_city,new.customer_state,
    version + 1,expiry_dt,'2200-01-01',
    new.shipping_address,new.shipping_zip_code,new.shipping_city,new.shipping_
state
      from customer_dim
     where customer_number=new.customer_number
       and (not (customer_street_address <=> new.customer_street_address)
    or not (shipping_address <=> new.shipping_address))
       and version=(select max(version)
                  from customer_dim
                 where customer_number=new.customer_number);

    update customer_dim set customer_name=new.customer_name
     where customer_number=new.customer_number and
customer_name<>new.customer_name);
```

（2）重建 sales_order_fact 事实表规则

对于装载销售订单事实表的修改很简单，只要将新增的销售数量列 order_quantity 添加到查询语句中即可。

```
    drop rule r_insert_sales_order on sales_order;
    create rule r_insert_sales_order as on insert to sales_order do also
    (insert into order_dim (order_number,version,effective_dt,expiry_dt)
     values (new.order_number,1,'2021-06-01','2200-01-01');

    insert into sales_order_fact
    (order_sk,customer_sk,product_sk,order_date_sk,year_month,order_amount,
    order_quantity)
     select e.order_sk, customer_sk, product_sk, date_sk,
    to_char(order_date, 'YYYYMM')::int, order_amount, order_quantity
      from rds.sales_order a, customer_dim b, product_dim c, date_dim d, order_dim e
```

```
    where a.order_number = new.order_number and e.order_number = new.order_number
      and a.customer_number = b.customer_number and b.expiry_dt = '2200-01-01'
      and a.product_code = c.product_code and c.expiry_dt = '2200-01-01'
      and date(a.order_date) = d.date);
```

6. 启动 Canal Server、Canal ClientAdapter

在主库和从库上执行下面的 SQL 语句：

```
# 启动 Canal Server，在构成 Canal HA 的 126 主库、127 从库上顺序执行
~/canal_113/deployer/bin/startup.sh

# 在 126 主库上执行
~/canal_113/adapter/bin/startup.sh
```

7. 测试

在 MySQL 主库上执行下面的 SQL 脚本，在源数据库中增加客户和销售订单测试数据。

```
-- 126 MySQL 主库执行
use source;
update customer set shipping_address = customer_street_address,
shipping_zip_code = customer_zip_code,
shipping_city = customer_city,
shipping_state = customer_state ;

insert into customer
(customer_name,customer_street_address,customer_zip_code,customer_city,
customer_state,shipping_address,shipping_zip_code,
shipping_city,shipping_state)
values
('online distributors','2323 louise dr.', 17055,'pittsburgh','pa',
'2323 louise dr.',17055,'pittsburgh', 'pa') ;

-- 新增订单日期为 2021 年 12 月 30 日的 9 条订单
set sql_log_bin = 0;

set @start_date := unix_timestamp('2021-12-30');
set @end_date := unix_timestamp('2021-12-31');
drop table if exists temp_sales_order_data;
create table temp_sales_order_data as select * from sales_order where 1=0;

set @customer_number := floor(1 + rand() * 9);
set @product_code := floor(1 + rand() * 4);
set @order_date := from_unixtime(@start_date + rand() * (@end_date -
@start_date));
set @amount := floor(1000 + rand() * 9000);
set @quantity := floor(10 + rand() * 90);
insert into temp_sales_order_data values
(1, @customer_number, @product_code, @order_date, @order_date, @amount,
@quantity);

... 新增 9 条订单 ...

set sql_log_bin = 1;
insert into sales_order
```

```
    select
null,customer_number,product_code,order_date,entry_date,order_amount,
    order_quantity
      from temp_sales_order_data
     order by order_date;
    commit ;
```

上面的语句生成两个表的测试数据。客户表更新了已有 8 个客户的送货地址，并新增编号为 9 的客户。销售订单表新增了 9 条记录。查询 customer_dim 表，应该看到已存在客户的新记录有了送货地址。老的过期记录的送货地址为空。9 号客户是新加的，具有送货地址。查询 sales_order_fact 表，应该只有 9 个订单有销售数量，老的销售数据数量字段为空。

7.2 维度子集

有些需求不需要最细节的数据，例如，想要某个月的销售汇总，而不是事务数据；再比如，相对于全部的销售数据，可能对某些特定状态的数据更感兴趣等。此时事实数据需要关联到特定的维度，这些特定维度包含在从细节维度选择的行中，所以叫维度子集。维度子集比细节维度的数据少，因此更易使用，查询也更快。

有时称细节维度为基本维度，维度子集为子维度，基本维度表与子维度表具有相同的属性和内容，我们称这样的维度表具有一致性。一致的维度具有一致的维度关键字、一致的属性列名字、一致的属性定义以及一致的属性值。如果属性的含义不同或者包含不同的值，维度表就不是一致的。

子维度是一种一致性维度，由基本维度的列与行的子集构成。当构建聚合事实表，或者需要获取粒度级别较高的数据时，需要用到子维度。例如，有一个进销存业务系统，零售过程获取原子产品级别的数据，而预测过程需要建立品牌级别的数据。无法跨两个业务过程模式，共享单一产品维度表，因为它们需要的粒度不同。如果品牌表属性是产品表属性的严格子集，则产品和品牌维度仍然是一致的。在这个例子中需要建立品牌维度表，它是产品维度表的子集。对基本维度和子维度表来说，属性（例如，品牌和分类描述）是公共的，其标识和定义相同，两个表中的值相同，然而，基本维度和子维度表的主键是不同的。

注 意
如果子维度的属性是基本维度属性的真子集，则子维度与基本维度保持一致。

还有另外一种情况，就是当两个维度具有同样粒度级别的细节数据，但其中一个仅表示行的部分子集时，也需要一致性维度子集。例如，某公司产品维度包含跨多个不同业务的所有产品组合，如服装类、电器类等。对不同业务的分析可能需要浏览企业级维度的子集，需要分析的维度仅包含部分产品行。与该子维度连接的事实表必须被限制在同样的产品子集中。如果用户试图使用子集维度访问包含所有产品的集合，则会因为违反了参照完整性，他们可能会得到预料之外的查询结果。我们需要认识到这种造成用户混淆或错误的维度行子集的情况。

ETL 数据流应当根据基本维度建立一致性子维度，而不是独立于基本维度，以确保一致性。本节中将准备两个特定子维度，月份维度与 Pennsylvania 州客户维度。它们均取自现有的维度，月份维度是日期维度的子集，Pennsylvania 州客户维度是客户维度的子集。

1. 建立包含属性子集的子维度

当事实表获取比基本维度更高粒度级别的度量时，需要上卷到子维度。在销售订单示例中，当除了需要实时事务销售数据外，还需要月销售汇总数据时，会出现这样的需求。我们可以通过在 Greenplum 中创建物化视图来简单实现。

```
-- 建立月份维度物化视图
create materialized view mv_month_dim as
select row_number() over (order by t1.year,t1.month) month_sk, t1.*
  from (select distinct month, month_name, quarter, year from date_dim) t1
distributed by (month_sk);

-- 查询月份维度物化视图
select * from mv_month_dim order by month_sk;
```

这种方案有三个明显的优点：一是实现简单，只要用一个聚合查询定义好物化视图，数据就自动初始装载好了；二是物理存储数据，能提供更好的查询性能；三是物化视图也是视图，除刷新外不能更新其数据，因此不存在数据不一致问题。但是，在 Greenplum 中没有任何办法能做到实时自动刷新物化视图。首先 Greenplum 的物化视图没有提供类似于 Oracle 的 refresh on commit 刷新机制，其次 Greenplum 的规则与 refresh materialized view 不兼容，最后在 PostgreSQL 中通常使用触发器来实现物化视图实时刷新，而 Greenplum 又不支持触发器。基于以上原因，Greenplum 的物化视图通常需要依赖于类似 cron 的调度系统，定时周期性刷新数据，适合非实时场景，如这里的月份维度。

refresh 命令用于刷新物化视图：

```
-- 全量刷新
refresh materialized view mv_month_dim;
```

concurrently 选项用于增量刷新，但要求物化视图上存在唯一索引：

```
dw=> refresh materialized view concurrently mv_month_dim;
ERROR:  cannot refresh materialized view "rds.mv_month_dim" concurrently
HINT:  Create a unique index with no WHERE clause on one or more columns of the
materialized view.
```

物化视图需要额外的空间，因为新创建的子维度需要物理存储数据。如果需要实时更新的数据，又不想占用空间，常用的做法是在基本维度上建立普通视图生成子维度：

```
-- 建立月份维度视图
create view month_dim as
select row_number() over (order by t1.year,t1.month) month_sk, t1.*
  from (select distinct month, month_name, quarter, year from date_dim) t1;

-- 查询月份维度视图
select * from month_dim;
```

这种方法的缺点也十分明显：当基本维度表和子维度表的数据量相差悬殊时，性能会比物理表差得多；如果定义视图的查询很复杂，并且视图很多的话，可能会对元数据存储系统造成压力，影响查询性能。如果数据量不是特别大，该方法是一个不错的选择，它实现简单，不占用存储空间，能提供实时数据并消除数据不一致的可能，而对海量数据提供高性能查询正是 Greenplum 的强项。

视图是与存储无关的纯粹的逻辑对象，当查询引用了一个视图，视图的定义被评估后产生一个行集，用作查询后续的处理。这只是一个概念性的描述，实际上，作为查询优化的一部分，Greenplum 可能把视图的定义和查询结合起来考虑，而不一定是先生成视图所定义的行集。例如，优化器可能将查询的过滤条件下推到视图中。

2. 建立包含行子集的子维度

当两个维度处于同一细节粒度，但其中一个仅是行的子集时，会产生另外一种一致性维度构造子集。例如销售订单示例中，客户维度表包含多个州的客户信息。对于不同州的销售分析可能需要浏览客户维度的子集，需要分析的维度仅包含部分客户数据。通过使用行的子集，不会破坏整个客户集合。当然，与该子集连接的事实表必须被限制在同样的客户子集中。

月份维度是一个上卷维度，包含基本维度的上层数据，而特定维度子集是选择基本维度的行子集。同样可以考虑物化视图和普通视图两种实现方式。

```
-- 建立 PA 维度视图
create view pa_customer_dim as
select * from customer_dim where customer_state = 'pa';

-- 建立 PA 维度物化视图
create materialized view mv_pa_customer_dim as
select * from customer_dim where customer_state = 'pa'
distributed by (customer_sk);
```

如果必须兼顾查询性能与实时性，还有一种实现方案是在规则中增加子维度逻辑。例如对于 PA 维度，可以在上一章定义的 r_delete_customer、r_insert_customer、r_update_customer 中增加一套几乎完全相同的逻辑，只要在 where 条件中增加 customer_state = 'pa'即可。除了万不得已的情况，笔者还是建议采用普通视图方案，毕竟复制一份相同逻辑会让人感到索然无味。

注意，PA 客户维度子集与月份维度子集有两点区别：

- pa_customer_dim 表和 customer_dim 表有完全相同的列，而 month_dim 不包含 date_dim 表的日期列。
- pa_customer_dim 表的代理键就是客户维度的代理键，而 month_dim 表里的月份维度代理键并不来自日期维度，而是独立生成的。

定义好视图后，在 MySQL 主库上执行下面的 SQL 脚本往客户源数据里添加一个 PA 州的客户和四个 OH 州的客户：

```
use source;
insert into customer
(customer_name, customer_street_address, customer_zip_code, customer_city,
customer_state, shipping_address, shipping_zip_code, shipping_city,
shipping_state)
values
('pa customer', '1111 louise dr.', '17050', 'mechanicsburg', 'pa', '1111 louise dr.',
'17050', 'mechanicsburg', 'pa'),
```

```
    ('bigger customers', '7777 ridge rd.', '44102', 'cleveland', 'oh', '7777 ridge
rd.',.
    '44102', 'cleveland', 'oh'),
    ('smaller stores', '8888 jennings fwy.', '44102', 'cleveland', 'oh',
    '8888 jennings fwy.', '44102', 'cleveland', 'oh'),
    ('small-medium retailers', '9999 memphis ave.', '44102', 'cleveland', 'oh',
    '9999 memphis ave.', '44102', 'cleveland', 'oh'),
    ('oh customer', '6666 ridge rd.', '44102', 'cleveland', 'oh', '6666 ridge rd.',
    '44102','cleveland', 'oh') ;
    commit;
```

在目标库执行下面的查询验证结果，pa_customer_dim 表此时应该有 20 条记录。

```
select customer_number, customer_state, effective_dt, expiry_dt
  from pa_customer_dim
 order by customer_number, version;
```

7.3 角色扮演维度

单个物理维度可以被事实表多次引用，每个引用连接逻辑上存在差异的角色维度。例如，事实表可以有多个日期，每个日期通过外键引用不同的日期维度，原则上每个外键表示不同的日期维度视图，这样引用具有不同的含义。这些不同的维度视图具有唯一的代理键列名，被称为角色，相关维度被称为角色扮演维度。

当一个事实表多次引用一个维度表时会用到角色扮演维度。例如，一个销售订单有一个订单日期，还有一个请求交付日期，这时就需要引用日期维度表两次。我们期望在每个事实表中设置日期维度，因为总是希望按照时间来分析业务情况。在事务型事实表中，主要的日期列是事务日期，例如订单日期。有时会发现其他日期也可能与每个事实关联，例如订单事务的请求交付日期。每个日期应该成为事实表的外键。

本节将说明两种角色扮演维度的实现，分别是表别名和数据库视图。表别名是在 SQL 语句里引用维度表多次，每次引用都赋予维度表一个别名。数据库视图则是按照事实表需要引用维度表的次数，建立相同数量的视图。我们先修改销售订单数据库表结构，添加一个请求交付日期字段，并对数据抽取和装载脚本做相应的修改。这些表结构修改好后，插入测试数据，演示表别名和数据库视图在角色扮演维度中的用法。

1. 停止 Canal Server、Canal ClientAdapter

在主库和从库上执行下面的 SQL 语句：

```
# 停止 Canal Server，构成 Canal HA 的 126 主库、127 从库都执行
~/canal_113/deployer/bin/stop.sh
# 停止 Canal ClientAdapter，126 执行
~/canal_113/adapter/bin/stop.sh
```

2. 修改表结构

（1）修改源数据库表结构

源库中销售订单表 sales_order 增加 request_delivery_date 字段：

```
-- 126 MySQL 主库执行
use source;
alter table sales_order add request_delivery_date date after order_date;
```

（2）修改目标数据库表结构

```
-- 修改 RDS 数据库模式里的表
set search_path to rds;
alter table sales_order add column request_delivery_date date;
-- 修改 TDS 数据库模式里的表
set search_path to tds, rds;
alter table sales_order_fact add column request_delivery_date_sk int;
```

修改后的数据仓库模式如图 7-2 所示。

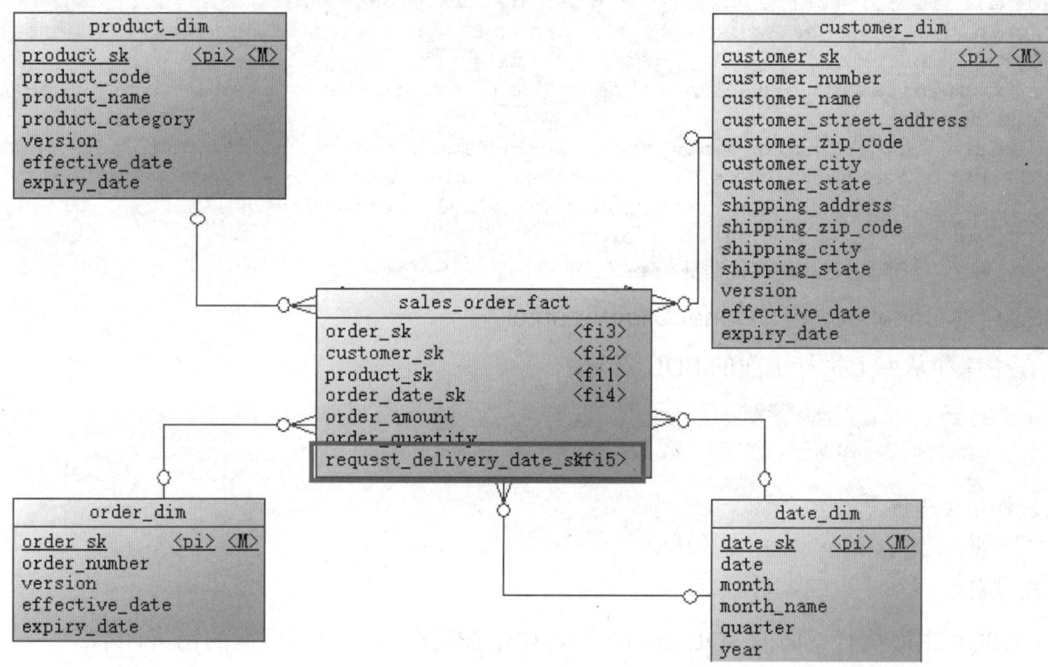

图 7-2　数据仓库中增加请求交付日期属性

从图 7-2 中可以看到，销售订单事实表和日期维度表之间有两条连线，表示订单日期和请求交付日期都是引用日期维度表的外键。

> **注　意**
>
> 虽然图 7-2 中显示了表之间的关联关系，但在 Greenplum 中并不强制外键数据库约束。

3. 修改 Canal ClientAdapter 表映射

在 sales_order.yml 文件中添加新增字段的映射：

```
$cat sales_order.yml
...
    request_delivery_date: request_delivery_date
  commitBatch: 30000 # 批量提交的大小
```

4. 重建 sales_order_fact 事实表的规则

在装载销售订单事实表时，关联日期维度表两次，分别赋予别名 e 和 f。事实表和两个日期维度表关联，取得日期代理键，e.date_sk 表示订单日期代理键，f.date_sk 表示请求交付日期的代理键。

```
drop rule r_insert_sales_order on sales_order;
create rule r_insert_sales_order as on insert to sales_order do also
(insert into order_dim (order_number,version,effective_dt,expiry_dt)
 values (new.order_number,1,'2021-06-01','2200-01-01');

insert into sales_order_fact
(order_sk,customer_sk,product_sk,order_date_sk,year_month,
order_amount,order_quantity,request_delivery_date_sk)
 select d.order_sk, customer_sk, product_sk, e.date_sk, to_char(order_date,
'YYYYMM')::int, order_amount, order_quantity, f.date_sk
   from rds.sales_order a, customer_dim b, product_dim c, order_dim d, date_dim
e, date_dim f
  where a.order_number = new.order_number and d.order_number = new.order_number
    and a.customer_number = b.customer_number and b.expiry_dt = '2200-01-01'
    and a.product_code = c.product_code and c.expiry_dt = '2200-01-01'
    and date(a.order_date) = e.date
    and date(a.request_delivery_date) = f.date);
```

5. 启动 Canal Server、Canal ClientAdapter

在主库和从库上执行下面的 SQL 语句：

```
# 启动 Canal Server，在构成 Canal HA 的 126 主库、127 从库上顺序执行
~/canal_113/deployer/bin/startup.sh

# 在 126 上执行
~/canal_113/adapter/bin/startup.sh
```

6. 测试

MySQL 主库执行下面的 SQL 语句在源库中增加三个带有交货日期的销售订单。

```
-- 126 MySQL 主库执行
use source;
-- 新增订单日期为 2021 年 12 月 31 日的 3 条订单
set sql_log_bin = 0;

set @start_date := unix_timestamp('2021-12-31');
set @end_date := unix_timestamp('2022-01-01');
-- 请求交付日期为 2022 年 1 月 4 日
set @request_delivery_date := '2022-01-04';
drop table if exists temp_sales_order_data;
create table temp_sales_order_data as select * from sales_order where 1=0;

set @customer_number := floor(1 + rand() * 14);
set @product_code := floor(1 + rand() * 4);
set @order_date := from_unixtime(@start_date + rand() * (@end_date -
@start_date));
set @amount := floor(1000 + rand() * 9000);
set @quantity := floor(10 + rand() * 90);
```

```
insert into temp_sales_order_data
values (1, @customer_number, @product_code, @order_date,
      @request_delivery_date, @order_date, @amount, @quantity);

... 新增 3 条订单 ...

set sql_log_bin = 1;
insert into sales_order
select null,customer_number,product_code,order_date,request_delivery_date,
entry_date,order_amount,order_quantity
  from temp_sales_order_data
 order by order_date;
commit ;
```

使用查询验证结果：

```
-- 查询
select a.order_sk, request_delivery_date_sk, c.date
  from sales_order_fact a, date_dim b, date_dim c
 where a.order_date_sk = b.date_sk
   and a.request_delivery_date_sk = c.date_sk
 order by order_sk;

-- 结果
 order_sk | request_delivery_date_sk |    date
------- --+--------------------------+------------
      126 |                      735 | 2022-01-04
      127 |                      735 | 2022-01-04
      128 |                      735 | 2022-01-04
(3 rows)
```

可以看到只有三个新的销售订单具有 request_delivery_date_sk 值，735 对应的日期是 2022 年 1 月 4 日。

使用角色扮演维度查询：

```
-- 使用表别名查询
select order_date_dim.date order_date,
       request_delivery_date_dim.date request_delivery_date,
       sum(order_amount),count(*)
  from sales_order_fact a,
       date_dim order_date_dim,
       date_dim request_delivery_date_dim
 where a.order_date_sk = order_date_dim.date_sk
   and a.request_delivery_date_sk = request_delivery_date_dim.date_sk
 group by order_date_dim.date , request_delivery_date_dim.date
 order by order_date_dim.date , request_delivery_date_dim.date;

-- 使用视图查询
-- 创建订单日期视图
create view order_date_dim
(order_date_sk, order_date, month, month_name, quarter, year)
as select * from date_dim;
-- 创建请求交付日期视图
create view request_delivery_date_dim
```

```
    (request_delivery_date_sk,request_delivery_date,month,month_name,quarter,y
ear)
    as select * from date_dim;
    -- 查询
    select order_date,request_delivery_date,sum(order_amount),count(*)
      from sales_order_fact a,order_date_dim b,request_delivery_date_dim c
     where a.order_date_sk = b.order_date_sk
       and a.request_delivery_date_sk = c.request_delivery_date_sk
     group by order_date , request_delivery_date
     order by order_date , request_delivery_date;
```

上面两个查询是等价的。尽管不能连接到单一日期维度表，但可以建立并管理单独的物理日期维度表，然后使用视图或别名建立两个不同日期维度的描述。注意在每个视图或别名列中需要唯一的标识。例如，订单日期属性应该具有唯一标识 order_date 以便与请求交付日期 request_delivery_date 区别。别名与视图在查询中的作用并没有本质的区别，都是为了从逻辑上区分同一个物理维度表。许多 BI 工具也支持在语义层使用别名。但是，如果有多个 BI 工具，连同直接基于 SQL 的访问，都同时在组织中使用的话，不建议采用语义层别名的方法。当某个维度在单一事实表中同时出现多次时，则会存在维度模型的角色扮演。基本维度可以作为单一物理表存在，但每种角色应该被当成标识不同的视图展现到 BI 工具中。

7. 一种有问题的设计

为了处理多日期问题，一些设计者试图建立单一日期维度表，该表使用一个键表示每个订单日期和请求交付日期的组合，例如：

```
    create table date_dim (date_sk int, order_date date, delivery_date date);
    create table sales_order_fact (date_sk int, order_amount int);
```

这种方法存在两个方面的问题。首先，如果需要处理所有日期维度的组合情况，则包含大约每年 365 行的清楚、简单的日期维度表将会极度膨胀。例如，订单日期和请求交付日期存在如下多对多关系：

```
    订单日期          请求交付日期
    2021-12-17        2021-12-20
    2021-12-18        2021-12-20
    2021-12-19        2021-12-20
    2021-12-17        2021-12-21
    2021-12-18        2021-12-21
    2021-12-19        2021-12-21
    2021-12-17        2021-12-22
    2021-12-18        2021-12-22
    2021-12-19        2021-12-22
```

如果使用角色扮演维度，日期维度表中只需要从 2021-12-17 到 2021-12-22 的 6 条记录。而采用单一日期表设计方案，每一个组合都要唯一标识，明显需要 9 条记录。当两种日期及其组合很多时，这两种方案的日期维度表记录数会相去甚远。

其次，合并的日期维度表不再适合其他经常使用的日、周、月等日期维度。日期维度表每行记录的含义不再是唯一一天，因此无法在同一张表中标识出周、月等一致性维度，进而无法简单地处理按时间维度的上卷、聚合等需求。

7.4　层次维度

大多数维度都具有一个或多个层次。示例数据仓库中的日期维度就有一个四级层次：年、季度、月和日，这些级别用 date_dim 表里的列表示。日期维度是一个单路径层次，因为除了年-季度-月-日这条路径外，它没有任何其他层次。为了识别数据仓库里一个维度的层次，首先要理解维度中列的含义，然后识别两个或多个列是否具有相同的主题。年、季度、月和日具有相同的主题，因为它们都是关于日期的。具有相同主题的列形成一个组，组中的一列必须包含至少一个组内的其他成员（除了最低级别的列），前面提到的组中，月包含日。这些列的链条形成了一个层次，例如，年-季度-月-日这个链条是一个日期维度的层次。除了日期维度，邮编维度中的地理位置信息，产品维度的产品与产品分类，也都构成层次关系。表 7-1 显示了这三个层次维度。

表 7-1　销售订单数据仓库中的层次维度

customer_dim		product_dim	date_dim
customer_street_address	shipping_address	product_name	date
customer_zip_code	shipping_zip_code	product_category	month
customer_city	shipping_city		quarter
customer_state	shipping_state		year

本节描述处理层次关系的方法，包括在固定深度层次上进行分组和钻取查询，多路径层次和参差不齐层次的处理等。我们从最基本的情况开始讨论。

7.4.1　固定深度的层次

固定深度层次是一种一对多关系，如一年中有四个季度，一个季度包含三个月等。当固定深度层次定义完成后，层次就具有了固定的名称，层次级别作为维度表中的不同属性出现。只要满足上述条件，固定深度层次就是最容易理解和查询的层次关系，固定层次也能够提供可预测的、快速的查询性能。可以在固定深度层次上进行分组和钻取查询。

分组查询是把度量按照一个维度的一个或多个级别进行分组聚合。下面的脚本是一个分组查询的例子，该查询按产品（product_category 列）和日期维度的三个层次级别（year、quarter 和 month 列）分组返回销售金额：

```
select product_category,year,quarter,month,sum(order_amount) s_amount
  from sales_order_fact a,product_dim b,date_dim c
 where a.product_sk = b.product_sk
   and a.year_month = c.year * 100 + c.month
 group by product_category, year, quarter, month
 order by product_category, year, quarter, month;
```

这是一个非常简单的分组查询，结果输出的每一行度量（销售订单金额）都沿着年-季度-月的层次分组。

与分组查询类似，钻取查询也把度量按照一个维度的一个或多个级别进行分组。但与分组查询不同的是，分组查询只显示分组后最低级别，即本例中月级别上的度量，而钻取查询显示分组后维度每一个级别的度量。下面使用 UNION ALL 和 GROUPING SETS 两种方法进行钻取查询，结果显示了每个日期维度级别，即年、季度和月各级别的订单汇总金额。

```
-- 使用 union all
select product_category, time, order_amount
  from (select product_category,
               case when sequence = 1 then 'year: '||time
                    when sequence = 2 then 'quarter: '||time
                    else 'month: '||time
               end time,
               order_amount,
               sequence,
               date
          from (select product_category, min(date) date, year time,
1 sequence, sum(order_amount) order_amount
                 from sales_order_fact a, product_dim b, date_dim c
                where a.product_sk = b.product_sk
                  and a.year_month = c.year * 100 + c.month
                group by product_category , year
                union all
               select product_category, min(date) date, quarter time,
2 sequence, sum(order_amount) order_amount
                 from sales_order_fact a, product_dim b, date_dim c
                where a.product_sk = b.product_sk
                  and a.year_month = c.year * 100 + c.month
                group by product_category , year , quarter
                union all
               select product_category, min(date) date, month time,
3 sequence, sum(order_amount) order_amount
                 from sales_order_fact a, product_dim b, date_dim c
                where a.product_sk = b.product_sk
                  and a.year_month = c.year * 100 + c.month
                group by product_category , year , quarter , month) x) y
 order by product_category , date , sequence , time;

-- 使用 grouping sets
select product_category,
       case when gid = 3 then 'year: '||year
            when gid = 1 then 'quarter: '||quarter
            else 'month: '||month
        end time,
       order_amount
  from (select product_category, year, quarter, month, min(date) date,
sum(order_amount) order_amount,
grouping(product_category,year,quarter,month) gid
          from sales_order_fact a, product_dim b, date_dim c
         where a.product_sk = b.product_sk
           and a.year_month = c.year * 100 + c.month
         group by grouping sets ((product_category,year,quarter,month),
(product_category,year,quarter),
(product_category,year))) x
 order by product_category , date , gid desc, time;
```

以上两种不同写法的查询语句执行结果相同：

```
product_category  |     time     | order_amount
------------------+--------------+--------------
 monitor          | year: 2021   |   2332781.00
 monitor          | quarter: 4   |   2332781.00
 monitor          | month: 12    |   2332781.00
 peripheral       | year: 2021   |    809131.00
 peripheral       | quarter: 4   |    809131.00
 peripheral       | month: 12    |    809131.00
 storage          | year: 2021   |  19350932.00
 storage          | quarter: 2   |   3848670.00
 storage          | month: 6     |   3848670.00
 storage          | quarter: 3   |  13661172.00
 storage          | month: 7     |   4149133.00
 storage          | month: 8     |   4292849.00
 storage          | month: 9     |   5219190.00
 storage          | quarter: 4   |   1841090.00
 storage          | month: 12    |   1841090.00
(15 rows)
```

第一条语句的子查询中使用 union all 集合操作，将年、季度、月三个级别的汇总数据联合成一个结果集。注意，union all 的每个查询必须包含相同个数和类型的字段。附加的 min(date)和 sequence 导出列用于对输出结果排序显示。这种写法使用标准 SQL 语法，具有通用性。

第二条语句使用 Greenplum 提供的 grouping 函数和 group by grouping sets 子句。grouping set 对列出的每一个字段组进行 group by 操作，如果字段组为空，则不进行分组处理。因此该语句会生成按产品类型、年、季度、月，类型、年、季度，类型、年分组的聚合数据行。grouping(<column> [, …])函数用于区分查询结果中的 null 值是属于列本身的还是聚合的结果行。该函数为每个参数产生一位 0 或 1，1 代表结果行是聚合行，0 表示结果行是正常分组数据行。函数值使用了位图策略（bitvector，位向量），即它的二进制形式中的每一位表示对应列是否参与分组，如果某一列参与了分组，对应位就被置为 1，否则为 0。最后将二进制数转换为十进制数返回。通过这种方式可以区分出数据本身中的 null 值。

7.4.2　多路径的层次

多路径层次是对单路径层次的扩展。当前示例数据仓库的月维度只有一条层次路径，即年-季度-月这条路径。现在增加一个新的“促销期”级别，并且加一个新的年-促销期-月的层次路径。这时月维度将有两条层次路径，因此是多路径层次维度。下面的脚本给 month_dim 表添加一个叫作 campaign_session 的新列，并建立 rds.campaign_session 过渡表：

```
-- 增加促销期列
set search_path=tds;

alter view month_dim rename to month_dim_old;

create table tds.month_dim (
   month_sk bigint, month smallint, month_name varchar(9),
   campaign_session varchar(30), quarter smallint, year smallint
```

```
) distributed by (month_sk);

insert into tds.month_dim
select month_sk,month,month_name,null,quarter,year from tds.month_dim_old;

drop view month_dim_old;

-- 建立促销期过渡表
set search_path=rds;

create table campaign_session
(campaign_session varchar(30),month smallint, year smallint)
distributed by (campaign_session);
```

假设所有促销期都不跨年，并且一个促销期可以包含一个或多个月份，但一个月份只能属于一个促销期。为了理解促销期如何工作，表 7-2 给出了一个促销期定义的示例。

表 7-2　2021 年促销期

促销期	月份
2021 年第一促销期	1 月~4 月
2021 年第二促销期	5 月~7 月
2021 年第三促销期	8 月
2021 年第四促销期	9 月~ 12 月

每个促销期有一个或多个月。一个促销期也许并不是正好一个季度，也就是说，促销期级别不能上卷到季度，但是促销期可以上卷至年级别。假设 2020 年促销期的数据如下，并保存在/home/gpadmin/campaign_session.csv 文件中：

```
2020 First Campaign,1,2020
2020 First Campaign,2,2020
2020 First Campaign,3,2020
2020 First Campaign,4,2020
2020 Second Campaign,5,2020
2020 Second Campaign,6,2020
2020 Second Campaign,7,2020
2020 Third Campaign,8,2020
2020 Last Campaign,9,2020
2020 Last Campaign,10,2020
2020 Last Campaign,11,2020
2020 Last Campaign,12,2020
```

现在可以执行下面的语句把 2020 年的促销期数据装载进月份维度表。本地文件必须在 Greenplum Master 主机上的本地目录中，并且 copy 命令需要使用 gpadmin 用户执行。

```
# 用 gpadmin 执行
psql -d dw -c "copy rds.campaign_session from
'/home/gpadmin/campaign_session.csv' with delimiter ',';"

# 用 dwtest 连接
psql -U dwtest -h mdw -d dw

-- 设置搜索路径
```

```
set search_path = tds;

-- 两表关联更新，注意 set 中不能使用别名
update month_dim as t1
   set campaign_session = t2.campaign_session
  from rds.campaign_session as t2
 where t1.year = t2.year
   and t1.month = t2.month;
```

此时查询月份维度表，可以看到 2020 年的促销期已经有了数据，其他年份的 campaign_session 字段值为空。

7.4.3 参差不齐的层次

在一个或多个级别上没有数据的层次称为不完全层次，也称为参差不齐层次。例如，在特定月份没有促销期，那么月份维度表就具有不完全促销期层次。下面是一个不完全促销期的例子，数据存储在 ragged_campaign.csv 文件中，2021 年 1 月、4 月、6 月、9 月、10 月、11 月和 12 月没有促销期。

```
,1,2021
2021 Early Spring Campaign,2,2021
2021 Early Spring Campaign,3,2021
,4,2021
2021 Spring Campaign,5,2021
,6,2021
2021 Last Campaign,7,2021
2021 Last Campaign,8,2021
,9,2021
,10,2021
,11,2021
,12,2021
```

执行下面的脚本向 month_dim 表装载 2021 年的促销期数据：

```
# 用 gpadmin 执行
psql -d dw -c "copy rds.campaign_session from
'/home/gpadmin/ragged_campaign.csv' with delimiter ',';"

# 用 dwtest 连接
psql -U dwtest -h mdw -d dw

-- 设置搜索路径
set search_path = tds;

-- 两表关联更新，注意 set 中不能使用别名
update month_dim as t1
   set campaign_session = case when t2.campaign_session != '' then
t2.campaign_session
else t1.month_name end
  from rds.campaign_session as t2
 where t1.year = t2.year
   and t1.month = t2.month;
```

在有促销期的月份，campaign_session 列填写促销期名称，而对于没有促销期的月份，该列填写月份名称。轻微参差不齐层次没有固定的层次深度，但层次深度有限，如地理层次深度通常包含 3～6 层。与其使用复杂的机制构建难以预测的可变深度层次，不如将其变换为固定深度位置设计，针对不同的维度属性确立最大深度，然后基于业务规则放置属性值。

下面为查询年-促销期-月层次的 SQL 语句和查询结果：

```
-- 查询
select product_category,
       case when gid = 3 then cast(year as varchar(10))
            when gid = 1 then campaign_session
            else month_name
        end time,
       order_amount
  from (select product_category, year, campaign_session, month, month_name,
               sum(order_amount) order_amount,
               sum(order_quantity) order_quantity,
               grouping(product_category,year,campaign_session,month) gid,
               min(month) min_month
          from sales_order_fact a, product_dim b, month_dim c
         where a.product_sk = b.product_sk
           and a.year_month = c.year * 100 + c.month
           and c.year = 2021
         group by grouping sets
((product_category,year,campaign_session,month,month_name),
(product_category,year,campaign_session),(product_category,year))) x
 order by product_category, min_month, gid desc, month;

-- 结果
 product_category |       time        | order_amount
------------------+-------------------+-------------
 monitor          | 2021              |     75251.00
 monitor          | dec               |     75251.00
 monitor          | dec               |     75251.00
 peripheral       | 2021              |     26101.00
 peripheral       | dec               |     26101.00
 peripheral       | dec               |     26101.00
 storage          | 2021              |    633974.00
 storage          | jun               |    128289.00
 storage          | jun               |    128289.00
 storage          | 2021 Last Campaign|    272322.00
 storage          | jul               |    133843.00
 storage          | aug               |    138479.00
 storage          | sep               |    173973.00
 storage          | sep               |    173973.00
 storage          | dec               |     59390.00
 storage          | dec               |     59390.00
(16 rows)
```

min_month 列用于排序。在有促销期月份的路径中，月级别的行的汇总与促销期级别的行相同。对于没有促销期的月份，其促销期级别的行与月级别的行相同。也就是说，在没有促销期级别的月份，月上卷了它们自己。例如，2021 年 6 月没有促销期，所以在输出看到，每种产品分类有两个相同的 6 月的行，其中后一行是月份级别的行，前一行表示是没有促销期的行。对于没有促销期的月份，促销期行的销售订单金额（输出里的 order_amount 列）与月分行的相同。

7.5　退化维度

退化维度技术减少维度的数量，简化多维数据仓库模式。简单的模式比复杂的更容易理解，也有更好的查询性能。有时，维度表中除了业务主键外没有其他内容。在本销售订单示例中，订单维度表除了订单号，没有任何其他属性，而订单号是事务表的主键，这种维度就是退化维度。业务系统中的主键通常是不允许修改的，销售订单只能新增，不能修改已经存在的订单号，也不会删除订单记录。因此订单维度表也不会有历史数据版本问题。

销售订单事实表中的每行记录都包括作为退化维度的订单号代理键。在操作型系统中，销售订单表是最细节事务表，订单号是订单表的主键，每条订单都可以通过订单号定位，订单中的其他属性，如客户、产品等，都依赖于订单号。也就是说，订单号把与订单属性有关的表联系起来。但是，在维度模型中，事实表中的订单号代理键通常与订单属性的其他表没有直接关联，而是将所有订单事实表关心的属性分类到不同的维度中。例如，订单日期关联到日期维度，客户关联到客户维度等。在事实表中保留订单号最主要的原因是用于连接数据仓库与操作型系统，它也可以起到事实表主键的作用。在某些情况下，可能会有一个或两个属性仍然属于订单而不属于其他维度。当然，此时订单维度就不再是退化维度了。

退化维度常被保留作为操作型事务的标识符。实际上可以将订单号作为一个属性加入到事实表中，这样订单维度就没有数据仓库需要的任何数据，此时就可以退化订单维度。我们需要先把退化维度的相关数据迁移到事实表中，然后删除退化维度。操作型事务中的控制号码，如订单号码、发票号码、提货单号码等通常产生空的维度并表示为事务事实表中的退化维度。

使用维度退化技术时先要识别数据，分析从来不用的数据列。订单维度的 order_number 就是这样的一列，但如果用户想看事务的细节，还需要订单号。因此在退化订单维度前，要把订单号迁移到 sales_order_fact 事实表。图 7-3 显示的是修改后的模式。

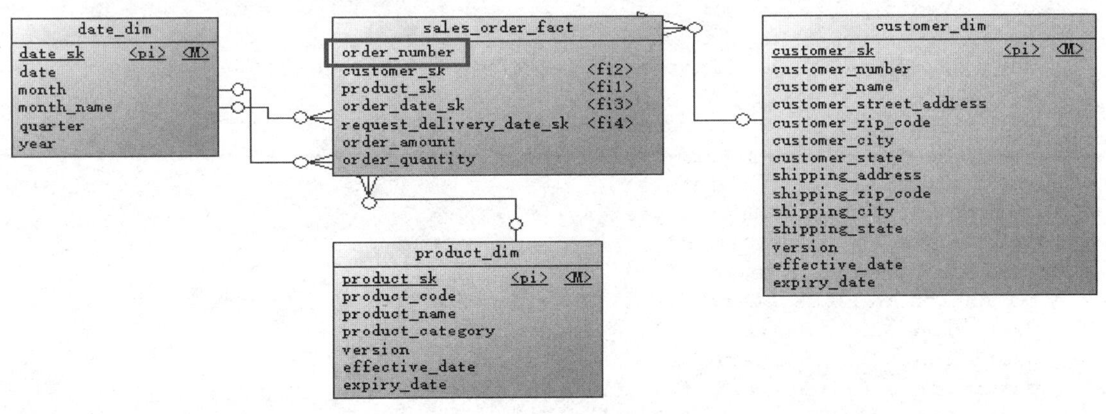

图 7-3　退化订单维度

退化 order_dim 维度表逻辑上需要执行以下操作：

步骤01 给 sales_order_fact 表添加 order_number 列。

步骤02 把 order_dim 表里的订单号迁移到 sales_order_fact 表。

步骤03 删除 sales_order_fact 表里的 order_sk 列。

步骤04 删除 order_dim 表。

在 Greenplum 分布式数据库上还需要考虑主键、唯一索引和分布键的问题。回想 6.1.2 节中创建目标库对象时，我们将 sales_order_fact 表的主键定义为(order_sk, customer_sk, product_sk, order_date_sk, year_month)，并将分布键指定为 order_sk，现在是修正这个遗留问题的时候了。

Greenplum 要求分布键必须是唯一索引列的子集，要指定 order_number 列作为分布键，先要在 order_number 列上创建唯一索引，而 order_number 列上创建的唯一索引，要包含现有分布键 order_sk。但是，order_sk 列最终要被移除，没必要在它上面建索引。再者，改变表的分布键会导致重新分布全部数据，几乎相当于重建表。基于这两点原因，我们选择重建 sales_order_fact 表。对于分布式数据库，分布键选择的重要性怎么强调都不为过，最好是在建表时就考虑清楚，如果非要重新选择分布键，建议重建表以简化操作避免麻烦。

因为涉及修改表结构，所以同样需要在执行这些操作前停止 Canal 以暂停数据同步。

1. 停止 Canal Server、Canal ClientAdapter

在主库和从库上执行以下的 SQL 语句：

```
# 停止 Canal Server，构成 Canal HA 的 126 主库、127 从库都执行
~/canal_113/deployer/bin/stop.sh
# 停止 Canal Adapter，126 执行
~/canal_113/adapter/bin/stop.sh
```

2. 退化订单维度

（1）新建事实表

```
set search_path=tds;
create table sales_order_fact_new
(order_number              bigint,
 customer_sk               bigint,
 product_sk                bigint,
 order_date_sk             integer,
 request_delivery_date_sk integer,
 year_month                integer,
 order_amount              numeric(10,2),
 order_quantity            integer,
 primary key (order_number, year_month))
 distributed by (order_number)
partition by range (year_month)
( partition p202106 start (202106) inclusive ,
  partition p202107 start (202107) inclusive ,
  partition p202108 start (202108) inclusive ,
  partition p202109 start (202109) inclusive ,
  partition p202110 start (202110) inclusive ,
  partition p202111 start (202111) inclusive ,
  partition p202112 start (202112) inclusive ,
  partition p202201 start (202201) inclusive ,
```

```
    partition p202202 start (202202) inclusive ,
    partition p202203 start (202203) inclusive
                    end (202204) exclusive );
```

（2）装载新事实表

```
insert into sales_order_fact_new
select t2.order_number, t1.customer_sk, t1.product_sk, t1.order_date_sk,
t1.request_delivery_date_sk, t1.year_month, t1.order_amount, t1.order_quantity
  from sales_order_fact t1, order_dim t2
 where t1.order_sk = t2.order_sk;
```

（3）删除老事实表

```
drop table sales_order_fact cascade;
```

由于 rds.sales_order 表上的规则 r_insert_sales_order 使用了 sales_order_fact 表，存在依赖关系，所以要加上 cascade 级联删除，否则报错：

```
dw=> drop table sales_order_fact;
ERROR:  cannot drop table sales_order_fact because other objects depend on it
DETAIL:  rule r_insert_sales_order on table rds.sales_order depends on table
sales_order_fact
HINT:  Use DROP ... CASCADE to drop the dependent objects too.
```

（4）改表名

```
alter table sales_order_fact_new rename to sales_order_fact;
```

（5）分析表

```
analyze sales_order_fact;
```

（6）删除订单维度表

```
drop table order_dim;
```

3. 重建被级联删除的 r_insert_sales_order 规则

做以下两点修改：

- 去掉装载 order_dim 维度表的语句。
- 事实表中的 order_number 字段从 rds.sales_order 表获得。

```
create rule r_insert_sales_order as on insert to rds.sales_order do also
(insert into sales_order_fact
(order_number,customer_sk,product_sk,order_date_sk,request_delivery_date_sk,
year_month,order_amount,order_quantity)
 select new.order_number, customer_sk, product_sk, d.date_sk, e.date_sk,
to_char(new.order_date, 'YYYYMM')::int, new.order_amount, new.order_quantity
   from customer_dim b, product_dim c, date_dim d, date_dim e
  where new.customer_number = b.customer_number and b.expiry_dt = '2200-01-01'
    and new.product_code = c.product_code and c.expiry_dt = '2200-01-01'
    and date(new.order_date) = d.date
    and date(new.request_delivery_date) = e.date);
```

4. 启动 Canal Server、Canal ClientAdapter

在主库和从库上执行以下的 SQL 语句：

```
# 启动 Canal Server，在构成 Canal HA 的 126 主库、127 从库上顺序执行
~/canal_113/deployer/bin/startup.sh

# 在 126 上执行
~/canal_113/adapter/bin/startup.sh
```

5. 测试

执行下面的 SQL 语句在源库上生成 2021 年 12 月 31 日的 2 条销售订单。为了保证自增订单号与订单时间顺序相同，注意@order_date 变量的赋值。

```
-- 126 MySQL 主库执行
use source;
-- 新增订单日期为 2021 年 12 月 31 日的 2 条订单
set sql_log_bin = 0;

set @start_date := unix_timestamp('2021-12-31 12:00:00');
set @end_date := unix_timestamp('2022-01-01');
-- 请求交付日期为 2022 年 1 月 4 日
set @request_delivery_date := '2022-01-04';
drop table if exists temp_sales_order_data;
create table temp_sales_order_data as select * from sales_order where 1=0;

set @customer_number := floor(1 + rand() * 14);
set @product_code := floor(1 + rand() * 4);
set @order_date := from_unixtime(@start_date + rand() * (@end_date -
@start_date));
set @amount := floor(1000 + rand() * 9000);
set @quantity := floor(10 + rand() * 90);
insert into temp_sales_order_data
values (1, @customer_number, @product_code, @order_date,
@request_delivery_date, @order_date, @amount, @quantity);

... 新增 2 条订单 ...

set sql_log_bin = 1;
insert into sales_order
select null,customer_number,product_code,order_date,request_delivery_date,
entry_date,order_amount,order_quantity
  from temp_sales_order_data
 order by order_date;
commit ;
```

脚本执行成功后，查询 sales_order_fact 表，验证新增的 2 条订单是否被正确装载：

```
select a.order_number onum, customer_name cname, product_name pname, e.date
odate, f.date rdate, order_amount amount, order_quantity quantity
  from sales_order_fact a,
       customer_dim b,
       product_dim c,
       date_dim e,
       date_dim f
```

```
where a.customer_sk = b.customer_sk
  and a.product_sk = c.product_sk
  and a.order_date_sk = e.date_sk
  and a.request_delivery_date_sk = f.date_sk
order by order_number desc
limit 5;
```

查询结果如下：

```
onum|      cname       |     pname      |    odate     |    rdate    | amount  |quantity
----+------------------+----------------+--------------+-------------+---------+------
130 | loyal clients    | floppy drive   | 2021-12-31  |2022-01-04|8237.00 |  33
129 | small-medium...  | keyboard       | 2021-12-31  |2022-01-04|3703.00 |  21
128 | loyal clients    | hard disk...   | 2021-12-31  |2022-01-04|8663.00 |  65
127 | subsidiaries     | flat panel     | 2021-12-31  |2022-01-04|7426.00 |  99
126 | small-medium...  | flat panel     | 2021-12-31  |2022-01-04|3081.00 |  65
(5 rows)
```

可以看到新增两条记录的订单号被正确装载。

7.6 杂项维度

本节讨论杂项维度。简单地说，杂项维度就是一种包含的数据具有很少可能值的维度。事务型商业过程通常产生一系列混杂的、低基数的标志位或状态信息。与其为每个标志或属性定义不同的维度，不如建立单独的、将不同维度合并到一起的杂项维度。这些维度通常在一个模式中被标记为事务型概要维度，一般不需要所有属性可能值的笛卡尔积，但应该至少包含实际发生在源数据中的组合值。例如，在销售订单中，可能存在有很多离散数据（yes-no 这种开关类型的值）：

- verification_ind（如果订单已经被审核，值为 yes）。
- credit_check_flag（表示此订单的客户信用状态是否已经被检查）。
- new_customer_ind（如果这是新客户的首个订单，值为 yes）。
- web_order_flag（表示一个订单是在线上订单还是线下订单）。

这类数据常被用于增强销售分析，其特点是属性可能很多但每种属性的可能值却很少。在建模复杂的操作型源系统时，经常会遭遇大量五花八门的标志或状态信息，它们包含小范围的离散值。处理这些较低基数的标志或状态位可以采用以下几种方法：

（1）忽略这些标志和指标

姑且将这种回避问题的处理方式也算作方法之一吧。在开发 ETL 系统时，ETL 开发小组可以向业务用户询问有关忽略这些标志的必要问题，如果它们是微不足道的。但是这样的方案通常立即就被否决了，因为有人偶尔还需要它们。

（2）保持事实表行中的标志位不变

以销售订单为例，和源数据库一样，我们可以在事实表中也建立这四个标志位字段。在装载事实表时，除了订单号以外，同时装载这四个字段的数据，这些字段没有对应的维度表，而是作为订单的属性保留在事实表中。

这种处理方法简单直接，装载过程不需要做大量修改，也不需要建立相关的维度表。但是一般我们不希望在事实表中存储难以识别的标志位，尤其是当每个标志位还配有一个文字描述字段时。不要在事实表行中存储包含大量字符的描述符，因为每一行都会有文字描述，它们可能会使表快速膨胀。在行中保留一些文本标志是令人反感的，比较好的做法是分离出单独的维度表来保存这些标志位字段的数据，它们的数据量很小，并且极少改变。事实表通过维度表的代理键引用这些标志。

（3）将每个标志位放入其自己的维度中

例如，为销售订单的四个标志位分别建立四个对应的维度表。装载事实表数据前先处理这四个维度表，必要时生成新的代理键，然后在事实表中引用这些代理键。这种方法是将杂项维度当作普通维度来处理，多数情况下这也是不合适的。

首先，当类似的标志或状态位字段比较多时，需要建立很多的维度表。其次，事实表的外键数也会大量增加。处理这些新增的维度表和外键需要大量修改数据装载脚本，还会增加出错的机会，同时会给 ETL 的开发、维护、测试过程带来很大的工作量。最后，杂项维度的数据有自己明显的特点，即属性多但每个属性的值少，并且极少修改，这种特点决定了它应该与普通维度的处理区分开。

作为一个经验值，如果外键的数量处于合理的范围中，即不超过 20 个，则在事实表中增加不同的外键是可以接受的。若外键列表已经很长，则应该避免将更多外键加入事实表中。

（4）将标志位字段存储到订单维度中

可以将标志位字段添加到订单维度表中。上一节我们将订单维度表作为退化维度删除了，因为它除了订单号外没有其他任何属性。与其将订单号当成是退化维度，不如视其为将低基数标志或状态作为属性的普通维度。事实表通过引用订单维度表的代理键，关联到所有的标志位信息。

尽管该方法精确地表示了数据关系，但依然存在前面讨论的问题。在订单维度表中，每条业务订单都会存在对应的一条销售订单记录，该维度表的记录数会膨胀到跟事实表一样多，而在如此多的数据中，每个标志位字段都存在大量的冗余。通常维度表应该比事实表小得多。

（5）使用杂项维度

处理这些标志位的适当替换方法是将它们包装为一个杂项维度，其中放置各种离散的标志或状态数据。对杂项维度数据量的估算会影响其建模策略。如果某个简单的杂项维度包含 10 个二值标识，则最多将包含 1024（2^10）行。杂项维度可提供所有标识的组合，并用于基于这些标识的约束和报表。在事实表与杂项维度之间存在一个单一的、小型的代理键。

如果具有高度非关联的属性，包含更多的数量值，则将它们合并为单一的杂项维度是不合适的。假设存在 5 个标识，每个仅包含 3 个值，则单一杂项维度是这些属性的最佳选择，因为维度最多仅有 243（3^5）行。但如果是 5 个没有关联的标识，每个具有 100 个可能值，则建议建立不同维度，因为单一杂项维度表最大可能存在 100 亿（100^5）行。

关于杂项维度的一个微妙的问题是，在杂项维度中行的组合确定并已知的前提下，是应该事先为所有组合的完全笛卡尔积建立行，还是建立杂项维度行，只用于保存那些在源系统中出现的组合情况的数据。答案要看大概有多少可能的组合，最大行数是多少。一般来说，理论上组合的数量较小，比如只有几百行时，可以预装载所有组合的数据。而组合的数量大，那么在数据获取时，当遇到新标志或指标时再建立杂项维度行。当然，如果源数据中用到了全体组合时，那别无选择，只能预先装载好全部杂项维度数据。

图 7-4 显示的是增加杂项维度表后的数据仓库模式，这里只显示和销售订单事务相关的表。

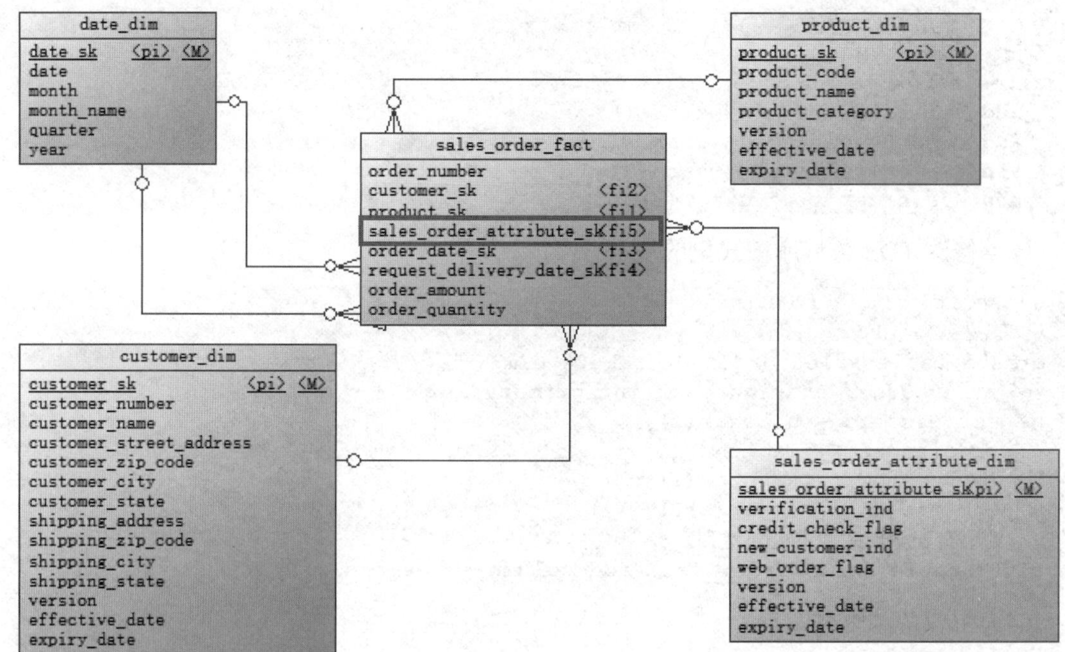

图 7-4　杂项维度

给现有数据仓库新增一个销售订单属性杂项维度。需要新增一个名为 sales_order_attribute_dim 的杂项维度表，该表包括四个 yes-no 列：verification_ind、credit_check_flag、new_customer_ind 和 web_order_flag，各列的含义已经在本节开头进行了说明。每个列可以有两个可能值中的一个，Y 或 N，因此 sales_order_attribute_dim 表最多有 16（2^4）行。假设这 16 行已经包含了所有可能的组合，并且不考虑杂项维度修改的情况，则可以预装载这个维度，并且只需装载一次。下面描述销售订单示例数据仓库中杂项维度的具体实现。

1. 停止 Canal Server、Canal ClientAdapter

在主库和从库上执行以下的 SQL 语句：

```
# 停止Canal Server，构成Canal HA的126主库、127从库都执行
~/canal_113/deployer/bin/stop.sh
# 停止Canal Adapter，126执行
~/canal_113/adapter/bin/stop.sh
```

2. 修改表结构

（1）给源库的销售订单表增加对应属性

```
-- 在126 MySQL主库中执行
use source;
alter table sales_order
  add verification_ind char (1) after product_code,
  add credit_check_flag char (1) after verification_ind,
```

```
    add new_customer_ind char (1) after credit_check_flag,
    add web_order_flag char (1) after new_customer_ind ;
```

（2）修改 RDS 数据库模式里的表

```
-- 订单表增加四个属性，与源表保持结构一致
set search_path to rds;
alter table sales_order
  add verification_ind char (1),
  add credit_check_flag char (1),
  add new_customer_ind char (1),
  add web_order_flag char (1);
```

（3）修改 TDS 数据库模式里的表

```
set search_path to tds;
-- 建立杂项维度表
create table sales_order_attribute_dim (
    sales_order_attribute_sk int primary key,
    verification_ind char(1),
    credit_check_flag char(1),
    new_customer_ind char(1),
    web_order_flag char(1) );
-- 为事实表增加杂项维度外键列
alter table sales_order_fact add column sales_order_attribute_sk int;
```

（4）生成杂项维度数据

```
-- 共插入 16 条记录
insert into sales_order_attribute_dim values
(1,'n','n','n','n'),(2,'n','n','n','y'),(3,'n','n','y','n'),(4,'n','n','y'
,'y'),
(5,'n','y','n','n'),(6,'n','y','n','y'),(7,'n','y','y','n'),(8,'n','y','y'
,'y'),
(9,'y','n','n','n'),(10,'y','n','n','y'),(11,'y','n','y','n'),
(12,'y','n','y','y'),(13,'y','y','n','n'),(14,'y','y','n','y'),
(15,'y','y','y','n'),(16,'y','y','y','y');
```

3. 重建相关规则

杂项属性维度数据已经预装载，所以只需要修改处理事实表的部分规则。源数据中有四个属性列，而事实表中只对应一列，因此需要使用四列关联条件的组合来确定杂项维度表的代理键值，并装载到事实表中。

```
drop rule r_insert_sales_order on rds.sales_order;
create rule r_insert_sales_order as on insert to rds.sales_order do also
(insert into sales_order_fact
(order_number,customer_sk,product_sk,order_date_sk,request_delivery_date_sk,
year_month,order_amount,order_quantity, sales_order_attribute_sk)
 select new.order_number, customer_sk, product_sk, d.date_sk, e.date_sk,
to_char(new.order_date, 'YYYYMM')::int, new.order_amount,
new.order_quantity, f.sales_order_attribute_sk
   from customer_dim b, product_dim c, date_dim d, date_dim e,
sales_order_attribute_dim f
  where new.customer_number = b.customer_number and b.expiry_dt = '2200-01-01'
    and new.product_code = c.product_code and c.expiry_dt = '2200-01-01'
```

```
    and date(new.order_date) = d.date
    and date(new.request_delivery_date) = e.date
    and new.verification_ind = f.verification_ind
    and new.credit_check_flag = f.credit_check_flag
    and new.new_customer_ind = f.new_customer_ind
    and new.web_order_flag = f.web_order_flag);
```

4. 修改 Canal ClientAdapter 表映射

在 sales_order.yml 文件中添加新增四个字段的映射。

```
$cat ~/canal_113/adapter/conf/rdb/sales_order.yml
...
    verification_ind: verification_ind
    credit_check_flag: credit_check_flag
    new_customer_ind: new_customer_ind
    web_order_flag: web_order_flag
  commitBatch: 30000 # 批量提交的大小
```

5. 启动 Canal Server、Canal ClientAdapter

在主库和从库上执行以下的 SQL 语句：

```
# 启动 Canal Server，在构成 Canal HA 的 126 主库、127 从库上顺序执行
~/canal_113/deployer/bin/startup.sh

# 在 126 上执行
~/canal_113/adapter/bin/startup.sh
```

6. 测试

在 MySQL 主库中执行下面的 SQL 语句添加 8 个销售订单。

```
-- 126 MySQL 主库执行
use source;
-- 新增订单日期为 2021 年 12 月 31 日的 8 条订单
set sql_log_bin = 0;

set @start_date := unix_timestamp('2021-12-31 16:00:00');
set @end_date := unix_timestamp('2022-01-01');
-- 请求交付日期为 2022 年 1 月 4 日
set @request_delivery_date := '2022-01-04';
drop table if exists temp_sales_order_data;
create table temp_sales_order_data as select * from sales_order where 1=0;

set @customer_number := floor(1 + rand() * 14);
set @product_code := floor(1 + rand() * 4);
set @order_date := from_unixtime(@start_date + rand() * (@end_date -
@start_date));
set @amount := floor(1000 + rand() * 9000);
set @quantity := floor(10 + rand() * 90);
insert into temp_sales_order_data
values (1, @customer_number, @product_code, 'y', 'y', 'y', 'n', @order_date,
@request_delivery_date, @order_date, @amount, @quantity);

... 添加各种属性组合的 8 条记录 ...
```

```
    set sql_log_bin = 1;
    insert into sales_order
    select
null,customer_number,product_code,verification_ind,credit_check_flag,
    new_customer_ind,web_order_flag,order_date,request_delivery_date,
    entry_date,order_amount,order_quantity
      from temp_sales_order_data
     order by order_date;
    commit ;
```

可以使用下面的分析性查询确认装载是否正确：

```
    -- 查询
    select round(cast(checked as float) / (checked + not_checked) * 100)||' % '
      from (select sum(case when credit_check_flag='y' then 1 else 0 end) checked,
                   sum(case when credit_check_flag='n' then 1 else 0 end) not_checked
              from sales_order_fact a, sales_order_attribute_dim b
     where new_customer_ind = 'y'
       and a.sales_order_attribute_sk = b.sales_order_attribute_sk) t;

    -- 结果
     ?column?
    ----------
     67 %
    (1 row)
```

该查询分析出检查了信用状态的新用户所占的比例。sum(case when...)是 SQL 中一种常用的行转列方法，用于列数固定的场景。在我们的测试数据中，查询的返回值为 67%。

> **注 意**
>
> 查询中销售订单事实表与杂项维度表使用的是内连接，因此只会匹配新增的 8 条记录，而查询结果比例的分母只能出自这 8 条记录。

7.7 维度合并

有一种合并维度的情况，就是本来属性相同的维度，因为某种原因被设计成重复的维度属性。随着数据仓库中维度的增加，我们会发现有些通用的数据存在于多个维度中。例如在销售订单示例中，客户维度的客户地址相关信息、送货地址相关信息里都有邮编、城市和省份。为了合并维度，需要改变数据仓库表结构，图 7-5 显示的是修改后的模式，新增了一个 zip_code_dim 邮编信息维度表，sales_order_fact 事实表的结构也做了相应的修改，图中只显示了与邮编维度相关的表。

zip_code_dim 维度表与销售订单事实表相关联，这个关系替换了事实表与客户维度的关系。sales_order_fact 表需要两个关系，一个关联到客户地址邮编，另一个关联到送货地址邮编，相应地增加了两个外键字段。再次强调，Greenplum 语法上虽然支持外键定义，但并不强制外键约束。

下面说明如何把客户维度里的两个邮编相关信息合并到一个新的维度中。

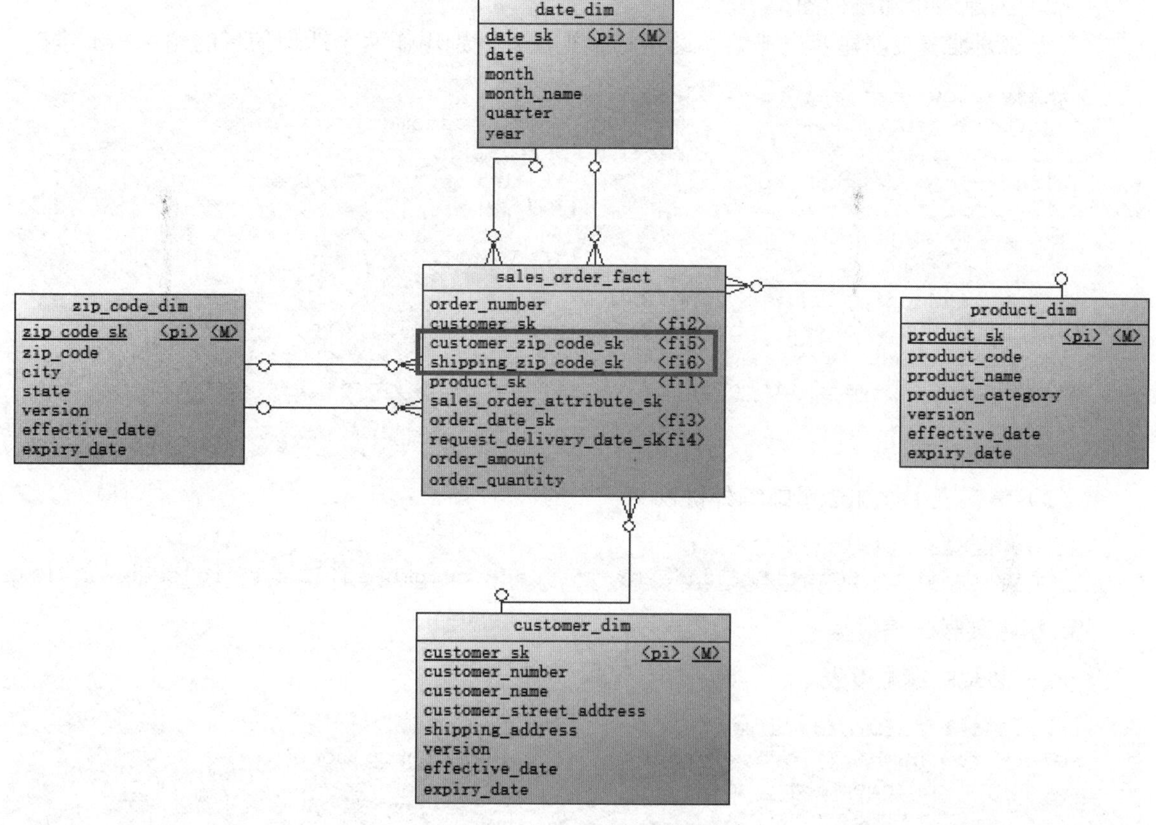

图 7-5　合并邮编信息维度

1. 停止 Canal Server、Canal ClientAdapter

在主库和从库上执行如下 SQL 语句：

```
# 停止 Canal Server，构成 Canal HA 的 126 主库、127 从库都执行
~/canal_113/deployer/bin/stop.sh
# 停止 Canal Adapter，126 执行
~/canal_113/adapter/bin/stop.sh
```

2. 修改表结构

（1）创建邮编维度表

执行下面的语句创建邮编维度表。该维度表有邮编、城市、省份三个业务属性。邮编数量不多，也不会经常改变，所以主键 zip_code_sk 没有使用自增序列。

```
set search_path=tds;
create table zip_code_dim (
    zip_code_sk int primary key,
    zip_code int,
    city varchar(30),
    state varchar(2),
    version int,
    effective_date date,
```

```
    expiry_date date );
```

（2）创建两个邮编视图

基于邮编维度表创建客户邮编和送货邮编视图，分别用作两个地理信息的角色扮演维度。

```
create view customer_zip_code_dim
(customer_zip_code_sk, customer_zip_code, customer_city,
 customer_state, version, effective_date, expiry_date) as
select zip_code_sk, zip_code, city, state, version, effective_date,
expiry_date
  from zip_code_dim;

create view shipping_zip_code_dim
(shipping_zip_code_sk, shipping_zip_code, shipping_city,
 shipping_state, version, effective_date, expiry_date) as
select zip_code_sk, zip_code, city, state, version, effective_date,
expiry_date
  from zip_code_dim;
```

（3）事实表上增加 2 个邮编外键列

```
alter table sales_order_fact
  add column customer_zip_code_sk int, add column shipping_zip_code_sk int;
```

3. 初始装载邮编数据

（1）装载邮编维度表

```
insert into zip_code_dim
select row_number() over (order by t1.customer_zip_code),
           customer_zip_code,
           customer_city,
           customer_state,
           1,'2021-06-01','2200-01-01'
  from (select distinct customer_zip_code, customer_city, customer_state
          from customer_dim
         where customer_zip_code is not null
         union
        select distinct shipping_zip_code, shipping_city, shipping_state
          from customer_dim
         where shipping_zip_code is not null) t1;
```

初始数据来自客户维度表，这只是为了演示数据装载的过程。客户的邮编信息很可能覆盖不到所有邮编，所以更好的方法是装载一个完整的邮编信息表。由于客户地址和送货地址可能存在交叉的情况，因此使用 union 联合两个查询。注意，这里不能使用 union all，因为需要去除重复的数据。送货地址的三个字段是在 7.1 节中后加的，在此之前数据的送货地址为空。邮编维度表中不能含有空值，所以要加上 where shipping_zip_code is not null 过滤条件去除邮编信息为空的数据行。

（2）装载事实表

```
update sales_order_fact t1
   set customer_zip_code_sk = t2.customer_zip_code_sk,
shipping_zip_code_sk = t2.shipping_zip_code_sk
  from (select t1.order_number, t2.customer_zip_code_sk,
```

```
t3.shipping_zip_code_sk
            from sales_order_fact t1
          left join (select a.order_number order_number,
    c.customer_zip_code_sk customer_zip_code_sk
                     from sales_order_fact a, customer_dim b,
customer_zip_code_dim c
                    where a.customer_sk = b.customer_sk
                      and b.customer_zip_code = c.customer_zip_code) t2
               on t1.order_number = t2.order_number
          left join (select a.order_number order_number,
    c.shipping_zip_code_sk shipping_zip_code_sk
                     from sales_order_fact a, customer_dim b,
shipping_zip_code_dim c
                    where a.customer_sk = b.customer_sk
                      and b.shipping_zip_code = c.shipping_zip_code) t3
               on t1.order_number = t3.order_number) t2
     where t1.order_number = t2.order_number;
```

更新邮编外键时，同时需要关联两个邮编角色维度视图，查询出两个代理键，装载到事实表中。注意，老的事实表与新的邮编维度表是通过客户维度表关联起来的，所以在子查询中需要三表连接，然后用两个左外连接查询出所有原事实表数据，装载到新的增加了邮编维度代理键的事实表中。

4. 修改客户维度表及依赖它的对象

（1）级联删除邮编相关的 6 列

```
    alter table customer_dim
     drop column customer_zip_code cascade, drop column customer_city,
     drop column customer_state, drop column shipping_zip_code,
     drop column shipping_city, drop column shipping_state;
```

（2）重建规则，去掉邮编相关的 6 列

```
    create rule r_insert_customer as on insert to customer do also
    (insert into customer_dim
(customer_number,customer_name,customer_street_address,version,
    effective_dt,expiry_dt,shipping_address)
     values
(new.customer_number,new.customer_name,new.customer_street_address,1,
    now(),'2200-01-01',new.shipping_address););

    create rule r_update_customer as on update to customer do also
    (update customer_dim set expiry_dt=now()
      where customer_number=new.customer_number and expiry_dt='2200-01-01'
    and ( not (customer_street_address <=> new.customer_street_address)
    or not (shipping_address <=> new.shipping_address));

    insert into customer_dim
(customer_number,customer_name,customer_street_address,version,
    effective_dt,expiry_dt,shipping_address)
    select new.customer_number,new.customer_name,new.customer_street_address,
    version + 1,expiry_dt,'2200-01-01',new.shipping_address
      from customer_dim
     where customer_number=new.customer_number
```

```
      and (not (customer_street_address <=> new.customer_street_address)
    or not (shipping_address <=> new.shipping_address))
      and version=(select max(version)
                   from customer_dim
                  where customer_number=new.customer_number);

    update customer_dim set customer_name=new.customer_name
     where customer_number=new.customer_number and
customer_name<>new.customer_name);
```

（3）建立 PA 维度视图和物化视图

```
    create view pa_customer_dim as
    select distinct a.*
      from customer_dim a, sales_order_fact b, customer_zip_code_dim c
     where c.customer_state = 'pa'
      and b.customer_zip_code_sk = c.customer_zip_code_sk
      and a.customer_sk = b.customer_sk;

    create materialized view mv_pa_customer_dim as
    select distinct a.*
      from customer_dim a, sales_order_fact b, customer_zip_code_dim c
     where c.customer_state = 'pa'
      and b.customer_zip_code_sk = c.customer_zip_code_sk
      and a.customer_sk = b.customer_sk
    distributed by (customer_sk);
```

因为customer_dim维度表上存在依赖它的r_insert_customer规则、r_update_customer规则、pa_customer_dim视图和mv_pa_customer_dim物化视图，需要级联删除，然后重建这些对象。州代码已经从客户维度表删除，被放到了新的邮编维度表中，而客户维度和邮编维度并没有直接关系，它们是通过事实表的客户代理键和邮编代理键产生联系，因此必须关联事实表、客户维度表、邮编维度表三个表才能取出 PA 子维度数据。

5. 重建装载事实表的规则

执行如下 SQL 语句重建装载事实表的规则：

```
    drop rule r_insert_sales_order on rds.sales_order;
    create rule r_insert_sales_order as on insert to rds.sales_order do also
    (insert into sales_order_fact
    (order_number,customer_sk,product_sk,order_date_sk,request_delivery_date_sk,
    year_month,order_amount,order_quantity, sales_order_attribute_sk,
    customer_zip_code_sk,shipping_zip_code_sk)
     select new.order_number, customer_sk, product_sk, d.date_sk, e.date_sk,
to_char(new.order_date, 'YYYYMM')::int, new.order_amount, new.order_quantity,
f.sales_order_attribute_sk, g.customer_zip_code_sk, h.shipping_zip_code_sk
      from customer_dim b, product_dim c, date_dim d, date_dim e,
sales_order_attribute_dim f, customer_zip_code_dim g, shipping_zip_code_dim h,
rds.customer i
     where new.customer_number = b.customer_number and b.expiry_dt = '2200-01-01'
      and new.product_code = c.product_code and c.expiry_dt = '2200-01-01'
      and date(new.order_date) = d.date
      and date(new.request_delivery_date) = e.date
      and new.verification_ind = f.verification_ind
      and new.credit_check_flag = f.credit_check_flag
```

```
        and new.new_customer_ind = f.new_customer_ind
        and new.web_order_flag = f.web_order_flag
        and new.customer_number = i.customer_number
        and i.customer_zip_code = g.customer_zip_code and g.expiry_date =
'2200-01-01'
        and i.shipping_zip_code = h.shipping_zip_code and h.expiry_date =
'2200-01-01'
    );
```

装载事实表数据时，除了关联两个邮编维度视图外，还要关联过渡区的 rds.customer 表。这是因为要取得邮编维度代理键，必须连接邮编代码字段，而邮编代码已经从客户维度表中删除，只保留在源数据的客户表中。

6. 启动 Canal Server、Canal ClientAdapter

在主库和从库上执行如下 SQL 语句：

```
# 启动 Canal Server，在构成 Canal HA 的 126 主库、127 从库上顺序执行
~/canal_113/deployer/bin/startup.sh

# 在 126 上执行
~/canal_113/adapter/bin/startup.sh
```

7. 测试

按照以下步骤进行测试（代码略）。

步骤 01 对源数据的客户邮编相关信息做一些修改。

步骤 02 装载新的客户数据前，查询最后的客户和送货邮编，后面可以用改变后的信息和此查询的输出作对比。

步骤 03 新增销售订单源数据。

步骤 04 查询客户维度表、销售订单事实表和 PA 子维度表，确认数据已经被正确装载。

7.8 分段维度

在客户维度中，最具有分析价值的属性就是各种分类，这些属性的变化范围比较大。对某个个体客户来说，可能的分类属性包括：性别、年龄、民族、职业、收入和状态，例如，新客户、活跃客户、不活跃客户、已流失客户等。在这些分类属性中，有一些能够定义成包含连续值的分段，例如年龄和收入这种数值型的属性，天然就可以分成连续的数值区间，而像状态这种描述性的属性，可能需要用户根据自己的实际业务仔细定义，通常定义的根据是某种可度量的数值。

组织还可能使用为其客户打分的方法来刻画客户行为。分段维度模型通常以不同方式按照积分将客户分类，例如，基于他们的购买行为、支付行为、流失走向等。每个客户用所得的分数进行标记。

一个常用的客户评分及分析系统是考察客户行为的相关度（R）、频繁度（F）和强度（I），该方法被称为 RFI 方法。有时将强度替换为消费度（M），因此也被称为 RFM 方法。相关度

是指客户上次购买或访问网站距今的天数。频繁度是指一段时间内客户购买或访问网站的次数，通常是指过去一年的情况。强度是指客户在某一固定时间周期中消费的总金额。在处理大型客户数据时，某个客户的行为可以按照如图 7-6 所示的 RFI 多维数据仓库建模。在此图中，每个维度形成一条数轴，某个轴的积分度量值为 1~5，代表某个分组的实际值，三条数轴组合构成客户积分立方体，每个客户的积分都在这个立方体之中。

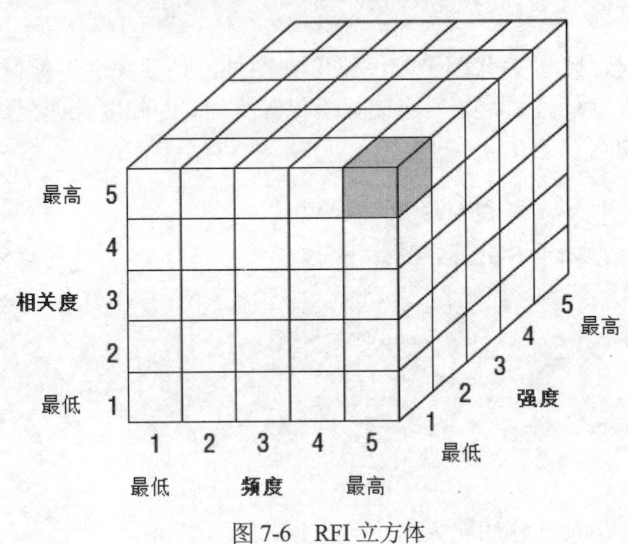

图 7-6 RFI 立方体

定义有意义的分组至关重要。应该由业务人员和数据仓库开发团队共同定义可能会利用的行为标识，更复杂的场景可能包含信用行为和回报情况，例如定义如下 8 个客户标识：

- A：活跃客户，信誉良好，产品回报多。
- B：活跃客户，信誉良好，产品回报一般。
- C：最近的新客户，尚未建立信誉等级。
- D：偶尔出现的客户，信誉良好。
- E：偶尔出现的客户，信誉不好。
- F：以前的优秀客户，最近不常见。
- G：只逛不买的客户，几乎没有效益。
- H：其他客户。

至此可以考察客户时间序列数据，并将某个客户关联到报表期间的最近分类中。例如，某个客户在最近 10 个考察期间的情况可以表示为：CCCDDAAABB。这一行为时间序列标记来自于固定周期度量过程，观察值是文本类型的，不能计算或求平均值，但是它们可以被查询。例如，可以发现在以前的第 5 个、第 4 个或第 3 个周期中获得 A 且在第 2 个或第 1 个周期中获得 B 的所有客户。通过这样的进展分析还可以发现那些可能失去的有价值的客户，进而用于提高产品回报率。

行为标记可能不会被当成普通事实存储，因为它虽然由事实表的度量所定义，但其本身不是度量值。行为标记的主要作用在于为前面描述的例子制定复杂的查询模式。推荐的处理行为标记的方法是为客户维度建立分段属性的时间序列。这样 BI 接口比较简单，因为列都在同一个表中；性能也较好，因为可以对它们建立时间戳索引。除了为每个行为标记时间周期建立不同的列外，建立单一的包含多个连续行为标记的连接字符串，也是较好的一种方法，例如，CCCDDAAABB。该列支持通配符模糊搜索模式，例如，“D 后紧跟着 B”可以简单实现为“where flag like '%DB%'”。

下面以销售订单为例，说明分段维度的实现技术。分段维度包含连续的分段度量值。例如，年度销售订单分段维度可能包含有叫作“低”“中”“高”的三个档次，各档定义分别为消费额在 0.01 到 3000、3000.01 到 6000.00、6000.01 到 99999999.99 区间，如果一个客户的年度销售订单金额累计为 1000，则被归为“低”档。分段维度可以存储多个分段集合。例如，可能有一个用于促销分析的分段集合，另一个用于市场细分，可能还有一个用于销售区域计划。分段一般由用户定义，而且很少能从源事务数据直接获得。

1. 年度销售订单星型模式

为了实现年度订单分段维度，我们需要两个新的星型模式，如图 7-7 所示。

第一个星型模式由 annual_sales_order_fact 事实表、customer_dim 维度表和 year_dim 维度表构成。年维度是新建的维度表，是日期维度的子集。年度销售额事实表存储客户一年的消费总额，数据从现有的销售订单事实表汇总而来。

第二个星型模式由 annual_customer_segment_fact 事实表、annual_order_segement_dim 维度表、customer_dim 维度表和 year_dim 维度表构成。客户年度分段事实表中没有度量，只有来自三个相关维度表的代理键，因此它是一个无事实的事实表，存储的数据实际上就是前面所说的行为时间序列标记。8.4 节将详细讨论无事实事实表技术。年度订单分段维度表用于存储分段的定义，在本例中，它只与年度分段事实表有关系。

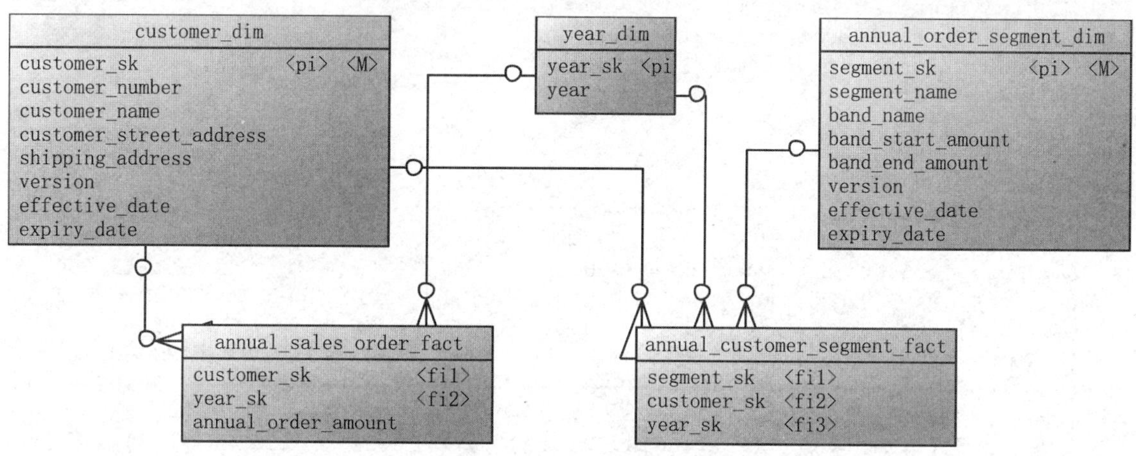

图 7-7　年度销售额分段维度

如果多个分段的属性相同，可以将它们存储到单一维度表中，因为分段通常都有很小的基数。本例中 annual_order_segment_dim 表存储了 project 和 grid 两种分段集合，它们都是按照客户的年度销售订单金额分类的。分段维度按消费金额的定义如表 7-3 所示，project 分 6 段，grid 分 3 段。

表 7-3　客户年度消费分段维度定义

分段类别	分段名称	开始值	结束值
Project	bottom	0.01	2500.00
Project	low	2500.01	3000.00
Project	mid-low	3000.01	4000.00
Project	mid	4000.00	5500.00
Project	mid-high	5500.01	6500.00
Project	top	6500.01	99999999.99
Grid	low	0.01	3000.00
Grid	mid	3000.01	6000.00
Grid	high	6000.01	99999999.99

每一分段有一个开始值和一个结束值。 分段的粒度就是本段和下段之间的间隙。粒度必须是度量的最小可能值，在销售订单示例中，金额的最小值是 0.01。最后一个分段的结束值是销售订单金额可能的最大值。下面的脚本用于建立分段维度数据仓库表，包括年份维度表、分段维度表、年度销售事实表和年度客户消费分段事实表，只有分段维度表需要 SCD 处理。因为都是新建表，不涉及对已有表的 DDL 修改，所以不用事先停止 Canal 服务。

```
set search_path=tds;

create table annual_order_segment_dim (
   segment_sk int primary key,
   segment_name varchar(30),
   band_name varchar(50),
   band_start_amount decimal(10,2),
   band_end_amount decimal(10,2),
   version int,
   effective_date date,
   expiry_date date );

insert into annual_order_segment_dim values
(1, 'project', 'bottom', 0.01, 2500.00, 1, '2021-06-01', '2200-01-01'),
(2, 'project', 'low', 2500.01, 3000.00, 1, '2021-06-01', '2200-01-01'),
(3, 'project', 'mid-low', 3000.01, 4000.00, 1, '2021-06-01', '2200-01-01'),
(4, 'project', 'mid', 4000.01, 5500.00, 1, '2021-06-01', '2200-01-01'),
(5, 'project', 'mid_high', 5500.01, 6500.00, 1, '2021-06-01', '2200-01-01'),
(6, 'project', 'top', 6500.01, 99999999.99, 1, '2021-06-01', '2200-01-01'),
(7, 'grid', 'low', 0.01, 3000, 1, '2021-06-01', '2200-01-01'),
(8, 'grid', 'med', 3000.01, 6000.00, 1, '2021-06-01', '2200-01-01'),
(9, 'grid', 'high', 6000.01, 99999999.99, 1, '2021-06-01', '2200-01-01');

create table year_dim (year_sk int primary key, year int);

create table annual_sales_order_fact (
   customer_sk int,
   year_sk int,
   annual_order_amount decimal(10, 2),
   primary key (customer_sk, year_sk));
```

```
create table annual_customer_segment_fact (
    segment_sk int,
    customer_sk int,
    year_sk int,
    primary key (segment_sk, customer_sk, year_sk));
```

2. 初始装载

执行下面的脚本初始装载分段相关数据。

```
insert into year_dim
select row_number() over (order by t1.year), year
  from (select distinct year from order_date_dim) t1;

insert into annual_sales_order_fact
select a.customer_sk, year_sk, sum(order_amount)
  from sales_order_fact a, year_dim c, order_date_dim d
 where a.order_date_sk = d.order_date_sk and c.year = d.year and d.year < 2022
 group by a.customer_sk, c.year_sk;

insert into annual_customer_segment_fact
select d.segment_sk, a.customer_sk, a.year_sk
  from annual_sales_order_fact a, annual_order_segment_dim d
 where annual_order_amount >= band_start_amount
   and annual_order_amount <= band_end_amount;
```

初始装载脚本将订单日期角色扮演维度表（date_dim 表的一个视图）里的去重年份数据导入年份维度表，将销售订单事实表中按年客户和分组求和的汇总金额数据导入年度销售事实表。因为装载过程不能导入当年的数据，所以使用 year < 2022 过滤条件作为演示。这里是按客户代理键 customer_sk 分组求和来判断分段，实际情况可能是以 customer_number 进行分组的，因为无论客户的 SCD 属性如何变化，一般还是认为是一个客户。将年度销售事实表与分段维度表关联，把年份、客户和分段三个维度的代理键插入年度客户消费分段事实表。

注 意

数据装载过程中并没有引用客户维度表，因为客户代理键可以直接从销售订单事实表得到。

在分段定义中，每个分段结束值与下一分段的开始值是连续的，并且分段之间不存在数据重叠，所以在装载分段事实表时，订单金额判断条件两端都使用闭区间。

执行初始装载脚本后，使用下面的语句查询客户分段事实表，确认装载数据的正确性。

```
select a.customer_sk csk, a.year_sk ysk, annual_order_amount amt,
segment_name sn, band_name bn
  from annual_customer_segment_fact a, annual_order_segment_dim b,
       year_dim c, annual_sales_order_fact d
 where a.segment_sk = b.segment_sk and a.year_sk = c.year_sk
   and a.customer_sk = d.customer_sk and a.year_sk = d.year_sk
 order by csk, ysk, sn, bn;
```

3. 定期装载

年度销售额是一年的汇总数据，不存在实时装载问题，只需每年调度执行下面的定期装载脚本，装载前一年的销售数据即可。除了无须装载年份表以外，定期装载与初始装载类似，年度销售事实表里的数据被导入分段事实表中。

```
insert into annual_sales_order_fact
select a.customer_sk, year_sk, sum(order_amount)
  from sales_order_fact a, year_dim c, order_date_dim d
 where a.order_date_sk = d.order_date_sk
   and c.year = d.year
   and d.year = extract(year from current_date) - 1
 group by a.customer_sk, c.year_sk;

insert into annual_customer_segment_fact
select d.segment_sk, a.customer_sk, c.year_sk
  from annual_sales_order_fact a, year_dim c, annual_order_segment_dim d
 where a.year_sk = c.year_sk
and c.year = extract(year from current_date) - 1
   and annual_order_amount >= band_start_amount
and annual_order_amount <= band_end_amount;
```

7.9 小 结

（1）修改数据仓库模式时，要注意空值的处理，必要时使用自定义的<=>比较操作符代替等号。

（2）子维度通常有包含属性子集的子维度和包含行子集的子维度两种，常用视图实现。

（3）单个物理维度可以被事实表多次引用，每个引用连接逻辑上存在差异的角色扮演维度。视图和表别名是实现角色扮演维度的两种常用方法。

（4）处理层次维度时，经常使用 grouping、grouping sets 等函数或语句。

（5）除了业务主键外没有其他内容的维度表通常是退化维度。将业务主键作为一个属性加入到事实表中是处理退化维度的适当方式。

（6）杂项维度是一种包含的数据具有很少可能值的维度。有时与其为每个标志或属性定义不同的维度，不如建立单独的、将不同维度合并到一起的杂项维度表。

（7）如果几个相关维度的基数都很小，或者具有多个公共属性时，可以考虑将它们进行维度合并。

（8）分段维度的定义中包含连续的分段度量值，通常用作客户维度的行为标记时间序列，分析客户行为。

第 8 章

事实表技术

上一章介绍了几种基本的维度表技术，并用示例演示了每种技术的实现过程。本章说明多维数据仓库中常见的事实表技术。我们将讲述五种基本事实表扩展技术，分别是周期快照、累积快照、无事实的事实表、迟到的事实和累积度量。和讨论维度表一样，本章也会从概念开始介绍这些技术，继而给出常见的使用场景，最后以销售订单数据仓库为例，给出实现代码和测试过程。

8.1 事实表概述

发生在业务系统中的操作型事务，其产生的可度量数值存储在事实表中，从最细节粒度级别看，事实表和操作型事务表的数据有一一对应的关系。因此，数据仓库中事实表的设计应该依赖于业务系统，而不受可能产生的最终报表影响。除数字类型的度量外，事实表总是包含所引用维度表的外键，也可能包含可选的退化维度键或时间戳。数据分析的实质就是基于事实表开展计算和聚合操作。

事实表中的数字度量值可划分为可加、半可加、不可加三类。可加性度量可以按照与事实表关联的任意维度汇总，就是说按任何维度汇总得到的度量和是相同的，事实表中的大部分度量属于此类。半可加度量可以对某些维度汇总，但不能对所有维度汇总。余额是常见的半可加度量，除时间维度外，它们可以跨所有维度进行加法操作。另外还有些度量是完全不可加的，例如比例。对不可加度量，较好的处理方法是尽可能存储构成不可加度量的可加分量，如构成比例的分子和分母，并将这些分量汇总到最终的结果集合中，而对不可加度量的计算通常发生在 BI 层或 OLAP 层。

事实表中可以存在空值度量。所有聚合函数，如 sum、count、min、max、avg 等均可针对空值度量进行计算，其中 sum、count（字段名）、min、max、avg 会忽略空值，而 count(1)

或 count(*)在计数时会将空值包含在内。然而，事实表中的外键不能存在空值，否则会导致违反参照完整性的情况发生。关联的维度表必须使用默认代理键而不是空值来表示未知的条件。

很多情况下数据仓库需要装载如下三种不同类型的事实表。

- 事务事实表：以每个事务或事件为单位，例如一个销售订单记录、一笔转账记录等，作为事实表里的一行数据。这类事实表可能包含精确的时间戳和退化维度键，其度量值必须与事务粒度保持一致。销售订单数据仓库中的 sales_order_fact 表就是事务事实表。
- 周期快照事实表：这种事实表里并不保存全部数据，只保存固定时间间隔的数据，例如每天或每月的销售额，或每月的账户余额等。
- 累积快照事实表：累积快照用于跟踪事实表的变化。例如，数据仓库可能需要累积或存储销售订单从下订单的时间开始，到订单中的商品被打包、运输和到达的各阶段的时间点数据来跟踪订单生命周期的进展情况。当这个过程进行时，随着以上各种时间的出现，事实表里的记录也要不断更新。

8.2 周期快照

周期快照事实表中的每行汇总了发生在某一标准周期，如一天、一周或一月的多个度量，其粒度是周期性的时间段，而不是单个事务。周期快照事实表通常包含许多数据的总计，因为任何与事实表时间范围一致的记录都会被包含在内。在这些事实表中，外键的密度是均匀的，因为即使周期内没有活动发生，通常也会在事实表中为每个维度插入包含 0 或空值的行。

周期快照是在一个给定的时间点对事实表进行一段时期的总计。有些数据仓库用户，尤其是业务管理者或者运营部门，经常要看某个特定时间点的汇总数据。下面在示例数据仓库中创建一个月销售订单周期快照，用于按产品统计每个月总的销售订单金额和产品销售数量。

1. 建立周期快照表

假设需求是要按产品统计每个月的销售金额和销售数量。单从功能上看，此数据能够从事务事实表中直接查询得到。例如，要取得 2021 年 12 月的销售数据，可使用下面的查询：

```
select b.month_sk, a.product_sk, sum(order_amount), sum(order_quantity)
  from sales_order_fact a, month_dim b, order_date_dim d
 where a.order_date_sk = d.order_date_sk  and b.month = d.month
   and b.year = d.year and b.month = 12 and b.year = 2021
 group by b.month_sk, a.product_sk;
```

只要将年、月参数传递给这条查询语句，就可以获得任何年月的统计数据。但即便是在如此简单的场景下，我们仍然需要建立独立的周期快照事实表。事务事实表的数据量都会很大，如果每当需要月销售统计数据时，都从最细粒度的事实表查询，那么性能将会差到不堪忍受的程度。再者，月统计数据往往只是下一步数据分析的输入信息，有时把更复杂的逻辑放到一个单一的查询语句中效率会更差。因此，好的做法是将事务型事实表作为一个基石事实数据，以此为基础，向上逐层建立需要的快照事实表。图 8-1 所示的模式中显示了一个名为 month_end_sales_order_fact 的周期快照事实表。

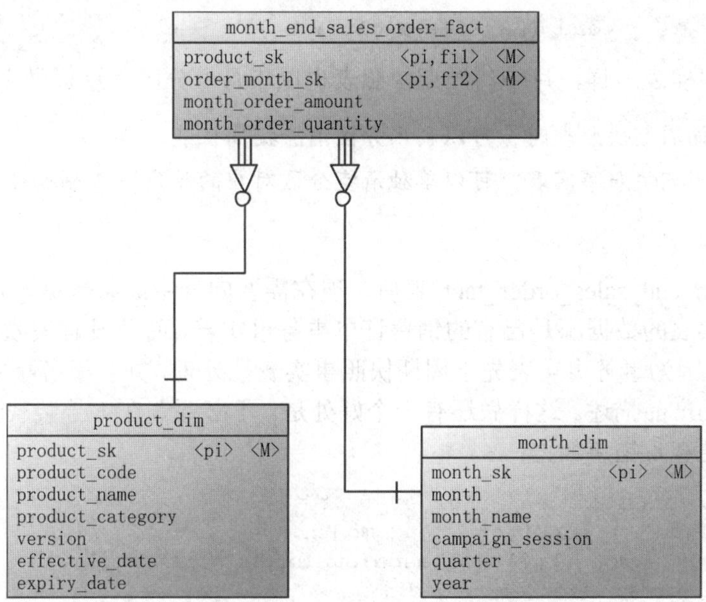

图 8-1　月销售统计周期快照事实表

新的周期快照事实表中有两个度量值，month_order_amount 和 month_order_quantity。这两个值是不能加到 sales_order_fact 表中的，因为 sales_order_fact 表和新的度量值有不同的时间属性，也即数据的粒度不同。sales_order_fact 表包含的是单一事务记录，新的度量值存的是每月的汇总数据。销售周期快照是一个普通的引用两个维度的事实表。月份维度表包含以月为粒度的销售周期描述符。产品代理键对应有效的产品维度行，也就是给定报告月的最后一天对应的产品代理键，以保证月末报表是对当前产品信息的准确描述。快照中的事实包含每月的数字度量和计数，它们是可加的。使用下面的脚本建立 month_end_sales_order_fact 表，由于是新建表，因此不需要事先停止 Canal 服务。

```
set search_path=tds;

create table month_end_sales_order_fact (
      order_month_sk int,
      product_sk int,
      year_month int,
      month_order_amount decimal(10,2),
      month_order_quantity bigint,
      primary key (order_month_sk, product_sk, year_month)
) distributed by (order_month_sk)
partition by range (year_month)
( partition p202106 start (202106) inclusive ,
  partition p202107 start (202107) inclusive ,
  partition p202108 start (202108) inclusive ,
  partition p202109 start (202109) inclusive ,
  partition p202110 start (202110) inclusive ,
  partition p202111 start (202111) inclusive ,
  partition p202112 start (202112) inclusive ,
  partition p202201 start (202201) inclusive ,
  partition p202202 start (202202) inclusive ,
  partition p202203 start (202203) inclusive
```

```
                    end (202204) exclusive );
```

和销售订单事实表一样，月销售周期快照表也以年月做分区，这样做主要有两点好处：

- 按年月查询周期快照表时，可以利用分区消除提高性能。
- 便于维护周期快照事实表，可以单独清空分区对应的子表，或删除分区。

2. 初始装载

建立了 month_end_sales_order_fact 表后，现在需要向表中装载数据。在实际装载时，月销售周期快照事实表的数据源是已有的销售订单事务事实表，而并没有关联产品维度表。之所以可以这样做，是因为事务事实表先于周期快照事实表被处理，并且事务事实表中的产品代理键就是当时有效的产品描述。这样做还有一个好处是，不必要非在 1 号装载上月的数据。执行下面的语句初始装载月销售数据：

```
    insert into month_end_sales_order_fact
    select month_sk, product_sk, year_month,
coalesce(sum(order_amount),0),coalesce(sum(order_quantity),0)
      from sales_order_fact, month_dim
     where year_month = year * 100 + month
       and year_month < to_char(current_date,'yyyymm')::integer
     group by month_sk,product_sk,year_month;
```

3. 定期装载

按月汇总只需要定期执行，不涉及实时性问题。fn_month_sum 函数用于定期装载月销售订单周期快照事实表，函数定义如下：

```
    create or replace function tds.fn_month_sum(p_year_month int)
    returns void as $$
    declare
        sqlstring varchar(1000);
    begin
        -- 幂等操作，先删除上月数据
        sqlstring := 'truncate table month_end_sales_order_fact_1_prt_p' ||
cast(p_year_month as varchar);
        execute sqlstring;

        -- 插入上月销售汇总数据
        insert into month_end_sales_order_fact
        select month_sk, product_sk, t1.year_month,
coalesce(t2.month_order_amount,0),coalesce(t2.month_order_quantity,0)
          from (select month_sk, year * 100 + month year_month from month_dim
                where year * 100 + month = p_year_month) t1
          left join (select product_sk, year_month, sum(order_amount)
month_order_amount,
    sum(order_quantity) month_order_quantity
                  from sales_order_fact
    where year_month = p_year_month
                 group by product_sk,year_month) t2
            on t1.year_month = t2.year_month;

    end; $$
    language plpgsql;
```

执行以下语句装载上个月的销售汇总数据。该语句可重复执行，汇总数据不会重复累加。

```
    select tds.fn_month_sum(cast(extract(year from current_date - interval '1
month') * 100 + extract(month from current_date - interval '1 month') as int));
```

周期快照表的外键密度是均匀的，因此这里使用外连接关联月份维度和事务事实表。即使上个月没有任何销售记录，周期快照中仍然会有一行记录。在这种情况下，周期快照记录中只有年月，而产品代理键的值为空，度量为 0。查询销售订单事实表时可以利用分区消除提高性能。

在每个月给定的任何一天，执行一次 fn_month_sum 函数，装载上个月的销售订单汇总数据。Greenplum 没有提供如 PostgreSQL 中的 pg_cron、MySQL 中的 event、Oracle 中的 dbms_scheduler 或 dbms_job 等定时任务功能组件，只能通过操作系统的 crontab，或者类似于 Oozie 的外部工具定时调度。例如，在 crontab 中指定在每月 10 日 2 点执行：

```
    0 2 10 * * dt=$(date -d '1 month ago' +%Y%m);psql -d dw -c "select
tds.fn_month_sum($dt) as int;"
```

有时我们创建了一个 crontab 任务，但是这个任务却无法自动执行，而手动执行脚本却没有问题，这种情况一般是由于在 crontab 文件中没有配置环境变量引起的。cron 从用户所在的主目录使用 shell 调用需要执行的命令。cron 为每个 shell 提供了一个默认的环境，Linux 下的定义如下：

```
SHELL=/bin/bash
PATH=/sbin:/bin:/usr/sbin:/usr/bin
MAILTO=用户名
HOME=用户主目录
```

在 crontab 文件中定义调度任务时，需要特别注意的一个问题就是环境变量的设置，因为我们手动执行某个脚本时，是在当前 shell 环境下进行的，程序能找到环境变量，而系统自动执行任务调度时，除了默认的环境之外，是不会加载任何其他环境变量的。因此就需要在 crontab 文件中指定任务运行所需的所有环境变量。

不要假定 cron 知道所需要的特殊环境，它其实并不知道。所以用户要保证在 shell 脚本中提供所有必要的路径和环境变量，除了一些自动设置的全局变量外，还有以下三点需要注意：

- 脚本中涉及文件路径时写绝对路径。
- 脚本执行要用到环境变量时，通过 source 命令显式引入，例如：

```
#!/bin/sh
source /etc/profile
```

- 当手动执行脚本没问题，但是 crontab 不执行时，可以尝试在 crontab 中直接引入环境变量来解决问题，例如：

```
0 * * * * . /etc/profile;/bin/sh /path/to/myscript.sh
```

除了利用操作系统提供的功能以外，Hadoop 生态圈的工具也可以完成同样的调度任务，而且更灵活，这个组件就是 Oozie。关于 Oozie 的配置和使用参见 https://wxy0327.blog.csdn.net/article/details/51880687。

4. 测试

执行下面的 shell 脚本：

```
# 清空上个月的周期快照数据
psql -d dw -c "truncate table month_end_sales_order_fact_1_prt_p202112;"
# 获取上月日期
dt=$(date -d '1 month ago' +%Y%m);
# 执行周期快照汇总函数
psql -d dw -c "select tds.fn_month_sum($dt) as int;"
```

执行成功后查询 month_end_sales_order_fact 表：

```
-- 查询
select * from month_end_sales_order_fact order by year_month;

-- 结果
 order_month_sk|product_sk| year_month|month_order_amount|month_order_quantity
---------------+----------+-----------+------------------+--------------------
             18 |        1 |    202106 |         42985.00 |                   0
             18 |        2 |    202106 |         85304.00 |                   0
             19 |        2 |    202107 |         59831.00 |                   0
             19 |        1 |    202107 |         74012.00 |                   0
             20 |        1 |    202108 |         85951.00 |                   0
             20 |        2 |    202108 |         52528.00 |                   0
             21 |        2 |    202109 |         88138.00 |                   0
             21 |        1 |    202109 |         85835.00 |                   0
             24 |        1 |    202112 |         32268.00 |                 150
             24 |        4 |    202112 |        100506.00 |                 638
             24 |        2 |    202112 |         72229.00 |                 415
             24 |        5 |    202112 |         31233.00 |                  75
(12 rows)
```

可以看到已经生成了上个月的销售汇总周期快照数据。

8.3 累积快照

累积快照事实表用于定义业务过程开始、结束以及期间的可区分的里程碑事件。通常在此类事实表中，针对过程中的关键步骤都包含日期外键，并包含每个步骤的度量，这些度量的产生一般都会滞后于数据行的创建时间。累积快照事实表中的一行，对应某一具体业务的多个状态。例如，当订单产生时会插入一行，当该订单的状态改变时，累积事实表行被访问并修改。这种对累积快照事实表行的一致性修改在三种类型的事实表（事务、周期快照、累积快照）中具有独特性，前面介绍的两类事实表只追加数据，不会对已经存在的行进行更新操作。除了日期外键与每个关键过程步骤关联外，累积快照事实表中还可以包含其他维度和可选退化维度的外键。

累积快照事实表在库存、采购、销售、电商等业务领域都有广泛应用。比如，在电商订单里面，下单的时候只有下单时间，但是在支付的时候，又会有支付时间，同理，还有发货时间、完成时间等。下面以我们的销售订单数据仓库为例，讨论累积快照事实表的实现。

假设希望跟踪以下五个销售订单的里程碑：下订单、分配库房、打包、配送和收货，分别用状态 N、A、P、S、R 表示。这五个里程碑的日期及其各自的数量来自源数据库的销售订单表。一个订单完整的生命周期由五行数据描述：下订单时生成一条销售订单记录；订单商品被分配到相应库房时，新增一条记录，存储分配时间和分配数量；产品打包时新增一条记录，存储打包时间和数量；类似地，订单配送和订单客户收货时也都分别新增一条记录，保存各自的时间戳与数量。为了简化示例，不考虑每种状态出现多条记录的情况（例如，一条订单中的产品可能是在不同时间点分多次出库），并且假设这五个里程碑以严格的时间顺序正向进行。

对订单的每种状态新增记录只是处理这种场景的多种设计方案之一。如果里程碑的定义良好并且不会轻易改变，也可以考虑在源订单事务表中新增每种状态对应的数据列，例如新增 8 列，保存每个状态的时间戳和数量。新增列的好处是仍然能够保证订单号的唯一性，并保持相对较少的记录数。

1. 停止 Canal Server、Canal ClientAdapter

在主库和从库上执行如下 SQL 语句：

```
# 停止 Canal Server，构成 Canal HA 的 126 主库、127 从库都执行
~/canal_113/deployer/bin/stop.sh
# 停止 Canal Adapter，126 执行
~/canal_113/adapter/bin/stop.sh
```

2. 修改表结构

（1）修改源数据库表结构

执行下面的脚本将源数据库中销售订单事务表结构做相应改变，以处理五种不同的状态。

```
-- 在 MySQL 126 主库上执行
use source;

-- 新建表
create table sales_order_new (
  id int(10) unsigned not null auto_increment comment '主键',
  order_number int(11) not null,
  customer_number int(11) default null comment '客户编号',
  product_code int(11) default null comment '产品编码',
  verification_ind char(1) default null,
  credit_check_flag char(1) default null,
  new_customer_ind char(1) default null,
  web_order_flag char(1) default null,
  status_date datetime default null,
  order_status varchar(1) default null,
  request_delivery_date date default null,
  entry_date datetime default null comment '登记时间',
  order_amount decimal(10,2) default null comment '销售金额',
  quantity int(11) default null,
  primary key (id),
  key customer_number (customer_number),
  key product_code (product_code),
  constraint sales_order_new_ibfk_1 foreign key (customer_number)
references customer (customer_number) on delete cascade on update cascade,
```

```
  constraint sales_order_new_ibfk_2 foreign key (product_code)
references product (product_code) on delete cascade on update cascade
) ;

-- 装载数据
insert into sales_order_new
(order_number,customer_number,product_code,verification_ind,
credit_check_flag,new_customer_ind,web_order_flag,status_date,order_status,
request_delivery_date,entry_date,order_amount,quantity)
select order_number,customer_number,product_code,verification_ind,
credit_check_flag,new_customer_ind,web_order_flag,order_date,null,
request_delivery_date,entry_date,order_amount,order_quantity
  from sales_order;

-- 删除旧表
drop table sales_order;

-- 新表改为原名
rename table sales_order_new to sales_order;
```

说明：

- 由于 sales_order 表需要修改主键，如果在原表上执行 alter 进行修改，Canal Server 启动时会报空指针错误，因此需要新建表。
- 将 order_date 字段改名为 status_date，因为日期不再单纯指订单日期，而是指变为某种状态日期。
- 将 order_quantity 字段改名为 quantity，因为数量变为某种状态对应的数量。
- 在 status_date 字段后增加 order_status 字段，存储 N、A、P、S、R 等订单状态之一。它描述了 status_date 列对应的状态值，例如，如果一条记录的状态为 N，则 status_date 列是下订单的日期；如果状态是 R，status_date 列是收货日期。
- 每种状态都会有一条订单记录，这些记录具有相同的订单号，因此订单号不能再作为事务表的主键，需要删除 order_number 字段上的自增属性与主键约束。
- 新增 id 字段作为销售订单表的主键，它是表中的第一个字段。

（2）修改 RDS 数据库模式里的表

```
set search_path to rds;
alter table sales_order rename order_date to status_date;
alter table sales_order rename order_quantity to quantity;
alter table sales_order add order_status varchar(1);
update sales_order set order_status='D';

-删除主键
alter table sales_order drop constraint sales_order_pkey;
-新增主键
alter table sales_order add constraint sales_order_pkey
primary key(order_number, order_status, entry_date);
```

说明：

- 将销售订单事实表中 order_date 和 order_quantity 字段的名称修改为与源表一致。
- 增加订单状态字段。
- rds.sales_order 并没有增加 id 列，原因有两个：一是该列只作为 MySQL 源表中的自增主键，不用在目标同步表中存储；二是不需要再重新导入已有数据。
- order_number 的值不再唯一，需要重建 rds.sales_order 表的主键，将新增的 order_status 列加入主键中。由于主键值不能为空，因此先将已存在数据的 order_status 列更新为一个默认值'D'。
- 不用修改分布键，因为 order_number 依然是主键的子集。

（3）修改 TDS 数据库模式里的表

执行下面的脚本将数据仓库中的事务事实表改造成累积快照事实表：

```
set search_path to tds;
alter table sales_order_fact
  add allocate_date_sk int,
  add allocate_quantity int,
  add packing_date_sk int,
  add packing_quantity int,
  add ship_date_sk int,
  add ship_quantity int,
  add receive_date_sk int,
  add receive_quantity int;

-- 建立四个日期维度视图
create view allocate_date_dim
(allocate_date_sk, allocate_date, month, month_name, quarter, year)
as
select date_sk, date, month, month_name, quarter, year from date_dim ;

create view packing_date_dim
(packing_date_sk, packing_date, month, month_name, quarter, year)
as
select date_sk, date, month, month_name, quarter, year from date_dim ;

create view ship_date_dim
(ship_date_sk, ship_date, month, month_name, quarter, year)
as
select date_sk, date, month, month_name, quarter, year from date_dim ;

create view receive_date_dim
(receive_date_sk, receive_date, month, month_name, quarter, year)
as
select date_sk, date, month, month_name, quarter, year from date_dim ;
```

说明：

- 在销售订单事实表中新增加八个字段存储四个状态的日期代理键和度量值。新增八个字段的初始值为空。
- 建立四个日期角色扮演维度视图，用来获取相应状态的日期代理键。

3. 修改 Canal ClientAdapter 表映射

在 sales_order.yml 文件中修改主键和字段映射：

```
$cat sales_order.yml
dataSourceKey: defaultDS
destination: example
groupId: g1
outerAdapterKey: Greenplum
concurrent: true
dbMapping:
  database: source
  table: sales_order
  targetTable: rds.sales_order
  targetPk:
    order_number: order_number
    order_status: order_status
#  mapAll: true
  targetColumns:
    order_number: order_number
    customer_number: customer_number
    product_code: product_code
    status_date: status_date
    entry_date: entry_date
    order_amount: order_amount
    quantity: quantity
    request_delivery_date: request_delivery_date
    verification_ind: verification_ind
    credit_check_flag: credit_check_flag
    new_customer_ind: new_customer_ind
    web_order_flag: web_order_flag
    order_status: order_status
  commitBatch: 30000 # 批量提交的大小
```

4. 重建 sales_order_fact 事实表规则

执行下面的脚本重建 sales_order_fact 事实表规则。

```
drop rule r_insert_sales_order on rds.sales_order;
create rule r_insert_sales_order as on insert to rds.sales_order do also
(
-- 下单
insert into
sales_order_fact(order_number,customer_sk,product_sk,order_date_sk,
request_delivery_date_sk,year_month,order_amount,order_quantity,
sales_order_attribute_sk,customer_zip_code_sk,shipping_zip_code_sk)
 select new.order_number, customer_sk, product_sk, d.date_sk, e.date_sk,
to_char(new.status_date, 'YYYYMM')::int, new.order_amount, new.quantity,
f.sales_order_attribute_sk, g.customer_zip_code_sk, h.shipping_zip_code_sk
   from customer_dim b, product_dim c, date_dim d, date_dim e,
sales_order_attribute_dim f, customer_zip_code_dim g,
shipping_zip_code_dim h, rds.customer i
  where new.customer_number = b.customer_number and b.expiry_dt = '2200-01-01'
    and new.product_code = c.product_code and c.expiry_dt = '2200-01-01'
    and date(new.status_date) = d.date
    and date(new.request_delivery_date) = e.date
```

```
        and new.verification_ind = f.verification_ind
        and new.credit_check_flag = f.credit_check_flag
        and new.new_customer_ind = f.new_customer_ind
        and new.web_order_flag = f.web_order_flag
        and new.customer_number = i.customer_number
        and i.customer_zip_code = g.customer_zip_code and g.expiry_date =
'2200-01-01'
        and i.shipping_zip_code = h.shipping_zip_code and h.expiry_date =
'2200-01-01'
        and new.order_status='N';

    -- 分配库房、打包、配送、收货
    update sales_order_fact t1
       set allocate_date_sk = (case when new.order_status = 'A'
    then t2.allocate_date_sk else t1.allocate_date_sk end),
           allocate_quantity = (case when new.order_status = 'A'
    then new.quantity else t1.allocate_quantity end),
           packing_date_sk = (case when new.order_status = 'P'
     then t3.packing_date_sk else t1.packing_date_sk end),
           packing_quantity = (case when new.order_status = 'P'
    then new.quantity else t1.packing_quantity end),
           ship_date_sk = (case when new.order_status = 'S'
    then t4.ship_date_sk else t1.ship_date_sk end),
           ship_quantity = (case when new.order_status = 'S'
    then new.quantity else t1.ship_quantity end),
           receive_date_sk = (case when new.order_status = 'R'
    then t5.receive_date_sk else t1.receive_date_sk end),
           receive_quantity = (case when new.order_status = 'R'
    then new.quantity else t1.receive_quantity end)
      from allocate_date_dim t2, packing_date_dim t3,
    ship_date_dim t4, receive_date_dim t5
     where t1.order_number = new.order_number
       and new.order_status in ('A', 'P', 'S', 'R')
       and date(new.status_date) = t2.allocate_date
       and date(new.status_date) = t3.packing_date
       and date(new.status_date) = t4.ship_date
       and date(new.status_date) = t5.receive_date;
    );
```

需要修改 r_insert_sales_order 规则，针对五个里程碑分别处理。首先装载新增的订单，对于累积快照，需要增加订单状态 order_status = 'N'的判断，还要修改字段名。

其他四个状态的处理和新增订单有所不同。因为此时订单记录已经存在，除了与特定状态相关的日期维度代理键和状态数量外，其他的信息不需要更新。例如，当一个订单的状态由新增变为分配库房时，只要使用订单号字段关联累积快照事实表和过渡区的事务表，以事务表的 order_status = 'A'为筛选条件，更新累积快照事实表的状态日期代理键和状态数量两个字段即可。对其他三个状态的处理类似，只要将过滤条件换成对应的状态值，并关联相应的日期维度视图获取日期代理键即可。

注　意

本示例中的累积周期快照表仍然是以订单号字段作为主键。数据装载过程实际上是做了一个行转列的操作，用源数据表中的状态行信息更新累积快照的状态列。

5. 启动 Canal Server、Canal ClientAdapter

在主库上执行如下 SQL 语句：

```
# 启动 Canal Server，在构成 Canal HA 的 126 主库、127 从库上顺序执行
~/canal_113/deployer/bin/startup.sh

# 在 126 上执行
~/canal_113/adapter/bin/startup.sh
```

6. 测试

（1）在源数据库的销售订单事务表中新增两个销售订单记录

```
    use source;

    set @order_date := from_unixtime(unix_timestamp('2022-01-04 00:00:01') + rand()
* (unix_timestamp('2022-01-04 12:00:00') - unix_timestamp('2022-01-04
00:00:01')));
    set @request_delivery_date := date(date_add(@order_date, interval 5 day));
    set @amount := floor(1000 + rand() * 9000);
    set @quantity := floor(10 + rand() * 90);

    insert into source.sales_order
    values (null, 141, 1, 1, 'y', 'y', 'y', 'y',  @order_date, 'N',
@request_delivery_date,@order_date, @amount, @quantity);

    set @order_date := from_unixtime(unix_timestamp('2022-01-04 12:00:00') + rand()
* (unix_timestamp('2022-01-05 00:00:00') - unix_timestamp('2022-01-04
12:00:00')));
    set @request_delivery_date := date(date_add(@order_date, interval 5 day));
    set @amount := floor(1000 + rand() * 9000);
    set @quantity := floor(10 + rand() * 90);

    insert into source.sales_order
    values (null, 142, 2, 2, 'y', 'y', 'y', 'y', @order_date, 'N',
@request_delivery_date,@order_date, @amount, @quantity);

    commit;
```

（2）查询 sales_order_fact 里的两个销售订单，确认定期装载是否成功

```
    select a.order_number, c.order_date, d.allocate_date, e.packing_date,
f.ship_date, g.receive_date
      from sales_order_fact a
      left join order_date_dim c on a.order_date_sk = c.order_date_sk
      left join allocate_date_dim d on a.allocate_date_sk = d.allocate_date_sk
      left join packing_date_dim e on a.packing_date_sk = e.packing_date_sk
      left join ship_date_dim f on a.ship_date_sk = f.ship_date_sk
      left join receive_date_dim g on a.receive_date_sk = g.receive_date_sk
```

```
 where a.order_number > 140
 order by order_number;
```

查询结果如下：

```
order_number|order_date|allocate_date|packing_date|ship_date|receive_date
------------+----------+-------------+------------+---------+------------
       141  |2022-01-04|             |            |         |
       142  |2022-01-04|             |            |         |
(2 rows)
```

只有 order_date 列有值，其他日期都是空，因为这两个订单是新增的，并且还没有分配库房、打包、配送或收货，说明定期装载成功。

（3）添加销售订单作为这两个订单的分配库房和/或打包的里程碑

```
use source;

set @order_date := from_unixtime(unix_timestamp('2022-01-05 00:00:00') + rand()
* (unix_timestamp('2022-01-05 12:00:00') - unix_timestamp('2022-01-05
00:00:00')));
insert into sales_order
select null, order_number, customer_number, product_code, verification_ind,
       credit_check_flag, new_customer_ind, web_order_flag, @order_date, 'A',
       request_delivery_date, @order_date, order_amount, quantity
  from sales_order
 where order_number = 141;

set @order_date := from_unixtime(unix_timestamp('2022-01-05 12:00:00') + rand()
* (unix_timestamp('2022-01-06 00:00:00') - unix_timestamp('2022-01-05
12:00:00')));
insert into sales_order
select null, order_number, customer_number, product_code, verification_ind,
       credit_check_flag, new_customer_ind, web_order_flag, @order_date, 'P',
       request_delivery_date, @order_date, order_amount, quantity
  from sales_order
 where id = 143;

set @order_date := from_unixtime(unix_timestamp('2022-01-05 12:00:00') + rand()
* (unix_timestamp('2022-01-06 00:00:00') - unix_timestamp('2022-01-05
12:00:00')));
insert into sales_order
select null, order_number, customer_number, product_code, verification_ind,
       credit_check_flag, new_customer_ind, web_order_flag, @order_date, 'A',
       request_delivery_date, @order_date, order_amount, quantity
  from sales_order
 where order_number = 142;

commit;
```

（4）查询 sales_order_fact 表里的两个销售订单

结果如下：

```
order_number|order_date|allocate_date|packing_date|ship_date|receive_date
```

```
------------+----------+------------+-----------+---------+----------
        141 |2022-01-04| 2022-01-05  | 2022-01-05 |          |
        142 |2022-01-04| 2022-01-05  |            |          |
(2 rows)
```

第一个订单具有了 allocate_date 和 packing_date，第二个只具有 allocate_date。

（5）添加销售订单作为这两个订单后面的打包、配送和/或收货里程碑（注意四个日期可能相同。）

```
use source;

set @order_date := from_unixtime(unix_timestamp('2022-01-06 00:00:00') + rand()
* (unix_timestamp('2022-01-06 12:00:00') - unix_timestamp('2022-01-06
00:00:00')));
insert into sales_order
select null, order_number, customer_number, product_code, verification_ind,
       credit_check_flag, new_customer_ind, web_order_flag, @order_date, 'S',
       request_delivery_date, @order_date, order_amount, quantity
  from sales_order
 where order_number = 141
 order by id desc
 limit 1;

set @order_date := from_unixtime(unix_timestamp('2022-01-06 12:00:00') + rand()
* (unix_timestamp('2022-01-07 00:00:00') - unix_timestamp('2022-01-06
12:00:00')));
insert into sales_order
select null, order_number, customer_number, product_code, verification_ind,
       credit_check_flag, new_customer_ind, web_order_flag, @order_date, 'R',
       request_delivery_date, @order_date, order_amount, quantity
  from sales_order
 where order_number = 141
 order by id desc
 limit 1;

set @order_date := from_unixtime(unix_timestamp('2022-01-06 12:00:00') + rand()
* (unix_timestamp('2022-01-07 00:00:00') - unix_timestamp('2022-01-06
12:00:00')));
insert into sales_order
select null, order_number, customer_number, product_code, verification_ind,
       credit_check_flag, new_customer_ind, web_order_flag, @order_date, 'P',
       request_delivery_date, @order_date, order_amount, quantity
  from sales_order
 where order_number = 142
 order by id desc
 limit 1;

commit;
```

（6）查询 sales_order_fact 表里的两个销售订单

结果如下：

```
order_number|  order_date|allocate_date|packing_date|ship_date  |receive_date
```

```
------------+------------+-------------+------------+-----------+----------
         141 | 2022-01-04 | 2022-01-05   | 2022-01-05 |2022-01-06 |2022-01-06
         142 | 2022-01-04 | 2022-01-05   | 2022-01-06 |           |
(2 rows)
```

第一个订单号为 141 的订单，具有了全部日期，这意味着订单已完成（客户已经收货）。第二个订单已经打包，但是还没有配送。

8.4　无事实的事实表

在多维数据仓库建模中，有一种事实表叫作“无事实的事实表”。在普通事实表中，通常会保存若干维度外键和多个数字型度量，度量是事实表的关键所在。然而在无事实的事实表中没有这些度量值，只有多个维度外键。表面上看，无事实事实表是没有意义的，因为作为事实表，毕竟最重要的就是度量，但在数据仓库中，这类事实表有其特殊用途。无事实的事实表通常用来跟踪某种事件或者说明某些活动的范围。

无事实的事实表可以用来跟踪事件的发生。例如，在给定的某一天中发生的学生参加课程的事件，可能没有可记录的数字化事实，但该事实行带有一个包含日期、学生、教师、地点、课程等定义良好的外键。利用无事实的事实表可以按各种维度计数上课这个事件。

无事实的事实表还可以用来说明某些活动的范围，常被用于回答“什么未发生”这样的问题，例如促销范围事实表。通常销售事实表可以回答如促销商品的销售情况，可是无法回答的一个重要问题是:处于促销状态但尚未销售的产品包括哪些？销售事实表所记录的仅仅是实际卖出的产品。事实表行中不包括由于没有销售行为而销售数量为零的行，因为如果将包含零值的产品都加到事实表中，那么事实表将变得非常巨大。这时，通过建立促销范围事实表，将商场需要促销的商品单独建立事实表保存,然后通过这个促销范围事实表和销售事实表即可得出哪些促销商品没有销售出去。

为确定当前促销的产品中哪些尚未卖出，需要两个过程：首先，查询促销无事实的事实表，确定给定时间内促销的产品；然后从销售事实表中确定哪些产品已经卖出去了。答案就是上述两个列表的差集。这样的促销范围事实表只是用来说明促销活动的范围，其中没有任何事实度量，是一个无事实的事实表。可能有读者会想，建立一个单独的促销商品维度表能否达到同样的效果呢？促销无事实的事实表包含多个维度的主键，可以是日期、产品、商店、促销等，将这些键作为促销商品的属性是不合适的，因为每个维度都有自己的属性集合。

促销无事实的事实表看起来与销售事实表相似，然而，它们的粒度存在显著差别。假设促销是以一周为持续期，在促销范围事实表中，将为每周每个商店中促销的产品加载一行，无论产品是否卖出。该事实表能够确保看到被促销定义的键之间的关系，而与其他事件（如产品销售）无关。

下面以销售订单数据仓库为例，说明如何处理源数据中没有度量的需求。我们将建立一个无事实的事实表，用来统计每天发布的新产品数量。产品源数据不包含产品数量信息，如果系统需要得到历史某一天新增产品的数量，很显然不能简单地从数据仓库中得到。这时就要用到无事实的事实表技术，使用此技术可以通过持续跟踪产品发布事件来计算产品的数量。可以创建一个只有产品（计什么数）和日期（什么时候计数）维度代理键的事实表。之所以叫作无事实的事实表是因为表本身并没有数字型度量值。这里定义的新增产品是指在某一给定日期，源产品表中新插入的产品记录，不包括由于 SCD2 新增的产品版本记录。注意，单从这个简单需求来看，也可以通过查询产品维度表来获取结果，这里只为演示无事实的事实表的实现过程。

1. 建立新产品发布的无事实的事实表

在 TDS 模式中新建一个产品发布的无事实的事实表 product_count_fact，该表中只包含两个字段，分别是引用日期维度表和产品维度表的外键，同时这两个字段也构成了无事实的事实表的逻辑主键。图 8-2 显示的是跟踪产品发布数量的表。

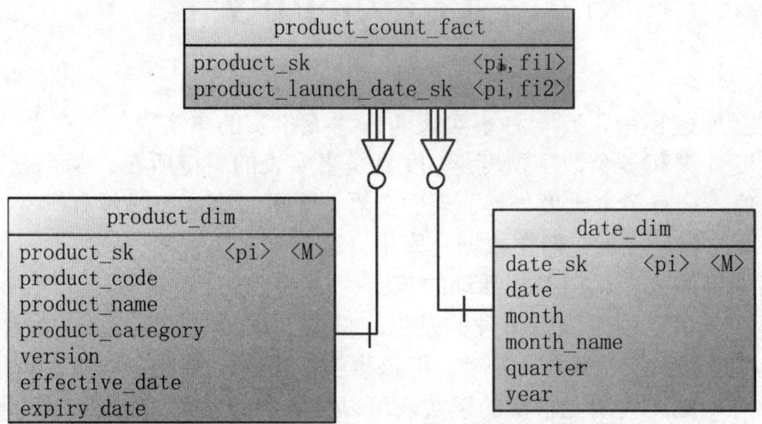

图 8-2 无事实的事实表

执行下面的语句，在数据仓库模式中创建产品发布日期视图及其无事实的事实表。由于是新建表，因此不需要事先停止 Canal 服务。

```
set search_path=tds;

create view product_launch_date_dim
(product_launch_date_sk,product_launch_date, month_name, month, quarter,
year)
as
select distinct date_sk, date, month_name, month, quarter, year
  from product_dim a, date_dim b
 where date(a.effective_dt) = b.date and a.version = 1;

create table product_count_fact (
   product_sk int,
   product_launch_date_sk int,
   primary key (product_sk, product_launch_date_sk))
distributed by (product_sk);
```

说明：

- 与之前创建的很多日期角色扮演维度不同，产品发布日期视图只获取产品生效日期，而不是日期维度里的所有记录，因此在定义视图的查询语句中关联了产品维度和日期维度两个表。product_launch_date_dim 维度是日期维度表的子集。
- 从字段定义上看，产品维度表中的生效日期明显就是新产品的发布日期。

- version = 1 过滤掉由于 SCD2 新增的产品版本记录。

2. 初始装载无事实的事实表

下面的语句从产品维度表向无事实的事实表装载已有的产品发布信息。insert 语句添加所有产品的第一个版本，即产品的首次发布日期。

```
insert into product_count_fact
select a.product_sk product_sk, b.date_sk date_sk
  from product_dim a,date_dim b
 where date(a.effective_dt) = b.date and a.version = 1;
```

查询 product_count_fact 表以确认正确执行了初始装载。

```
-- 查询
select product_sk,product_launch_date_sk
  from tds.product_count_fact
 order by product_sk;

-- 结果
 product_sk | product_launch_date_sk
------------+------------------------
          1 |                    518
          2 |                    518
          3 |                    518
          5 |                    728
(4 rows)
```

3. 重建 r_insert_product 规则

执行下面的语句重建 r_insert_product 规则：

```
drop rule r_insert_product on product;
create rule r_insert_product as on insert to product do also
(insert into product_dim
(product_code,product_name,product_category,version,effective_dt,expiry_dt)

values
(new.product_code,new.product_name,new.product_category,1,now(),'2200-01-0
1');

insert into product_count_fact
select a.product_sk product_sk, b.date_sk date_sk
  from product_dim a,date_dim b
 where date(a.effective_dt) = b.date and a.version = 1
   and a.product_code = new.product_code;
);
```

该规则在处理产品维度表后增加了装载 product_count_fact 表的语句。

4. 测试

修改源数据库的 product 表数据，把产品编码为 1 的产品名称改为“Regular Hard Disk Drive”，再新增一个产品“High End Hard Disk Drive”（产品编码为 5）。在 MySQL 主库上执行下面的语句完成此修改。

```
-- 在 MySQL 126 主库上执行
use source;

update product set product_name = 'Regular Hard Disk Drive' where
product_code=1;
insert into product values (5, 'High End Hard Disk Drive', 'Storage');

commit;
```

通过查询 product_count_fact 表来确认定期装载执行是否正确。

```
select c.product_sk psk,
       c.product_code pc,
       b.product_launch_date_sk plsk,
       b.product_launch_date pld
  from product_count_fact a,
       product_launch_date_dim b,
       product_dim c
 where a.product_launch_date_sk = b.product_launch_date_sk
   and a.product_sk = c.product_sk
 order by pc, pld;
```

查询结果如下：

```
psk | pc | plsk |    pld
-----+----+------+------------
   1 |  1 |  518 | 2021-06-01
   2 |  2 |  518 | 2021-06-01
   3 |  3 |  518 | 2021-06-01
   5 |  4 |  728 | 2021-12-28
   6 |  5 |  736 | 2022-01-05
(5 rows)
```

可以看到只是增加了一条新产品记录，原有数据没有变化，说明定期装载执行正确。

无事实的事实表是没有任何度量的事实表，它本质上是一组维度的交集。用这种事实表记录相关维度之间存在的多对多关系，但是关系上没有数字或者文本的事实。无事实的事实表为数据仓库设计提供了更多的灵活性。

8.5 迟到的事实

数据仓库通常建立在一种理想的假设情况下，即数据仓库的度量（事实记录）与度量的环境（维度记录）同时出现在数据仓库中。当同时拥有事实记录和正确的当前维度行时，就能够从容地首先维护维度键，然后在对应的事实表行中使用这些最新的键。然而，各种各样的原因会导致需要 ETL 系统处理迟到的事实数据。例如，某些线下的业务，数据进入操作型系统的时间会滞后于事务发生的时间。再或者出现某些极端情况，如源数据库系统出现故障，直到恢复后才能补上故障期间产生的数据。

在销售订单示例中，晚于订单日期进入源数据的销售订单可以看作一个迟到事实的例子。销售订单数据被装载进其对应的事实表时，装载日期晚于销售订单产生的日期，因此是一个迟到的事实。

必须对标准的 ETL 过程进行特殊修改以处理迟到的事实。首先，当迟到度量事件出现时，不得不反向搜索维度表历史记录，以确定事务发生时间点的有效的维度代理键，因为当前的维度内容无法匹配输入行的情况。此外，还需要调整后续事实行中的所有半可加度量，例如，由于迟到的事实导致的客户当前余额的改变。迟到的事实可能还会引起周期快照事实表的数据更新。例如 8.2 节讨论的月销售周期快照表，如果 2021 年 12 月的销售订单金额已经计算并存储在 month_end_sales_order_fact 快照表中，这时一个迟到的 12 月订单在 2022 年 1 月某天被装载，那么 2021 年 12 月的快照金额必须因迟到的事实而重新计算。

下面就以销售订单数据仓库为例，说明如何处理迟到的事实。

1. 停止 Canal Server、Canal ClientAdapter

```
# 停止 Canal Server，构成 Canal HA 的 126 主库、127 从库都执行
~/canal_113/deployer/bin/stop.sh
# 停止 Canal Adapter，126 执行
~/canal_113/adapter/bin/stop.sh
```

2. 修改数据仓库表结构

在 8.2 节中建立的月销售周期快照表，其数据来自已经处理过的销售订单事务事实表。因此为了确定事实表中的一条销售订单记录是否是迟到的，需要把源数据中的登记日期列装载进销售订单事实表，为此要在销售订单事实表上添加登记日期代理键列。为了获取登记日期代理键的值，还要使用维度角色扮演技术添加登记日期维度表。执行下面的语句在销售订单事实表里添加名为 entry_date_sk 的日期代理键列，并且从日期维度表创建一个叫作 entry_date_dim 的数据库视图。

```
set search_path=tds;

-- 给销售订单事实表增加登记日期代理键
alter table sales_order_fact add column entry_date_sk int;

-- 建立登记日期维度视图
create view entry_date_dim
(entry_date_sk, entry_date, month_name, month, quarter, year)
as
select date_sk, date, month_name, month, quarter, year from date_dim;
```

3. 重建 sales_order_fact 事实表上的规则

执行下面的语句重建 sales_order_fact 事实表上的规则：

```
drop rule r_insert_sales_order on rds.sales_order;
create rule r_insert_sales_order as on insert to rds.sales_order do also
(
-- 下单
insert into sales_order_fact
(order_number,customer_sk,product_sk,order_date_sk,request_delivery_date_sk,
year_month,order_amount,order_quantity,sales_order_attribute_sk,
customer_zip_code_sk,shipping_zip_code_sk,entry_date_sk)
 select new.order_number, customer_sk, product_sk, d.date_sk, e.date_sk,
to_char(new.status_date, 'YYYYMM')::int, new.order_amount, new.quantity,
f.sales_order_attribute_sk, g.customer_zip_code_sk, h.shipping_zip_code_sk,
```

```
j.entry_date_sk
      from customer_dim b, product_dim c, date_dim d, date_dim e,
sales_order_attribute_dim f, customer_zip_code_dim g,
    shipping_zip_code_dim h, rds.customer i, entry_date_dim j
     where new.customer_number = b.customer_number
    and new.status_date >= b.effective_dt and new.status_date < b.expiry_dt
    and new.product_code = c.product_code and new.status_date >= c.effective_dt
    and new.status_date < c.expiry_dt
       and date(new.status_date) = d.date
       and date(new.request_delivery_date) = e.date
       and new.verification_ind = f.verification_ind
       and new.credit_check_flag = f.credit_check_flag
       and new.new_customer_ind = f.new_customer_ind
       and new.web_order_flag = f.web_order_flag
       and new.customer_number = i.customer_number
    and i.customer_zip_code = g.customer_zip_code
    and new.status_date >= g.effective_date and new.status_date < g.expiry_date
    and i.shipping_zip_code = h.shipping_zip_code
    and new.status_date >= h.effective_date and new.status_date < h.expiry_date
       and new.order_status='N'
       and date(new.entry_date) = j.entry_date;

    -- 分配库房、打包、配送、收货
    update sales_order_fact t1
      set allocate_date_sk = (case when new.order_status = 'A'
    then t2.allocate_date_sk else t1.allocate_date_sk end),
          allocate_quantity = (case when new.order_status = 'A'
    then new.quantity else t1.allocate_quantity end),
          packing_date_sk = (case when new.order_status = 'P'
    then t3.packing_date_sk else t1.packing_date_sk end),
          packing_quantity = (case when new.order_status = 'P'
    then new.quantity else t1.packing_quantity end),
          ship_date_sk = (case when new.order_status = 'S'
    then t4.ship_date_sk else t1.ship_date_sk end),
          ship_quantity = (case when new.order_status = 'S'
    then new.quantity else t1.ship_quantity end),
          receive_date_sk = (case when new.order_status = 'R'
    then t5.receive_date_sk else t1.receive_date_sk end),
          receive_quantity = (case when new.order_status = 'R'
    then new.quantity else t1.receive_quantity end)
     from allocate_date_dim t2, packing_date_dim t3,
    ship_date_dim t4, receive_date_dim t5
     where t1.order_number = new.order_number
      and new.order_status in ('A', 'P', 'S', 'R')
      and date(new.status_date) = t2.allocate_date
      and date(new.status_date) = t3.packing_date
      and date(new.status_date) = t4.ship_date
      and date(new.status_date) = t5.receive_date;
    );
```

本节开头曾经提到，需要为迟到的事实行获取事务发生时间点的有效的维度代理键，因此可以在装载脚本中使用销售订单过渡表的状态日期字段限定当时的维度代理键。例如，为了获取事务发生时的客户代理键，筛选条件为：

```
    status_date >= customer_dim.effective_date and status_date <
```

```
customer_dim.expiry_date
```

之所以可以这样做，原因在于本示例满足以下两个前提条件：在最初源数据库的销售订单表中，status_date 存储的是状态发生时的时间；维度的生效时间与过期时间构成一条连续且不重叠的时间轴，任意 status_date 日期只能落到唯一的生效时间、过期时间区间内。

4. 修改周期快照事实表的数据装载

迟到的事实记录会对周期快照中已经生成的月销售汇总数据产生影响，因此必须做适当的修改。可以使用两种方案实现周期快照事实表的数据装载：一是关联更新，二是二次汇总。本例中采用关联更新方案。

（1）关联更新

因为订单可能会迟到数月才进入数据库，甚至涉及全部已经汇总的销售数据，因此我们不能按部就班地只处理上月数据，而要将迟到数据累加到周期快照中对应的数据行上。此方案需要修改 8.2 节创建的 fn_month_sum 函数，并且不具有幂等性。

月销售周期快照表存储的是某月某产品汇总的销售数量和销售金额，表中有月份代理键、产品代理键、年月、销售金额、销售数量五个字段。由于迟到事实的出现，需要将事务事实表中的数据划分为三类：非迟到的事实记录；迟到的事实，但周期快照表中尚不存在相关记录；迟到的事实，并且周期快照表中已经存在相关记录。对这三类事实数据的处理逻辑各不相同，前两类数据需要汇总后插入快照表，而第三种情况需要更新快照表中的现有数据。修改后的 fn_month_sum 函数如下：

```
create or replace function tds.fn_month_sum(p_year_month int)
returns void as $$
declare
    sqlstring varchar(1000);
begin
    -- 非幂等操作
    update month_end_sales_order_fact t1
       set month_order_amount = t1.month_order_amount + t2.order_amount,
           month_order_quantity = t1.month_order_quantity + t2.order_quantity
      from (select d.month_sk month_sk,
                   a.product_sk product_sk,
                   coalesce(sum(order_amount),0) order_amount,
                   coalesce(sum(order_quantity),0) order_quantity
              from sales_order_fact a,
                   order_date_dim b,
                   entry_date_dim c,
                   month_dim d
             where a.order_date_sk = b.order_date_sk
               and a.entry_date_sk = c.entry_date_sk
               and c.year*100+c.month = p_year_month
               and b.month = d.month
               and b.year = d.year
               and b.order_date <> c.entry_date
             group by d.month_sk, a.product_sk) t2
     where t1.order_month_sk = t2.month_sk
       and t1.product_sk = t2.product_sk;

    -- 幂等操作
```

```
        insert into month_end_sales_order_fact
        select d.month_sk, a.product_sk, d.year * 100 + d.month,
coalesce(sum(order_amount),0), coalesce(sum(order_quantity),0)
          from sales_order_fact a,
               order_date_dim b,
               entry_date_dim c,
               month_dim d
         where a.order_date_sk = b.order_date_sk
           and a.entry_date_sk = c.entry_date_sk
           and c.year*100+c.month = p_year_month
           and b.month = d.month
           and b.year = d.year
           and not exists (select 1 from month_end_sales_order_fact p
                            where p.order_month_sk = d.month_sk
                              and p.product_sk = a.product_sk)
         group by d.month_sk , a.product_sk, d.year * 100 + d.month;

    end; $$
    language plpgsql;
```

按事务发生时间的先后顺序，我们先处理第三种情况。为了更新周期快照表数据，子查询用于从销售订单事实表中获取所有上个月录入的，并且是迟到的数据行的汇总。用 b.order_date <> c.entry_date 作为判断迟到的条件。外层查询把具有相同产品代理键和月份代理键的迟到事实的汇总数据加到已有的快照数据行上。产品代理键和月份代理键共同构成了周期快照表的逻辑主键，可以唯一标识一条记录。之后关联更新周期快照表，注意，此更新是一个非幂等操作，每次执行都会累加销售数量和销售金额。

第二条语句将第一、第二类数据统一处理。使用相关子查询获取所有上个月新录入，并且在周期快照表中尚未存在的产品销售月汇总数据，插入到周期快照表中。销售订单事实表的粒度是实时，而周期快照事实表的粒度是每月，因此必须使用订单日期代理键对应的月份代理键进行比较。此插入是一个幂等操作，因为再次执行时就不会满足 not exists 条件。

在本示例中，迟到的事实对月周期快照表数据的影响逻辑并不是很复杂。当逻辑主键，即月份代理键和产品代理键的组合匹配时，将从销售订单事实表中获取的销售数量和销售金额汇总值累加到月周期快照表对应的数据行上，否则将新的汇总数据添加到月周期快照表中。这个逻辑非常适合使用 merge into 语句，例如在 Oracle 中可以写成如下的样子：

```
    declare
    pre_month_date date;
    month1 int;
    year1 int;

    begin
    select add_months(sysdate,-1) into pre_month_date from dual;
    select extract(month from pre_month_date), extract(year from pre_month_date)
  into month1, year1
      from dual;

     merge into month_end_sales_order_fact t1
     using (select d.month_sk month_sk, a.product_sk product_sk,
    d.year * 100 + d.month year_month,sum(order_amount) order_amount,
              sum(order_quantity) order_quantity
            from sales_order_fact a,
```

```
                 order_date_dim b,
                 entry_date_dim c,
                 month_dim d
           where a.order_date_sk = b.order_date_sk
             and a.entry_date_sk = c.entry_date_sk
             and c.month = month1
             and c.year = year1
             and b.month = d.month
             and b.year = d.year
           group by d.month_sk , a.product_sk, d.year * 100 + d.month) t2
      on (t1.order_month_sk = t2.month_sk and t1.product_sk = t2.product_sk)
     when matched then
       update set t1.month_order_amount = t1.month_order_amount +
t2.order_amount,
                  t1.month_order_quantity = t1.month_order_quantity +
t2.order_quantity
     when not matched then
       insert (order_month_sk, product_sk, year_month, month_order_amount,
   month_order_quantity)
       values (t2.month_sk, t2.product_sk, t2.year_month, t2.order_amount,
   t2.order_quantity);

   commit;

   end;
   /
```

Greenplum 目前还不支持 merge into，希望将来的版本能够添加此功能。

（2）二次汇总

由于迟到事实的出现，需要将事务事实表中的数据划分为两类：上月的周期快照和更早的周期快照。fn_month_sum 函数先删除上个月的汇总数据再重新生成，此时上月的迟到数据可以正确汇总。对于上上个月或更早的迟到数据，需要将迟到的数据累加到已有的周期快照上，这可以通过合并迟到数据和周期快照，再进行二次汇总实现。合并数据使用 union all，二次汇总逻辑可以封装到一个视图中。此方案不需要修改 8.2 节创建的 fn_month_sum 函数，并且具有幂等性，语句如下：

```
   create view v_month_end_sales_order_fact as
   -- 二次汇总
   select order_month_sk, product_sk, year_month, sum(month_order_amount)
month_order_amount, sum(month_order_quantity) month_order_quantity
     from
   (
   -- 由 fn_month_sum 函数正常装载
   select * from month_end_sales_order_fact
   union all
   -- 迟到数据
   select t4.month_sk, t1.product_sk, t4.year*100+t4.month, t1.order_amount,
t1.order_quantity
     from sales_order_fact t1, order_date_dim t2, entry_date_dim t3, month_dim t4
    where t1.order_date_sk = t2.order_date_sk
      and t1.entry_date_sk = t3.entry_date_sk
      and t2.month = t4.month
```

```
        and t2.year = t4.year
        -- 上个月之前的迟到数据
        and t3.year*100+t3.month = to_char(current_date - interval '1
month','YYYYMM')::int
        and t1.year_month < to_char(current_date - interval '1 month','YYYYMM')::int
    ) t
     group by order_month_sk, product_sk, year_month;
```

5. 启动 Canal Server、Canal ClientAdapter

```
    # 启动 Canal Server，在构成 Canal HA 的 126 主库、127 从库上顺序执行
    ~/canal_113/deployer/bin/startup.sh

    # 在 126 上执行
    ~/canal_113/adapter/bin/startup.sh
```

6. 测试

在执行定期装载前使用下面的语句查询 month_end_sales_order_fact 表。之后可以对比“前”（不包含迟到事实）和“后”（包含了迟到事实）的数据，以确认装载的正确性。

```
    select year_month,
           product_name,
           month_order_amount amt,
           month_order_quantity qty
      from month_end_sales_order_fact a,
           product_dim b
     where a.product_sk = b.product_sk
       and year_month = cast(extract(year from current_date - interval '1 month')
* 100
     + extract(month from current_date - interval '1 month') as int)
     order by year_month, product_name;
```

查询结果如下：

```
    year_month |   product_name   |    amt    | qty
    -----------+------------------+-----------+-----
        202112 | flat panel       | 100506.00 | 638
        202112 | floppy drive     |  72229.00 | 415
        202112 | hard disk drive  |  32268.00 | 150
        202112 | keyboard         |  31233.00 |  75
    (4 rows)
```

然后执行下面的语句准备销售订单测试数据。将三个销售订单装载进销售订单源数据，一个是迟到的在 month_end_sales_order_fact 中已存在的产品，一个是迟到的在 month_end_sales_order_fact 中不存在的产品，另一个是非迟到的正常产品。这里需要注意，产品维度是 SCD2 处理的，所以在添加销售订单时，新增订单时间一定要在产品维度的生效时间与过期时间区间内。

```
    use source;

    -- 迟到已存在
    set @order_date := from_unixtime(unix_timestamp('2021-12-10') + rand() *
(unix_timestamp('2021-12-11') - unix_timestamp('2021-12-10')));
    set @request_delivery_date := date(date_add(@order_date, interval 5 day));
```

```
    set @entry_date := from_unixtime(unix_timestamp('2021-12-15') + rand() *
    (unix_timestamp('2021-12-16') - unix_timestamp('2021-12-15')));
    set @amount := floor(1000 + rand() * 9000);
    set @quantity := floor(10 + rand() * 90);

    insert into source.sales_order values
      (null, 143, 6, 2, 'y', 'y', 'y', 'y', @order_date, 'N',
@request_delivery_date,
     @entry_date, @amount, @quantity);

    -- 迟到不存在
    set @order_date := from_unixtime(unix_timestamp('2021-12-10') + rand() *
    (unix_timestamp('2021-12-11') - unix_timestamp('2021-12-10')));
    set @request_delivery_date := date(date_add(@order_date, interval 5 day));
    set @entry_date := from_unixtime(unix_timestamp('2021-12-15') + rand() *
    (unix_timestamp('2021-12-16') - unix_timestamp('2021-12-15')));
    set @amount := floor(1000 + rand() * 9000);
    set @quantity := floor(10 + rand() * 90);

    insert into source.sales_order values
      (null, 144, 6, 3, 'y', 'y', 'y', 'y', @order_date, 'N',
@request_delivery_date,
      @entry_date, @amount, @quantity);

    -- 非迟到
    set @entry_date := from_unixtime(unix_timestamp('2021-12-29') + rand() *
    (unix_timestamp('2021-12-30') - unix_timestamp('2021-12-29')));
    set @request_delivery_date := date(date_add(@order_date, interval 5 day));
    set @amount := floor(1000 + rand() * 9000);
    set @quantity := floor(10 + rand() * 90);

    insert into source.sales_order values
      (null, 145, 12, 4, 'y', 'y', 'y', 'y', @entry_date, 'N',
@request_delivery_date,
      @entry_date, @amount, @quantity);

    commit;
```

现在已经准备好运行修改后的月底快照装载。手动执行下面的命令将月底销售订单事实表装载函数导入2021年12月的快照：

```
    dt=$(date -d '1 month ago' +%Y%m);psql -d dw -c "select tds.fn_month_sum($dt)
as int;"
```

执行与测试开始时相同的查询获取包含迟到事实的月底销售订单数据，结果如下：

```
    year_month | product_name     |    amt      | qty
    -----------+------------------+-------------+-----
        202112 | flat panel       | 100506.00 | 638
        202112 | floppy drive     |  76373.00 | 472
        202112 | hard disk drive|  32268.00 | 150
        202112 | keyboard         |  37737.00 |  96
        202112 | lcd panel        |   5230.00 |  35
    (5 rows)
```

对比“前”和“后”查询的结果可以看到：

- 2021 年 12 月 floppy drive 的销售金额已经从 72229 变为 76373，这是由于迟到的产品销售订单增加了 4144 的销售金额。销售数量也相应地增加了。
- 2021 年 12 月的 lcd panel（也是迟到的产品）被添加。
- 非迟到的正常订单的产品 keyboard 被累加。

8.6 累积度量

累积度量指的是聚合从序列内第一个元素到当前元素的数据，例如统计从每年的一月到当前月份的累积销售额。累积度量是半可加的，而且它的初始装载要复杂一些。本节将说明如何在销售订单示例中实现累积月销售数量和金额。

1. 建立累积度量事实表

建立一个新的名为 month_end_balance_fact 的事实表，用来存储销售订单金额和数量的月累积值。month_end_balance_fact 表在数据仓库中构成了另一个星型模式，如图 8-3 所示。新的星型模式除了包括这个新的事实表，还包括两个其他星型模式中已有的维度表，即产品维度表与月份维度表，这里只显示了相关的表。

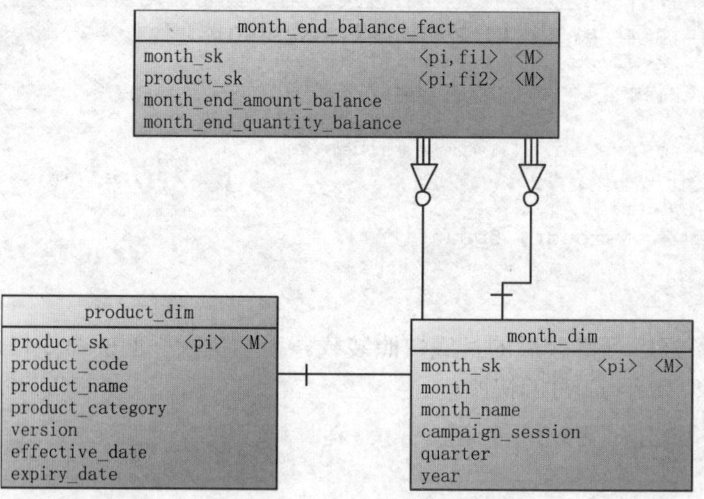

图 8-3　累积度量

执行下面的语句创建 month_end_balance_fact 事实表，用来存储销售订单金额和数量的月累积值。由于是新建表，因此不需要事先停止 Canal 服务。

```
set search_path=tds;
create table month_end_balance_fact (
    month_sk int,
    product_sk int,
    month_end_amount_balance numeric(10,2),
    month_end_quantity_balance int,
```

```
    primary key (month_sk,product_sk))
distributed by (month_sk);
```

2. 初始装载

现在要把 month_end_sales_order_fact 表里的数据装载进 month_end_balance_fact 表，下面的代码是初始装载 month_end_balance_fact 表的脚本。此脚本装载累积的月销售订单汇总数据，从每年的一月累积到当月，累积数据不跨年。

```
insert into month_end_balance_fact
select a.month_sk,
       b.product_sk,
       sum(b.month_order_amount) month_order_amount,
       sum(b.month_order_quantity) month_order_quantity
  from month_dim a,
       (select a.*,
               b.year,
               b.month,
               max(a.order_month_sk) over () max_month_sk
          from month_end_sales_order_fact a, month_dim b
         where a.order_month_sk = b.month_sk) b
 where a.month_sk <= b.max_month_sk
   and a.year = b.year and b.month <= a.month
 group by a.month_sk , b.product_sk;
```

子查询获取 month_end_sales_order_fact 表的数据，及其年月和最大月份代理键。外层查询汇总每年一月到当月的累积销售数据，a.month_sk <= b.max_month_sk 条件用于限定只统计到现存的最大月份为止。为了确认初始装载是否正确，在执行完初始装载脚本后，分别查询 month_end_sales_order_fact 和 month_end_balance_fact 表。

```
-- 周期快照查询
select b.year, b.month, a.product_sk psk,
a.month_order_amount amt, a.month_order_quantity qty
  from month_end_sales_order_fact a, month_dim b
 where a.order_month_sk = b.month_sk
 order by year, month, psk;
-- 结果
 year | month | psk |    amt     | qty
------+-------+-----+------------+-----
 2021 |     6 |   1 |  42985.00 |   0
 2021 |     6 |   2 |  85304.00 |   0
 2021 |     7 |   1 |  74012.00 |   0
 2021 |     7 |   2 |  59831.00 |   0
 2021 |     8 |   1 |  85951.00 |   0
 2021 |     8 |   2 |  52528.00 |   0
 2021 |     9 |   1 |  85835.00 |   0
 2021 |     9 |   2 |  88138.00 |   0
 2021 |    12 |   1 |  32268.00 | 150
 2021 |    12 |   2 |  76373.00 | 472
 2021 |    12 |   3 |   5230.00 |  35
 2021 |    12 |   4 | 100506.00 | 638
 2021 |    12 |   5 |  37737.00 |  96
(13 rows)
```

```
-- 累积度量查询
select b.year,b.month, a.product_sk psk,
      a.month_end_amount_balance amt, a.month_end_quantity_balance qty
  from month_end_balance_fact a, month_dim b
 where a.month_sk = b.month_sk
 order by year, month, psk;
-- 结果
 year | month | psk |    amt    | qty
------+-------+-----+-----------+-----
 2021 |     6 |   1 |  42985.00 |   0
 2021 |     6 |   2 |  85304.00 |   0
 2021 |     7 |   1 | 116997.00 |   0
 2021 |     7 |   2 | 145135.00 |   0
 2021 |     8 |   1 | 202948.00 |   0
 2021 |     8 |   2 | 197663.00 |   0
 2021 |     9 |   1 | 288783.00 |   0
 2021 |     9 |   2 | 285801.00 |   0
 2021 |    10 |   1 | 288783.00 |   0
 2021 |    10 |   2 | 285801.00 |   0
 2021 |    11 |   1 | 288783.00 |   0
 2021 |    11 |   2 | 285801.00 |   0
 2021 |    12 |   1 | 321051.00 | 150
 2021 |    12 |   2 | 362174.00 | 472
 2021 |    12 |   3 |   5230.00 |  35
 2021 |    12 |   4 | 100506.00 | 638
 2021 |    12 |   5 |  37737.00 |  96
(17 rows)
```

可以看到，产品 1 和产品 2 累加了 6、7、8、9 四个月的销售数据，10 月、11 月没有销售，所以 9 月的销售数据顺延到 10 月、11 月，12 月继续累加，产品 3、产品 4、产品 5 只有 12 月有销售，说明初始装载正确。

3. 定期装载

累积度量只需要定期执行，不涉及实时性问题。下面所示的 month_balance_sum.sql 脚本用于定期装载销售订单累积度量，每个月执行一次，用于装载上个月的数据。可以在执行完月周期快照表定期装载后执行该脚本。

```
insert into month_end_balance_fact
select order_month_sk,
       product_sk,
       sum(month_order_amount),
       sum(month_order_quantity)
  from (select order_month_sk, product_sk, month_order_amount,
month_order_quantity
          from month_end_sales_order_fact a,
               month_dim b
         where a.order_month_sk = b.month_sk
           and b.year = :v_year_month/100
           and b.month = :v_year_month - :v_year_month/100*100
        union all
         select month_sk + 1 order_month_sk,
```

```
                product_sk product_sk,
                month_end_amount_balance month_order_amount,
                month_end_quantity_balance month_order_quantity
           from month_end_balance_fact a
          where a.month_sk in
   (select max(case when :v_year_month - :v_year_month/100*100 = 1
   then 0 else month_sk end)
                      from month_end_balance_fact)) t
    group by order_month_sk, product_sk;
```

子查询将累积度量表和月周期快照表做并集操作，增加上月的累积数据。最外层查询执行销售数据按月和产品的分组聚合。最内层的 case 语句用于在每年 1 月时重新归零再累积。:v_year_month 是年月参数。

4. 测试

（1）测试 1 月的装载

具体步骤如下：

步骤 01 向 month_end_sales_order_fact 表添加两条记录，month_sk 的值是 25，指的是 2022 年 1 月。

```
insert into month_end_sales_order_fact
values (25,1,202201,1000,10), (25,6,202201,1000,10);
```

步骤 02 执行定期装载。

```
dt=202201; psql -U dwtest -h mdw -d dw -v v_year_month=$dt -f
~/month_balance_sum.sql
```

步骤 03 查询 month_end_balance_fact 表，确认累积度量数据是否装载正确。

```
-- 查询
select * from month_end_balance_fact order by month_sk,product_sk;

-- 结果
 month_sk | product_sk | month_end_amount_balance | month_end_quantity_balance
----------+------------+--------------------------+----------------------------
...
       24 |          1 |                321051.00 |                        150
       24 |          2 |                362174.00 |                        472
       24 |          3 |                  5230.00 |                         35
       24 |          4 |                100506.00 |                        638
       24 |          5 |                 37737.00 |                         96
       25 |          1 |                  1000.00 |                         10
       25 |          6 |                  1000.00 |                         10
(19 rows)
```

（2）测试非 1 月的装载

具体步骤如下：

步骤 01 向 month_end_sales_order_fact 表添加两条记录。

```
insert into month_end_sales_order_fact
```

```
values (26,1,202202,1000,10),(26,6,202202,1000,10);
```

步骤02 执行定期装载。

```
dt=202202; psql -U dwtest -h mdw -d dw -v v_year_month=$dt -f
~/month_balance_sum.sql
```

步骤03 查询 month_end_balance_fact 表，确认累积度量数据是否装载正确。

```
-- 查询
select * from month_end_balance_fact order by month_sk,product_sk;

-- 结果
 month_sk | product_sk | month_end_amount_balance | month_end_quantity_balance
----------+------------+--------------------------+---------------------------
...
       24 |          1 |                321051.00 |                        150
       24 |          2 |                362174.00 |                        472
       24 |          3 |                  5230.00 |                         35
       24 |          4 |                100506.00 |                        638
       24 |          5 |                 37737.00 |                         96
       25 |          1 |                  1000.00 |                         10
       25 |          6 |                  1000.00 |                         10
       26 |          1 |                  2000.00 |                         20
       26 |          6 |                  2000.00 |                         20
(21 rows)
```

测试完成后，执行下面的语句删除测试数据。

```
delete from month_end_sales_order_fact where order_month_sk >=25;
delete from month_end_balance_fact where month_sk >=25;
```

5. 查询

累积度量必须小心使用，因为它是“半可加”的。一个半可加度量在某些维度（通常是时间维度）上是不可加的。例如，可以通过产品正确地累加月底累积销售金额。

```
-- 查询
select year, month, sum(month_end_amount_balance) s
  from month_end_balance_fact a, month_dim b
 where a.month_sk = b.month_sk
 group by year, month
 order by year, month;

-- 结果
 year | month |     s
------+-------+-----------
 2021 |     6 | 128289.00
 2021 |     7 | 262132.00
 2021 |     8 | 400611.00
 2021 |     9 | 574584.00
 2021 |    10 | 574584.00
 2021 |    11 | 574584.00
 2021 |    12 | 826698.00
(7 rows)
```

然而通过月份累加月底金额：

```
-- 查询
select product_name, sum(month_end_amount_balance) s
  from month_end_balance_fact a, product_dim b
 where a.product_sk = b.product_sk
 group by product_name;

-- 结果
  product_name   |      s
-----------------+------------
 floppy drive    | 1647679.00
 hard disk drive | 1550330.00
 keyboard        |   37737.00
 lcd panel       |    5230.00
 flat panel      |  100506.00
(5 rows)
```

以上查询结果是错误的，正确的结果应该和下面的在 month_end_sales_order_fact 表上进行的查询结果相同。

```
-- 查询
select product_name, sum(month_order_amount) s
  from month_end_sales_order_fact a, product_dim b
 where a.product_sk = b.product_sk
 group by product_name;

-- 结果
  product_name   |     s
-----------------+-----------
 floppy drive    | 362174.00
 hard disk drive | 321051.00
 keyboard        |  37737.00
 lcd panel       |   5230.00
 flat panel      | 100506.00
(5 rows)
```

注意，迟到的事实对累积度量的影响非常大。例如，2021 年 1 月的数据到了 2022 年 1 月才进入数据仓库，那么 2021 年 2 月以后每个月的累积度量都要改变。如果重点考虑迟到事实数据，也许使用查询视图方式实现累积度量是更好的选择。

```
create view v_month_end_balance_fact as
select a.month_sk, b.product_sk,
       sum(b.month_order_amount) month_order_amount,
       sum(b.month_order_quantity) month_order_quantity
  from month_dim a,
       (select a.*, b.year, b.month, max(a.order_month_sk) over () max_month_sk
          from month_end_sales_order_fact a, month_dim b
         where a.order_month_sk = b.month_sk) b
 where a.month_sk <= b.max_month_sk and a.year = b.year and b.month <= a.month
 group by a.month_sk , b.product_sk;
```

8.7 小 结

（1）事务事实表、周期快照事实表和累积快照事实表是多维数据仓库中常见的三种事实表。定期历史数据可以通过周期快照获取，细节数据被保存到事务粒度事实表中，而对于具有多个定义良好的里程碑的处理工作流，则可以使用累积快照。

（2）无事实的事实表是没有任何度量的事实表，它本质上是一组维度的交集。用这种事实表记录相关维度之间存在的多对多关系，但是关系上没有数字或者文本的事实。无事实的事实表为数据仓库设计提供了更多的灵活性。

（3）迟到的事实指的是到达 ETL 系统的时间晚于事务发生时间的度量数据。必须对标准的 ETL 过程进行特殊修改以处理迟到的事实。需要确定事务发生时间点的有效的维度代理键，还要调整后续事实行中的所有半可加度量。此外，迟到事实可能还会引起周期快照事实表的数据更新。

（4）累积度量指的是聚合从序列内第一个元素到当前元素的数据。累积度量是半可加的，因此对累积度量执行聚合计算时要格外注意分组的维度。

第 9 章

Greenplum 运维与监控

想要一个数据库长久健康地运行，离不开完备的运维工作，切忌只运而不维。Greenplum 分布式数据库集群由大量服务器组成，对运维人员或 DBA，不仅要关注数据库本身，还要注意集群中各硬件的状况，及时发现并处理问题。本章将介绍权限与角色管理、数据导入导出、性能优化、例行监控、例行维护、推荐的监控与维护任务这六方面的常规工作内容，目的是满足 Greenplum 系统维护、使用等方面的要求，保证提供稳定高效的数据库服务。

9.1 权限与角色管理

从 4.6 节“允许客户端连接”中已知，pg_hba.conf 文件限定了允许连接 Greenplum 的客户端主机、用户名、访问的数据库、认证方式等。用户名、口令，以及用户对数据库对象的使用权限保存在 Greenplum 的 pg_authid、pg_roles、pg_class 等元数据表中。

9.1.1 Greenplum 中的角色与权限

Greenplum 采用基于角色的访问控制机制，通过角色机制简化了用户和权限的关联性。Greenplum 系统中的权限分为两种：系统权限和对象权限。系统权限是指系统规定用户使用数据库的权限，如连接数据库、创建数据库、创建用户等。对象权限是指在表、序列、函数等数据库对象上执行特殊动作的权限，其权限类型有 select、insert、update、delete、references、create、connect、temporary、execute、usage 等。

Greenplum 的角色与 Oracle、SQL Server 等数据库中的角色概念有所不同。这些系统中的所谓角色，是权限的组合和抽象，创建角色最主要的目的是简化对用户的授权。举一个简单的例子，假设需要给五个用户每个都授予相同的五种权限，如果没有角色，需要授权二十五次，而如果把五种权限定义成一种角色，只需要先进行一次角色定义，再授权五次即可。

然而 Greenplum 中的角色既可以代表一个数据库用户，又可以代表一组权限。角色所拥有的预定义的系统权限是通过角色属性实现的。角色可以是数据库对象的属主，也可以给其他角色赋予访问对象的权限。角色还可以是其他角色的成员，成员角色可以从父角色继承对象权限。

Greenplum 系统可能包含多个数据库角色（用户或组），这些角色并不是运行服务器上操作系统的用户和组。为方便起见，也可能是希望维护操作系统用户名和 Greenplum 角色名的关系，很多客户端应用程序（如 psql），使用当前操作系统用户名作为默认的角色，gpadmin 就是最典型的例子。

用户通过 Master 实例连接 Greenplum，Master 使用 pg_hba.conf 文件里的条目验证用户的角色和访问权限，之后 Master 以当前登录的角色从后台向 Segment 实例发布 SQL 命令。系统级定义的角色对所有数据库都是有效的。为了创建更多角色，首先需要使用超级用户（superuser）gpadmin 连接 Greenplum。

配置角色与权限时，应该注意以下问题：

- 保证 gpadmin 系统用户安全。Greenplum 需要一个 UNIX 用户 ID 安装和初始化 Greenplum 系统，这个系统用户 ID 就是 gpadmin。gpadmin 用户是 Greenplum 中默认的数据库超级用户，也是 Greenplum 安装目录及其底层数据文件的文件系统属主。这个默认的管理员账号是 Greenplum 的基础设计，缺少这个用户系统将无法运行，并且没有方法能够限制 gpadmin 用户对数据库的访问。应该只使用 gpadmin 账号执行诸如扩容和升级之类的系统维护任务。任何以这个用户登录 Greenplum 主机的人，都可以读取、修改和删除任何数据，尤其是具有对系统目录相关的数据库的访问权限。因此，gpadmin 用户的安全非常重要，仅应该提供给关键的系统管理员使用，应用程序永不要以 gpadmin 用户连接数据库。
- 赋予每个登录用户不同的角色。出于记录和审核目的，每个登录 Greenplum 的用户都应该被赋予相应的数据库角色。对于应用程序或者 Web 服务，最好为每个应用或服务创建不同的角色。
- 使用组管理访问权限。
- 限制具有超级用户角色属性的用户。超级用户角色可以绕过 Greenplum 中所有的访问权限检查和资源队列，所以只应该将超级用户权限授予系统管理员。

9.1.2 管理角色及其成员

这里的角色指的是一个可以登录到数据库，并开启一个数据库会话的用户。建议在创建角色时为其指定资源队列，否则默认使用 pg_default。CREATE ROLE 命令用于创建一个角色：

```
create role jsmith with login;
```

一个数据库角色有很多属性，用以定义该角色可以在数据库中执行的任务，或者具有的系统权限。表 9-1 描述的是有效的角色属性。

表 9-1 角色属性

属性	描述
SUPERUSER | NOSUPERUSER	确定一个角色是否是超级用户。只有超级用户才能创建新的超级用户。默认值为 NOSUPERUSER
CREATEDB | NOCREATEDB	确定角色是否被允许创建数据库。默认值为 NOCREATEDB
CREATEROLE | NOCREATEROLE	确定角色是否被允许创建和管理其他角色。默认值为 NOCREATEROLE
INHERIT | NOINHERIT	确定角色是否从其所在的组继承权限。具有 INHERIT 属性的角色可以自动使用所属组已经被授予的数据库权限，无论角色是组的直接成员还是间接成员。默认值为 INHERIT
LOGIN | NOLOGIN	确定角色是否可以登录。具有 LOGIN 属性的角色可以将角色作为用户登录。没有此属性的角色被用于管理数据库权限（即用户组）。默认值为 NOLOGIN
CONNECTION LIMIT *connlimit*	如果角色能够登录，此属性指定角色可以建立多少个并发连接。默认值为-1，表示没有限制
PASSWORD *'password'*	设置角色的口令。如果不使用口令认证，可以忽略此选项。如果没有指定口令，口令将被设置为 null，此时该用户的口令认证总是失败。一个 null 口令也可以显示地写成 PASSWORD NULL
ENCRYPTED | UNENCRYPTED	控制口令是否加密存储在系统目录中。默认行为由 password_encryption 配置参数所决定，当前设置是 MD5，如果要改为 SHA-256 加密，设置此参数为 password。如果给出的口令字符串已经是加密格式，那么它被原样存储，而不管指定的是 ENCRYPTED 还是 UNENCRYPTED。这种设计允许在 dump/restore 时重新导入加密的口令
VALID UNTIL '*timestamp*'	设置一个日期和时间，在该时间点后角色的口令失效。如果忽略此选项，口令将永久有效
RESOURCE QUEUE *queue_name*	赋予角色一个命名的资源队列用于负载管理。角色发出的任何语句都受到该资源队列的限制。注意，这个 RESOURCE QUEUE 属性不会被继承，必须在每个用户级（登录）角色设置
DENY {deny_interval | deny_point}	在此时间区间内禁止访问

可以在创建角色时，或者创建角色后使用 ALTER ROLE 命令指定这些属性：

```
alter role jsmith with password 'passwd123';
alter role jsmith valid until 'infinity';
alter role jsmith login;
alter role jsmith resource queue adhoc;
alter role jsmith deny day 'sunday';
```

使用 DROP ROLE 或 DROP USER 命令删除角色（用户）。在删除角色前，先要收回角色所拥有的全部权限，或者先删除与角色相关联的所有对象，否则删除角色时会提示错误：cannot be dropped because some objects depend on it。

通常将多个权限合成一组，能够简化对权限的管理。使用这种方法，对于一个组中的用户，其权限可以被整体授予和回收。在 Greenplum 中的实现方式为，创建一个表示组的角色，然后将用户角色授予组角色的成员。下面的 SQL 命令使用 CREATE ROLE 创建一个名为 admin

的组角色，该组角色具有 CREATEROLE 和 CREATEDB 系统权限。

```
create role admin createrole createdb;
```

一旦组角色存在，就可以使用 GRANT 和 REVOKE 命令添加或删除组成员（用户角色）：

```
grant admin to john, sally;
revoke admin from bob;
```

为简化对象权限的管理，应当只为组级别的角色授予适当的权限，成员用户角色继承组角色的对象权限：

```
grant all on table mytable to admin;
grant all on schema myschema to admin;
grant all on database mydb to admin;
```

角色属性 LOGIN、SUPERUSER、CREATEDB 和 CREATEROLE 不会被当作普通的数据库对象权限被继承。为了让用户成员使用这些属性，必须执行 SET ROLE 设置一个角色具有这些属性。在上面的例子中，我们已经为 admin 指定了 CREATEDB 和 CREATEROLE 属性。sally 是 admin 的成员，当 sally 连接到数据库后，执行以下命令，使 sally 可以拥有父角色的 CREATEDB 和 CREATEROLE 属性。

```
set role admin;
```

有关角色属性信息可以在系统表 pg_authid 中找到，pg_roles 是基于系统表 pg_authid 的视图。系统表 pg_auth_members 存储了角色与其成员的关系。

9.1.3 管理对象权限

当一个数据库对象（表、视图、序列、数据库、函数、语言、模式或表空间）被创建，它的权限被赋予属主，属主通常是执行 CREATE 语句的角色。对于大多数类型的对象，其初始状态是只允许属主或超级用户在对象上做任何操作。为了允许其他角色使用对象，必须授予适当的权限。Greenplum 对每种对象类型支持的权限如表 9-2 所示。

表 9-2 对象权限

对象类型	权限
Tables、Views、Sequences	SELECT、INSERT、RULE、ALL
External Tables	SELECT、RULE、ALL
Databases	CONNECT、CREATE、TEMPORARY | TEMP、ALL
Functions	EXECUTE
Procedural Languages	USAGE
Schemas	CREATE、USAGE、ALL
Custom Protocol	SELECT、INSERT、RULE、ALL

必须为每个对象单独授权。例如，授予数据库上的 ALL 权限，并不会授予数据库中全部对象的访问权限，而只是授予了该数据库自身的数据库级别的全部权限（CONNECT、CREATE、TEMPORARY 等）。

使用标准的 GRANT 和 REVOKE SQL 语句为角色授予或回收一个对象权限：

```
grant insert on mytable to jsmith;
revoke all privileges on mytable from jsmith;
```

可以使用 DROP OWNED 和 REASSIGN OWNED 命令为一个角色删除或重新赋予对象属主权限。只有对象的属主或超级用户能够执行此操作：

```
reassign owned by sally to bob;
drop owned by visitor;
```

Greenplum 不支持行级和列级的访问控制，但是可以通过视图来模拟，限制查询的行或列，此时角色被授予对视图而不是基表的访问权限。对象权限存储在 pg_class.relacl 列中。Relacl 是 PostgreSQL 支持的数组属性，该数组成员使用抽象的数据类型 aclitem，每个 ACL（Access Control List，访问控制列表）实际上是一个由多个 aclitem 构成的链表。

9.1.4 口令加密

Greenplum 默认使用 MD5 为用户口令加密，通过适当配置服务器参数，也能实现口令的 SHA-256 加密存储。为了使用 SHA-256 加密，客户端认证方法必须设置为 PASSWORD 而不是默认的 MD5。口令虽然以加密形式存储在系统表中，但仍然以明文在网络间传递。为了避免这种情况，应该建立客户端与服务器之间的 SSL 加密通道。

1. 系统级启用 SHA-256 加密

执行的 SQL 语句如下：

```
# 设置默认的口令加密算法
gpconfig -c password_hash_algorithm -v 'SHA-256'
# 重载参数使之动态生效
gpstop -u
# 查看
gpconfig -s password_hash_algorithm
```

2. 会话级启用 SHA-256 加密

执行的 SQL 语句如下：

```
-- 用 gpadmin 登录 Greenplum 后执行
set password_hash_algorithm = 'SHA-256';
-- 查看
show password_hash_algorithm;
```

3. 验证口令加密方式是否生效

验证口令加密方式是否生效的步骤如下：

步骤 01 建立一个具有 login 权限的新角色，并设置口令。

```
create role testdb with password 'testdb12345#' login;
```

步骤 02 修改客户端认证方法，允许存储 SHA-256 加密的口令。

下面的 shell 命令将在 pg_hba.conf 文件的第一行添加一条记录。注意 pg_hba.conf 文件中记录的匹配顺序。

```
sed -i '1ihost all testdb 0.0.0.0/0 password' /data/master/gpseg-1/pg_hba.conf
```

步骤03 重载 pg_hba.conf 配置。

```
gpstop -u
```

步骤04 以刚创建的 testdb 用户登录数据库，在提示时输入正确的口令。

```
psql -d postgres -h mdw -U testdb
```

步骤05 验证口令被以 SHA-256 哈希方式存储，加密后的口令存储在 pg_authid.rolpasswod 字段中，可用超级用户查询：

```
-- 查询
select rolpassword from pg_authid where rolname = 'testdb';

-- 结果
                              rolpassword
------------------------------------------------------------------------
 sha25650c2445bab257f4ea94ee12e5a6bf1400b00a2c317fc06b6ff9b57975bd1cde1
(1 row)
```

说明口令的 SHA-256 加密存储方式已生效。

9.2 数据导入导出

本节介绍 Greenplum 的各种数据导入导出方法，所选择的方法依赖于数据源的特性，如位置、数据量、格式、需要的转换等。最简单的情况下，一条 COPY 命令就可将 Greenplum Master 实例上的文本文件导入表中。对于少量数据，这种方式不需要更多步骤，并提供了良好的性能。COPY 命令在 Master 主机上的单个文件与数据库表之间复制数据，这种方式复制的数据量受限于文件所在系统所允许的单一文件最大字节数。对于大数据集，更为有效的数据装载方式是利用多个 Segment 并行导入数据，该方式允许同时从多个文件系统导入数据，实现很高的数据传输速率。用 gpfdist 创建的外部表会使用所有 Segment 导入或导出数据，并且完全并行操作。

无论使用哪种方法，导入完数据都应运行 ANALYZE。ANALYZE 或 VACUUM ANALYZE（只对系统目录表）为查询优化器更新表的统计信息，以做出最好的查询计划，避免由于数据增长或缺失统计信息导致性能问题。

9.2.1 file://协议及其外部表

file://协议用在指定操作系统文件位置的 URI（Uniform Resaune Identifier，统一资源标识符）中。URI 包括主机名、端口和文件路径。每个文件必须位于 Greenplum 数据库超级用户（gpadmin）可访问的 Segment 主机上。URI 中使用的主机名必须与 gp_segment_configuration 系统目录表中注册的 Segment 主机名匹配。LOCATION 子句可以有多个 URI。

通过定义 file://协议的外部表，可以很容易地将外部数据导入普通表中，如下例所示。

```
-- 分隔符的十六进制
select to_hex(ascii('|'));
-- 创建外部表
\c dw gpadmin
create external table files_zz_ext (
   fid varchar(128),
   server varchar(45),
   ffid varchar(255),
   flen bigint,
   filemd5 varchar(64),
   ttime integer,
   lvtime integer,
   vtimes integer,
   stat smallint )
location ('file://mdw:5432/data/zz/files_000',
         'file://mdw:5432/data/zz/files_001',
         'file://mdw:5432/data/zz/files_002',
         'file://mdw:5432/data/zz/files_003',
         'file://smdw:5432/data/zz/files_004',
         'file://smdw:5432/data/zz/files_005',
         'file://smdw:5432/data/zz/files_006',
         'file://sdw3:5432/data/zz/files_007',
         'file://sdw3:5432/data/zz/files_008',
         'file://sdw3:5432/data/zz/files_009',
format 'text' (delimiter E'\x7c' null '');

-- 修改外部表属主
alter external table files_zz_ext owner to dwtest;

-- 导入数据
set gp_autostats_mode=none;
insert into files_zz1 select * from files_zz_ext;
-- 分析表
vacuum freeze analyze files_zz1;
```

在 LOCATION 子句中指定的 URI 数是将并行工作以访问外部表的 Segment 实例数。对于每个 URI，Greenplum 将指定主机上的一个 Segment 分配给文件。为了在导入数据时获得最大的并行性，最好将数据分散到与 Segment 数量相同的多个文件中，这可确保所有 Segment 都参与工作。每个 Segment 主机上的外部文件数不能超过该主机上的 Segment 实例数。例如，如果集群中每个 Segment 主机有四个实例，则可以在每个 Segment 主机上放置四个外部文件。基于 file://协议的表只能是可读外部表。

系统视图 pg_max_external_files 显示每个外部表允许的最大外部表文件数，该视图仅适用于 file://协议。

```
-- 查询
select * from pg_max_external_files;

-- 结果
 hostname | maxfiles
----------+----------
 smdw     |        6
 mdw      |        6
```

```
 sdw3     |        6
(3 rows)
```

9.2.2 gpfdist 及其外部表

1. gpfdist

gpfdist 是一个并行文件分布程序，用于对本地文件的并行访问。它是一个操作外部表的HTTP 服务器，使 Segment 可以从多个文件系统的外部表并行装载数据。我们可以在多个不同的主机上运行 gpfdist 实例，并能够并行使用它们。

可以选择在 Master 以外的其他机器上运行 gpfdist，例如一个专门用于 ETL 处理的主机。使用 gpfdist 命令启动 gpfdist，该命令位于 Master 主机和每个 Segment 主机的$GPHOME/bin 目录中。可以在当前目录位置或者指定任意目录启动 gpfdist，默认端口为 8080。下面是一些启动 gpfdist 的例子。

```
# 处理当前目录中的文件，使用默认的 8080 端口
gpfdist &

# 指定要导入的文件目录、HTTP 端口号、消息与错误日志文件，进程在后台运行
gpfdist -d /home/gpadmin/load_data/ -p 8081 -l /home/gpadmin/log &

# 在同一个 ETL 主机上运行多个 gpfdist 实例，每个实例使用不同的目录和端口
gpfdist -d /home/gpadmin/load_data1/ -p 8081 -l /home/gpadmin/log1 &
gpfdist -d /home/gpadmin/load_data2/ -p 8082 -l /home/gpadmin/log2 &

# gpfdist 不允许在根目录上启动服务，可通过/../的方式间接实现
nohup gpfdist -p 8080 -d /../ &
```

Greenplum 没有提供停止 gpfdist 的命令，需要直接使用操作系统的 kill 命令来停止 gpfdist 进程：

```
ps -ef | grep gpfdist | grep -v grep | awk '{print $2}' | xargs kill -9
```

2. gpfdist 外部表

在外部数据文件所在的主机上运行 gpfdist 命令，外部表定义中使用 gpfdist://协议引用一个运行的 gpfdist 实例。gpfdist 自动解压缩 gzip（.gz）和 bzip2（.bz2）文件。可以使用通配符（*）或其他 C 语言风格的模式匹配多个需要读取的文件，指定的文件应该位于启动 gpfdist 实例时指定的目录下。

为了创建一个 gpfdist 外部表，需要指定输入文件的格式和外部数据源的位置。使用 gpfdist 或 gpfdists://协议（gpfdist 的安全版本）之一访问外部表数据源。一条 CREATE EXTERNAL TABLE 语句中使用的协议必须唯一。

使用 gpfdist 外部表的步骤如下：

步骤 01 启动 gpfdist 文件服务器。

步骤 02 定义外部表。

步骤 03 将数据文件放置于外部表定义中指定的位置。

步骤 04 使用 SQL 命令查询外部表。

Greenplum 提供可读与可写两种 gpfdist 外部表，但一个外部表不能既可读又可写。一个 gpfdist 可读外部表的例子如下：

```
# 分别在两个主机 mdw、smdw 上启动 gpfdist 服务
nohup gpfdist -p 8081 -d /../ &

-- 创建外部表
set search_path to ext;
create external table test_ext1 (
  userid bigint,
  avid bigint,
  playcount bigint,
  praisecount bigint,
  commentcount bigint,
  sharecount bigint,
  updatetime timestamp
)
location ('gpfdist://mdw:8081/data/*.txt',
'gpfdist://smdw:8081/data/*.txt')
format 'text' (delimiter '|');

-- 向普通表中装载数据
insert into space.work_heat_user_operate select * from ext.test_ext;
```

下面的 SQL 语句建立可写外部表并插入数据：

```
create writable external table example1
(name text, date date, amount float4, category text, desc1 text)
location ('gpfdist://mdw:8081/data/sales.out')
format 'text' ( delimiter '|' null ' ')
distributed by (name);

insert into example1 values ('aaa','2022-01-01',100.1,'aaa','aaa');
insert into example1 values ('bbb','2022-01-02',200.1,'bbb','bbb');
```

执行结果是在 mdw 上建立了如下内容的/data/sales.out 文件：

```
aaa|2022-01-01|100.1|aaa|aaa
bbb|2022-01-02|200.1|bbb|bbb
```

可以使用 insert into target_table select ... from external_table 或 create table target_table as select ... from external_table 命令从外部表向普通表导入数据。同样也可以使用 insert into external_table select ... from normal_table 从普通表向可写外部表导出数据。drop external table 命令只删除外部表定义，并不会删除外部文件的任何内容。

9.2.3　基于 Web 的外部表

外部表可以是基于文件的，也可以是基于 Web 的。基于文件的外部表访问静态平面文件，在查询运行时数据是静态的，数据可重复读。基于 Web 的外部表通过 Web 服务器的 HTTP 协议或通过执行操作系统命令或脚本，访问动态数据源，数据不可重复读，因为在查询运行时数据可能改变。

CREATE EXTERNAL WEB TABLE 语句创建一个 Web 外部表。Web 外部表允许 Greenplum 将动态数据源视作一个常规数据库表。可以定义基于命令或基于 URL 的 Web 外部表，但不能在一条建表命令中混用两种定义。

1. 基于命令的 Web 外部表

用一个 shell 命令或脚本的输出定义基于命令的 Web 表数据。用 CREATE EXTERNAL WEB TABLE 语句的 EXECUTE 子句指定需要执行的命令，外部表中的数据是命令运行时的数据。EXECUTE 子句在特定 Master 或 Segment 上运行 shell 命令或脚本。脚本必须是 gpadmin 用户可执行的，并且位于所有 Master 和 Segment 主机的相同位置上，Segment 并行运行命令。

外部表定义中指定的命令从数据库执行，数据库不能从.bashrc 或.profile 获取环境变量，因此需要在 EXECUTE 子句中设置环境变量。下面的外部表运行一个 Greenplum Master 主机上的命令：

```
create external web table output (output text)
execute 'PATH=/home/gpadmin/programs; export PATH; myprogram.sh' on master
format 'text';
```

下面的命令定义一个 Web 表，在五个 Segment 上运行一个名为 get_log_data.sh 的文件：

```
create external web table log_output (linenum int, message text)
execute '/home/gpadmin/get_log_data.sh' ON 5
format 'text' (delimiter '|');
```

Greenplum 集群中每台主机的相同位置上都必须有同一个可执行文件，否则查询会报错：

```
dw=# select * from log_output;
ERROR:  external table log_output command ended with error. sh:
/home/gpadmin/get_log_data.sh: No such file or directory  (seg7 slice1
140.210.73.66:6001 pid=10461)
DETAIL:  Command: execute:/home/gpadmin/get_log_data.sh
```

对该外部表的查询会返回每个 Segment 输出的并集，如 get_log_data.sh 脚本内容如下：

```
#!/bin/bash
echo "1|aaa"
echo "2|bbb"
```

则该表将返回 10 条（每个 Segment 两条）数据：

```
-- 查询
select * from log_output;

-- 结果
 linenum | message
---------+---------
       1 | aaa
       2 | bbb
       1 | aaa
       2 | bbb
       1 | aaa
       2 | bbb
       1 | aaa
       2 | bbb
```

```
       1 | aaa
       2 | bbb
(10 rows)
```

下面创建一个执行脚本的可写 Web 外部表：

```
create writable external web table example2
      (name text, date date, amount float4, category text, desc1 text)
execute 'PATH=/home/gpadmin/programs; export PATH; myprogram1.sh'
format 'text' (delimiter '|')
distributed randomly;
```

可写外部表不能使用 on 子句，否则报错：

```
ERROR:  ON clause may not be used with a writable external table
```

myprogram1.sh 的内容如下：

```
# !/bin/bash
while read line
do
   echo "File:${line}" >> /home/gpadmin/programs/a.txt
done
```

下面将脚本设置为可执行，并复制到集群所有主机的相同目录下：

```
chmod 755 ./programs/myprogram1.sh
scp -r programs 210.73.209.102:/home/gpadmin/
scp -r programs 140.210.73.66:/home/gpadmin/
```

现在向外部表中插入数据：

```
insert into example2 values
('aaa','2022-01-01',100.1,'aaa','aaa'),
('bbb','2022-01-02',200.1,'bbb','bbb'),
('ccc','2022-01-03',300.1,'ccc','ccc');
```

插入的数据通过管道输出给 myprogram1.sh 并执行，输出到 a.txt 文件中。这里插入了三条数据，在笔者的环境中，构成集群的三台主机上都生成了一个 a.txt 文件，每个文件中都保存了一条数据，可见是三个不同主机上的 Segment 并行向外部文件写入了数据。

2. 基于 URL 的 Web 外部表

基于 URL 的 Web 表使用 HTTP 协议从 Web 服务器访问数据，Web 表数据是动态的。在 LOCATION 子句中使用 http://指定文件在 Web 服务器上的位置。数据文件必须在所有 Segment 主机能够访问的 Web 服务器上。URL 的数量对应访问该 Web 表时并行的最少 Segment 数量。下面的例子定义了一个从多个 URL 获取数据的 Web 表。

```
create external web table ext_expenses
(name text, date date, amount float4, category text, description text)
location ('http://mdw/sales/file.csv',
        'http://mdw/exec/file.csv',
        'http://mdw/finance/file.csv',
        'http://mdw/ops/file.csv',
        'http://mdw/marketing/file.csv',
        'http://mdw/eng/file.csv')
format 'csv';
```

9.2.4 外部表错误处理

使用 CREATE TABLE AS SELECT 或 INSERT INTO 命令查询外部表数据时，如果数据中包含错误数据，则默认整条命令失败，没有数据被导入到目标数据库表中。SEGMENT REJECT LIMIT 子句允许隔离外部表中格式错误的数据，并继续导入格式正确的行。使用 SEGMENT REJECT LIMIT 设置一个错误阈值，指定拒绝的数据行数（默认）或一个占总行数的百分比（1%～100%）。如果错误行数达到了 SEGMENT REJECT LIMIT 的值，则整个外部表操作失败，没有数据行被处理。限制的错误行数是相对于一个 Segment 而不是整个操作的。如果错误行数没有达到 SEGMENT REJECT LIMIT 值，操作处理所有的正确行，丢弃错误行，或者可选地将格式错误的行写入日志表。LOG ERRORS 子句允许保存错误行以备后续检查。

设置 SEGMENT REJECT LIMIT 会使 Greenplum 以单行错误隔离模式扫描外部数据。当外部数据行出现多余属性、缺少属性、数据类型错误、无效的客户端编码序列等格式错误时，单行错误隔离模式将错误行丢弃或写入日志表。Greenplum 不检查约束错误，但可以在查询外部表时过滤约束错误，例如消除重复键值错误：

```
insert into table_with_pkeys select distinct * from external_table;
```

下面的例子记录错误信息，并设置错误行阈值为 10。错误数据通过 Greenplum 的内部函数 gp_read_error_log('external_table_name')访问。

```
create external table ext_expenses
( name text, date date, amount float4, category text, desc1 text )
location ('gpfdist://mdw:8081/data/*', 'gpfdist://smdw:8081/data/*')
format 'text' (delimiter '|')
log errors segment reject limit 10 rows;
```

9.2.5 使用 gpload 导入数据

Greenplum 的 gpload 应用程序使用可读外部表和并行文件系统 gpfdist 或 gpfdists 导入数据。它并行处理基于文件创建的外部表，允许用户在单一配置文件中配置数据格式、外部表定义，以及 gpfdist 或 gpfdists 的设置。

gpload 需要依赖某些 Greenplum 安装中的文件，如 gpfdist 和 Python，还要能通过网络访问所有 Segment 主机。gpload 的控制文件是一个 YAML（Yet Another Markup Language）格式的文件，在其中指定 Greenplum 连接信息、gpfdist 配置信息、外部表选项、数据格式等。下面是一个名为 my_load.yml 的控制文件的内容：

```
---
VERSION: 1.0.0.1
DATABASE: dw
USER: gpadmin
HOST: mdw
PORT: 5432
GPLOAD:
   INPUT:
    - SOURCE:
```

```
       LOCAL_HOSTNAME:
         - smdw
       PORT: 8081
       FILE:
         - /home/gpadmin/staging/*.txt
   - COLUMNS:
         - name: text
         - date: date
         - amount: float4
         - category: text
         - desc1: text
   - FORMAT: text
   - DELIMITER: '|'
   - ERROR_LIMIT: 25
  OUTPUT:
   - TABLE: t1
   - MODE: INSERT
  SQL:
   - BEFORE: "INSERT INTO audit VALUES('start', current_timestamp)"
   - AFTER: "INSERT INTO audit VALUES('end', current_timestamp)"
```

gpload 控制文件使用 YAML 1.1 文档格式，为了定义数据装载的各种步骤，它定义了自己的 schema。控制文件必须是一个有效的 YAML 文档。gpload 程序按顺序处理控制文件文档，并使用空格识别文档中各段之间的层次关系，因此空格的使用非常重要。不要使用 Tab 符代替空格，YAML 文档中不能出现 Tab 符。

LOCAL_HOSTNAME 指定运行 gpload 的本地主机名或 IP 地址。如果机器配置了多块网卡，可以为每块网卡指定一个主机名，允许同时使用多块网卡传输数据。比如 smdw 上配置了两块网卡，可以如下配置 LOCAL_HOSTNAME：

```
LOCAL_HOSTNAME:
 - smdw-1
 - smdw-2
```

下面看一个 gpload 示例。我们先在 smdw 上准备本地文件数据：

```
[gpadmin@vvml-z2-greenplum~/staging]$cat a.txt
aaa|2022-01-01|100.1|aaa|aaa
bbb|2022-01-02|100.2|bbb|bbb
[gpadmin@vvml-z2-greenplum~/staging]$cat b.txt
aaa|2022-01-03|200.1|aaa|aaa
bbb|2022-01-04|200.2|bbb|bbb
```

然后建立目标表和审计表：

```
\c dw gpadmin
create table t1 ( name text, date date, amount float4, category text, desc1
text );
create table audit(flag varchar(10),st timestamp);
```

最后执行 gpload：

```
[gpadmin@vvml-z2-greenplum~/staging]$gpload -f my_load.yml
2022-01-11 09:29:31|INFO|gpload session started 2022-01-11 09:29:31
2022-01-11 09:29:32|INFO|setting schema 'rds' for table 't1'
2022-01-11 09:29:32|INFO|started gpfdist -p 8081 -P 8082 -f
```

```
"/home/gpadmin/staging/*.txt" -t 30
    2022-01-11 09:29:32|INFO|running time: 0.45 seconds
    2022-01-11 09:29:32|INFO|rows Inserted          = 4
    2022-01-11 09:29:32|INFO|rows Updated           = 0
    2022-01-11 09:29:32|INFO|data formatting errors = 0
    2022-01-11 09:29:32|INFO|gpload succeeded
    [gpadmin@vvml-z2-greenplum~/staging]$
```

查询目标表和审计表以确认执行结果：

```
-- 查询目标表
select * from t1;

-- 结果
 name |    date    | amount | category | desc1
------+------------+--------+----------+-------
 bbb  | 2022-01-02 |  100.2 | bbb      | bbb
 bbb  | 2022-01-04 |  200.2 | bbb      | bbb
 aaa  | 2022-01-01 |  100.1 | aaa      | aaa
 aaa  | 2022-01-03 |  200.1 | aaa      | aaa
(4 rows)

-- 查询审计表
select * from audit;

-- 结果
 flag  |             st
-------+----------------------------
 start | 2022-01-11 09:29:32.053015
 end   | 2022-01-11 09:29:32.246904
(2 rows)
```

9.2.6 使用 COPY 互拷数据

COPY 是 Greenplum 的 SQL 命令，它在外部文件和表之间互拷数据。COPY FROM 命令将本地文件追加到数据表中，而 COPY TO 命令将数据表中的数据覆盖写入本地文件中。COPY 命令是非并行的，数据在 Master 实例上以单进程处理，因此只推荐对小数据文件使用 COPY 命令。本地文件必须在 Master 主机上，默认的文件格式是逗号分隔的 CSV 文本文件。下面是一个用 COPY 导入数据的例子。

```
$scp -r /home/gpadmin/staging/ 114.112.77.198:/home/gpadmin/
$psql -h mdw -d dw
psql (9.4.24)
Type "help" for help.

dw=# create table t2 (like t1);
NOTICE:  table doesn't have 'DISTRIBUTED BY' clause, defaulting to distribution
columns from LIKE table
CREATE TABLE
dw=# copy t2 from '/home/gpadmin/staging/a.txt' with delimiter '|';
COPY 2
dw=# select * from t2;
```

```
 name |     date     | amount | category | desc1
------+--------------+--------+----------+-------
 bbb  | 2022-01-02 |  100.2 | bbb      | bbb
 aaa  | 2022-01-01 |  100.1 | aaa      | aaa
(2 rows)
```

COPY 命令中可以指定文件格式、分隔符、字符集等属性：

```
copy test from '/tmp/file0' with (format csv, delimiter '|', encoding 'latin1');
```

下面的例子将表数据导出到 Master 的本地文件中。如果文件不存在，则建立文件，否则会用导出数据覆盖文件原来的内容。

```
dw=# copy (select * from t2) to '/home/gpadmin/staging/c.txt' with delimiter '|';
COPY 2

$ssh 114.112.77.198 cat /home/gpadmin/staging/c.txt
bbb|2022-01-02|100.2|bbb|bbb
aaa|2022-01-01|100.1|aaa|aaa
```

Greenplum 利用客户端与 Master 服务器之间的连接，能从 STDIN 或 STDOUT 复制数据，通过管道可以实现类似于流复制的功能，例如：

```
psql -h src -d srcdb -c 'copy test to stdout' | psql -h des -d desdb -c 'copy test from stdin'
```

默认为 COPY 在遇到第一个错误时就停止运行。如果数据含有错误，则操作失败，没有数据被装载。如果以单行错误隔离模式运行 COPY，将跳过含有错误格式的行，装载具有正确格式的行。如果数据违反了 NOT NULL 或 CHECK 等约束条件，操作仍然是“all-or-nothing”输入模式，则整个操作失败，没有数据被装载。

修改 a.txt 文件，制造一行格式错误的数据：

```
$cat a.txt
aaa,2022-01-01,100.1,aaa,aaa
bbb|2022-01-02|100.2|bbb|bbb
```

执行 COPY 命令。与导出不同，导入会向表中追加数据。

```
dw=# copy t2 from '/home/gpadmin/staging/a.txt'
dw-# with delimiter '|' log errors segment reject limit 5 rows;
NOTICE:  found 1 data formatting errors (1 or more input rows), rejected related input data
COPY 2
dw=# select * from t2;
 name |     date     | amount | category | desc1
------+--------------+--------+----------+-------
 bbb  | 2022-01-02 |  100.2 | bbb      | bbb
 bbb  | 2022-01-02 |  100.2 | bbb      | bbb
 aaa  | 2022-01-01 |  100.1 | aaa      | aaa
(3 rows)

dw=# select gp_read_error_log('t2');
                         gp_read_error_log
---------------------------------------------------------------------------
```

```
    ("2022-01-11 09:47:30.923811+08",t2,<stdin>,1,,"missing data for column
""date""","aaa,2022-01-01,100.1,aaa,aaa",)
    (1 row)
```

再次修改文件，将 name 字段对应的数据置空，因为该字段定义为 NOT NULL，所以违反约束，没有数据被拷贝，也不会更新错误日志。

```
    $cat a.txt
    |2022-01-01|100.1|aaa|aaa
    bbb|2022-01-02|100.2|bbb|bbb

    dw=# truncate table t2;
    TRUNCATE TABLE
    dw=# alter table t2 alter column name set not null;
    ALTER TABLE
    dw=# copy t2 from '/home/gpadmin/staging/a.txt'
    dw-# with (FORMAT CSV, delimiter E'|', FORCE_NULL(name))
    dw-# log errors segment reject limit 5 rows;
    ERROR:  null value in column "name" violates not-null constraint
    DETAIL:  Failing row contains (null, 2022-01-01, 100.1, aaa, aaa).
    CONTEXT:  COPY t2, line 1: "|2022-01-01|100.1|aaa|aaa"
    dw=# select * from t2;
     name | date | amount | category | desc1
    ------+------+--------+----------+-------
    (0 rows)

    dw=# select gp_read_error_log('t2');
                                gp_read_error_log
    --------------------------------------------------------------------------
     ("2022-01-11 09:47:30.923811+08",t2,<stdin>,1,,"missing data for column
""date""","aaa,2022-01-01,100.1,aaa,aaa",)
    (1 row)
```

COPY 命令执行时可能出现如下错误：

```
    ERROR:  invalid byte sequence for encoding "UTF8": 0x00
```

这是一个已知错误，解决方法是先替换掉文件中的\0 字符串再执行 COPY：

```
    # cat 命令
    cat audit_obj_detail_article.txt | sed 's/\\0//g' >
audit_obj_detail_article.txt.1
    # 或者 perl 命令，更快的方法
    perl -p -i -e "s/\x5c0//g" audit_obj_detail_article.txt
```

与 SQL 命令 COPY 读取 Master 上的文件不同，psql 的命令\copy 从客户端本地读取文件：

```
    \copy test from '/tmp/file0' delimiter '|';
```

9.2.7 导出数据

一个可写外部表允许用户从其他数据库表选择数据行并输出到文件、命名管道或应用。如前面的 example1 和 example2 所示，可以定义基于 gpfdist 或 Web 的可写外部表。对于使用 gpfdist 协议的外部表，Segment 将它们的数据发送给 gpfdist，gpfdist 将数据写入命名文件中。

gpfdist 必须运行在 Segment 能够在网络上访问的主机上。gpfdist 指向一个输出主机上的文件位置，将从 Segment 接收到的数据写入文件。一个可写 Web 外部表的数据作为数据流发送给应用，例如，从 Greenplum 导出数据并发送给一个连接其他数据库的应用或向别处装载数据的 ETL 工具。可写 Web 外部表使用 EXECUTE 子句指定一个运行在 Segment 主机上的 shell 命令、脚本或应用，接收输入数据流。

可以选择为可写外部表声明分布策略，缺省时可写外部表使用随机分布。如果要导出的源表是哈希分布的，为外部表定义相同的分布键列会提升数据导出性能，因为这消除了数据行在内部互联网络上的移动。如果导出一个特定表的数据，可以使用 LIKE 子句拷贝源表的列定义与分布策略。

```
    dw=# create writable external table unload_expenses ( like t1 )
    dw-# location ('gpfdist://mdw:8081/data/expenses1.out',
'gpfdist://smdw:8081/data/expenses2.out')
    dw-# format 'text' (delimiter ',');
    NOTICE:  table doesn't have 'DISTRIBUTED BY' clause, defaulting to distribution
columns from LIKE table
    CREATE EXTERNAL TABLE
```

可写外部表只允许 INSERT 操作。如果执行导出的用户不是外部表的属主或超级用户，必须授予对外部表的 INSERT 权限。

```
    grant insert on unload_expenses to admin;
```

导出数据并查看输出文件：

```
    dw=# insert into unload_expenses select * from t1;
    INSERT 0 4

    # mdw 上的输出文件
    $cat /data/expenses1.out
    bbb,2022-01-02,100.2,bbb,bbb
    bbb,2022-01-04,200.2,bbb,bbb

    # smdw 上的输出文件
    $cat /data/expenses2.out
    aaa,2022-01-01,100.1,aaa,aaa
    aaa,2022-01-03,200.1,aaa,aaa
```

如 example2 所示，也可以定义一个可写的外部 Web 表，发送数据行到脚本或应用。脚本文件必须接收输入流，而且必须存在于所有 Segment 的主机的相同位置上，并可以被 gpadmin 用户执行。Greenplum 集群中的所有 Segment 都执行脚本，无论 Segment 是否有需要处理的输出行。

允许外部表执行操作系统命令或脚本会带来相应的安全风险。为了在可写外部 Web 表定义中禁用 EXECUTE，可在 Master 的 postgresql.conf 文件中设置 gp_external_enable_exec 服务器配置参数为 off:

```
    gp_external_enable_exec = off
```

正如前面说明 COPY 命令时所看到的，COPY TO 命令也可以用来导出数据。它使用 Master 主机上的单一进程，将表中数据复制到 Master 主机上的一个文件或标准输入中。COPY TO 命令重写整个文件，而不是追加记录。

9.2.8 格式化数据文件

使用 Greenplum 工具导入或导出数据时，必须指定数据的格式，CREATE EXTERNAL TABLE、gpload 和 COPY 都包含指定数据格式的子句。数据可以是固定分隔符的文本或逗号分隔值（CSV）格式，外部数据必须是 Greenplum 可以正确读取的格式。

1. 行分隔符

Greenplum 需要数据行以换行符（LF，Line feed，ASCII 值 0x0A）、回车符（CR，Carriage return，ASCII 值 0x0D）或回车换行符（CR+LF，ASCII 值 0x0D 0x0A）作为行分隔符。LF 是类 UNIX 操作系统中标准的换行符，而 Windows 或 Mac OS X 使用 CR 或 CR+LF。所有这些表示一个新行的特殊符号都被 Greenplum 作为行分隔符所支持。

2. 列分隔符

文本文件和 CSV 文件默认的列分隔符分别是 TAB（ASCII 值为 0x09）和逗号（ASCII 值为 0x2C）。在定义数据格式时，可以在 CREATE EXTERNAL TABLE 或 COPY 命令的 DELIMITER 子句，或者 gpload 的控制文件中，声明一个单字符作为列分隔符。分隔符必须出现在字段值之间，不要在一行的开头或结尾放置分隔符。如使用管道符（|）作为列分隔符：

```
data value 1|data value 2|data value 3
```

下面的建表命令显示以管道符作为列分隔符：

```
create external table ext_table (name text, date date)
location ('gpfdist://host:port/filename.txt)
format 'text' (delimiter '|');
```

3. 表示空值

空值表示一列中的未知数据，可以指定数据文件中的一个字符串表示空值。文本文件中表示空值的默认字符串为\N，CSV 文件中表示空值的默认字符串为不带引号的空串（两个连续的逗号）。定义数据格式时，可以在 CREATE EXTERNAL TABLE、COPY 命令的 NULL 子句，或者 gpload 的控制文件中，声明其他字符串表示空值。例如，若不想区分空值与空串，就可以指定空串表示 NULL。使用 Greenplum 导出工具时，任何与声明代表 NULL 的字符串相匹配的数据项都被认为是空值。

4. 转义

列分隔符与行分隔符在数据文件中具有特殊含义，如果实际数据中也含有这个符号，必须对这些符号进行转义，以使 Greenplum 将它们作为普通数据而不是列或行的分隔符。文本文件默认的转义符为一个反斜杠（\），CSV 文件默认的转义符为一个双引号（"）。

（1）文本文件转义

可以在 CREATE EXTERNAL TABLE、COPY 的 ESCAPE 子句，或者 gpload 的控制文件中指定转义符。假设有以下三个字段的数据：

```
backslash = \
vertical bar = |
exclamation point = !
```

指定管道符（|）为列分隔符，反斜杠（\）为转义符，则对应的数据行格式如下：

```
backslash = \\ | vertical bar = \| | exclamation point = !
```

可以对八进制或十六进制序列应用转义符。在装载进 Greenplum 时，转义后的值就是八进制或十六进制的 ASCII 码所表示的字符。例如，取址符（&）可以使用十六进制的（\0x26）或八进制的（\046）表示。

如果要在 CREATE EXTERNAL TABLE、COPY 命令的 ESCAPE 子句，或者 gpload 的控制文件中禁用转义，可如下设置：

```
ESCAPE 'OFF'
```

该设置常用于输入数据中包含很多反斜杠（如 Web 日志数据）的情况。

（2）CSV 文件转义

可以在 CREATE EXTERNAL TABLE、COPY 的 ESCAPE 子句，或者 gpload 的控制文件中指定转义符。假设有以下三个字段的数据：

```
Free trip to A,B
5.89
Special rate "1.79"
```

指定逗号（,）为列分隔符，一个双引号（"）为转义符，则数据行格式如下：

```
"Free trip to A,B","5.89","Special rate ""1.79"""
```

将字段值置于双引号中能保留字符串中头尾的空格。

5. 字符编码

在将一个 Windows 操作系统上生成的数据文件装载到 Greenplum 前，最好先使用 dos2unix 系统命令去除只有 Windows 使用的字符，如删除文件中的 CR（'\x0D'）。

9.3　性能优化

Greenplum 为查询动态分配资源，数据所在的位置、查询所使用的 Segment 数量、集群的总体健康状况等因素都会影响查询性能。

9.3.1　常用优化手段

当进行了适当的服务器参数设置后，Greenplum 内部系统会自动实施某些优化，理解它们有助于开发高性能应用。对用户来说，表设计与 SQL 语句的写法对性能的影响很大，然而这些技术对大部分数据库系统来说是通用的，如规范化设计、索引设计、连接时驱动表的选择、利用提示影响优化器等。有很多这方面的资料，本章不展开讨论这些内容。

Greenplum 数据库会动态消除不相关的分区，并且为执行计划中不同的算子优化内存分配。这些增强使得查询扫描更少的数据，内存得到更优化的分配，从而加快查询，提升并发支持能力。

1. 动态分区消除

Greenplum 有静态与动态两种分区消除。静态消除发生在编译期间，在执行计划生成的时候，已经知道哪些分区会被使用。而动态消除发生在运行时，也就是说在运行的时候才会知道哪些分区会被用到，例如 WHERE 字句里面包含一个函数或者子查询用于返回分区键的值。查询过滤条件的值可用于动态分区消除时，查询处理速度将得到提升。该特性由服务器配置参数 gp_dynamic_partition_pruning 控制，默认为开启。

```
$gpconfig -s gp_dynamic_partition_pruning
Values on all segments are consistent
GUC          : gp_dynamic_partition_pruning
Master  value: on
Segment value: on
```

2. 内存优化

Greenplum 针对查询中的不同算子分配最佳内存，为非内存密集型算子分配固定尺寸的内存，剩余的内存分配给内存密集型算子，并且在查询处理的各个阶段，会及时释放已完成算子的可释放内存，然后重新分配给后续算子。

3. 终止资源失控的查询

当服务器中所有查询占用的内存超过一定阈值时，Greenplum 可以自动终止某些查询。Greenplum 会计算得到一个为 Segment 分配的内存限额，再结合可配的系统参数计算阈值。阈值计算公式为：

```
memory threshold = gp_vmem_protect_limit *
runaway_detector_activation_percent
```

gp_vmem_protect_limit 参数设置在开启资源队列的情况下，每个 Segment 的最大内存使用量，默认为 8192M。runaway_detector_activation_percent 参数设置触发自动终止查询的内存限额百分比，默认值为 90，即当内存使用量达到 gp_vmem_protect_limit 的 90%时，数据库将开始终止查询。从内存消耗量最大的查询开始，一直到内存使用量低于指定的百分比为止。如果 runaway_detector_activation_percent 设置为 100，将禁用内存检测和自动查询终止。

当一个查询没有达到希望的执行速度时，应该从以下方面检查造成查询缓慢的可能原因。

- 检查集群健康状况，如是否有 Segment 宕机，是否存在磁盘损坏，等等。
- 检查表的统计信息，确认是否需要执行分析。
- 检查查询的执行计划确定瓶颈。对于某些算子如 Hash Join，如果没有足够的内存，该操作会使用溢出文件（Spill Files）。相对于完全在内存中执行的操作，磁盘溢出文件会慢得多。
- 检查资源队列状态。pg_resqueue 系统目录表保存资源队列信息，还可以查询 pg_resqueue_status 视图检查资源队列的运行时状态。

9.3.2　控制溢出文件

Greenplum 在执行 SQL 时，如果分配的内存不足，会将文件溢出到磁盘上，通常称为 workfile。这是 Greenplum 内的标准称呼，因为相关的参数、视图、函数的名字都是以 workfile 来命名的。gp_workfile_limit_files_per_query 参数用于控制一个查询使用的最大溢出文件数量，默认值为 100000，可以满足大多数场景，一般不需要修改这个参数。如果溢出文件的数量超过该参数的值，数据库会返回一个错误：

```
ERROR: number of workfiles per query limit exceeded
```

有时数据库可能产生大量溢出文件：

- 存在严重的数据倾斜。关于数据倾斜的检查，参见 9.4.3 节。
- 为查询分配的内存太少。可以通过 max_statement_mem 和 statement_mem 参数来控制查询可用的最大内存，或者通过资源组或资源队列来控制。

可以修改查询语句优化 SQL 以降低内存需求，或更改数据分布避免数据倾斜，或修改内存配置来成功运行查询命令。gp_toolkit.gp_workfile_*视图用来查看溢出文件信息，这些视图对于查询性能问题的排查非常有帮助。

9.3.3　查询剖析

遇到性能不良的查询时，最常用的调查手段就是查看执行计划。Greenplum 选择与每个查询相匹配的查询计划，查询计划定义了 Greenplum 在并行环境中如何运行查询。如果 SQL 本身的逻辑非常糟糕，则数据库无论如何也无法产生好的执行计划，例如大表之间的非等值关联。

查询优化器根据数据库系统维护的统计信息选择成本最低的查询计划。成本以磁盘 I/O 作为考量，以查询需要读取的磁盘页数为测量单位。优化器的目标就是制定最小化执行成本的查询计划，但生成符合预期的执行计划才是最优结果。

和其他关系数据库一样，Greenplum 也是用 EXPLAIN 命令查看一个给定查询的执行计划，EXPLAIN 会显示查询优化器估计出的计划成本。EXPLAIN ANALYZE 命令会实际执行查询语句，它除了显示估算的查询成本外，还会显示实际执行时间，从这些信息可以分析优化器所做的估算与实际之间的接近程度。

Greenplum 中老的 PostgreSQL 优化器与 GPORCA 并存，默认的查询优化器为 GPORCA，Greenplum 尽可能使用 GPORCA 生成执行计划。GPORCA 和老优化器的 EXPLAIN 输出不同。

1. 读取 EXPLAIN 的输出

执行计划是一棵由很多个算子构成的树，其中每个算子是一个独立的计算操作，例如表扫描、关联、聚合、排序等。从下到上来看执行计划，每个算子的计算结果作为上面一个算子的输入。

执行计划最底部的算子，往往是表扫描算子：Seq Scan、Index Scan、Bitmap Index Scan。如果查询有关联、聚合或排序，在扫描算子之上会有其他算子来执行这些操作。最顶端的算子往往是 Greenplum 的移动算子(重分布、广播或汇总),负责将处理过程中产生的记录在 Segment 之间移动。

EXPLAIN 的输出中每个算子都有一行，显示基本的算子类型和该算子的成本估算，包含如下属性：

- rows：该算子输出的记录数，值可能与真实数量有较大的出入，其会反映 WHERE 子句的条件对记录的过滤。顶端算子评估的数量，在理想状态下与真实返回的、更新的或者删除的数据量接近。
- width：该算子产生的每条记录的尺寸（字节数）。这里会去除掉表中没有被涉及的字段的尺寸，因此不一定能真实体现计算的数据每条记录的尺寸。对于列存表，这样做是准确的，但对于行存表，在真实处理时，行存表的一条记录是一个 tuple，不会因为只使用了少量字段而把 tuple 拆解。

一个上层算子的 cost 包含其所有子算子的 cost，最顶端算子的 cost 包含了整个执行计划的总 cost，这就是优化器要试图减小的数字。另外，cost 仅仅反映了优化器所在意的代价。除了这些，cost 不包含结果集传输到客户端的开销或耗时的预估。

要说明如何阅读 EXPLAIN 得到的执行计划，可参考下面这个简单的例子：

```
=# EXPLAIN SELECT * FROM names WHERE name = 'Joelle';
QUERY PLAN
------------------------------------------------------------
Gather Motion 2:1 (slice1) (cost=0.00..20.88 rows=1 width=13)
-> Seq Scan on 'names' (cost=0.00..20.88 rows=1 width=13)
Filter: name::text ~~ 'Joelle'::text
```

从下向上查看这个执行计划，从顺序扫描 names 表开始。WHERE 子句被用作一个 filter 条件，这意味着扫描操作将根据条件检查扫描的每一行，并只输出符合条件的记录。

扫描算子的输出传递给汇总移动算子。在 Greenplum 中，汇总移动是 Segment 向 Master 发送记录的操作，在该场景下，有 2 个 Segment 向 1 个 Master 发送（2:1）记录。每个算子都在执行计划的一个 Slice 中。在 Greenplum 中，一个执行计划可能会被分为多个 Slice，以确保计算任务可以在 Segment 之间并行工作，往往不同的 Slice 可能会被 Motion 算子分开，参见图 3-4。

评估的开始成本为 00.00（无 cost）且总成本为 20.88 个磁盘页。优化器评估这个查询将返回一行记录，单条记录的尺寸为 13 字节。

2. 读取 EXPLAIN ANALYZE 的输出

与不带选项的 EXPLAIN 命令不同，EXPLAIN ANALYZE 会真正地执行语句，而不仅仅是生成执行计划。EXPLAIN ANALYZE 依然会输出优化器的评估 cost，同时会输出真实执行的 cost，据此可以评估优化器生成的执行计划与真实的执行情况是否接近。EXPLAIN ANALYZE 还会额外输出如下信息（GPORCA 和 PostgreSQL 优化器会有差异）：

- 执行该查询的总耗时（以毫秒计）。
- 执行计划的每个 Slice 使用的内存，以及分配给该查询的总的内存量。
- 参与一个算子计算的 Segment 数量，只统计有记录返回的 Segment。

- 算子中输出记录数最多的 Segment 输出的记录数。如果有多个 Segment 输出的记录数相同，则显示耗时最长的 Segment 的信息。
- 算子的内存使用情况，对于工作内存不足的算子，将显示性能最低的 Segment 的溢出文件的数量。例如：

```
    # PostgreSQL 优化器
    Extra Text: (seg0) . . . ; 100038 spill groups.
    . . .
    * (slice2) Executor memory: 2114K bytes avg x 2 workers, 2114K bytes
max (seg0). Work_mem: 925K bytes max, 6721K bytes wanted.
    Memory used: 2048KB
    Memory wanted: 13740KB

    # GPORCA 优化器
    Sort Method: external merge Disk: 1664KB
    . . .
    * (slice2) Executor memory: 2256K bytes avg x 2 workers, 2256K bytes
max (seg0). Work_mem: 2105K bytes max, 5216K bytes wanted.
    Memory used: 2048KB
    Memory wanted: 5615KB
```

- 算子中输出记录数最多的 Segment，以毫秒计的输出第一条记录所用的时间，输出最后一条记录所用的时间，如果两个时间相同，开始时间会被省略。随着执行计划从下向上被执行，时间可能有重叠。

我们使用一个相对复杂一点的查询来进行说明。先看一下 GPORCA 优化器的输出：

```
    EXPLAIN ANALYZE
    SELECT customer_id,count(*) FROM sales GROUP BY 1;
    Gather Motion 2:1 (slice2; segments: 2) (cost=0.00..476.54 rows=85709 width=12)
(actual time=376.394..452.434 rows=99351 loops=1)
    -> HashAggregate (cost=0.00..471.92 rows=42855 width=12) (actual
time=377.094..421.520 rows=49765 loops=1)
    Group Key: customer_id
    Extra Text: (seg0) 49765 groups total in 32 batches; 1 overflows; 169919 spill
groups.
    (seg0) Hash chain length 2.0 avg, 16 max, using 42789 of 72704 buckets; total
8 expansions.
    -> Redistribute Motion 2:2 (slice1; segments: 2) (cost=0.00..441.24 rows=250500
width=4) (actual time=2.788..171.396 rows=250602 loops=1)
    Hash Key: customer_id
    -> Seq Scan on sales (cost=0.00..436.24 rows=250500 width=4) (actual
time=0.019..46.502 rows=250755 loops=1)
    Planning time: 31.606 ms
    (slice0) Executor memory: 87K bytes.
    (slice1) Executor memory: 58K bytes avg x 2 workers, 58K bytes max (seg0).
    * (slice2) Executor memory: 3106K bytes avg x 2 workers, 3106K bytes max (seg0).
Work_mem: 1849K bytes max, 4737K bytes wanted.
    Memory used: 2048KB
    Memory wanted: 5036KB
    Optimizer: Pivotal Optimizer (GPORCA)
    Execution time: 466.982 ms
```

从下往上看，可看到每个算子的额外信息。花费的总时间为 466.982 毫秒。顺序扫描表的操作，输出记录数最多的 Segment，执行计划评估的记录数是 250250 条，实际输出的是 250755 条，输出第一条的用时是 0.019 毫秒，输出最后一条的用时是 46.502 毫秒。重分布算子，输出第一条数据的用时是 2.788 毫秒，输出最后一条数据的用时是 171.396 毫秒。总的内存使用量是 2048KB，而 wanted 是 5036KB，在 Hash 聚合算子中因为内存不足，使用了 spill 溢出文件。

这里不再详细解读 PostgreSQL 优化器的输出。需要注意，不同算子的耗时是有交叉和重叠的，这是因为，Greenplum 执行器是流水线操作，下一步操作并不一定需要等待上一步完全执行完才开始执行。有些操作需要等待上一步的完成，例如 Hash Join 必须等 Hash 操作完成才能开始。

3. 分析查询计划中的问题

若一个查询表现出很差的性能，查看执行计划可能会有助于找到问题所在。下面是一些需要查看的事项：

- 执行计划中是否有某些算子耗时特别长？找到占据大部分查询时间的算子。例如，如果一个索引扫描比预期的时间长，可能该索引已经过期，需要考虑重建索引。还可以尝试使用 enable_之类的参数(对于 PostgreSQL 优化器来说，这些参数很重要)，检查是否可以强制优化器选择不同的执行计划，这些参数可以设置特定的算子为开启或关闭状态。
- 优化器的评估是否接近实际情况？执行 EXPLAIN ANALYZE 查看优化器评估的记录数与真实运行时的记录数是否一致。如果差异很大，可能需要在相关表的某些字段上收集统计信息。不过，如果 SQL 本身已经完全无法运行出结果，EXPLAIN ANALYZE 将无法进行，该方法仅对运行慢但能出结果的 SQL 有效。
- 选择性强的条件是否较早出现？选择性越强的条件应该越早被使用，从而使得在计划树中向上传递的记录越少。如果执行计划在选择性评估方面没有对查询条件做出正确的判断，可能需要在相关表的某些字段上收集统计信息。不过，收集了准确的统计信息仍可能无法使选择性的评估更准确，因为 Greenplum 的选择性评估是基于 MCV 模型的，没有被统计信息记录的值，需要通过线性插值算法得到其存在概率。这种评估本身误差就较大，当需要同时对多个条件进行评估时，这种误差会呈几何倍数放大。有时将太过复杂的 SQL 进行必要的拆解会更有效。
- 优化器是否选择了最佳的关联顺序？如查询使用多表关联，需要确保优化器选择了选择性最好的关联顺序。那些可以消除大量记录的关联应该尽早地被执行，从而使得在计划树中向上传递的记录快速减少。如果优化器没有选择最佳的关联顺序，可以尝试设置 join_collapse_limit=1（GPORCA 由 optimizer_join_order_threshold 参数控制）并在 SQL 语句中构造特定的关联顺序，从而可以强制优化器选择指定的关联顺序。还可以尝试在相关表的某些字段上收集统计信息。
- 优化器是否选择性地扫描分区表？如果使用了分区，优化器是否只扫描了与查询条件匹配的相关分区（Partitions Selected）。
- 优化器是否恰当地选择了 Hash 聚合或 Hash 关联算子？Hash 操作通常比其他类型的关联

和聚合要快，记录在内存中进行比较和排序比在磁盘上操作要快很多。要使得优化器能选择 Hash 算子，必须确保有足够的内存来存放记录。可以尝试增加工作内存来提升性能。当默认的内存配置不充裕时，如果工作内存已经足够，再增加不会提升性能，所以不要盲目地以为增加内存就一定可以提升性能，内存只是一个通常不太会出问题的因素。如果可能，执行 EXPLAIN ANALYZE，可以发现哪些算子会用到溢出文件，使用了多少内存，需要多少内存。例如：

```
    . . .
    Extra Text: (seg0) 49765 groups total in 32 batches; 1 overflows; 218258
spill groups.
    . . .
    * (slice2) Executor memory: 2114K bytes avg x 2 workers, 2114K bytes
max (seg0). Work_mem: 925K bytes max, 4673K bytes wanted.
    Memory used: 2048KB
    Memory wanted: 9644KB
```

需要注意的是，wanted 信息只是一个提示，是基于溢出文件尺寸来评估的，可能与实际需要的内存有出入。

9.4　例行监控

数据库通常作为面向业务与应用的一项核心服务而存在。为保证持续提供高性能的数据库服务，日常监控工作必不可少。不同数据库系统的监控内容虽然庞杂但大同小异，对于 Greenplum 而言，主要包括系统状态、空间使用、数据与计算倾斜、内存使用、工作文件使用、服务器日志等方面的监控。当监控指标达到或超过预定义的经验值时，应及时报警并采取相应的解决措施使系统恢复正常。

9.4.1　检查系统状态

检查系统状态最常用的方法是查询系统表和使用 gpstate 命令行实用程序。gpstate 主要用于显示 Greenplum 数据库的运行状态、详细配置等信息，如 Segment 节点是否宕机、Master 及 Segment 实例信息、系统使用端口号、Primary 实例与 Mirror 实例的匹配关系等。该命令默认列出数据库运行状态汇总信息，常用于日常巡检。

1. 查看 Master 与 Segment 的状态与配置

执行命令如下：

```
# 概要信息
gpstate
# 配置详细信息
gpstate -s
```

2. 查看 Mirror Segment、Standby Master 的状态与配置

执行命令如下：

```
# Mirror 状态
gpstate -m
# Primary 与 Mirror 的映射
gpstate -c
# Standby Master 状态
gpstate -f
```

3. 查看当前会话信息和锁等待

可以使用 psql 的\set 命令实现类似于 MySQL 的 show processlist 的功能，显示当前会话信息。例如，在 gpadmin 操作系统用户主目录下创建.psqlrc 文件，内容如下：

```
\timing on
\pset pager off
\set active_session 'select
pid,usename,datname,application_name,client_addr,age(clock_timestamp(),
query_start),waiting,state,query from pg_stat_activity where pid<>pg_backend_pid()
and state=\'active\' order by query_start desc;'
\set lock_wait 'select * from pg_catalog.gp_dist_wait_status();'
```

之后在 psql 客户端中执行命令时，会在每条命令输出最后加上命令执行时间，去掉输出中的分页显示，并可通过 active_session 和 lock_wait 变量分别查看当前会话和锁等待信息：

```
$psql -d dw -h mdw
Timing is on.
Pager usage is off.
psql (9.4.24)
Type "help" for help.

dw=# select * from t1;
 name |    date    | amount | category | desc1
------+------------+--------+----------+-------
 bbb  | 2022-01-02 |  100.2 | bbb      | bbb
 bbb  | 2022-01-04 |  200.2 | bbb      | bbb
 aaa  | 2022-01-01 |  100.1 | aaa      | aaa
 aaa  | 2022-01-03 |  200.1 | aaa      | aaa
(4 rows)

Time: 52.562 ms
dw=# :active_session
 pid | usename | datname | application_name | client_addr | age | waiting |
state | query
 (0 rows)

Time: 10.633 ms
dw=# :lock_wait
 segid | waiter_dxid | holder_dxid | holdTillEndXact | waiter_lpid | holder_lpid
| waiter_lockmode | waiter_locktype | waiter_sessionid | holder_sessionid
 (0 rows)

Time: 25.420 ms
```

4. 终止会话

pg_cancel_backend()和 pg_terminate_backend()两个函数用于手动终止会话。pg_cancel_backend()取消会话的当前操作，回滚事务，但不退出会话。pg_terminate_backend()回滚事务，终止并退出会话。例如，要终止 pid 为 1234 的查询：

```
select pg_cancel_backend(1234);
```

还可以为 pg_cancel_backend()函数提供一个可选的消息参数，用于通知该查询的用户，告知为何终止了其执行的事务：

```
select pg_cancel_backend(1234,'因系统维护暂停使用');
```

执行该事务的用户会收到如下信息：

```
ERROR: canceling statement due to user request: "因系统维护暂停使用"
```

尽量不要使用操作系统的 kill 命令来终止 Greenplum 系统的任何进程，而要使用 pg_cancel_backend 函数或者 pg_terminate_backend 函数来完成。当然 kill 命令也不是完全不可以用，除非有把握确保不会导致数据库损坏。kill -9 或者 kill -11 可能会导致数据库崩溃，且无法记录异常日志，以至于无法进行 RCA(root cause analysis)。另外，kill -9 或者 kill -11 即便没有导致数据库宕机，也会导致所有连接中断，这个副作用是必然会发生的。

5. 查看系统变更信息

gp_configuration_history 表记录系统变更信息，包括错误检查及错误恢复操作。例如，添加一个新的主实例及其镜像实例，系统就会将该事件记录到 gp_configuration_history 表中。因此该表所记录的事件信息，有利于 Greenplum 技术支持人员对系统的故障排查。

查询 Greenplum 数据库系统具体实例宕机记录的语句如下所示，可根据具体时间需求限定查询条件。

```
select gp_configuration_history.* , gp_segment_configuration.Content
 from gp_configuration_history, gp_segment_configuration
 where gp_configuration_history. dbid = gp_segment_configuration.dbid;
```

9.4.2　检查磁盘空间使用

1. 查看系统空间使用率

执行命令如下：

```
df -h
```

Greenplum 集群中任何主机的磁盘空间使用率不要超过 70%。

2. 查看 Segment 剩余空间（单位 KB）

执行命令如下：

```
select * from gp_toolkit.gp_disk_free order by dfsegment;
```

3. 检查分布式数据库和表的大小

执行命令如下：

```
-- 数据库使用空间（GB）
select sodddatname,sodddatsize/1024/1024/1024 GB
from gp_toolkit.gp_size_of_database
order by sodddatname;

\c dw gpadmin
-- 表使用空间（MB）
select relname as name, sotdsize/1024/1024 as size, sotdtoastsize/1024/1024
as toast, sotdadditionalsize/1024/1024 as other
  from gp_toolkit.gp_size_of_table_disk as sotd, pg_class
 where sotd.sotdoid=pg_class.oid order by size desc;
-- 索引使用空间（MB）
select relname as indexname, soisize/1024/1024 as soisize
  from pg_class, gp_toolkit.gp_size_of_index
 where pg_class.oid=gp_size_of_index.soioid
   and pg_class.relkind='i'
 order by soisize desc;
```

9.4.3 检查数据分布倾斜

1. 数据倾斜

Greenplum 要求数据在 Segment 上均匀分布。在 MPP Share-Nothing 数据库中，对于一个查询来说，所有操作都完成才算完成，那么这个总的耗时就是最慢 Segment 的耗时。如果存在数据倾斜，处理数据越多的 Segment，完成计算所需要的时间就越久。所以，如果所有的 Segment 处理的数据量相当，那么总体的执行时间就会保持一致，如果个别 Segment 要处理更多的数据，将可能导致严重的资源消耗且拖慢整体处理时间。

数据倾斜一般是由于选择了错误的分布键而造成的结果，或者是因为在 CREATE TABLE 时没有指定分布键而自动以第一个字段作为分布键。通常可能会表现为查询性能差，甚至出现内存不足的报错。数据倾斜会直接影响表扫描的性能，同时也会影响相关的关联查询和分组汇总等计算的性能。

检验数据分布是否均匀非常重要，无论是初次加载数据之后，还是增量数据加载之后。当数据量不大时可能不会明显地表现出倾斜，所以需要定期检查倾斜情况。

```
-- 查看表的分布键
\d+ table_name

-- 查看数据分布
-- 用 count(*)方式计算每个 Segment 上的记录数，慢，不建议
select gp_segment_id, count(*) from table_name group by gp_segment_id;

-- 计算一张表在不同 Segment 上所占空间来评估是否发生数据倾斜，推荐
select gp_segment_id, pg_relation_size('table_name')
  from gp_dist_random('gp_id') order by 2 desc;
```

2. 计算倾斜

当数据倾斜到个别 Segment 时，它往往是 Greenplum 数据库性能和稳定性差的罪魁祸首，而计算倾斜则是更隐蔽的问题，可能造成更严重的影响而且难以被发现和解决。当倾斜发生在

关联、排序、聚合等各种算子的计算过程中时，事情就变得十分复杂，这种情况我们称之为计算倾斜。

如果单个 Segment 出现了故障，有可能与计算倾斜有关。在处理计算倾斜时，首先可以看一下溢出文件的情况，如果有计算倾斜但又没有出现溢出文件，则这种倾斜并不会造成严重的后果。

```
select * from gp_toolkit.gp_workfile_usage_per_segment;
select * from gp_toolkit.gp_workfile_usage_per_query;
```

通过 gp_toolkit.gp_workfile_usage_per_segment 视图可以查询每个 Segment 目前使用的 workfile 溢出文件的尺寸和文件数量，以清晰地发现哪些 Segment 有严重的溢出文件问题。通过 gp_toolkit.gp_workfile_usage_per_query 视图可以查询每个查询在每个 Segment 上的 workfile 的使用情况。显示的信息包括：数据库名称、进程号、会话 ID、command count、用户名、查询语句、SegID、溢出文件尺寸、溢出文件数量。

通常用这两个视图就可以确定正在发生倾斜的查询。要解决这些问题，往往需要重新优化 SQL，例如确认统计信息是否严重失真，如果是，应该尝试更新统计信息，找到执行计划中不合理的算子。通过修改可能的参数来干预执行计划，使用 WITH 子句来分拆 SQL 以达到隔离执行计划的目的，使用临时表以强制拆分执行步骤，强制执行计划选择两阶段 AGG 或者三阶段 AGG 等。总之，优化的最高目标就是让数据库生成的执行计划符合预期，最佳的预期需要基于对 MPP 的分布式理解和对数据的理解。

3. 避免极端倾斜警告

执行哈希连接操作的查询时，可能会收到警告消息：

```
Extreme skew in the innerside of Hashjoin
```

当哈希连接运算符的输入发生倾斜时，就会发生这种情况，但它不会阻止查询成功完成。可以按照以下步骤来避免在执行计划中出现倾斜。

步骤 01 确保分析了查询使用的所有表，包括临时表。

步骤 02 EXPLAIN ANALYZE 查看执行计划并查找以下内容：

- 如果使用多列筛选器的扫描产生的行数超过估计数，将 gp_selectivity_damping_factor 服务器配置参数设置为 2 或更高，然后重新测试查询。
- 如果在连接相对较小（小于 5000 行）的单个表时发生倾斜，将 gp_segments_for_planner 服务器配置参数设置为 1，然后重新测试查询。

步骤 03 检查查询中应用的筛选器是否与表的分布键匹配。如果筛选器和分布键相同，考虑使用不同的分布键重新分发一些表。

步骤 04 检查连接列的基数。如果它们的基数较低，尝试使用不同的连接列或表上的附加筛选器重写查询，以减少行数。这些更改可能会改变查询语义。

9.4.4 查看数据库对象的元数据信息

Greenplum 数据库在其系统目录中跟踪存储在数据库中的对象（如表、视图、索引等）以及全局对象（如角色和表空间）的各种元数据信息。查看数据库对象元数据信息最简单的方法是使用 psql 客户端的各种\d 命令，如下面的命令将输出 sales_order 表的列定义、索引、约束、规则、分布键、分区键、分区子表等信息。

```
\d+ sales_order
```

所有数据库对象都有一个对应的\d 命令，加上 S 表示输出系统对象，加上+表示输出详细信息。\?命令显示一个简要的 psql 帮助信息。

可以使用系统视图 pg_stat_operations 和 pg_stat_partition_operations 查看对象（如表）上执行的操作。例如，要查看表的创建时间以及上次清空和分析表的时间：

```
select schemaname as schema, objname as table, usename as role,
actionname as action, subtype as type, statime as time
  from pg_stat_operations
 where objname='work_heat_user_operate';
```

9.4.5 查看会话的内存使用信息

可以创建并使用 session_level_memory_consumpion 视图，它提供有关在 Greenplum 数据库上运行查询的会话的当前内存利用率信息，包括会话连接到的数据库、会话当前正在运行的查询以及会话进程所消耗的内存等。

使用以下命令在 dw 数据库中创建视图：

```
psql -d dw -c "create extension gp_internal_tools;"
```

session_state.session_level_memory_consumption 视图提供有关运行 SQL 查询的会话的内存消耗和空闲时间信息。当基于资源队列的资源管理处于活动状态时，is_runaway 列表示 Greenplum 数据库是否根据会话查询的 vmem 内存消耗将会话视为失控会话。服务器配置参数 runaway_detector_activation_percent 控制 Greenplum 数据库将会话视为失控会话的条件。当基于资源组的资源管理处于活动状态时，is_runaway、runaway_vmem_mb 和 runaway_command_cnt 列不适用。

表 9-3 列出的是 session_state.session_level_memory_consumption 视图的字段定义。

表 9-3 session_state.session_level_memory_consumption 视图字段

列名	数据类型	描述
datname	name	会话连接的数据库名称
sess_id	integer	会话 ID
usename	name	会话用户名
query	text	会话当前运行的 SQL 查询
segid	integer	Segment ID
vmem_mb	integer	MB 为单位的会话使用的内存量

（续表）

列名	数据类型	描述
is_runaway	boolean	会话在 Segment 上是否标识为失控
qe_count	integer	会话的查询进程数
active_qe_count	integer	会话的活动查询进程数
dirty_qe_count	integer	尚未释放内存的查询进程数，对于未运行的会话，该值为-1
runaway_vmem_mb	integer	会话标记为失控会话时正在消耗的内存量
runaway_command_cnt	integer	将会话标记为失控会话时会话的命令计数
idle_start	timestamp	上次此会话中的查询进程变为空闲的时间

9.4.6　查看工作文件使用信息

Greenplum 数据库管理模式 gp_toolkit 中包含表示工作文件信息的视图。如果没有足够的内存来执行查询，Greenplum 会在磁盘上创建工作文件。此信息可用于故障排除和优化查询。还可参考视图中的信息指定配置参数 gp_workfile_limit_per_query 和 gp_workfile_limit_per_segment 的值。gp_toolkit 中包含以下工作文件相关视图：

- gp_workfile_entries 视图中每个算子一行，该算子当前使用 Segment 上的磁盘空间用于工作文件。
- gp_workfile_usage_per_query 视图中每个查询一行，该查询使用当前 Segment 上的磁盘空间用于工作文件。
- gp_workfile_usage_per_segment 视图中每个段包含一行，显示当前 Segment 上用于工作文件的磁盘空间总量。

使用 Greenplum 数据库管理模式 gp_toolkit 可以查询系统目录、日志文件和操作环境中的系统状态信息。gp_toolkit 模式包含若干可用 SQL 命令访问的视图。所有数据库用户都可以访问 gp_toolkit 模式，某些对象需要超级用户权限。使用类似下面的命令可以将 gp_toolkit 架构添加到用户的模式搜索路径中：

```
alter role myrole set search_path to myschema,gp_toolkit;
```

9.4.7　查看服务器日志文件

了解系统日志文件的位置和内容，并定期查看，而不应该仅在出现问题时才想起它们。表 9-4 显示的是各种 Greenplum 数据库日志文件的位置。

表 9-4　Greenplum 数据库日志文件位置

路径	描述
$GPADMIN_HOME/gpAdminLogs/*	管理程序默认日志目录
$GPADMIN_HOME/gpAdminLogs/gpinitsystem_date.log	系统初始化日志
$GPADMIN_HOME/gpAdminLogs/gpstart_date.log	启动日志
$GPADMIN_HOME/gpAdminLogs/gpstop_date.log	停止日志

（续表）

路径	描述
$GPADMIN_HOME/gpAdminLogs/gpsegstart.py_host:gpadmin_date.log	Segment 主机启动日志
$GPADMIN_HOME/gpAdminLogs/gpsegstop.py_host:gpadmin_date.log	Segment 主机停止日志
$MASTER_DATA_DIRECTORY/pg_log/startup.log, $GPDATA_DIR/segprefixN/pg_log/startup.log	Master 和 Segment 实例启动日志
$MASTER_DATA_DIRECTORY/gpperfmon/logs/gpmon.*.log	gpperfmon 日志
$MASTER_DATA_DIRECTORY/pg_log/*.csv, $GPDATA_DIR/segprefixN/pg_log/*.csv	Master 和 Segment 日志
$GPDATA_DIR/mirror/segprefixN/pg_log/*.csv	Mirror Segment 日志
$GPDATA_DIR/primary/segprefixN/pg_log/*.csv	Primary Segment 日志
/var/log/messages	Linux 全局系统消息

在文件路径中：

- $GPADMIN_HOME 指 gpadmin 操作系统用户的主目录。
- $MASTER_DATA_DIRECTORY 指 Master 数据目录。
- $GPDATA_DIR 指 Segment 数据目录。
- segprefix 是段名前缀。
- N 是 Segment 实例号。
- date 是 YYYYMMDD 格式的日期。

Greenplum 中的每个 Master 和 Segment 实例都运行一个 PostgreSQL 数据库服务器，带有自己的数据库服务器日志文件。日志文件在 pg_log 目录中创建，以逗号分隔值（CSV）格式写入。某些日志条目不包含所有日志字段的值，例如，只有与查询工作进程关联的日志条目才会具有 slice_id。可以通过查询的会话标识符 gp_session_id 和命令标识符 gp_command_count 来标识特定查询的相关日志条目。表 9-5 列出的是 Greenplum 数据库服务器日志格式。

表 9-5　Greenplum 数据库服务器日志格式

编号	字段名称	数据类型	描述
1	event_time	timestamp	日志条目写入时间
2	user_name	varchar(100)	数据库用户名
3	database_name	varchar(100)	数据库名
4	process_id	varchar(10)	系统进程 ID，前缀为“p”
5	thread_id	varchar(50)	线程计数，前缀为“th”
6	remote_host	varchar(100)	Master 上是客户端的主机名/地址，Segment 上是 Master 的主机名/地址
7	remote_port	varchar(10)	Master 或 Segment 实例的端口号
8	session_start_time	timestamp	会话打开连接的时间
9	transaction_id	int	Master 上的顶级事务 ID，是任何子事务的父级
10	gp_session_id	text	会话标识符编号，前缀为“con”

（续表）

编号	字段名称	数据类型	描述
11	gp_command_count	text	会话中的命令号，前缀为“cmd”
12	gp_segment	text	Segment content 标识符，Primary 前缀为“seg”，Mirror 前缀为“mir”，Master 始终为-1
13	slice_id	text	slice ID（正在执行的查询计划的一部分）
14	distr_tranx_id	text	分布事务 ID
15	local_tranx_id	text	本地事务 ID
16	sub_tranx_id	text	子事务 ID
17	event_severity	varchar(10)	值包括：LOG、ERROR、FATAL、PANIC、DEBUG1、DEBUG2
18	sql_state_code	varchar(10)	与日志消息关联的 SQL 状态代码
19	event_message	text	日志或错误消息文本
20	event_detail	text	与错误或警告关联的详细消息文本
21	event_hint	text	与错误或警告关联的提示消息文本
22	internal_query	text	内部生成的查询文本
23	internal_query_pos	int	内部生成的查询游标索引文本
24	event_context	text	生成此消息的上下文
25	debug_query_string	text	用户提供的查询字符串，带有用于调试的完整详细信息，可以修改此字符串以供内部使用
26	error_cursor_pos	int	查询字符串中游标索引
27	func_name	text	生成消息的函数
28	file_name	text	生成消息的内部代码文件
29	file_line	int	生成消息的内部代码文件行
30	stack_trace	text	与消息关联的堆栈跟踪文本

Greenplum 提供了一个名为 gplogfilter 的实用程序，可以在日志文件中搜索与指定条件匹配的条目。缺省时，此实用程序在默认日志记录位置搜索日志文件。例如要显示主日志文件的最后三行：

```
gplogfilter -n 3
```

要同时搜索所有 Segment 日志文件，可以通过 gpssh 实用程序运行 gplogfilter。例如要显示每个 Segment 日志文件的最后三行：

```
gpssh -f seg_host_file
=> source /usr/local/greenplum-db/greenplum_path.sh
=> gplogfilter -n 3 /data1/primary/gp*/pg_log/gpdb*.csv
```

9.5 例行维护

为保持 Greenplum 数据库系统高效运行，必须定期清除数据库中的过期数据，并更新表统计信息，以便查询优化器获得准确信息以生成正确的执行计划。Greenplum 数据库要求定期执行某些任务以实现最佳性能。这里讨论的任务是必需的，DBA 可以使用标准的 UNIX 工具（如 cron 脚本）将其自动化。

9.5.1 定期 VACUUM

Greenplum 使用 MVCC 事务并发模型，这种设计意味着被删除或更新的数据行仍然占用磁盘上的物理空间，即使它们对新事务不可见。如果数据库有许多更新和删除，则存在许多过期的行，必须使用 VACUUM 命令回收它们所使用的空间。

Greenplum 监视事务 ID，超过 20 亿个事务时可能会产生事务 ID 回卷，因此有必要至少每 20 亿次事务对每个数据库的每个表执行一次 VACUUM 操作。如果不定期清理数据库，Greenplum 将生成警告或错误。

可以在每天业务低峰期定时对每个数据库执行下面的脚本，释放过期行所占空间，同时释放事务号防止 XID 回卷失败，并分析数据库。

```
#!/bin/bash
DBNAME=$1
SYSTABLES=" table_schema || '.' || table_name || ';' from information_schema.tables where table_type='BASE TABLE'"

psql -tc "SELECT 'VACUUM FREEZE ' || $SYSTABLES" $DBNAME | psql -a $DBNAME
analyzedb -ad $DBNAME
```

如果 Greenplum 数据库由于不经常进行 VACUUM 维护而达到 xid_stop_limit 事务 ID 限制时，它将变得无响应。此时需要 DBA 执行以下操作来恢复数据库（将 dw 替换为实际受影响的数据库名）：

```
# 停库
gpstop -af
# 编辑 postgresql.conf，临时将 xid_stop_limit 设为一个小值
xid_stop_limit = 10000000
# 启库
gpstart -a
# 执行 VACUUM
psql -c dw -c "VACUUM FREEZE"
# 编辑 postgresql.conf，恢复 xid_stop_limit 默认值
xid_stop_limit = 100000000
# 重启库
gpstop -afr
```

9.5.2 定期维护系统目录

使用 CREATE 和 DROP 命令进行的大量数据库更新，会增加系统目录的大小并影响系统性能。例如，运行许多 DROP TABLE 语句会降低总体系统性能，因为在对目录表执行元数据操作期间会进行过度的数据扫描。通常执行数千到数万条 DROP TABLE 语句可能发生性能损失。应该定期运行系统目录维护过程，以回收已删除对象所占用的空间。

建议定期在系统目录上运行 REINDEX 和 VACUUM，以清除已删除对象在系统索引和表中占用的空间。如果数据库经常包括许多 DROP 语句，则在非高峰时间每天使用 VACUUM 对系统目录进行维护是安全和适当的。可以在系统可用时执行此操作，例如在每天业务低峰期定时对每个数据库执行以下脚本：

```
#!/bin/bash
DBNAME=$1
SYSTABLES="' pg_catalog.' || relname || ';' FROM pg_class a, pg_namespace b
WHERE a.relnamespace=b.oid AND b.nspname='pg_catalog' AND a.relkind='r'"

reindexdb --system -d $DBNAME
psql -tc "SELECT 'VACUUM' || $SYSTABLES" $DBNAME | psql -a $DBNAME
analyzedb -as pg_catalog -d $DBNAME
```

如果执行目录维护期间需要停止进程，可以运行 pg_cancel_backend（<PID>）以安全停止 Greenplum 数据库进程。

9.5.3 加强的系统目录维护

系统目录可能因为长期未执行维护而膨胀，这会导致简单的元数据操作等待时间过长。如果在 psql 中执行\d 命令列出用户表需要等待两秒以上，则表示系统目录已膨胀。此时必须在计划停机期间执行加强的系统目录维护，维护时停止系统上的所有目录活动，因为 VACUUM FULL 会对系统目录加排它锁。加强的系统目录维护步骤如下：

步骤01 停止应用对 Greenplum 的访问。

步骤02 reindex pg_catalog.*。

步骤03 vacuum full pg_catalog.*。

步骤04 analyze pg_catalog.*。

系统目录表 pg_attribute 通常是最大的目录表。以下两种情况说明 pg_attribute 表膨胀明显，该表上的 VACUUM FULL 操作可能需要大量时间，并且可能需要单独执行。

- pg_attribute 表包含大量记录。
- gp_toolkit.gp_bloat_diag 视图中出现大量 pg_attribute 表的诊断消息。

如果定期维护系统目录，则不需要执行此高成本的过程。

9.5.4 为查询优化执行 VACUUM 与 ANALYZE

Greenplum 使用基于成本的查询优化器，该优化器依赖于数据库统计数据。准确的统计信息使查询优化器能更好地估计选择性和查询操作检索的行数，这些估计有助于选择最有效的查询计划。如果存储在系统目录表中的统计信息过期，则可能生成低效的执行计划。ANALYZE 命令为查询优化器收集并更新列级统计信息。可以在同一命令中运行 VACUUM 和 ANALYZE 操作：

```
vacuum analyze mytable;
```

在膨胀表上运行 VACUUM 和 ANALYZE 命令可能会产生不正确的统计信息，因为大量表磁盘空间被删除或被过时的行占用。对于大表，ANALYZE 命令从随机的行样本计算统计信息，它通过将样本中每页的平均行数乘以表中的实际页数来估计表中的行数。我们需要权衡统计数据的准确性和生成统计数据所需的时间，可在系统或会话级别调整 default_statistics_target 参数值控制样本值数量，范围为 1~1000，默认为 100，需要重新加载使配置生效。如果采样中包含许多空页，则估计的行数可能不准确。

可以在 gp_toolkit.gp_bloat_diag 中查看未使用的磁盘空间（已删除或过时行占用的空间）信息。如果表的 bdidiag 列包含 significant amount of bloat suspected，说明大量表磁盘空间由未使用的空间组成。VACUUME 表后会在 gp_bloat_diag 视图中增加一条记录。

执行 VACUUM FULL table_name 可以删除表上未使用的磁盘空间，由于需要上表级排它锁，所以可能需要一个维护期窗口执行 VACUUM FULL。作为临时解决方案，可以先执行 ANALYZE 来计算列统计信息，然后对表运行 VACUUM 来生成准确的行数，例如：

```
analyze cust_info;
vacuum cust_info;
```

运行不带参数的 ANALYZE 会更新数据库中所有表的统计信息，这可能是一个运行时间很长的过程，不建议这样做。当数据发生更改时，应该有选择地分析表，或者使用 analyzedb 实用程序。analyzedb 程序更新表统计信息，同时分析表。对于 AO 表，analyzedb 仅在统计信息不是最新的情况下更新统计信息。

在大表上运行分析可能需要很长时间，如果无法对非常大的表的所有列运行分析，则只能使用 ANALYZE table(column, ...)为选定列生成统计信息，确保包含在 join、where、sort、group by 或 having 中使用的列。

对于分区表，可以选择仅在已更改的分区（如新增分区）上运行分析。分区表可以在父表或叶子子表上运行 ANALYZE。中间层的子分区表不存储任何数据或统计信息，因此对它们运行 ANALYZE 不起作用。可以在 pg_partitions 系统目录表中查询分区表名称：

```
select partitiontablename from pg_partitions where tablename='parent_table;
```

如果要在启用 GPORCA（默认设置）的分区表上运行查询，必须使用 ANALYZE 命令收集分区表根分区的统计信息。

9.5.5 自动收集统计信息

通常在加载数据后、创建索引后，或者在插入、更新和删除大量数据之后需要执行 ANALYZE 操作。ANALYZE 只在表上加读锁，因此可以与其他数据库活动并行，但不建议在执行加载、插入、更新、删除大量数据或创建索引的同时运行 ANALYZE。

建议配置自动收集统计信息。gp_autostats_mode 与 gp_autostats_on_change_threshold 参数一起确定触发自动分析操作的时间，在自动收集统计信息时，查询中会添加分析步骤。

gp_autostats_mode 的默认值为 on_no_stats，在对没有统计信息的表执行 CREATE TABLE AS SELECT、INSERT 或 COPY 操作时触发表的统计信息收集。将 gp_autostats_mode 设置为 on_change，并且当受影响的行数超过 gp_autostats_on_change_threshold 定义的阈值（默认值为 2147483647）时，会触发统计信息收集。触发自动收集统计信息的操作有：CREATE TABLE AS SELECT、UPDATE、DELETE、INSERT、COPY。gp_autostats_mode 设置为 none 将禁用自动收集统计信息。

对于分区表，如果从分区表的顶级父表插入数据，则不会触发自动收集统计信息。如果数据直接插入到分区表的叶表（存储数据的地方）中，则会触发自动收集统计信息。

9.5.6 重建索引

对于 B 树索引，新构造的索引访问速度略快于多次更新的索引，因为在新构建的索引中，逻辑上相邻的页面通常在物理上也相邻。定期重建旧索引可以提高访问速度。如果一个页面上除了几个索引键以外的其他索引键都已删除，则索引页面会浪费空间，重新索引将回收浪费的空间。在 Greenplum 数据库中，删除索引（DROP INDEX）然后重新创建索引（CREATE INDEX）通常比使用 REINDEX 命令更快。

对于具有索引的表列，由于需要同时更新索引，某些操作（如批量更新或表插入）的执行速度可能会较慢。要提高具有索引的表的批处理性能，可以先删除索引，执行批量操作，然后再重新创建索引。

9.5.7 管理数据库日志文件

Greenplum 通常会输出大量日志，尤其是在较高的 debug 级别。不需要无限期保存日志，管理员应定期清除旧的日志文件。默认情况下，Greenplum 为 Master 实例和 Segment 实例启用日志文件轮转。

log_rotation_size 参数设置触发轮转的单个日志文件的大小，默认为 1GB。当当前日志文件大于等于此大小时，将关闭该文件并创建新的日志文件，设置为 0 则禁用基于大小的日志轮转。log_rotation_age 参数指定触发轮转的日志文件创建时间，创建日志文件后经过该参数指定的时间后，将创建一个新的日志文件。默认日志轮换时间 1d 在当前日志文件创建 24 小时后创建新日志文件，设置为 0 则禁用基于时间的日志轮转。

管理员需要执行脚本或程序，定期清理 Master 实例和每个 Segment 实例 pg_log 目录中的旧日志文件。例如在 Master 上执行下面的脚本，删除所有实例 10 天前创建的日志文件。

```
# 在Master上执行
gpssh -f all_host -e 'find /data/master/gpseg-1/pg_log -mtime +10 -type f -delete'
gpssh -f all_host -e 'find /data1/primary/gp*/pg_log -mtime +10 -type f -delete'
gpssh -f all_host -e 'find /data2/primary/gp*/pg_log -mtime +10 -type f -delete'
```

Greenplum 默认将$GPHOME/bin 目录下的管理程序的日志文件写入~/gpAdminLogs 目录中。每次运行管理程序时，特定程序执行的日志文件都会追加到其每日日志文件中。

9.6 推荐的监控与维护任务

本节给出 Greenplum 为确保数据库集群的高可用和高性能而建议的监控与维护任务。监控可帮助及早发现和诊断问题，维护可帮助保持系统的稳定状态，并避免因系统表过大或可用磁盘空间减少而导致的性能下降。没有必要在每个集群中实施所有这些建议，用户可根据自己对服务的要求，调整任务执行频率和重要性等级定义（重要、警告、严重、致命）。

9.6.1 数据库实例状态监控

数据库实例状态监控活动如表 9-6 所示。

表 9-6 数据库实例状态监控活动

活动	操作	问题修整措施
列出下线的 Segment。 执行频率：5~10 分钟一次。 重要性等级：严重	psql -d postgres -c "select * from gp_segment_configuration where status <> 'u';"	如果查询返回行，执行以下步骤： ①确认相应 Segment 所在主机有响应。 ②检查相应 Segment 的 pg_log 文件寻找下线原因。 ③如果没有发现意外错误信息，执行 gprecoverseg 将相应 Segment 重新上线
列出 change tracking 模式的 Segment（对应的 Mirror 宕机）。 执行频率：5~10 分钟一次。 重要性等级：严重	psql -d postgres -c "select * from gp_segment_configuration where mode = 'c';"	如果查询返回行，执行以下步骤： ①确认相应 Segment 所在主机有响应。 ②检查相应 Segment 的 pg_log 文件寻找 Mirror 宕机原因。 ③如果没有发现意外错误信息，执行 gprecoverseg 将相应 Segment 重新上线
列出 re-syncin 模式的 Segment（正在重新同步）。 执行频率：5~10 分钟一次。 重要性等级：严重	psql -d postgres -c "select * from gp_segment_configuration where mode = 'r';"	如果返回行，表示段处于重新同步过程中。如果 mode 字段的值始终没有从'r'改为's'，检查相应 Segment 的 pg_log 文件中是否存在错误

（续表）

活动	操作	问题修整措施
检查 Primary/Mirror 角色改变的 Segment（可能造成集群不平衡）。 执行频率：5~10 分钟一次。 重要性等级：严重	psql -d postgres -c "select * from gp_segment_configuration where preferred_role <> role;"	当 Segment 没有运行在初始角色时，各主机上的 Primary Segment 数量不等，表示可能出现处理倾斜。执行 gprecoverseg -r，将 Segment 置回它们的初始角色
运行一个分布式查询以测试它是否在所有 Segment 上运行，每个 Primary Segment 应返回一行。 执行频率：5~10 分钟一次。 重要性等级：致命	psql -d postgres -c "select gp_segment_id, count(*) from gp_dist_random('pg_class') group by 1 order by gp_segment_id;"	如果此查询失败，则向群集中的某些 Segment 的分发有问题。这是一个罕见事件，检查无法分发的主机，确保没有硬件或网络问题
测试 Master 镜像状态。 执行频率：5~10 分钟一次。 重要性等级：严重	psql -d dw -c 'select pid, state from pg_stat_replication;'	如果状态不是 streaming，检查 Master 和 Standby Master 的 pg_log 文件是否有错误。如果没有意外错误并且机器已启动，运行 gpinitstandby 程序使 Standby Master 联机
实例基本检查。 执行频率：5~10 分钟一次。 重要性等级：致命	psql -d postgres -c "select count(*) from gp_segment_configuration;"	如果此查询失败，表示 Master 实例可能宕机。再试几次，然后手动检查 Master。如果 Master 宕机，重启主机以确保活动主机上的 Master 进程，然后激活 Standby Master
检查系统的 FATAL 和 ERROR 日志消息。 执行频率：15 分钟一次。 重要性等级：警告	psql --pset=pager=off -x -c "select * from gp_toolkit.gp_log_system where logseverity in ('FATAL','ERROR') and logtime > (now() - interval '15 minutes');"	向 DBA 发送报警信息并加以分析

9.6.2　硬件和操作系统监控

硬件和操作系统监控如表 9-7 所示。

表 9-7　硬件和操作系统监控活动

活动	操作	问题修整措施
检查数据库和操作系统的空间使用。 执行频率：5~30 分钟一次。 重要性等级：致命	设置磁盘空间检查。在磁盘使用率达到 75%时报警，不建议运行在空间使用接近 100%的系统上	在用户表上使用 VACUUM/VACUUM FULL 回收过期行所占用的空间

（续表）

活动	操作	问题修整措施
检查网络错误或丢包。 执行频率：每小时一次。 重要性等级：严重	设置网卡检查	与运维或系统管理团队合作解决错误
检查 RAID 错误或 RAID 性能降级。 执行频率：每 5 分钟一次。 重要性等级：严重	设置 RAID 检查	尽快更换发生故障的磁盘。与系统管理团队合作，尽快解决其他 RAID 或控制器错误
检查 I/O 带宽与 I/O 倾斜。 在创建群集或怀疑硬件有问题时执行	执行 gpcheckperf，预期结果为硬盘读 2GB/S，硬盘写 1GB/S，网络读写 10GB/S	如果结果低于预期，与系统管理团队合作解决问题

9.6.3 系统目录表监控

系统目录表监控如表 9-8 所示。

表 9-8 系统目录表监控活动

活动	操作	问题修整措施
检查集群中所有主机上的目录一致性。 执行频率：每周每个库一次。 重要性等级：严重	gpcheckcat -O <dbname>	对识别出来的问题执行修复脚本（gpcheckcat -g 生成）
检查没有相应 pg_attribute 条目的 pg_class 条目。 执行频率：每月每个库一次。 重要性等级：严重	在系统没有用户的停机期间，为每个库执行： gpcheckcat -R pgclass	对识别出来的问题执行修复脚本（gpcheckcat -g 生成）
检查临时 schema 和缺少定义的 schema。 执行频率：每月每个库一次。 重要性等级：严重	在系统没有用户的停机期间，为每个库执行： gpcheckcat -R namespace	对识别出来的问题执行修复脚本（gpcheckcat -g 生成）
检查约束和随机分布表。 执行频率：每月每个库一次。 重要性等级：严重	在系统没有用户的停机期间，为每个库执行： gpcheckcat -R distribution_policy	对识别出来的问题执行修复脚本（gpcheckcat -g 生成）
检查对不存在对象的依赖关系。 执行频率：每月每个库一次。 重要性等级：严重	在系统没有用户的停机期间，为每个库执行： gpcheckcat -R dependency	对识别出来的问题执行修复脚本（gpcheckcat -g 生成）

9.6.4 数据库维护

数据库维护如表 9-9 所示。

表 9-9　数据库维护活动

活动	操作	问题修整措施
检查缺少统计信息的表	在每个库上执行： select * from gp_toolkit.gp_stats_missing;	在相应表上执行 ANALYZE
检查数据文件中是否存在膨胀表。 执行频率：每月每个库一次。 重要性等级：警告	在每个库上执行： select * from gp_toolkit.gp_bloat_diag;	在维护窗口期对相应表执行 VACUUM FULL
回收堆表中已删除的行，以便重用它们占用的空间。 执行频率：每天一次。 重要性等级：致命	vacuum <user_table>;	定期 VACUUM 更新的表以避免膨胀
更新表的统计信息。 在加载数据后、查询前执行。 重要性等级：致命	analyzedb -d <database> -a	定期分析更新的表，以便优化器能够生成高效的查询执行计划
并行备份数据库。 执行频率：每天，或根据备份计划的要求执行。 重要性等级：致命	gpbackup（社区版没提供）	最佳做法是准备好当前备份，以防必须恢复数据库
对系统目录表执行 VACUUM、REINDEX 和 ANALYZE。 执行频率：每周每个库一次，如果频繁创建和删除数据库对象，则频率应该更高，注意按顺序执行	vacuum reindexdb -s <database> analyzedb -s pg_catalog -d <database>	优化器从系统表中检索信息以创建查询计划。如果系统表和索引随时间膨胀，扫描系统表会增加查询执行时间。重建索引会使索引没有统计信息，因此在重建后执行 ANALYZE 很重要

9.6.5　补丁与升级

补丁与升级如表 9-10 所示。

表 9-10　补丁与升级维护活动

活动	操作	问题修整措施
确保对 Linux 内核应用了任何错误修复或增强。 执行频率：至少每 6 个月一次内核升级。 重要性等级：重要	按照供应商的指南更新 Linux 内核	保持最新内核，包括错误修复和安全修复，避免将来难以升级
升级 Greenplum 数据库小版本。 执行频率：每季度一次。 重要性等级：重要	按照 Greenplum 数据库发行中的升级说明进行操作，始终升级到系列中的最新版本	保持为 Greenplum 数据库软件最新版本，以便将错误修复、性能增强和功能增强整合到 Greenplum 集群中

9.7 小结

（1）Greenplum 中的角色可以是用户或组。组角色主要用于简化权限管理，组中的成员默认会继承父组的权限。数据库对象的属主拥有对象上的所有权限，属主或超级用户可以将对象权限授予其他用户。用户口令以加密形式存储于 pg_authid.rolpassword 列，默认使用 MD5，也可以配置成 SHA-256 加密。

（2）向 Greenplum 表导入导出数据的常用方法有 gpfdist 外部表、Web 外部表、gpload 命令行工具、COPY SQL 命令等。gpfdist 是 Greenplum 提供的一种文件服务器，它利用集群中的所有 Segment 并行读写本地文件。向表中导入大量数据后，应该执行 ANALYZE SQL 命令，为查询优化器更新系统统计信息。

（3）Greenplum 中新、旧查询优化器并存，优先选择新的 GPORCA 优化器，它对分区表、子查询、WITH、INSERT、去重聚合等查询类型有所改进。查询计划是在 Segment 上分片并行执行的。数据本地化情况、为查询分配的 Segment 数量对查询性能具有直接影响。同很多数据库系统类似，EXPLAIN 用于语句输出查询执行计划。学会读懂 EXPLAIN 的信息，对于排查性能问题十分有用。EXPLAIN ANALYZE 会实际执行 SQL 语句，并且比单纯的 EXPLAIN 输出更多的信息。

（4）Greenplum 的例行监控任务主要包括：检查系统状态、检查磁盘空间使用、检查数据分布倾斜、查看元数据信息、监控内存使用情况、检查工作文件使用信息、查看搜索服务器日志文件等。

（5）Greenplum 的例行维护任务主要包括：定期执行 VACUUM 与 ANALYZE，避免表膨胀和统计数据失准；定期重建索引以提高查询性能；定期维护系统目录，清除已删除对象在系统索引和表中占用的空间；设置管理数据库日志文件轮转，定期清理数据库日志文件。

（6）Greenplum 建议的监控与运维任务主要包括：监控数据状态、监控数据库警告日志、监控硬件和操作系统、监控系统目录、检查缺少统计信息的表、检查表膨胀、定期 VACUUM 和 ANALYZE 表、定期升级和打补丁等。

第 10 章

集成机器学习库 MADlib

MADlib 是一个基于 SQL 的数据库内置的开源机器学习库，具有良好的并行度、可扩展性和高度的预测精准度。MADlib 最初由 Pivotal 公司与伯克利大学合作开发，提供了多种数据转换、数据探索、概率统计、数据挖掘和机器学习方法，使用它能够简易地对结构化数据进行分析和学习，以满足各行各业的应用需求。用户可以非常方便地将 MADlib 加载到数据库中，从而扩展数据库的分析功能。2015 年 7 月 MADlib 成为 Apache 软件基金会的孵化器项目，经过两年的发展，于 2017 年 8 月毕业成为 Apache 顶级项目。最新的 MADlib 1.18.0 可以与 PostgreSQL、Greenplum 和 HAWQ 等数据库系统无缝集成。Greenplum MADlib 扩展提供了在 Greenplum 数据库中进行机器学习和深度学习的能力。

本章首先介绍 MADlib 的一些基本概念及其有别于其他机器学习工具包的特点。为了更好地使用 MADlib，我们首先将简要说明它的设计思想、工作原理、执行流程和基础架构；其次，还将罗列 MADlib 支持的模型和主要功能模块；然后说明 MADlib 软件包的安装与卸载；之后用矩阵分解函数实现推荐算法的示例，说明 MADlib 的具体用法；最后介绍 MADlib 的交叉验证模型评估功能。有关 MADlib 还可以参考《SQL 机器学习库 MADlib 技术解析》一书。

10.1 MADlib 的基本概念

本节主要介绍什么是 MADlib，以及 MADlib 的设计思想、工作原理、执行流程和基础架构。

10.1.1 MADlib 是什么

无论是经典的 SAS、SPSS 还是时下流行的 MATLAB、R、Python，所有这些机器学习或数据挖掘软件都是自成系统的，具体来说就是具有一套完整的程序语言及其集成开发环境，提供了丰富的数学和统计分析函数，具备良好的人机交互界面，支持从数据准备、数据探索、数据预处理到开发和实现模型算法、数据可视化，再到最终结果的验证与模型部署及应用的全过程。它们都是面向程序员的系统或语言，重点在于由程序员自己利用系统提供的基本计算方法或函数，通过编程的方式实现应用需求。

MADlib 具有与上述工具完全不同的设计理念，它不是面向程序员，而是面向数据库开发人员或 DBA。如果要用一句话说明什么是 MADlib，那就是“SQL 中的大数据机器学习库”。通常 SQL 查询能发现数据最明显的模式和趋势，但要想获取数据中最为有用的信息，需要的其实是完全不同的一套技术，一套牢固扎根于数学和应用数学的技能（机器学习或深度学习），而具备这种技术的人才似乎只存在于学术界中。如果能将 SQL 的简单易用与机器学习的复杂算法结合起来，充分利用两者的优势和特点，对于广大传统数据库应用技术人员来说，就可以将他们长期积累的数据库操作技能复用到机器学习领域，使转型更加轻松。现在，鱼和熊掌兼得的机会来了，DBA 只要使用 MADlib，就能用 SQL 查询实现简单的机器学习。

对用户而言，MADlib 提供了可在 SQL 查询语句中调用的函数，即可以用 select function() 的方式来调用该库。这就意味着，所有的数据调用和计算都在数据库内完成而不需要数据的导入导出。MADlib 不仅包括基本的线性代数运算和统计函数，还提供了常用的、现成的学习模型函数。用户不需要深入了解算法的程序实现细节，只要搞清楚各函数中相关参数的含义、提供正确的入参并能够理解和解释函数的输出结果即可。这种使用方式无疑会极大地提高开发效率，节约开发成本。在 MADlib 的世界里，一切皆函数，就是这么简单。

然而，任何事物都具有两面性，虽然 MADlib 提供了使用方便性，降低了学习和使用门槛，但是相对于其他机器学习系统而言，其灵活性与功能完备性显然是短板。首先，模型已经被封装在 SQL 函数中，性能优劣完全依赖于函数本身，基本没有留给用户进行性能调整的空间。其次，函数只能在 SQL 中调用，而 SQL 依赖于数据库系统，也就是说单独的 MADlib 函数库是毫无意义的，它必须与 PostgreSQL、Greenplum 和 HAWQ 等数据库系统结合使用。最后，既然 MADlib 是 SQL 中的机器学习库，就注定它不关心数据可视化，本身不带数据的图形化表示功能。由此可见，MADlib 作为工具，并不是传统意义上的机器学习系统软件，而只是一套可在 SQL 中调用的函数库，其出发点是让数据库技术人员用 SQL 快速完成简单的机器学习工作，比较适合做一些简单的、特征相对明显的机器学习。

即便如此，MADlib 的易用性已经足以引起我们的兴趣。在了解了 MADlib 是什么及其优缺点后，用户就能根据自己的实际情况和需求有针对性地选择和使用 MADlib 来实现特定的业务目标。

10.1.2 MADlib 的设计思想

驱动 MADlib 架构的关键设计思想体现在以下四个方面：

- 操作数据库内的本地数据，避免在多个运行环境之间不必要地移动数据。
- 充分利用数据库引擎功能，但要将机器学习逻辑从数据库特定的实现细节中分离出来。
- 利用 MPP 无共享技术提供的并行性和可扩展性，如 Greenplum 或 HAWQ 数据库系统。
- 开放实施，保持与 Apache 社区的积极联系和持续的学术研究。

操作本地数据的思想与 Hadoop 是一致的。为了使全局的带宽消耗和 I/O 延迟降到尽可能小，在选择数据时，MADlib 总是选择距离读请求最近的存储节点。如果在读请求所在节点的同一个主机上有需要的数据副本，那么 MADlib 会尽量选择它来满足读请求。如果数据库集群跨越多个数据中心，那么存储在本地数据中心的副本会优先于远程副本被选择。

MADlib 库表现为数据库内置的函数，当函数在 SQL 语句中执行时，可以充分利用数据库引擎提供的功能。例如在 Greenplum 中执行 MADlib 函数时，每个 Segment 在执行查询的时候会启动一个查询执行器，以使 Greenplum 能够更好地利用所有可用资源。MADlib 利用 Greenplum 或 HAWQ 数据库系统使用的 MPP 架构，使用户能够获益于经过锤炼的基于 MPP 的分析功能及其查询性能，兼顾了低延时与高扩展。

10.1.3　MADlib 的工作原理

现以 Greenplum 上的 MADlib 为例解释它的工作原理。当一个客户端查询向 Greenplum 发出请求时，Master 实例会对查询进行处理，根据查询成本、资源队列定义、数据局部化和当前系统中的资源使用情况，为查询规划资源分配。之后查询被分发到 Segment 实例所在的物理主机上并行处理，可能是节点子集或整个集群。每个 Segment 实例监控查询对资源的实时使用情况，避免被异常资源占用。查询处理完成后，最后的结果再通过 Master 返回客户端。

可以将 MADlib 作为扩展安装在 Greenplum 数据库系统中，通过用户定义聚合（UDA）和用户定义函数（UDF）建立 In-Database Functions，在结构化和非结构化数据上并行实现数学、统计、图形、机器学习和深度学习算法。当我们使用 SQL 调用 MADlib 时，MADlib 会首先进行输入的有效性判断和数据的预处理，将处理后的查询传给 Greenplum，之后所有的计算即等同于普通的查询处理请求在 Greenplum 内执行。图 10-1 显示的是 Greenplum MADlib 数据分析架构。

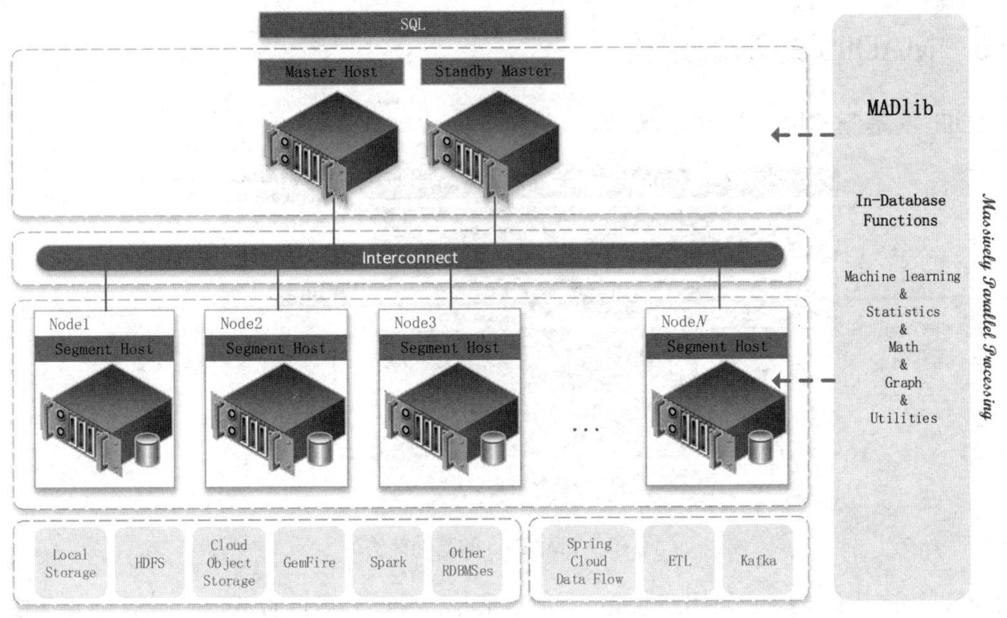

图 10-1　Greenplum MADlib 数据分析架构

MADlib 基于 SQL 的算法在单个 Greenplum 数据库引擎中运行，无须在数据库和其他工具之间传输数据。MADlib 不是一个单独的守护进程，也不是在数据库之外运行的独立软件，它是数据库的一个扩展模块，并且对 Greenplum 本身的架构没有任何更改，这非常易于 DBA 部署和管理。

10.1.4 MADlib 的执行流程

图 10-2 所示为整个 MADlib 函数调用的执行流程。在客户端，我们可以使用 Jupyter、Zeppelin、psql 等工具连接数据库并调用 MADlib 函数。MADlib 预处理后根据具体算法生成多个查询传入数据库服务器，之后数据库服务器执行查询并返回数据流，一般表示为一个或多个存放结果的表。

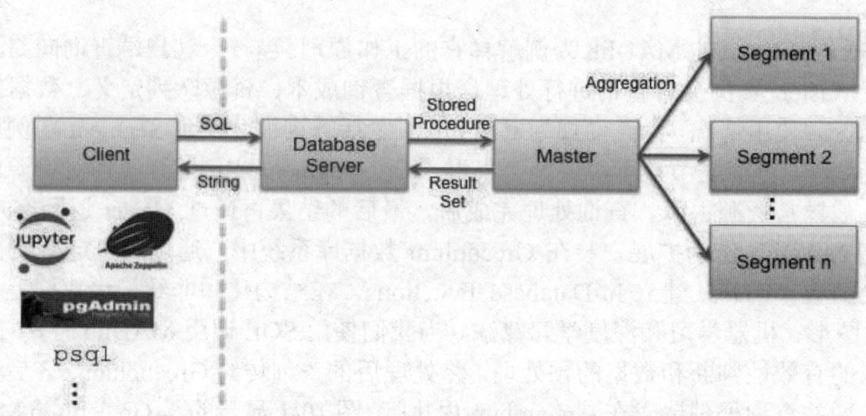

图 10-2 MADlib 执行流程

10.1.5 MADlib 的基础架构

MADlib 的基础架构如图 10-3 所示。

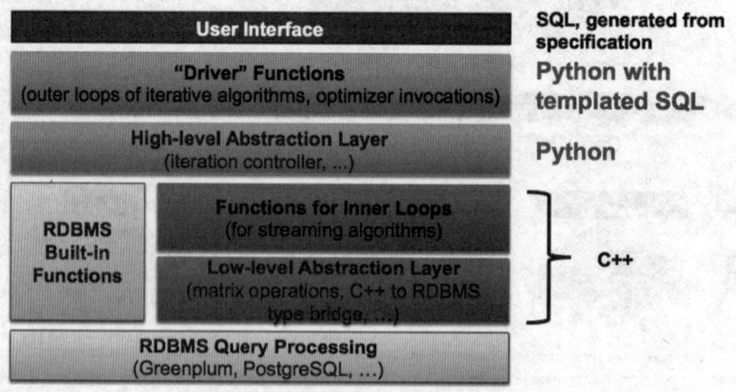

图 10-3 MADlib 的基础架构

处于架构最上面一层的是用户接口。如前所述，用户只需通过在 SQL 查询语句中调用 MADlib 提供的函数来完成机器学习工作。当然这里的 SQL 语法要与特定数据库管理系统相匹配。最底层则是 Greenplum、PostgreSQL、HAWQ 等数据库管理系统，最终由它们处理查询请求。中间四层是构成 MADlib 的组件。从图 10-3 中可以看到，MADlib 系统架构自上而下由四个主要组件构成。

- Python 调用 SQL 模板实现的驱动函数：驱动函数是用户输入的主入口点，调用优化器执行迭代算法的外层循环。
- Python 实现的高级抽象层：高级抽象层负责算法的流程控制，与驱动函数一起实现输入参数验证、SQL 语句执行、结果评估，并可能在循环中自动执行更多的 SQL 语句直至达到某些收敛标准。
- C++实现的核心函数：这部分函数是由 C++编写的核心函数，在内层循环中实现特定机器学习算法。出于性能考虑，这些函数使用 C++而不是 Python 编写。
- C++实现的低级数据库抽象层：这些函数提供一个编程接口，对所有的 PostgreSQL 数据库内核实现细节进行抽象。它们提供了一种机制，使得 MADlib 能够支持不同的后端平台，从而使用户将关注点集中在内部功能而不是平台集成上。

10.2　MADlib 的功能

本节主要介绍 MADlib 支持的模型类型及其主要的功能模块。

10.2.1　MADlib 支持的模型类型

MADlib 支持以下常用机器学习模型类型，其中大部分模型都包含训练和预测两组函数。

（1）回归

如果所需的输出具有连续性，我们通常使用回归方法建立模型，预测输出值。例如，如果有真实的描述房地产属性的数据，我们就可以建立一个模型，基于房屋已知特征预测售价。因为输出反映了连续的数值而不是分类，所以该场景是一个回归问题。

（2）分类

如果所需的输出实质上是分类的，就可以使用分类方法建立模型，预测新数据会属于哪一类。分类的目标是能够将输入记录标记为正确的类别。例如，假设有描述人口统计的数据，以及个人申请贷款和贷款违约历史数据，那么我们就能建立一个模型，描述新增人口统计数据中个人贷款违约的可能性。此场景下输出的分类为“违约”和“正常”两类。

（3）关联规则

关联规则有时又叫作购物篮分析或频繁项集挖掘。相对于随机发生，关联规则确定哪些事项更经常一起发生，指出事项之间的潜在关系。例如，在一个网店应用中，关联规则挖掘可用于确定哪些商品倾向于被一起售出，然后将这些商品输入到客户推荐引擎中，提供促销机会，就像著名的啤酒与尿布的故事。

（4）聚类

识别数据进行分组，同一组中的数据项比其他组的数据项更相似。例如，在客户细分分析中，目标是识别客户行为相似特征组，以便针对不同特征的客户设计各种营销活动，以达到营销目的。如果提前了解客户细分情况，这将是一个受控的分类任务，当我们让数据识别自身进行分组时，这就是一个聚类任务。

（5）主题建模

主题建模与聚类相似，也是确定彼此相似的数据组。这里的相似通常特指在文本领域中具有相同主题的文档。

> **注　意**
>
> MADlib 的当前实现并不支持中文分词。

（6）描述性统计

描述性统计不提供模型，因此不被认为是一种机器学习方法，但是描述性统计有助于向分析人员提供信息以了解基础数据，为数据提供有价值的解释，可能会影响数据模型的选择。例如，计算数据集中每个变量内的数据分布有助于分析理解哪些变量应被视为分类变量、哪些变量是连续性变量以及值的分布情况。描述性统计通常是数据探索的组成部分。

（7）模型验证

不了解一个模型的准确性就开始使用它，很容易导致糟糕的结果，所以理解模型存在的问题，并用测试数据评估模型的精度尤为重要。需要将训练数据和测试数据分离，频繁进行数据分析，验证统计模型的有效性，评估模型不过分拟合训练数据。N-fold 交叉验证方法经常被用于模型验证。

10.2.2 MADlib 主要的功能模块

MADlib 主要的功能模块如图 10-4 所示。

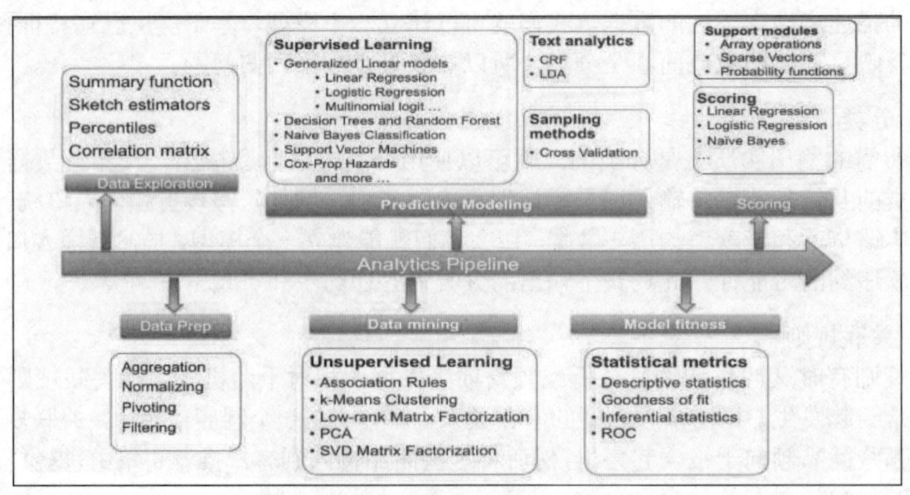

图 10-4　MADlib 主要的功能模块

下面基于 MADlib 1.10 版本预览 MADlib 提供的具体模型算法或功能。

（1）Data Types and Transformations（数据类型与转换）

- Arraysand Matrices（数组与矩阵）。
  - ArrayOperations（数组运算）。
  - MatrixOperations（矩阵运算）。
  - MatrixFactorization（矩阵分解）。
    - Low-rankMatrix Factorization（低阶矩阵分解）。
    - SingularValue Decomposition（SVD，奇异值分解）。
  - Normsand Distance functions（范数和距离函数）。
  - SparseVectors（稀疏向量）。
- DimensionalityReduction（降维）。
  - PrincipalComponent Analysis（PCA 主成分分析）。
  - PrincipalComponent Projection（PCP 主成分投影）。
- Pivot（透视表）。
- EncodingCategorical Variables（分类变量编码）。
- Stemming（词干提取）。

（2）Graph（图）

- SingleSource Shortest Path（单源最短路径）。

（3）Model Evaluation（模型评估）

- CrossValidation（交叉验证）。
- PredictionMetrics（指标预测）。

（4）Statistics（统计）

- DescriptiveStatistics（描述性统计）。
  - Pearson’s Correlation（皮尔森相关系数）。
  - Summary（摘要汇总）。
- InferentialStatistics（推断性统计）。
  - HypothesisTests（假设检验）。
- ProbabilityFunctions（概率函数）。

（5）Supervised Learning（监督学习）。

- ConditionalRandom Field（条件随机场）。
- RegressionModels（回归模型）。
  - ClusteredVariance（聚类方差）。
  - Cox-ProportionalHazards Regression（Cox 比率风险回归）。
  - ElasticNet Regularization（弹性网络回归）。

  - ➢ GeneralizedLinear Models（广义线性回归）。
  - ➢ LinearRegression（线性回归）。
  - ➢ LogisticRegression（逻辑回归）。
  - ➢ MarginalEffects（边际效应）。
  - ➢ MultinomialRegression（多分类逻辑回归）。
  - ➢ OrdinalRegression（有序回归）。
  - ➢ RobustVariance（鲁棒方差）。
- SupportVector Machines（支持向量机）。
- TreeMethods（树方法）。
  - ➢ DecisionTree（决策树）。
  - ➢ RandomForest（随机森林）。

（6）Time Series Analysis（时间序列分析）

- ARIMA（自回归积分滑动平均）。

（7）UnsupervisedLearning（无监督学习）

- AssociationRules（关联规则）。
  - ➢ AprioriAlgorithm（Apriori 算法）。
- Clustering（聚类）。
  - ➢ k-MeansClustering（k-Means）。
- TopicModelling（主题模型）。
  - ➢ LatentDirichlet Allocation（LDA）。

（8）Utility Functions（应用函数）

- DeveloperDatabase Functions（开发者数据库函数）。
- LinearSolvers（线性求解器）。
  - ➢ DenseLinear Systems（稠密线性系统）。
  - ➢ SparseLinear Systems（稀疏线性系统）。
- PathFunctions（路径函数）。
- PMMLExport（PMML 导出）。
- Sessionize（会话化）。
- TextAnalysis（文本分析）。
  - ➢ TermFrequency（词频）。

从 Apache MADlib 1.16 版开始，Greenplum 数据库支持使用 Keras 和 TensorFlow 进行深度学习。可以在 MADlib 帮助页查看所支持的库和配置说明，以及使用 Tensorflow 后端查看 Keras API 的用户文档。注意 RHEL 6 不支持 MADlib 深度学习。MADlib 支持带有 TensorFlow 后端的 Keras，可以带有也可以不带图形处理单元 GPU。GPU 可以显著加快深层神经网络的训练，因此它们通常用于企业级工作负载。

10.3　MADlib 的安装与卸载

本节主要介绍 MADlib 的安装和卸载。

10.3.1　确定安装平台

MADlib 可以安装在 PostgreSQL、Greenplum 和 HAWQ 中。在不同的数据库系统中，安装过程不尽相同。这里以在 Greenplum 6.18 中安装 MADlib 1.18 为例，演示 MADlib 的安装与卸载过程。机器学习需要数据库系统提供有效的存储、索引和查询处理支持。源于高性能并行计算的技术在处理海量数据集方面常常是重要的，分布式技术也能帮助处理海量数据，并且当数据不能集中到一起处理时更是至关重要。

比照以上机器学习对数据库系统提出的要求，我们不妨简单考量一下 Greenplum。合理使用哈希或随机分布存储策略具有较好的数据本地化特性，优化器在制定查询计划时，内部实现已然利用了索引的思想。Greenplum 用基于成本的查询优化框架来增强其性能，所采用的 MPP 架构使用户能够获益于优异的查询性能。由此看来，在 Greenplum 上运行 MADlib 是实现大数据机器学习比较合理的选择。

在大多数传统主机式数据库中，索引可以极大缩短数据访问时间，但在诸如 Greenplum 这样的分布式数据库中，应该更加谨慎地使用索引。Greenplum 数据库执行非常快速的顺序扫描，而索引使用随机搜索模式来定位磁盘上的记录。Greenplum 数据分布在各个数据段中，因此每个数据段扫描整个数据的一小部分以获得结果。如果使用表分区，要扫描的总数据可能更小。由于分析型查询工作负载通常会返回非常大的数据集，因此使用索引效率可能并不高。在 Greenplum 数据库中创建索引时需要考虑以下几点通用原则：

- 索引可以提高查询返回单个记录或非常小的数据集（如 OLTP）的工作场景的性能。
- 对于返回目标行集的查询，索引可以提高压缩 AO 表的性能。对于压缩数据，索引访问方法意味着只解压缩必要的行。
- 避免在频繁更新的列上使用索引。在经常更新的列上创建索引会增加更新该列时所需的写入次数。
- 创建具有选择性的 B 树索引。索引选择性是列的不同值的数量除以表中的行数的比率。例如，一个表有 1000 行，一个列有 800 个不同的值，则索引的选择性为 0.8，这被认为是好的。唯一索引的选择性始终为 1.0，显然这是最好的。Greenplum 数据库只允许在分布键列上使用唯一索引。
- 对低选择性列使用位图索引。
- 用于频繁连接的列（例如外键列）上的索引可以通过允许查询优化器使用更多连接方法来提高性能。
- WHERE 子句中经常引用的列是索引候选列。

- 避免索引重叠，具有相同前导列的索引是冗余的。
- 对于将大量数据加载到表中，考虑先删除索引并在加载完成后重新创建它们，这通常比更新索引要快。
- 聚簇索引对磁盘上的记录进行物理排序。例如，日期列上的聚簇索引，其中数据按日期顺序排列，对特定日期范围的查询会从磁盘进行有序提取，从而利用快速顺序访问。

10.3.2 安装 MADlib

根据 Greenplum 使用的操作系统平台，从 https://madlib.apache.org/download.html 选择下载 MADlib 安装包。我们下载的安装文件是 apache-madlib-1.18.0-bin-Linux-CentOS7.rpm。需要在 Greenplum 集群中的所有主机上，使用 root 用户执行以下命令安装 RPM 包：

```
rpm -ivh apache-madlib-1.18.0-bin-Linux-CentOS7.rpm
```

这一步操作将在所有主机（Master 和 Segment）上创建 MADlib 的安装目录和文件，默认目录为/usr/local/madlib/。然后在指定数据库中部署 MADlib，使用 gpadmin 用户在 Greenplum 的 Master 主机上执行以下命令：

```
cd /usr/local/madlib/Versions/1.18.0/bin/
./madpack install -c /dm -s madlib -p greenplum
```

该命令在 dm 数据库中建立 madlib schema，-p 参数指定平台为 Greenplum。命令执行后，可以查看在 madlib schema 中创建的数据库对象。

```
$psql -d dm
Timing is on.
Pager usage is off.
psql (9.4.24)
Type "help" for help.

dm=# set search_path=madlib;
SET

dm=# \d
                     List of relations
 Schema |          Name           |   Type   |  Owner  | Storage
--------+-------------------------+----------+---------+---------
 madlib | migrationhistory        | table    | gpadmin | heap
 madlib | migrationhistory_id_seq | sequence | gpadmin | heap
(2 rows)

dm=# select type,count(*)
dm-#  from (select p.proname as name,
dm(#            case when p.proisagg then 'agg'
dm(#                 when p.prorettype
dm(#                      = 'pg_catalog.trigger'::pg_catalog.regtype
dm(#                 then 'trigger'
dm(#                 else 'normal'
dm(#             end as type
dm(#         from pg_catalog.pg_proc p, pg_catalog.pg_namespace n
```

```
dm(#          where n.oid = p.pronamespace and n.nspname='madlib') t
dm-#  group by rollup (type);
  type    | count
----------+-------
          |  1719
 agg      |   143
 normal   |  1576
(3 rows)
```

从查询结果可以看到，MADlib 部署应用程序 madpack，首先是创建数据库模式 madlib，然后在该模式中创建数据库对象，包括一个表、一个序列、1576 个普通函数、143 个聚合函数。所有机器学习的模型、算法、操作和功能都是通过调用这些函数来实际执行的。

最后使用 gpadmin 用户在 Greenplum 的 Master 主机上执行下面的命令验证安装：

```
cd /usr/local/madlib/Versions/1.18.0/bin/
./madpack install-check -c /dm -s madlib -p greenplum
```

该命令通过执行 28 个模块的 60 个案例来验证所有模块是否都能正常工作。命令输出如下：

```
[gpadmin@vvml-z2-greenplum~]$cd /usr/local/madlib/Versions/1.18.0/bin/
[gpadmin@vvml-z2-greenplum/usr/local/madlib/Versions/1.18.0/bin]$./madpack
install-check -c /dm -s madlib -p greenplum
madpack.py: INFO : Detected Greenplum DB version 6.18.0.
TEST CASE RESULT|Module: array_ops|array_ops.ic.sql_in|PASS|Time: 330
milliseconds
TEST CASE RESULT|Module: bayes|bayes.ic.sql_in|PASS|Time: 1167 milliseconds
TEST CASE RESULT|Module: crf|crf_test_small.ic.sql_in|PASS|Time: 970 milliseconds

...

TEST CASE RESULT|Module: pca|pca_project.ic.sql_in|PASS|Time: 2021
milliseconds
TEST CASE RESULT|Module: validation|cross_validation.ic.sql_in|PASS|Time: 850
milliseconds
[gpadmin@vvml-z2-greenplum/usr/local/madlib/Versions/1.18.0/bin]$
```

如果看到所有案例都已经正常执行，就说明 MADlib 安装成功。

10.3.3 卸载 MADlib

卸载过程就是删除 madlib 模式，可以使用 madpack 程序或 SQL 命令完成。

- 使用 madpack 部署应用程序删除模式：

```
/usr/local/madlib/Versions/1.18.0/bin/madpack uninstall -c /dm-s madlib -p
greenplum
```

- 使用 SQL 命令手动删除模式：

```
\c dm;
drop schema madlib cascade;
```

如果模型验证过程中途出错，那么数据库中可能包含测试的模式（模式名称前缀都是

madlib_installcheck_）或测试用户，只能手动执行 SQL 命令删除这些遗留对象。

```
-- 删除可能存在的遗留测试模式
drop schema madlib_installcheck_kmeanscascade;
-- 删除可能存在的遗留测试用户
drop user if existsmadlib_1100_installcheck;
```

10.4 MADlib 示例——使用矩阵分解实现用户推荐

本节说明如何使用 MADlib 的矩阵分解函数实现用户推荐算法。矩阵分解简单说就是将原始矩阵拆解为数个矩阵的乘积。在一些大型矩阵计算中，计算量大，化简繁杂，使得计算非常复杂。如果运用矩阵分解，将大型矩阵分解成简单矩阵的乘积形式，就可大大降低计算的难度以及计算量，这就是矩阵分解的主要目的。一方面，矩阵的秩的问题、奇异性问题、特征值问题、行列式问题等都可以通过矩阵分解后清晰地反映出来。另一方面，对于那些大型的数值计算问题，矩阵的分解方式以及分解过程也可以作为计算的理论依据。MADlib 提供了低秩矩阵分解和奇异值分解两种矩阵分解方法。

10.4.1 低秩矩阵分解

1. 背景知识

矩阵中的最大不相关向量的个数叫作矩阵的秩，可通俗理解为数据有秩序的程度。秩可以度量相关性，而向量的相关性实际上又带有矩阵的结构信息。如果矩阵之间各行的相关性很强，就表示这个矩阵实际可以投影到更低维度的线性子空间，也就是用几个特征就可以完全表达了，它就是低秩的。所以我们可以总结的一点是：如果矩阵表达的是结构性信息，例如图像、用户推荐表等，那么这个矩阵各行之间存在着一定的相关性，这个矩阵一般就是低秩的。

如果 $\boldsymbol{A}$ 是一个 m 行 n 列的数值矩阵、rank($\boldsymbol{A}$)是 $\boldsymbol{A}$ 的秩，并且 rank($\boldsymbol{A}$)远小于 m 和 n，就称 $\boldsymbol{A}$ 是低秩矩阵。低秩矩阵每行或每列都可以用其他的行或列线性表示，可见它包含大量的冗余信息。利用这种冗余信息，可以对缺失数据进行恢复，也可以对数据进行特征提取。

MADlib 的 lmf 模块可以用两个低秩矩阵的乘积逼近一个稀疏矩阵，逼近的目标就是让预测矩阵和原来矩阵之间的均方根误差（Root Mean Squared Error，RMSE）最小，从而实现所谓的“潜在因子模型”。lmf 模块提供的低秩矩阵分解函数就是为任意稀疏矩阵 $\boldsymbol{A}$ 找到两个矩阵 $\boldsymbol{U}$ 和 $\boldsymbol{V}$，使得$\|\boldsymbol{A}\text{-}\boldsymbol{U}\boldsymbol{V}^{\mathrm{T}}\|_2$的值最小化，其中$\|\cdot\|_2$代表 Frobenius 范数。换句话说，只要求得 $\boldsymbol{U}$ 和 $\boldsymbol{V}$，就可以用它们的乘积来近似模拟 $\boldsymbol{A}$。因此低秩矩阵分解有时也叫 UV 分解。假设 $\boldsymbol{A}$ 是一个 $m\times n$ 的矩阵，则 $\boldsymbol{U}$ 和 $\boldsymbol{V}$ 分别是 $m\times r$ 和 $n\times r$ 的矩阵，并且 $1\leqslant r\leqslant \min(m,n)$。

2. MADlib 低秩矩阵分解函数

MADlib 的 lmf_igd_run 函数能够实现低秩矩阵分解功能。

（1）lmf_igd_run 函数语法

lmf_igd_run 函数语法如下：

```
lmf_igd_run( rel_output,
             rel_source,
             col_row,
             col_column,
             col_value,
             row_dim,
             column_dim,
             max_rank,
             stepsize,
             scale_factor,
             num_iterations,
             tolerance )
```

（2）参数说明

lmf_igd_run 函数参数说明如表 10-1 所示。

表 10-1　lmf_igd_run 函数参数说明

参数名称	数据类型	描述
rel_output	TEXT	输出表名。输出的矩阵 ***U*** 和 ***V*** 以二维数组类型存储。 RESULT AS (matrix_u　　DOUBLE PRECISION[], matrix_v　　DOUBLE PRECISION[], rmse　　DOUBLE PRECISION) 行 *i* 对应的向量是 matrix_u[*i*:*i*][1:*r*]，列 *j* 对应的向量是 matrix_v[*j*:*j*][1:*r*]
rel_source	TEXT	输入表名。输入矩阵的格式如下： {TABLE|VIEW} input_table (row　INTEGER, col　INTEGER, value DOUBLE PRECISION) 输入包含一个描述矩阵的表，数据被指定为(row，column，value)。 输入矩阵的行列值大于等于 1，并且不能有 NULL 值
col_row	TEXT	包含行号的列名
col_column	TEXT	包含列号的列名
col_value	FLOAT8	（row, col）位置对应的值
row_dim（可选）	INTEGER	指示矩阵中的行数，默认为“SELECT max(col_row) FROM rel_source”
column_dim（可选）	INTEGER	指示矩阵中的列数，默认为“SELECT max(col_col) FROM rel_source”
max_rank	INTEGER	期望逼近的秩数
stepsize（可选）	FLOAT8	默认值为 0.01。超参数，决定梯度下降法的步长
scale_factor（可选）	FLOAT8	默认值为 0.1。超参数，决定初始缩放因子
num_iterations（可选）	INTEGER	默认值为 10。不考虑收敛情况下的最大迭代次数
tolerance（可选）	FLOAT8	默认值为 0.0001。收敛误差，小于该误差时停止迭代

矩阵分解一般不用数学上的直接分解的办法，尽管直接分解出来的精度很高，但是效率实在太低！矩阵分解往往会转化为一个优化问题，通过迭代求局部最优解。但有一个问题是：通常原矩阵的稀疏度很大，分解很容易产生过拟合（overfitting），简单说就是为了迁就一些错误的或偏僻的值导致整个模型错误的问题。所以现在的方法是在目标函数中增加一项正则化（regularization）参数来避免过拟合问题。因此，一般的矩阵分解的目标函数（也称损失函数，Loss Function）为：

$$\min_{U,V}\sum_{(i,j)\in K}(\boldsymbol{R}_{ij}-\sum_{d=1}^{D}\boldsymbol{U}_{di}\boldsymbol{V}_{dj})^2+\lambda(\|\boldsymbol{U}_i\|^2+\|\boldsymbol{V}_j\|^2)$$

前一项是预测后矩阵和原矩阵的误差，这里计算只针对原矩阵中的非空项。后一项就是正则化因子，用来解决过拟合的问题。这个优化问题求解的就是分解之后的 $\boldsymbol{U}$、$\boldsymbol{V}$ 矩阵的潜在因子（Latent Factor）向量。

madlib.lmf_igd_run 函数使用随机梯度下降法（Stochastic Gradient Descent）求解这个优化问题，迭代公式为：

$$\boldsymbol{U}_{di}=\boldsymbol{U}_{di}+\gamma(\boldsymbol{E}_{ij}\boldsymbol{V}_{dj}-\lambda\boldsymbol{U}_{di})$$
$$\boldsymbol{U}_{dj}=\boldsymbol{U}_{dj}+\gamma(\boldsymbol{E}_{ij}\boldsymbol{V}_{di}-\lambda\boldsymbol{V}_{dj})$$

其中，$\boldsymbol{E}_{ij}=\boldsymbol{R}_{ij}-\sum_{d=1}^{D}\boldsymbol{U}_{di}\boldsymbol{V}_{dj}$。

γ 是学习速率，对应 stepsize 参数；λ 是正则化系数，对应 scale_factor 参数。γ 和 λ 是两个超参数，对于最终结果影响极大。在机器学习的上下文中，超参数是在开始学习过程之前设置值的参数，而不是通过训练得到的参数数据。通常情况下，需要对超参数进行优化，以提高学习的性能和效果。γ 的大小不仅会影响到执行时间，还会影响到结果的收敛性。γ 太大的话会导致结果发散，一般都会把 γ 取得很小，不同的数据集取的值不同，但大概是 0.001 这个量级。这样的话训练时间会长一些，但结果会比较好。λ 的值一般也比较小，大概取 0.01 这个量级。

迭代开始前，需要对 $\boldsymbol{U}$、$\boldsymbol{V}$ 的特征向量赋初值。这个初值很重要，会严重地影响到计算速度，一般的做法是在均值附近产生随机数作为初值。也正是由于这个原因，从数据库层面看，madlib.lmf_igd_run 函数是一个非确定函数，也就是说，同样一组输入数据，多次执行函数生成的结果数据是不同的。迭代结束的条件一般是损失函数的值小于某一个阈值（由 tolerance 参数指定）或者到达指定的最大迭代次数（由 num_iterations 参数指定）。

3. 低秩矩阵分解函数示例

我们将通过一个简单示例来说明如何利用 madlib.lmf_igd_run 函数实现潜在因子推荐算法。该算法的思想是：每个用户（user）都有自己的偏好。比如在一个歌曲推荐应用中，用户 A 喜欢带有“小清新的”“吉他伴奏的”“王菲”等元素的歌曲，如果一首歌（item）带有这些元素，就将这首歌推荐给该用户，也就是用元素去连接用户和歌曲。每个人对不同的元素偏好不同，而每首歌包含的元素也不一样。

（1）潜在因子矩阵

我们希望能找到这样两个矩阵：

- 潜在因子–用户矩阵 $\boldsymbol{Q}$，表示不同的用户对于不同元素的偏好程度，1 代表很喜欢，0 代表不喜欢，如图 10-5 所示。

	小清新	重口味	优雅	伤感	五月天
张三	0.6	0.8	0.1	0.1	0.7
李四	0.1	0	0.9	0.1	0.2
王五	0.5	0.7	0.9	0.9	0

图 10-5 潜在因子-用户矩阵

- 潜在因子–音乐矩阵 $\boldsymbol{P}$，表示每首歌曲含有各种元素的成分。比如图 10-6 中，音乐 A 是一个偏小清新的音乐，含有“小清新”这个潜在因子的成分是 0.9、“重口味”的成分是 0.1、“优雅”的成分是 0.2 等，如图 10-6 所示。

	小清新	重口味	优雅	伤感	五月天
音乐A	0.9	0.1	0.2	0.4	0
音乐B	0.5	0.6	0.1	0.9	1
音乐C	0.1	0.2	0.5	0.1	0
音乐D	0	0.6	0.1	0.2	0

图 10-6 潜在因子-音乐矩阵

利用这两个矩阵，我们能得出张三对音乐 A 的喜欢程度是：张三对小清新的偏好×音乐 A 含有小清新的成分+对重口味的偏好×音乐 A 含有重口味的成分+对优雅的偏好×音乐 A 含有优雅的成分+…即 0.6×0.9+0.8×0.1+0.1×0.2+0.1×0.4+0.7×0=0.68。

对每个用户每首歌都这样计算可以得到不同用户对不同歌曲的评分矩阵 $\tilde{\boldsymbol{R}}$，如图 10-7 所示。注意，这里的波浪线表示的是估计的评分，接下来我们还会用到不带波浪线的 $\boldsymbol{R}$ 表示实际的评分矩阵。

	音乐A	音乐B	音乐C	音乐D
张三	0.68	1.58	0.28	0.51
李四	0.31	0.43	0.47	0.11
王五	1.06	1.57	0.73	0.69

图 10-7 估计的评分矩阵 $\tilde{R}$

因此我们对张三推荐四首歌中得分最高的 B、对李四推荐得分最高的 C，对王五推荐得分最高的 B。如果用矩阵表示即为：

$$\tilde{\boldsymbol{R}} = \boldsymbol{Q}\boldsymbol{P}^T$$

（2）如何得到潜在因子

潜在因子是怎么得到的呢？面对大量用户和歌曲，让用户自己给歌曲分类并告诉我们其偏好系数显然是不现实的，事实上我们能获得的只有用户行为数据。假定使用以下量化标准：单曲循环=5，分享=4，收藏=3，主动播放=2，听完=1，跳过=−2，拉黑=−5，则在分析时能获

得的实际评分矩阵 ***R***（也就是输入矩阵）如图 10-8 所示。

	音乐1	音乐2	音乐3	音乐4	音乐5	音乐6	音乐7	音乐8	音乐9	音乐10	音乐11	音乐12	音乐13
用户1	5					-5			5	3		1	5
用户2				3					3				4
用户3			1		2	-5	4			-2	-2		-2
用户4		4	4	3			-2		-5			3	
用户5		5	-5		-5		4	3			4		
用户6			4			3			4				
用户7		-2				5				4		4	-2
用户8		-2				5		5		4			-2

图 10-8　实际评分矩阵

推荐系统的目标就是预测出对应空白位置的分值。推荐系统基于这样一个假设：用户对项目的打分越高，表明用户越喜欢。因此，预测出用户对未评分项目的评分后，根据分值大小排序，把分值高的项目推荐给用户。这是一个非常稀疏的矩阵，因为大部分用户只听过全部歌曲中的很少一部分。如何利用这个矩阵去找潜在因子呢？这里主要应用到的就是矩阵的 UV 分解，如图 10-9 所示。

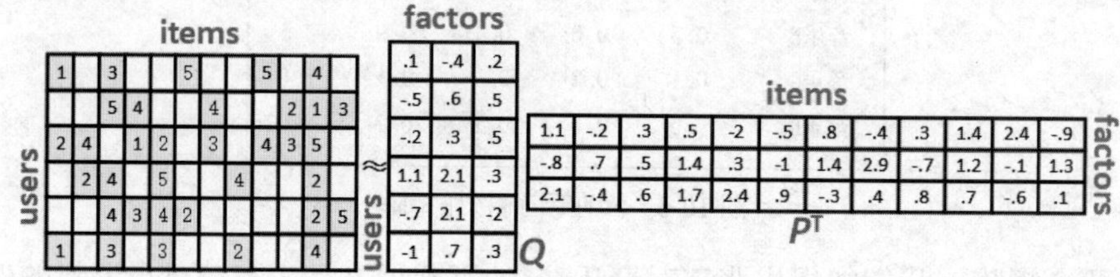

图 10-9　矩阵的 UV 分解

矩阵分解的想法来自于矩阵补全，即依据一个矩阵给定的部分数据把缺失的值补全。一般假设原始矩阵是低秩的，我们可以从给定的值来还原这个矩阵。由于直接求解低秩矩阵从算法以及参数的复杂度来说效率很低，因此常用的方法是直接把原始矩阵分解成两个子矩阵相乘。例如，将图 10-9 所示的评分矩阵分解为两个低维度的矩阵，用 ***Q*** 和 ***P*** 两个矩阵的乘积去估计实际的评分矩阵，而且我们希望估计的评分矩阵和实际的评分矩阵不要相差太多，也就是求解矩阵分解的目标函数：

$$\min_{\boldsymbol{U},\boldsymbol{V}} \sum_{(i,j)\in K} (\boldsymbol{R}_{ij} - \sum_{d=1}^{D} \boldsymbol{U}_{di}\boldsymbol{V}_{dj})^2$$

如前所述，在实际应用中，往往还要加上 2 范数的罚项，然后利用梯度下降法就可以求得 ***P*** 和 ***Q*** 两个矩阵的估计值。例如，我们上面给出的那个例子可以分解成两个矩阵，如图 10-10 所示。

	因子1	因子2	因子3	因子4	因子5
用户1	0.908	0.642	0.524	0.454	0.406
用户2	0.877	0.620	0.506	0.438	0.392
用户3	0.768	0.543	0.443	0.384	0.344
用户4	0.853	0.603	0.492	0.426	0.381
用户5	0.847	0.599	0.489	0.424	0.379
用户6	0.884	0.625	0.510	0.442	0.395
用户7	0.870	0.615	0.502	0.435	0.389
用户8	0.878	0.621	0.507	0.439	0.392

音乐1	音乐2	音乐3	音乐4	音乐5	音乐6	音乐7	音乐8	音乐9	音乐10	音乐11	音乐12	音乐13
0.914	0.913	0.906	0.921	0.850	0.900	0.919	0.937	0.931	0.947	0.891	0.937	0.900
0.646	0.645	0.640	0.652	0.601	0.636	0.650	0.663	0.658	0.670	0.630	0.663	0.636
0.528	0.527	0.523	0.532	0.491	0.520	0.531	0.541	0.537	0.547	0.514	0.541	0.520
0.457	0.456	0.453	0.461	0.425	0.450	0.460	0.469	0.465	0.473	0.445	0.469	0.450
0.409	0.408	0.405	0.412	0.380	0.402	0.411	0.419	0.416	0.423	0.398	0.419	0.402

图 10-10　分解后得到的 ***U***、***V*** 矩阵

这两个矩阵相乘就可以得到估计的得分矩阵，如图 10-11 所示。

	音乐1	音乐2	音乐3	音乐4	音乐5	音乐6	音乐7	音乐8	音乐9	音乐10	音乐11	音乐12	音乐13
用户1		2.10	2.08	2.12	1.96		2.12	2.16			2.05		
用户2	2.03	2.03	2.01		1.89	2.00	2.04	2.08		2.10	1.98	2.08	
用户3	1.78	1.78		1.80				1.83	1.82			1.83	
用户4	1.98				1.84	1.95		2.03		2.05	1.93		1.95
用户5	1.96			1.98		1.93			2.00	2.04		2.01	1.93
用户6	2.05	2.04		2.06	1.90		2.06	2.10		2.12	2.00	2.10	2.02
用户7	2.02		2.00	2.03	1.87		2.03	2.07	2.05		1.96		
用户8	2.03		2.01	2.05	1.89		2.04		2.07		1.98	2.09	

图 10-11　预测矩阵

将用户已经听过的音乐剔除后，选择分数最高的音乐推荐给用户即可。这个例子里用户 7 和用户 8 有较强的相似性，如图 10-12 所示。

用户7		-2				5				4		4	-2
用户8		-2				5		5		4			-2

图 10-12　评分相似的用户

从推荐的结果来看，正好推荐的是对方评分较高的音乐，如图 10-13 所示。

用户7	2.02		2.00	2.03	1.87		2.03	2.07	2.05		1.96		
用户8	2.03		2.01	2.05	1.89		2.04		2.07		1.98	2.09	

图 10-13　对相似用户的推荐

该算法假定我们要恢复的矩阵是低秩的，实际上这种假设是十分合理的，比如一个用户对某歌曲的评分是其他用户对这首歌曲评分的线性组合。所以，通过低秩重构就可以预测用户对其未评价过的音乐的喜好程度，从而对矩阵进行填充。

（3）利用 madlib.lmf_igd_run 函数实现

① 建立输入表并生成输入数据：

```
-- 创建用户索引表
drop table if exists tbl_idx_user;
create table tbl_idx_user (user_idx bigserial, userid varchar(10));

-- 创建音乐索引表
drop table if exists tbl_idx_music;
create table tbl_idx_music (music_idx bigserial, musicid varchar(10));

-- 创建用户行为表
drop table if exists lmf_data;
create table lmf_data (
 row int,
 col int,
 val float8
);

-- 生成输入表数据
-- 用户表
insert into tbl_idx_user (userid)
values ('u1'),('u2'),('u3'),('u4'),('u5'),('u6'),('u7'),('u8'),('u9'),
('u10');
```

```
    -- 音乐表
    insert into tbl_idx_music (musicid)
    values ('m1'),('m2'),('m3'),('m4'),('m5'),('m6'),('m7'),('m8'),('m9'),
('m10'),('m11'),
    ('m12'),('m13'),('m14'),('m15');
    -- 用户行为表
    insert into lmf_data values (1, 1, 5), (1, 6, -5), (1, 9, 5), (1, 11, 3), (1,
12, 1), (1, 13, 5);
    insert into lmf_data values (2, 4, 3), (2, 9, 3), (2, 13, 4);
    insert into lmf_data values (3, 3, 1), (3, 5, 2), (3, 6, -5), (3, 7, 4), (3,
11, -2), (3, 12, -2), (3, 13, -2);
    insert into lmf_data values (4, 2, 4), (4, 3, 4), (4, 4, 3), (4, 7, -2), (4,
9, -5), (4, 12, 3);
    insert into lmf_data values (6, 2, 5), (6, 3, -5), (6, 5, -5), (6, 7, 4), (6,
8, 3), (6, 11, 4);
    insert into lmf_data values (7, 3, 4), (7, 6, 3), (7, 9, 4);
    insert into lmf_data values (8, 2, -2), (8, 6, 5), (8, 11, 4), (8, 12, 4), (8,
13, -2);
    insert into lmf_data values (9, 2, -2), (9, 6, 5), (9, 8, 5), (9, 11, 4), (9,
13, -2);
```

说明：

- 从前面的解释可以看到，推荐矩阵的行列下标分别表示用户和歌曲。然而在业务系统中，userid和musicid很可能不是按从1到N的规则顺序生成的，因此通常需要建立矩阵下标值与业务表ID之间的映射关系，这里使用Greenplum的BIGSERIAL自增数据类型对应推荐矩阵的索引下标。
- 在生成原始数据时对图10-8的例子做了适当的修改。用户表中u5和u10用户没有给任何歌曲打分，而音乐表中的m10、m14、m15无评分。我们希望看到的结果是，除了与打分行为相关的用户和歌曲以外，也能为u5、u10推荐歌曲，并可能将m10、m14、m15推荐给用户。

②调用lmf_igd_run函数分解矩阵：

```
-- 执行低秩矩阵分解
drop table if exists lmf_model;
select madlib.lmf_igd_run
('lmf_model','lmf_data','row','col','val',11,16,7,0.1,1,10,1e-9);
```

说明：

- 最大行列数可以大于实际行列数，如这里传入的参数是11和16，而实际的用户数与歌曲数分别是10和15。
- max_rank参数为最大秩数，要小于min(row_dim, column_dim)，否则函数会报错。
- 最大秩数实际可以理解为最大的潜在因子数，也就是例子中的最大量化指标个数。本例中共有7个指标，因此max_rank参数传入7。
- stepsize和scale_factor参数对于结果的影响巨大，而且不同的学习数据，其参数值也不同。也就是说超参数的值是与输入数据相关的。在本例中，使用默认值时RMSE很大。经过反复测试，对于测试矩阵，stepsize和scale_factor分别为0.1和1时误差相对较小。

函数执行结果的控制台输出如下：

```
NOTICE:  Matrix lmf_data to be factorized: 11 x 16
NOTICE:  Table doesn't have 'DISTRIBUTED BY' clause -- Using column named 'id' 
as
the Greenplum Database data distribution key for this table.
HINT:  The 'DISTRIBUTED BY' clause determines the distribution of data. Make 
sure
column(s) chosen are the optimal data distribution key to minimize skew.
CONTEXT:  SQL statement "
            CREATE TABLE lmf_model (
                id          SERIAL,
                matrix_u    DOUBLE PRECISION[],
                matrix_v    DOUBLE PRECISION[],
                rmse        DOUBLE PRECISION)"
PL/pgSQL function madlib.lmf_igd_run(character varying,regclass,character 
varying,
character varying,character varying,integer,integer,integer,double 
precision,double precision,integer,double precision) line 47 at EXECUTE statement
NOTICE:
Finished low-rank matrix factorization using incremental gradient
 * table : lmf_data (row, col, val)
Results:
 * RMSE = 0.00306079672351231
Output:
 * view : SELECT * FROM lmf_model WHERE id = 1
 lmf_igd_run
-------------
           1
(1 row)
```

可以看到，均方根误差值为 0.003。

③检查结果：

从上一步的输出看到，lmf_igd_run()函数返回的模型 ID 是 1，需要用它作为查询条件。

```
-- 查询
select array_dims(matrix_u) as u_dims, array_dims(matrix_v) as v_dims
  from lmf_model
 where id = 1;

-- 结果
   u_dims     |    v_dims
--------------+--------------
 [1:11][1:7] | [1:16][1:7]
(1 row)
```

结果表中包含分解成的两个矩阵，$\boldsymbol{U}$（用户潜在因子）矩阵 11 行 7 列，$\boldsymbol{V}$（音乐潜在因子）矩阵 16 行 7 列。

④查询结果值：

```
select matrix_u, matrix_v from lmf_model where id = 1;
```

⑤矩阵相乘生成推荐矩阵：

MADlib 的矩阵相乘函数是 matrix_mult，支持稠密和稀疏两种矩阵表示。稠密矩阵需要指定矩阵对应的表名、row 和 val 列，稀疏矩阵需要指定矩阵对应的表名、row、col 和 val 列。现在要将 lmf_igd_run 函数输出的矩阵装载到表中再执行矩阵乘法。这里使用稀疏形式，只要将二维矩阵的行、列、值插入表中即可。

```
-- 建立用户稀疏矩阵表
drop table if exists mat_a_sparse;
create table mat_a_sparse as
select d1,d2,matrix_u[d1][d2] val from
(select matrix_u,
       generate_series(1,array_upper(matrix_u,1)) d1,
       generate_series(1,array_upper(matrix_u,2)) d2
  from lmf_model) t;

-- 建立音乐稀疏矩阵表
drop table if exists mat_b_sparse;
create table mat_b_sparse as
select d1,d2,matrix_v[d1][d2] val from
(select matrix_v,
       generate_series(1,array_upper(matrix_v,1)) d1,
       generate_series(1,array_upper(matrix_v,2)) d2
  from lmf_model) t;

-- 执行矩阵相乘，'trans=true'表示在相乘前该矩阵先进行转置
drop table if exists matrix_r;
select madlib.matrix_mult('mat_a_sparse', 'row=d1, col=d2, val=val',
                          'mat_b_sparse', 'row=d1, col=d2, val=val, trans=true',
                          'matrix_r');
```

这两个矩阵（11×3 与 16×3）相乘生成的结果表是稠密形式的 11×16 矩阵，这就是我们需要的推荐矩阵。为了方便与原始的索引表关联，将结果表转为稀疏表示：

```
drop table if exists matrix_r_sparse;
select madlib.matrix_sparsify
('matrix_r', 'row=d1, val=val','matrix_r_sparse', 'col=d2, val=val');
```

最后与原始的索引表关联，过滤掉用户已经听过的歌曲，推荐分数最高的歌曲，查询及结果如下：

```
-- 查询
select t2.userid,t3.musicid,t1.val
  from (select d1,d2,val,row_number() over (partition by d1 order by val desc) rn
         from matrix_r_sparse t1
        where not exists (select 1 from lmf_data t2
where t1.d1 = t2.row and t1.d2 = t2.col)) t1,
      tbl_idx_user t2, tbl_idx_music t3
 where t1.rn = 1 and t2.user_idx= t1.d1 and t3.music_idx = t1.d2
 order by t2.user_idx;

-- 结果
 userid | musicid |        val
--------+---------+------------------
 u1     | m15     | 4.03328652517244
 u2     | m1      | 4.16214403151415
 u3     | m9      | 2.36711722989761
```

```
 u4      | m6     | 1.76862041255969
 u5      | m8     | 3.30908255211719
 u6      | m13    | 2.97494828060688
 u7      | m8     | 6.88309154103752
 u8      | m8     |  4.2685770106513
 u9      | m12    | 3.72973048036454
 u10     | m2     | 2.60372648966083
(10 rows)
```

这就是为每个用户推荐的歌曲。可以看到，为用户 u5 和 u10 分别推荐了歌曲 m8 和 m2，m15 推荐给了用户 u1。

MADlib 的低秩矩阵分解函数可以作为推荐类应用的算法实现。从函数调用角度看，madlib.lmf_igd_run 函数是一个非确定函数，也就是说，同样一组输入数据，函数生成的结果数据却不同（对于同样的输入数据，每次的推荐可能不一样）。在海量数据的应用中，推荐可能需要计算的是一个“几亿”×“几亿”的大型矩阵，如何保证推荐系统的性能将成为巨大的挑战。

10.4.2 奇异值分解

1. 背景知识

低秩矩阵分解是用两个矩阵的乘积近似还原一个低秩矩阵。MADlib 还提供了另一种矩阵分解方法，即奇异值分解。奇异值分解可以理解为将一个比较复杂的矩阵用更小更简单的三个子矩阵的相乘来表示，这三个子矩阵描述了原矩阵重要的特性。

要理解奇异值分解，先要知道什么是特征值（Eigenvalue）和特征向量（Eigenvector）。$m \times n$ 矩阵 $\boldsymbol{M}$ 的特征值和特征向量分别是标量值 λ 和向量 $\boldsymbol{u}$，它们是如下方程的解：

$$\boldsymbol{M}\boldsymbol{u}=\lambda\boldsymbol{u}$$

换言之，特征向量是被 $\boldsymbol{M}$ 乘时除量值外并不改变的向量。特征值是缩放因子。该方程也可以写成$(\boldsymbol{M}-\lambda\boldsymbol{E})\boldsymbol{u}=0$，其中 $\boldsymbol{E}$ 是单位矩阵。

对于方阵，可以使用特征值和特征向量分解矩阵。假设 $\boldsymbol{M}$ 是 $n \times n$ 矩阵，具有 n 个独立的（正交的）特征向量 $\boldsymbol{u}_1,\ldots,\boldsymbol{u}_n$ 和 n 个对应的特征值$\boldsymbol{\lambda}_1,\ldots,\boldsymbol{\lambda}_n$。设 $\boldsymbol{U}$ 是矩阵，它的列是这些特征向量，即 $\boldsymbol{U}=[\boldsymbol{u}_1,\ldots,\boldsymbol{u}_n]$；并且 $\boldsymbol{\Lambda}$ 是对角矩阵，它的对角线元素是$\boldsymbol{\lambda}_i$，$1 \leqslant i \leqslant n$。则 $\boldsymbol{M}$ 可以被表示为：

$$\boldsymbol{M} = \boldsymbol{U}\boldsymbol{\Lambda}\boldsymbol{U}^{-1}$$

这样，$\boldsymbol{M}$ 可以被分解成三个矩阵的乘积。$\boldsymbol{U}$ 称为特征向量矩阵（Eigenvector Matrix），而 $\boldsymbol{\Lambda}$ 称为特征值矩阵（Eigenvalue Matrix）。

一般地，任意矩阵都可以用类似的方法分解。对于一个 $m \times n$（$m \geqslant n$）的矩阵 $\boldsymbol{M}$，存在以下的 SVD 分解：

$$\boldsymbol{M}_{m\times n} = \boldsymbol{U}_{m\times m} \sum\nolimits_{m\times n} (\boldsymbol{V}_{n\times n})^{\mathrm{T}}$$

其中，$\boldsymbol{U}$ 是 $m \times m$ 矩阵，Σ 是 $m \times n$ 矩阵，$\boldsymbol{V}$ 是 $n \times n$ 矩阵。$\boldsymbol{U}$ 和 $\boldsymbol{V}$ 是标准正交矩阵，即它们的列向量都是单位长度，并且相互正交。这样，$\boldsymbol{U}\boldsymbol{U}^{\mathrm{T}}=\boldsymbol{E}_m$，$\boldsymbol{V}\boldsymbol{V}^{\mathrm{T}}=\boldsymbol{E}_n$，$\boldsymbol{E}$ 是单位矩阵。Σ 是对角

矩阵，其对角线元素非负，并且被排好序，使得较大的元素先出现，即$\sigma_{i,i} \geqslant \sigma_{i+1,i+1}$。

$\boldsymbol{V}$的列向量$\boldsymbol{v}_1,\ldots,\boldsymbol{v}_n$是右奇异向量（Right Singular Vector），$\boldsymbol{U}$的列向量是左奇异向量（Left Singular Vector）。对角矩阵Σ的对角线元素通常记作$\sigma_1,\ldots,\sigma_n$，称为 $\boldsymbol{M}$ 的奇异值（Singular Value）。最多存在 rank($\boldsymbol{M}$)≤min(m,n)个非零奇异值。

矩阵的奇异值分解也可以用下面的等式表示，其结果是秩为 1 的 $m \times n$ 矩阵。

$$\boldsymbol{M} = \sum_{i=1}^{\text{rank}(A)} \sigma_i \boldsymbol{u}_i \boldsymbol{v}_i^T$$

这种表示的重要性是每个矩阵都可以表示成秩为 1 矩阵的以奇异值为权重的加权和。由于以非递增顺序排列的奇异值通常下降很快，因此有可能使用少量奇异值和奇异值向量得到矩阵的很好的近似。这对于维归约是很有用的。

矩阵的 SVD 分解具有如下性质：

- 属性中的模式被右奇异向量（$\boldsymbol{V}$的列）捕获。
- 对象中的模式被左奇异向量（$\boldsymbol{U}$的列）捕获。
- 矩阵 $\boldsymbol{A}$ 可以通过依次取公式 $\boldsymbol{M} = \sum_{i=1}^{\text{rank}(\boldsymbol{A})} \sigma_i \boldsymbol{u}_i \boldsymbol{v}_i^T = \boldsymbol{U\Sigma V}^{\text{T}}$ 中的项，以最优的方式不断逼近。也就是说，奇异值越大，该奇异值和相关联的奇异向量决定矩阵的比例越大。

很多情况下，前 10%甚至更少的奇异值的平方就占全部奇异值平方的 90%以上了，因此可以用前 k 个奇异值来近似描述原矩阵：

$$\boldsymbol{M}_{m\times n} \approx \boldsymbol{U}_{m\times k} \Sigma_{k\times k} (\boldsymbol{V}_{n\times k})^{\text{T}}$$

k 的取值由下面的公式决定：

$$\frac{\sum_{i=1}^{k} \sigma_i^2}{\sum_{i=1}^{m} \sigma_i^2} \geqslant \text{percentage}$$

其中，percentage 称为“奇异值平方和占比的阈值”，一般取 90%，k 是一个远小于 m 和 n 的值，这样也就达到了降维的目的。

2. MADlib 奇异值分解函数

MADlib 的 SVD 函数可以对稠密矩阵和稀疏矩阵进行奇异值因式分解，并且提供了一个稀疏矩阵的本地高性能实现函数。

（1）稠密矩阵的 SVD 函数

语法如下：

```
svd( source_table,
    output_table_prefix,
    row_id,
    k,
    n_iterations,
    result_summary_table );
```

参数如表 10-2 所示。

表 10-2　SVD 函数参数说明

参数名称	数据类型	描述
source_table	TEXT	源表名（稠密矩阵数据表）
output_table_prefix	TEXT	指定输出表名的前缀
row_id	TEXT	代表行 ID 的列名
k	INTEGER	计算的奇异值个数
n_iterations（可选）	INTEGER	运行的迭代次数，必须在[*k*, 列维度数]范围内
result_summary_table（可选）	TEXT	存储结果摘要的表的名称

source_table 表中含有一个 row_id 列标识每一行，从数字 1 开始。其他列包含矩阵的数据。可以使用两种稠密格式中的任何一个，例如下面示例的 2×2 矩阵：

格式一：

	row_id	col1	col2
row1	1	1	0
row2	2	0	1

格式二：

	row_id	row_vec
row1	1	{1, 0}
row2	2	{0, 1}

（2）稀疏矩阵的 SVD 函数

表示为稀疏格式的矩阵使用此函数。为了高效计算，在奇异值分解操作之前，输入矩阵会被转换为稠密矩阵。

语法如下：

```
svd_sparse( source_table,
            output_table_prefix,
            row_id,
            col_id,
            value,
            row_dim,
            col_dim,
            k,
            n_iterations,
            result_summary_table );
```

参数如表 10-3 所示。

表 10-3　svd_sparse 函数参数说明

参数名称	数据类型	描述
source_table	TEXT	源表名（稀疏矩阵数据表）
output_table_prefix	TEXT	指定输出表名的前缀
row_id	TEXT	包含行下标的列名
col_id	TEXT	包含列下标的列名
value	TEXT	包含值的列名

（续表）

参数名称	数据类型	描述
row_dim	INTEGER	矩阵的行数
col_dim	INTEGER	矩阵的列数
k	INTEGER	计算的奇异值个数
n_iterations（可选）	INTEGER	运行的迭代次数，必须在[*k*, 列维度数]范围内
result_summary_table（可选）	TEXT	存储结果摘要的表的名称

（3）稀疏矩阵的本地实现 SVD 函数

此函数在计算 SVD 时使用本地稀疏表示（不跨节点），能够更高效地计算稀疏矩阵，适合高度稀疏的矩阵。

语法如下：

```
svd_sparse_native( source_table,
                   output_table_prefix,
                   row_id,
                   col_id,
                   value,
                   row_dim,
                   col_dim,
                   k,
                   n_iterations,
                   result_summary_table );
```

参数同 svd_sparse 函数。

（4）输出表

三个 SVD 函数的输出都是以下三个表：

- 左奇异矩阵表：表名为<output_table_prefix>_u。
- 右奇异矩阵表：表名为<output_table_prefix>_v。
- 奇异值矩阵表：表名为<output_table_prefix>_s。

左、右奇异向量表的格式为：

- row_id：INTEGER 类型，每个特征值对应的 ID，降序排列。
- row_vec：FLOAT8[]类型，该 row_id 对应的特征向量元素，数组大小为 *k*。

由于只有对角线元素是非零的，奇异值表采用稀疏表格式，其中的 row_id 和 col_id 都是从 1 开始。奇异值表具有以下列：

- row_id：INTEGER 类型，第 *i* 个奇异值为 *i*。
- col_id：INTEGER 类型，第 *i* 个奇异值为 *i*（与 row_id 相同）。
- value：FLOAT8 类型，奇异值。

除了矩阵分解得到的三个输出表外，奇异值分解函数还会输出一个结果摘要表，存储函数执行的基本情况信息，该表具有以下列：

- rows_used：INTEGER 类型，计算 SVD 使用的行数。
- exec_time：FLOAT8 类型，计算 SVD 使用的总时间。
- iter：INTEGER 类型，迭代运行次数。
- recon_error：FLOAT8 类型，质量得分（近似精度）。计算公式为：

$$\sqrt{\text{mean}((\boldsymbol{X}-\boldsymbol{USV}^{\mathrm{T}})_{ij}^{2})}$$

- relative_recon_error：FLOAT8 类型，相对质量分数。计算公式为：

$$\sqrt{\text{mean}(\boldsymbol{X}_{ij}^{2})}$$

（5）联机帮助

可以执行下面的查询获得 SVD 函数的联机帮助：

```
select madlib.svd();
-- 用法
select madlib.svd('usage');
```

3. 奇异值分解函数示例

下面我们使用稀疏 SVD 函数解决前面低秩矩阵分解示例中的歌曲推荐问题。

（1）建立输入表并生成输入数据

推荐矩阵的行列下标分别表示用户和歌曲。然而在业务系统中，userid 和 musicid 很可能不是按从 1 到 N 的顺序生成的，因此需要建立矩阵下标值与业务表 ID 之间的映射关系，这里使用 Greenplum 的 BIGSERIAL 自增数据类型对应推荐矩阵的索引下标。

```
-- 建立用户索引表
drop table if exists tbl_idx_user;
create table tbl_idx_user (user_idx bigserial, userid varchar(10));

-- 建立音乐索引表
drop table if exists tbl_idx_music;
create table tbl_idx_music (music_idx bigserial, musicid varchar(10));

-- 建立用户行为数据表
drop table if exists source_data;
create table source_data (
 userid varchar(10),          -- 用户 ID
 musicid varchar(10),         -- 歌曲 ID
 val float8                   -- 用户评分
);

-- 建立用户评分矩阵表
drop table if exists svd_data;
create table svd_data (
 row_id int,              -- 行 ID，从 1 开始，表示用户
 col_id int,              -- 列 ID，从 1 开始，表示作品
 val float8               -- 分数
);

-- 生成用户行为数据表数据
```

```
insert into source_data values
('u1', 'm1', 5), ('u1', 'm6', -5),
('u2', 'm4', 3),
('u3', 'm3', 1), ('u3', 'm5', 2), ('u3', 'm7', 4),
('u4', 'm2', 4), ('u4', 'm3', 4), ('u4', 'm4', 3), ('u4', 'm7', -2),
('u5', 'm2', 5), ('u5', 'm3', -5), ('u5', 'm5', -5),
('u5', 'm7', 4), ('u5', 'm8', 3),
('u6', 'm3', 4), ('u6', 'm6', 3),
('u7', 'm2', -2), ('u7', 'm6', 5),
('u8', 'm2', -2), ('u8', 'm6', 5), ('u8', 'm8', 5),
('u9', 'm3', 1), ('u9', 'm5', 2), ('u9', 'm7', 4) ;

-- 从行为数据表生成用户索引表数据
do $$declare
  r_mycur record;
begin
  for r_mycur in select distinct userid from source_data order by userid
  loop
      insert into tbl_idx_user (userid) values (r_mycur.userid);
  end loop;
end$$;

-- 从行为数据表生成歌曲索引表数据
do $$declare
  r_mycur record;
begin
  for r_mycur in select distinct musicid from source_data order by musicid
  loop
      insert into tbl_idx_music (musicid) values (r_mycur.musicid);
  end loop;
end$$;
```

这里从业务数据生成有过打分行为的 9 个用户以及被打过分的 8 首歌曲。注意，查询中排序子句的作用是便于业务 ID 与矩阵里的行列 ID 对应。

```
-- 数据表生成评分矩阵表数据
insert into svd_data
select t1.user_idx, t2.music_idx, t3.val
  from tbl_idx_user t1, tbl_idx_music t2, source_data t3
 where t1.userid = t3.userid and t2.musicid = t3.musicid;
```

之所以要用用户行为表作为数据源，是因为矩阵中包含所有有过打分行为的用户和被打过分的歌曲，但不包括与没有任何打分行为相关的用户和歌曲。与低秩矩阵分解不同的是，如果包含无行为记录的用户或歌曲，就会在计算余弦相似度时出现除零错误。正因如此，如果要用奇异值分解方法推荐没有被评过分的歌曲，或者为没有评分行为的用户形成推荐，就需要做一些特殊处理，比如将一个具有特别标志的虚拟用户或歌曲用平均分数赋予初值，手动添加到评分矩阵表中。

（2）执行 SVD

```
-- 调用 svd_sparse_native 函数
drop table if exists svd_u, svd_v, svd_s, svd_summary cascade;
select madlib.svd_sparse_native
```

```
( 'svd_data',       -- 输入表
  'svd',            -- 输出表名前缀
  'row_id',         -- 行索引列名
  'col_id',         -- 列索引列名
  'val',            -- 矩阵元素值
  9,                -- 矩阵行数
  8,                -- 矩阵列数
  7,                -- 计算的奇异值个数，小于等于最小行列数
  NULL,             -- 使用默认的迭代次数
  'svd_summary'     -- 概要表名
);
```

选择 svd_sparse_native 函数的原因是测试数据比较稀疏，矩阵实际数据只占 1/3（25/72），该函数效率较高。这里给出的行、列、奇异值个数分别为 9、8、7。svd_sparse_native 函数要求行数大于等于列数，而奇异值个数小于等于列数，否则会报错。结果 ***U***、***V*** 矩阵的行数由实际的输入数据所决定，例如测试数据最大行值为 9、最大列值为 8，则结果 ***U*** 矩阵的行数为 9、***V*** 矩阵的行数为 8，而不论行、列参数的值是多少。***U***、***V*** 矩阵的列数、***S*** 矩阵的行列数均由奇异值个数参数所决定。

查看 SVD 结果如下：

```
-- 查询
select array_dims(row_vec) from svd_u;
-- 结果
 array_dims
------------
 [1:7]
 [1:7]
 [1:7]
 [1:7]
 [1:7]
 [1:7]
 [1:7]
 [1:7]
 [1:7]
(9 rows)

-- 查询
select * from svd_s order by row_id, col_id;
-- 结果
 row_id | col_id |       value
--------+--------+------------------
      1 |      1 | 10.6650887159422
      2 |      2 | 10.0400685494281
      3 |      3 | 7.26197376834848
      4 |      4 | 6.52278928434469
      5 |      5 | 5.11307075598296
      6 |      6 | 3.14838515537081
      7 |      7 |
      7 |      7 | 2.67251694708376
(8 rows)

-- 查询
```

```
select array_dims(row_vec) from svd_v;
-- 结果
 array_dims
------------
 [1:7]
 [1:7]
 [1:7]
 [1:7]
 [1:7]
 [1:7]
 [1:7]
 [1:7]
(8 rows)

-- 查询
select * from svd_summary;
-- 结果
 rows_used | exec_time (ms) | iter |  recon_error   | relative_recon_error
-----------+----------------+------+----------------+----------------------
         9 |         639.82 |    8 | 0.116171249851|       0.0523917951113
(1 row)
```

从中可以看出，结果 ***U***、***V*** 矩阵的维度分别是 9×7 和 8×7，奇异值是一个 7×7 的对角矩阵。这里还有一点与低秩矩阵分解函数不同，低秩矩阵分解函数由于引入了随机数，是不确定函数，因此相同参数的输入可能得到不同的输出结果矩阵；但奇异值分解函数是确定的，只要输入的参数相同，输出的结果矩阵就是一样的。

（3）对比不同奇异值个数的逼近程度

让我们按 k 的取值公式计算一下奇异值的比值，验证 k 设置为 6、8 时的逼近程度。

```
-- k=8
drop table if exists svd8_u, svd8_v, svd8_s, svd8_summary cascade;
select madlib.svd_sparse_native
('svd_data', 'svd8', 'row_id', 'col_id', 'val', 9, 8, 8, NULL, 'svd8_summary');

-- k=6
drop table if exists svd6_u, svd6_v, svd6_s, svd6_summary cascade;
select madlib.svd_sparse_native
('svd_data', 'svd6', 'row_id', 'col_id', 'val', 9, 8, 6, NULL, 'svd6_summary');
```

对比逼近程度结果如下：

```
-- 查询
select * from svd6_summary;
-- 结果
 rows_used | exec_time (ms) | iter |  recon_error   | relative_recon_error
-----------+----------------+------+----------------+----------------------
         9 |         546.07 |    8 | 0.335700790666|       0.151396899541
(1 row)

-- 查询
select * from svd_summary;
-- 结果
```

```
 rows_used | exec_time (ms) | iter |  recon_error   | relative_recon_error
-----------+----------------+------+----------------+----------------------
         9 |         613.25 |    8 | 0.116171249851 |      0.0523917951113
(1 row)

-- 查询
select * from svd8_summary;
-- 结果
 rows_used | exec_time (ms) | iter |     recon_error     | relative_recon_error
-----------+----------------+------+---------------------+----------------------
         9 |         659.91 |    8 | 1.38427879974e-15 |    6.24292596882e-16
(1 row)

-- 查询
select s1/s3, s2/s3
  from (select sum(value*value) s1 from svd6_s) t1,
       (select sum(value*value) s2 from svd_s) t2,
       (select sum(value*value) s3 from svd8_s) t3;
-- 结果
     ?column?      |     ?column?
-------------------+-------------------
 0.977078978809392 | 0.997255099805013
(1 row)
```

可以看出，随着 k 值的增加，误差越来越小。在本示例中，奇异值个数为 6、7 的近似度分别为 97.7%和 99.7%，当 k 等于 8 时并没有降维，分解的矩阵相乘等于原矩阵。后面的计算都使用 k 等于 7 的结果矩阵。

（4）基于用户的协同过滤算法 UserCF 生成推荐

所谓 UserCF 算法，简单说就是依据用户的相似程度形成推荐。

```
-- 定义基于用户的协同过滤函数
create or replace function fn_user_cf(user_idx int)
   returns table(r2 int, s float8, col_id int, val float8, musicid varchar(10))
as
$func$
   select r2, s, col_id, val, musicid
     from
     (select r2,s,col_id,val,
row_number() over (partition by col_id order by s desc) rn
        from
        (select r2,s,col_id,val
           from
           (select r2,s
              from
              (select r2,s,row_number() over (order by s desc) rn
                 from
                 (select t1.row_id r1, t2.row_id r2,
(madlib.cosine_similarity(v1, v2)) s
                    from (select row_id, row_vec v1 from svd_u where row_id = $1) t1,
                         (select row_id, row_vec v2 from svd_u) t2
                   where t1.row_id <> t2.row_id) t) t
             where rn <=5 and s < 1) t1, svd_data t2
```

```
            where t1.r2=t2.row_id and t2.val >=3) t
          where col_id not in (select col_id from svd_data where row_id = $1)) t1,
          tbl_idx_music t2
     where t1.rn = 1 and t1.col_id = t2.music_idx
     order by t1.s desc, t1.val desc limit 5;
$func$
language sql;
```

说明：

- 最内层查询调用 madlib.cosine_similarity 函数，返回指定用户与其他用户的余弦相似度。

```
select t1.row_id r1, t2.row_id r2, (madlib.cosine_similarity(v1, v2)) s
  from (select row_id, row_vec v1 from svd_u where row_id = $1) t1,
       (select row_id, row_vec v2 from svd_u) t2
 where t1.row_id <> t2.row_id
```

- 外面一层查询按相似度倒序取得排名。

```
select r2,s,row_number() over (order by s desc) rn from …
```

- 外面一层查询取得最相近的 5 个用户，同时排除相似度为 1 的用户，因为相似度为 1 说明两个用户的歌曲评分一模一样，而推荐的应该是用户没有打过分的歌曲。

```
select r2,s from ... where rn <=5 and s < 1
```

- 外面一层查询取得相似用户打分在 3 及其以上的歌曲索引 ID。

```
select r2,s,col_id,val from ... where t1.r2=t2.row_id and t2.val >=3
```

- 外面一层查询取得歌曲索引 ID 的排名，目的是去重，避免相同的歌曲被推荐多次，并且过滤掉被推荐用户已经打过分的歌曲。

```
select r2,s,col_id,val,
       row_number() over (partition by col_id order by s desc) rn
  from ... where col_id not in (select col_id from svd_data where row_id = $1)
```

- 最外层查询关联歌曲索引表，取得歌曲业务主键，并按相似度和打分推荐前 5 首歌曲。

```
select r2, s, col_id, val, musicid ...
 where t1.rn = 1 and t1.col_id = t2.music_idx
 order by t1.s desc, t1.val desc limit 5;
```

通常输入的用户 ID 是业务系统的 ID，而不是索引下标，因此定义一个接收业务系统的 ID 函数，内部调用 fn_user_cf 函数来生成推荐。

```
-- 定义接收用户业务 ID 的函数
create or replace function fn_user_recommendation(i_userid varchar(10))
   returns table (r2 int, s float8, col_id int, val float8, musicid varchar(10)) as
$func$
declare
   v_rec record;
   v_user_idx int:=0;
begin
   select user_idx into v_user_idx from tbl_idx_user where userid=i_userid;
```

```
    for v_rec in (select * from fn_user_cf(v_user_idx)) loop
        r2:=v_rec.r2;
        s:=v_rec.s;
        col_id:=v_rec.col_id;
        val :=v_rec.val;
        musicid:=v_rec.musicid;

        return next;
    end loop;

    return;
end;
$func$
language plpgsql;
```

测试推荐结果如下：

```
-- 查询
select * from fn_user_recommendation('u1');
-- 结果
 r2 |          s           | col_id | val | musicid
----+----------------------+--------+-----+---------
  6 |    0.044603193982209 |      3 |   4 | m3
  2 |   0.0304067953459912 |      4 |   3 | m4
  5 | 0.00259120409706474 |      2 |   5 | m2
  5 | 0.00259120409706474 |      7 |   4 | m7
  5 | 0.00259120409706474 |      8 |   3 | m8
(5 rows)

-- 查询
select * from fn_user_recommendation('u3');
-- 结果
 r2 |          s           | col_id | val | musicid
----+----------------------+--------+-----+---------
  6 |    0.109930597010835 |      6 |   3 | m6
  2 |   0.0749416547815916 |      4 |   3 | m4
  5 | 0.00638637254275654 |      2 |   5 | m2
  5 | 0.00638637254275654 |      8 |   3 | m8
(4 rows)

-- 查询
select * from fn_user_recommendation('u9');
-- 结果
 r2 |          s           | col_id | val | musicid
----+----------------------+--------+-----+---------
  6 |    0.109930597010835 |      6 |   3 | m6
  2 |   0.0749416547815916 |      4 |   3 | m4
  5 | 0.00638637254275656 |      2 |   5 | m2
  5 | 0.00638637254275656 |      8 |   3 | m8
(4 rows)
```

因为 u3 和 u9 的评分完全相同、相似度为 1，所以为他们生成的推荐也完全相同。

（5）基于歌曲的协同过滤算法 ItemCF 生成推荐

所谓 ItemCF 算法，简单说就是依据歌曲的相似程度形成推荐。

```
-- 定义基于歌曲的协同过滤函数
create or replace function fn_item_cf(user_idx int)
   returns table(r2 int, s float8, musicid varchar(10)) as
$func$
   select t1.r2, t1.s, t2.musicid
     from
     (select t1.r2,t1.s,
row_number() over (partition by r2 order by s desc) rn
        from
        (select t1.*, row_number() over (partition by r1 order by s desc) rn
           from
           (select t1.row_id r1, t2.row_id r2, (madlib.cosine_similarity(v1, v2)) s
              from
            (select row_id, row_vec v1 from svd_v
where row_id in (select col_id from svd_data where row_id=$1)) t1,
            (select row_id, row_vec v2 from svd_v
where row_id not in (select col_id from svd_data where row_id=$1)) t2
          where t1.row_id <> t2.row_id) t1) t1
       where rn <=3) t1, tbl_idx_music t2
    where rn = 1 and t1.r2 = t2.music_idx
    order by s desc;
$func$
language sql;
```

说明：

- 最内层查询调用 madlib.cosine_similarity 函数返回指定用户打过分的歌曲与没打过分的歌曲的相似度。

```
select t1.row_id r1, t2.row_id r2, (madlib.cosine_similarity(v1, v2)) s
  from (select row_id, row_vec v1
         from svd_v
        where row_id in (select col_id from svd_data where row_id=$1)) t1,
      (select row_id, row_vec v2
         from svd_v
        where row_id not in (select col_id from svd_data where row_id=$1)) t2
 where t1.row_id <> t2.row_id
```

- 外面一层查询按相似度倒序取得排名。

```
select t1.*, row_number() over (partition by r1 order by s desc) rn ...
```

- 外面一层查询取得与每首打分歌曲相似度排前三的歌曲，并以歌曲索引 ID 分区，按相似度倒序取得排名，目的是去重，避免相同的歌曲被推荐多次。

```
select t1.r2,t1.s,row_number() over (partition by r2 order by s desc) rn
  from ... where rn <=3
```

- 最外层查询关联歌曲索引表取得歌曲业务主键并生成推荐。

```
select t1.r2, t1.s, t2.musicid
```

```
    from ... where rn = 1 and t1.r2 = t2.music_idx order by s desc
```

通常输入的用户 ID 是业务系统的 ID，而不是索引下标，因此定义一个接收业务系统的 ID 函数，内部调用 fn_item_cf 函数生成推荐。

```
-- 定义接收用户业务 ID 的函数
create or replace function fn_item_recommendation(i_userid varchar(10))
   returns table (r2 int, s float8, musicid varchar(10)) as
$func$
declare
   v_rec record;
   v_user_idx int:=0;
begin
   select user_idx into v_user_idx from tbl_idx_user where userid=i_userid;

   for v_rec in (select * from fn_item_cf(v_user_idx)) loop
      r2:=v_rec.r2;
      s:=v_rec.s;
      musicid:=v_rec.musicid;

      return next;
   end loop;

   return;
end;
$func$
language plpgsql;
```

测试推荐结果如下：

```
-- 查询
select * from fn_item_recommendation('u1');
-- 结果
 r2 |         s          | musicid
----+--------------------+---------
  3 |  0.120167300602805 | m3
  7 | 0.0634637507640149 | m7
  4 | 0.0474991338483946 | m4
(3 rows)

-- 查询
select * from fn_item_recommendation('u3');
-- 结果
 r2 |         s          | musicid
----+--------------------+---------
  2 |  0.211432380780157 | m2
  4 |  0.125817242051348 | m4
  1 |  0.120167300602805 | m1
  6 |  0.115078854619123 | m6
  8 | 0.0747298357682606 | m8
(5 rows)

-- 查询
select * from fn_item_recommendation('u9');
```

```
-- 结果
 r2 |         s          | musicid
----+--------------------+---------
  2 |  0.211432380780157 | m2
  4 |  0.125817242051348 | m4
  1 |  0.120167300602805 | m1
  6 |  0.115078854619123 | m6
  8 | 0.0747298357682606 | m8
(5 rows)
```

因为 u3 和 u9 的评分作品完全相同、相似度为 1，所以按作品相似度为他们生成的推荐也完全相同。

（6）为新用户寻找相似用户

假设一个新用户 u10 的评分向量为'{0,4,5,3,0,0,-2,0}'，要利用已有的奇异值矩阵找出该用户的相似用户。

①添加行为数据：

```
insert into source_data
values ('u10', 'm2', 4), ('u10', 'm3', 5), ('u10', 'm4', 3), ('u10', 'm7', -2);

do $$declare
  r_mycur record;
begin
  for r_mycur in select distinct userid from source_data where userid not in
                     (select userid from tbl_idx_user) order by userid
  loop
     insert into tbl_idx_user (userid) values (r_mycur.userid);
  end loop;
end$$;
```

②确认从评分向量计算 svd_u 向量的公式：

u10[1:8]×svd_v[8:7]×svd_s[7:7]^-1

③生成 u10 用户的向量表和数据：

```
drop table if exists mat_u10;
create table mat_u10(row_id int, row_vec float8[]);
insert into mat_u10 values (1, '{0,4,5,3,0,0,-2,0}');
```

④根据计算公式，先将前两个矩阵相乘：

```
drop table if exists mat_r_10;
select madlib.matrix_mult('mat_u10', 'row=row_id, val=row_vec',
                          'svd_v', 'row=row_id, val=row_vec',
                          'mat_r_10');
```

⑤根据公式，求奇异值矩阵的逆矩阵：

```
drop table if exists svd_s_10;
create table svd_s_10 as
select row_id, col_id,1/value val from svd_s where value is not null;
```

⑥根据公式，将④、⑤两步的结果矩阵相乘：

```
drop table if exists matrix_r_10;
select madlib.matrix_mult('mat_r_10', 'row=row_id, val=row_vec',
                          'svd_s_10', 'row=row_id, col=col_id, val=val',
                          'matrix_r_10');
```

注　意

④的结果 mat_r_10 是一个稠密矩阵，⑤的结果 svd_s_10 是一个稀疏矩阵。

⑦查询与 u10 相似的用户结果：

```
-- 查询
select t1.row_id r1, t2.row_id r2, abs(madlib.cosine_similarity(v1, v2)) s
 from (select row_id, row_vec v1 from matrix_r_10 where row_id = 1) t1,
      (select row_id, row_vec v2 from svd_u) t2
 order by s desc;
-- 结果
 r1 | r2 |          s
----+----+---------------------
  1 |  4 |   0.989758250631095
  1 |  6 |   0.445518586781384
  1 |  7 |   0.253951334956948
  1 |  2 |   0.117185108937363
  1 |  9 |  0.0276611552976066
  1 |  3 |  0.0276611552976065
  1 |  5 |  0.0098863749274155
  1 |  8 | 0.00673214822878787
  1 |  1 | 0.00262000760517765
(9 rows)
```

u10 与 u4 的相似度高达 99%，从原始的评分向量可以得到验证：

```
u4: '{0,4,4,3,0,0,-2,0}'
u10: '{0,4,5,3,0,0,-2,0}'
```

⑧将结果向量插入 svd_u 矩阵：

```
insert into svd_u
select user_idx, row_vec from matrix_r_10, tbl_idx_user where userid = 'u10';
```

10.5　模型评估

模型评估是评估模型对实际数据执行情况的过程。在将机器学习模型部署到生产环境之前，必须通过了解其质量和特征来进行验证，评估模型的准确性、可靠性和可用性。可以使用多种方法评估机器学习模型的质量和特征：

- 使用统计信息有效性的各种度量值来确定数据或模型中是否存在问题。
- 将数据划分为定型集和测试集，以测试预测的准确性。
- 请求商业专家查看机器学习模型的结果，以确定发现的模式在目标商业方案中是否有意义。

所有这些方法在机器学习方法中都非常有用，在创建、测试和优化模型来解决特定问题时，可以反复使用这些方法。没有一个全面的规则可以说明什么时候模型已足够好，或者什么时候具有足够的数据。本节介绍 MADlib 1.18 中提供的交叉验证模型评估模块。

10.5.1 交叉验证

机器学习后产生的模型在应用之前使用的“训练+检验”模式通常被称作“交叉验证”（Cross Validation），如图 10-14 所示。

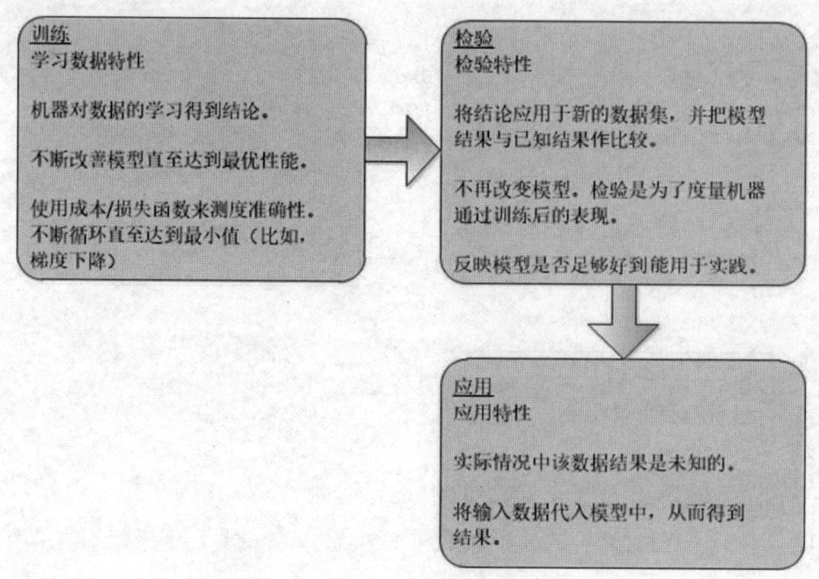

图 10-14　交叉验证过程

1. 预测模型的稳定性

我们通过一个例子来理解模型的稳定性问题，如图 10-15 所示的几幅尺寸（Size）与价格（Price）模型图。

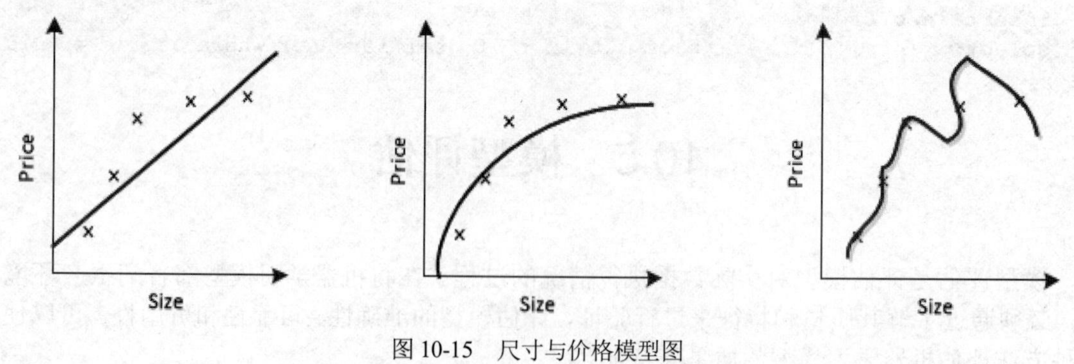

图 10-15　尺寸与价格模型图

此处我们试图找到尺寸和价格的关系。三个模型各自做了如下工作：

- 第一个模型使用了线性等式。对于训练用的数据点，此模型有很大误差。这是一个“拟合不足”(Under fitting) 的例子。此模型不足以发现数据背后的趋势。

- 第二个模型发现了价格和尺寸的正确关系，此模型误差低，概括程度高。
- 第三个模型对于训练数据几乎是零误差。这是因为此关系模型把每个数据点的偏差（包括噪声）都纳入了考虑范围，也就是说，这个模型太过敏感，甚至会捕捉到只在当前数据训练集出现的一些随机模式。这是“过拟合”的一个例子。

在应用中，常见的做法是对多个模型进行迭代，从中选择表现更好的一个。然而，最终的数据是否会有所改善依然未知，因为我们不确定这个模型是更好地发掘出潜在关系还是过度拟合了。为解答这个难题，需要使用交叉验证技术，它能帮我们得到更有概括性的数据模型。实际上，机器学习关注的是通过训练集训练后的模型对测试样本的学习效果，又称为泛化能力。左、右两图的泛化能力就表现不好。具体到机器学习中，对偏差和方差的权衡是需要着重解决的问题。

2. 交叉验证步骤

交叉验证意味着需要保留一个样本数据集，不用来训练模型。在最终完成模型前，用这个数据集验证模型。交叉验证包含以下步骤：

步骤 01 保留一个样本数据集，即测试集。

步骤 02 用剩余部分（训练集）训练模型。

步骤 03 用保留的数据集（测试集）验证模型。

这样做有助于了解模型的有效性。如果当前模型在此测试数据集也表现良好，就说明模型的泛化能力较好，可以用来预测未知数据。

3. 交叉验证的常用方法

交叉验证有很多方法，下面介绍其中三种。

（1）“验证集”法

保留 50%的数据集用作验证，剩下 50%的数据用来训练模型。之后用验证集测试模型表现。这个方法的主要缺陷是只使用了 50%的数据训练模型，原数据中一些重要的信息可能被忽略，也就是说，会有较大偏误。

（2）留一法交叉验证（Leave-One-Out cross-Validation，LOOCV）

这种方法只保留一个数据点用作验证，用剩余的数据集训练模型，然后对每个数据点重复这个过程。该方法有利有弊：由于使用了所有数据点，因此偏差较低；验证过程重复了 n 次（n 为数据点个数），导致执行时间较长；由于只使用一个数据点验证，因此该方法导致模型有效性的差异更大。得到的估计结果深受此点的影响，如果这是一个离群点，就会引起较大偏差。

（3）*K* 折交叉验证（*K*-Fold Cross Validation）

从以上两个验证方法中我们知道：

- 应该使用较大比例的数据集来训练模型，否则会导致失败，最终得到偏误很大的模型。
- 验证用的数据点，其比例应该恰到好处。如果太少，会影响验证模型有效性，得到的结果波动较大。
- 训练和验证过程应该重复（迭代）多次。训练集和验证集不能一成不变，这样有助于验证模型的有效性。

是否有一种方法可以兼顾这三个方面？答案是肯定的！这种方法就是“K 折交叉验证”。该方法的简要步骤如下：

步骤 01 把整个数据集随机分成 K “层”。

步骤 02 对于每一份数据来说：① 以该份作为测试集，其余作为训练集，也就是说用其中 K-1 层训练模型，然后用第 K 层验证；② 在训练集上得到模型；③ 在测试集上得到生成误差。

步骤 03 重复这个过程，直到每“层”数据都做过验证集。这样对每一份数据都有一个预测结果，记录从每个预测结果获得的误差。

步骤 04 记录下的 K 个误差的平均值被称为交叉验证误差（Cross-Validation Error）。可以被用作衡量模型表现的标准。

步骤 05 取误差最小的那个模型。

此算法的缺点是计算量较大，当 K=10 时，K 层交叉验证示意图如图 10-16 所示。

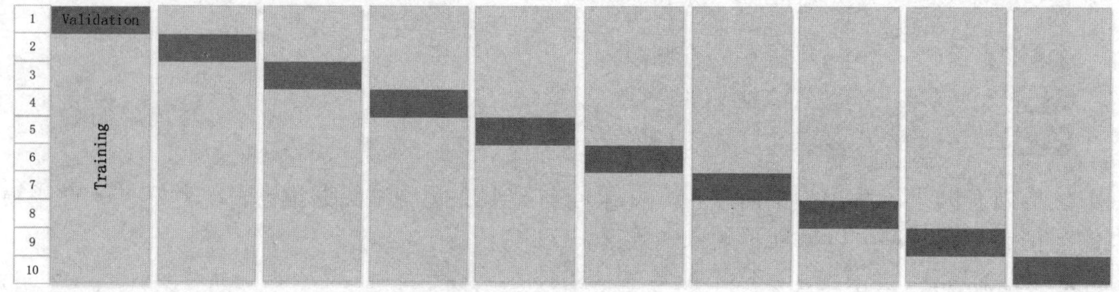

图 10-16　10 折交叉验证

一个常见的问题是：如何确定合适的 K 值？一方面，K 值越小，偏误越大，所以越不推荐。另一方面，K 值太大，所得结果会变化多端。K 值小，则会变得像“验证集法”；K 值大，则会变得像“留一法”，因此通常建议的经验值是 K=10。

4. 衡量模型的偏误/变化程度

K 层交叉检验之后，我们得到 K 个不同的模型误差估算值（$e_1, e_2, \ldots, e_k$）。理想情况是这些误差值相加的结果值为 0。计算模型的偏误时，我们把所有这些误差值相加再取平均值，平均值越低，模型越好。模型表现变化程度的计算与之类似，取所有误差值的标准差，标准差越小，说明模型随训练数据的变化越小。

应该试图在偏误和变化程度间找到一种平衡。降低变化程度、控制偏误可以达到这个目的，这样会得到更好的数据模型。进行这个取舍，通常会得出复杂程度较低的预测模型。

10.5.2 MADlib 的交叉验证相关函数

MADlib 1.18 提供了独立的交叉验证函数，可对大部分 MADlib 的预测模型进行交叉验证。交叉验证可以估计一个预测模型在实际中的执行精度，还可用于设置预测目标。MADlib 提供的交叉验证函数非常灵活，不但可以选择已经支持的交叉验证算法，而且还可以编写自己的验证算法。从交叉验证函数输入需要验证的训练、预测和误差估计函数规范。这些规范包括三部分：函数名称、传递给函数的参数数组、参数对应的数据类型数组。

训练函数使用给定的自变量和因变量数据集产生模型，模型存储于输出表中。预测函数使用训练函数生成的模型，并接收不同于训练数据的自变量数据集，产生基于模型的对因变量的预测，并将预测结果存储在输出表中。预测函数的输入中应该包含一个表示唯一 ID 的列名，便于预测结果与验证值作比较。注意，有些 MADlib 的预测函数不将预测结果存储在输出表中，这种函数不适用于 MADlib 的交叉验证函数。误差度量函数比较数据集中已知的因变量和预测结果，用特定的算法计算误差度量，并将结果存入一个表中。MADlib 交叉验证函数的其他输入参数包括输出表名、*K* 折交叉验证的 *K* 值等。

1. 语法

MADlib 的交叉验证函数的语法如下：

```
cross_validation_general( modelling_func,
                          modelling_params,
                          modelling_params_type,
                          param_explored,
                          explore_values,
                          predict_func,
                          predict_params,
                          predict_params_type,
                          metric_func,
                          metric_params,
                          metric_params_type,
                          data_tbl,
                          data_id,
                          id_is_random,
                          validation_result,
                          data_cols,
                          fold_num )
```

2. 参数

cross_validation_general 函数参数说明如表 10-4 所示。

表 10-4　cross_validation_general 函数参数说明

参数名称	数据类型	描述
modelling_func	VARCHAR	模型训练函数名称
modelling_params	VARCHAR[]	训练函数参数数组
modelling_params_type	VARCHAR[]	训练函数参数对应的数据类型名称数组
param_explored	VARCHAR	被寻找最佳值的参数名称，必须是 modelling_params 数组中的元素
explore_values	VARCHAR	候选的参数值。如果为 NULL，只运行一轮交叉验证
predict_func	VARCHAR	预测函数名称
predict_params	VARCHAR[]	提供给预测函数的参数数组
predict_params_type	VARCHAR[]	预测函数参数对应的数据类型名称数组
metric_func	VARCHAR	误差度量函数名称
metric_params	VARCHAR[]	提供给误差度量函数的参数数组

（续表）

参数名称	数据类型	描述
metric_params_type	VARCHAR[]	误差度量函数参数对应的数据类型名称数组
data_tbl	VARCHAR	包含原始输入数据表名，表中数据将被分成训练集和测试集
data_id	VARCHAR	表示每一行唯一 ID 的列名，可以为空。在理想情况下，数据集中的每行数据都包含一个唯一 ID，这样便于将数据集分成训练部分与验证部分。id_is_random 参数值告诉交叉验证函数 ID 值是否是随机赋值。若原始数据不是随机赋的 ID 值，则验证函数为每行生成一个随机 ID
id_is_random	BOOLEAN	为 TRUE 时表示提供的 ID 是随机分配的
validation_result	VARCHAR	存储交叉验证函数输出结果的表名，具有以下列： param_explored：被寻找最佳值的参数名称，与 cross_validation_general()函数的 param_explored 入参相同。 average error：误差度量函数计算出的平均误差。 standard deviation of error：标准差
data_cols	VARCHAR	逗号分隔的用于计算的数据列名。为 NULL 时，函数自动计算数据表中的所有列。只有当 data_id 参数为 NULL 时才会用到此参数，否则忽略。如果数据集没有唯一 ID，交叉验证函数就为每行生成一个随机 ID，并将带有随机 ID 的数据集复制到一个临时中表。设置此参数为自变量和因变量列表，通过只复制计算需要的数据，最小化复制工作量。计算完成后临时表被自动删除
fold_num	INTEGER	*K* 值，默认值为 10，指定验证轮数，每轮验证使用 1/fold_num 数据做验证

训练、预测和误差度量函数的参数数组中可以包含以下特殊关键字：

- %data%：代表训练/验证数据。
- %model%：代表训练函数的输出，即预测函数的输入。
- %id%：代表唯一 ID 列（用户提供的或函数生成的）。
- %prediction%：代表预测函数的输出，即误差度量函数的输入。
- %error%：代表误差度量函数的输出。

10.5.3 交叉验证示例

我们将调用交叉验证函数，量化弹性网络正则化回归模型的准确性，并找出最佳的正则化参数。关于弹性网络正则化的说明参见 https://en.wikipedia.org/wiki/Elastic_net_regularization。

1. 准备输入数据

执行如下 SQL 语句：

```
drop table if exists houses;
-- 房屋价格表
create table houses (
```

```
    id serial not null,      -- 自增序列
    tax integer,             -- 税金
    bedroom real,            -- 卧室数
    bath real,               -- 卫生间数
    price integer,           -- 价格
    size integer,            -- 使用面积
    lot integer              -- 占地面积
);

insert into houses(tax, bedroom, bath, price, size, lot) values
( 590, 2,   1,  50000,  770, 22100),
(1050, 3,   2,  85000, 1410, 12000),
(  20, 3,   1,  22500, 1060,  3500),
( 870, 2,   2,  90000, 1300, 17500),
(1320, 3,   2, 133000, 1500, 30000),
(1350, 2,   1,  90500,  820, 25700),
(2790, 3, 2.5, 260000, 2130, 25000),
( 680, 2,   1, 142500, 1170, 22000),
(1840, 3,   2, 160000, 1500, 19000),
(3680, 4,   2, 240000, 2790, 20000),
(1660, 3,   1,  87000, 1030, 17500),
(1620, 3,   2, 118600, 1250, 20000),
(3100, 3,   2, 140000, 1760, 38000),
(2070, 2,   3, 148000, 1550, 14000),
( 650, 3, 1.5,  65000, 1450, 12000);
```

2. 创建函数执行交叉验证

执行如下 SQL 语句：

```
create or replace function check_cv()
returns void as $$
begin
   execute 'drop table if exists valid_rst_houses';
   perform madlib.cross_validation_general(
   -- 训练函数
   'madlib.elastic_net_train',
   -- 训练函数参数
   '{%data%, %model%, (price>100000), "array[tax, bath, size, lot]",
binomial, 1, lambda, true, null, fista,
 "{eta = 2, max_stepsize = 2, use_active_set = t}", null, 2000,
1e-6}'::varchar[],
   -- 训练函数参数数据类型
   '{varchar, varchar, varchar, varchar, varchar, double precision,
   double precision, boolean, varchar, varchar, varchar, varchar, integer,
   double precision}'::varchar[],
   -- 被考察参数
   'lambda',
   -- 被考察参数值
   '{0.04, 0.08, 0.12, 0.16, 0.20, 0.24, 0.28, 0.32, 0.36}'::varchar[],
   -- 预测函数
   'madlib.elastic_net_predict',
   -- 预测函数参数
   '{%model%, %data%, %id%, %prediction%}'::varchar[],
   -- 预测函数参数数据类型
```

```
    '{text, text, text, text}'::varchar[],
    -- 误差度量函数
    'madlib.misclassification_avg',
    -- 误差度量函数参数
    '{%prediction%, %data%, %id%, (price>100000), %error%}'::varchar[],
    -- 误差度量函数参数数据类型
    '{varchar, varchar, varchar, varchar, varchar}'::varchar[],
    -- 数据表
    'houses',
    -- ID 列
    'id',
    -- id 是否随机
    false,
    -- 验证结果表
    'valid_rst_houses',
    -- 数据列
    '{tax,bath,size,lot, price}'::varchar[],
    -- 折数
    3
    );
end;
$$ language plpgsql volatile;
```

3. 执行函数并查询结果

执行如下 SQL 语句：

```
-- 验证
select check_cv();
-- 查询
select * from valid_rst_houses order by lambda;
-- 结果
 lambda |      error_rate_avg       |            error_rate_stddev
--------+---------------------------+-----------------------------------------------
   0.04 | 0.33333333333333333333 | 0.23094010767585030580365951220078298225 90
   0.08 | 0.26666666666666666667 | 0.11547005383792515290182975610039149112 94
   0.12 | 0.33333333333333333333 | 0.11547005383792515290182975610039149112 94
   0.16 | 0.33333333333333333333 | 0.11547005383792515290182975610039149112 94
    0.2 | 0.33333333333333333333 | 0.11547005383792515290182975610039149112 94
   0.24 | 0.40000000000000000000 | 0.20000000000000000000000000000000000000 00
   0.28 | 0.53333333333333333333 | 0.11547005383792515290182975610039149112 94
   0.32 | 0.53333333333333333333 | 0.11547005383792515290182975610039149112 94
   0.36 | 0.53333333333333333333 | 0.11547005383792515290182975610039149112 94
(9 rows)
```

上面的查询结果表示，正则化参数为 0.04 和 0.24 时的标准差明显增大，而其他正则化参数的标准差相同，将得到较好的预测模型。

10.6 小 结

（1）不同于其他机器学习工具，MADlib 是一个基于 SQL 的数据库内置的可扩展机器学

习库。其语法是基于 SQL 的，也就是说，可以用 select + function name 的方式来调用这个库。这意味着 MADlib 需要在数据库系统中使用，所有的数据调用和计算都在数据库内完成，而不需要数据的导入导出。

（2）MADlib 是一个运行在大规模并行处理数据库系统上的应用，因此可扩展性非常好，能够处理较大量级的数据，目前支持 PostgreSQL、Greenplum 和 HAWQ。

（3）MADlib 具有强大的数据分析能力，支持大量的机器学习、深度学习、数据分析和统计算法。

（4）低秩矩阵分解和奇异值分解是 MADlib 中的两种矩阵分解方法，可以用来实现“潜在因子模型”“协同过滤”等常用推荐算法。

（5）模型评估对由训练数据集生成的机器学习预测模型的准确性非常重要。在模型正式投入使用前，必须经过验证过程。

（6）交叉验证是常用的一种模型验证评估方法，其中“*K* 折交叉验证”法重复多次执行训练和验证过程，每次训练集和验证集都发生变化，有助于验证模型的有效性。

（7）MADlib 提供的 *K* 折交叉验证函数，可用于大部分 MADlib 的预测模型。